全国电力高等职业教育系列教材
职业教育电力技术类专业培训用书

机械制图与CAD

主　编　林党养　吴育钊
副主编　颜宝塔　阮予明
编　写　周冬妮　王海霞
主　审　洪延艺

中国电力出版社
CHINA ELECTRIC POWER PRESS

内 容 提 要

本书为全国电力高等职业教育系列教材。全书共分为九章，主要内容包括制图的基本知识与技能、正投影法基本原理、立体及其表面交线、轴测图、组合体、机件的基本表示法、常用机件及结构要素的表示法、零件图、装配图。全书以机械制图为体系，将CAD的内容融入机械制图体系中，在AutoCAD 2006绘图环境中分析讲解作图的方法、步骤，使机械制图与CAD真正融合；通过实例讲解，任务驱动的方式，讲解应用CAD绘制机械图样的基本技能和方法，其内容涵盖了AutoCAD 2006的基本操作、基本绘图及编辑命令、尺寸及文字的标注、图块的操作等主要内容；精选实例，由浅入深，将各个知识点融于实例操作中。

与本书配套编写的习题集，有与各章节内容相适应的练习题。部分练习题提供相应的CAD格式电子版本，可方便读者在AutoCAD绘图环境中进行练习。

本书可作为高职高专院校工程技术类专业“机械制图与CAD”等相关课程的教材，也可作为相关工程技术人员的培训教材及参考用书。

图书在版编目（CIP）数据

机械制图与CAD/林党养，吴育钊主编．—北京：中国电力出版社，2008.7（2021.5重印）

全国电力高等职业教育规划教材

ISBN 978-7-5083-7669-1

Ⅰ．机…　Ⅱ．①林…②吴…　Ⅲ．①机械制图－高等学校：技术学校－教材②机械制图：计算机制图－高等学校：技术学校－教材　Ⅳ．TH126

中国版本图书馆CIP数据核字（2008）第098057号

中国电力出版社出版、发行

（北京市东城区北京站西街19号　100005　http://www.cepp.sgcc.com.cn）

三河市百盛印装有限公司印刷

各地新华书店经售

*

2008年7月第一版　2021年5月北京第七次印刷

787毫米×1092毫米　16开本　15.75印张　380千字

定价**45.00**元

前 言

本书为根据教育部《高职高专教育工程制图课程基本要求》，结合当前技术发展，融入CAD技术应用，并总结了近几年来高职高专院校的教学改革实践经验编写而成。书中紧密围绕以培养高素质技能型专门人才为目标，注重以应用为目的，将传统手工绘图与CAD技术有机结合，加强对学生识图及CAD绘图技能的培养，突出实践教学。书中内容与职业岗位要求相适应，准确导向专业技术，实现“工学结合”理念。

机械制图与CAD技术的有机结合，是现代社会生产发展的需要，如何掌握机械制图基本理论及基本知识，又能熟练应用CAD技术，是一个需要不断完善的课题，在这方面编者愿与读者一起探索学习。通过学习，可掌握工程图样的读识，零部件的测绘、以及利用CAD技术绘制工程图样的基本技能，为后续专业课程的学习打下良好的基础。全书共有九章，由福建电力职业技术学院林党养等老师共同编写。其中，林党养老师编写第四、七章以及各章节的CAD应用部分，吴育钊老师编写第八、九章，颜宝塔老师编写第二、三章，阮予明老师编写第六章，周冬妮老师编写第一章，王海霞老师编写第五章。

本书可作为高职高专电力技术类、机械设计制造类、自动化类以及电子信息类等专业“机械制图与CAD”课程的教材，也可作为相关工程技术人员的培训教材及参考用书。

由于时间仓促，作者水平有限，书中错误之处难免，欢迎同仁及广大读者批评指正。

编 者

2008. 5

目 录

绪　论

一、图样及其在生产中的作用

根据投影原理并遵照国家标准或有关规定绘制的表达工程对象的结构形状、尺寸大小及技术要求的图，称为工程图样，简称图样。在现代工业生产中，不论是机器设备的设计和制造，还是工程的设计和施工，都离不开工程图样。在设计阶段，设计者通过工程图样表达设计思想；在生产施工阶段，图样是产品制造及工程施工中的主要技术依据；在设备维护、技术改造中，需要通过图样了解设备或工程的结构和性能。图样是工业生产中重要的技术资料，是工程界用于交流技术思想的"语言"。作为工程技术人员，都必须掌握这种"语言"。

不同的行业，对图样有不同的标准和名称，如机械图样、建筑图样、水利工程图样等。在机械行业用于表达机械设备、仪器等的图样，称为机械制图。

二、本课程的性质、主要任务和学习方法

工程图学是一门专门研究各种工程图样的理论和应用的学科。机械制图是工程图学的一部分，它专门研究绘制和识读机械图样的理论和方法。本课程是一门既有系统理论又有较强实践性的技术基础课。

本课程的主要任务是培养学生绘制和阅读机械图样的基本能力。

（1）学习贯彻《机械制图》、《技术制图》国家标准的有关规定。

（2）掌握正投影的基本理论及其应用。

（3）培养徒手和仪器绘图、特别是计算机绘图的基本能力。

（4）培养阅读机械图样的基本能力。

（5）培养空间想象和思维能力。

（6）培养认真负责的工作态度和严谨细致的工作作风。

学习本课程时，应注意理论联系实际，在理解基本概念的基础上，由浅入深地通过一系列的绘图和读图实践，不断地由物画图、由图想物，分析和想象空间形体与图形之间的对应关系，逐步提高空间想象能力和空间分析能力，掌握正投影的基本作图方法及其应用。在做练习时，应养成正确的绘图方法和习惯，熟悉制图基本知识和基本规格，遵守《机械制图》国家标准的有关规定。由于图样在生产中起着极其重要的作用，绘图的一点差错，有可能给生产带来巨大的损失，所以在平时的练习中就要养成认真负责的工作态度和严谨细致的工作作风。

三、工程图学及绘图技术的历史与发展

我国是世界文明古国，在工程图学方面有着悠久的历史。在天文图、地理图、建筑图、机械图等方面都有过杰出的成就，既有文字记载，也有实物考证，受到举世公认。1959 年，由第一机械工业部颁布了我国第一个机械制图标准，于 1959 年由国家科学技术委员会颁布了正式的国家标准《机械制图》。随着科学技术的发展和工业水平的提高，技术规定不断修改和完善，国家标准《机械制图》先后于 1970 年、1974 年、1984 年进行了修订。此后国家又颁布了《技术制图》与《机械制图》一系列标准。

近年来，随着科学技术的迅猛发展和计算机技术的广泛应用，计算机绘图技术应用于各行各业的生产、设计、科研和管理工作。一系列绘图软件不断研制成功，给计算机绘图提供了极大的方便，设计制图的现代化手段日益普及，工程图学的内容也更加丰富了，在图学理论、应用图学、计算机图学、制图技术、制图标准、图学教育等方面都得到了更加广泛的应用和迅速的发展。

第一章

制图的基本知识与技能

第一节 国家标准《技术制图》和《机械制图》的一般规定

工程图样是工程界用于表达设计思想和进行技术交流的工具，是现代工业生产中最基本的文件，是工程界共同的技术语言。因此，工程图样的格式、内容、画法等必须有统一的规定，国家制定并发布了《技术制图》和《机械制图》的国家标准。熟悉有关标准和规定，掌握制图的基本知识和技能，是绘制和阅读工程图样的基础。

中华人民共和国国家标准（简称“国标”）的代号是“GB”。例如 GB/T4457.4—2002，其中“GB/T”表示推荐性国标，“G”、“B”、“T”分别为“国家”、“标准”、“推荐”汉语拼音第一个字母，“4457.4”表示发布的顺序号，“2002”表示该国标发布的年号。《机械制图》标准适用于机械图样，而《技术制图》标准则普遍适用于工程界各种专业技术图样。

本节仅介绍制图标准中的图纸幅面、比例、字体和图线等制图的基本规定，其他标准将在有关章节中叙述。

一、图纸幅面及格式（GB/T 14689—1993）

1. 图纸幅面

绘制图样时，应优先采用表 1-1 中规定的基本幅面尺寸。各基本幅面之间的尺寸关系如图 1-1 所示。必要时允许选用加长幅面。采用加长幅面时，长边不加长，短边加长，加长量按基本幅面短边的整数倍增加。

表 1-1 图纸幅面尺寸 mm

幅面代号	A0	A1	A2	A3	A4
B×L	841×1189	594×841	420×594	297×420	210×297
a	25				
c	10			5	
e	20		10		

2. 图框的格式

在图纸上必须用粗实线画出图框，其格式分为留装订边和不留装订边两种。如图 1-2、图 1-3 所示。但同一产品图样只能采用一种格式。

3. 标题栏的方位及格式

每张图纸上都必须画出标题栏，国标 GB/T 10609.1—1989 对标题栏的内容、格式及尺寸作了统一规定，如图 1-4 所示。标题栏的位置应位于图纸的右下角，如图

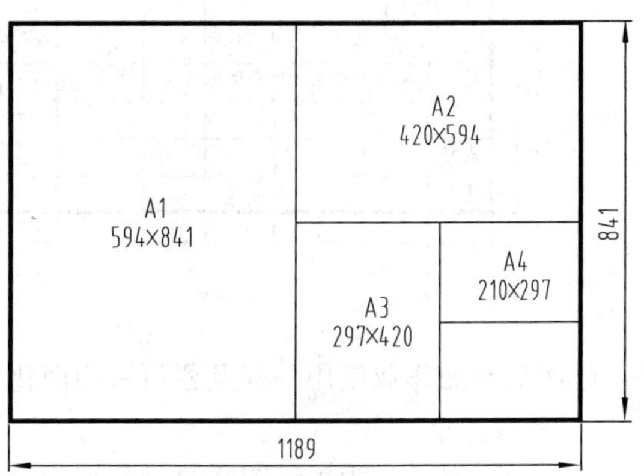

图 1-1 各基本幅面之间的尺寸关系

1-2、图 1-3 所示。

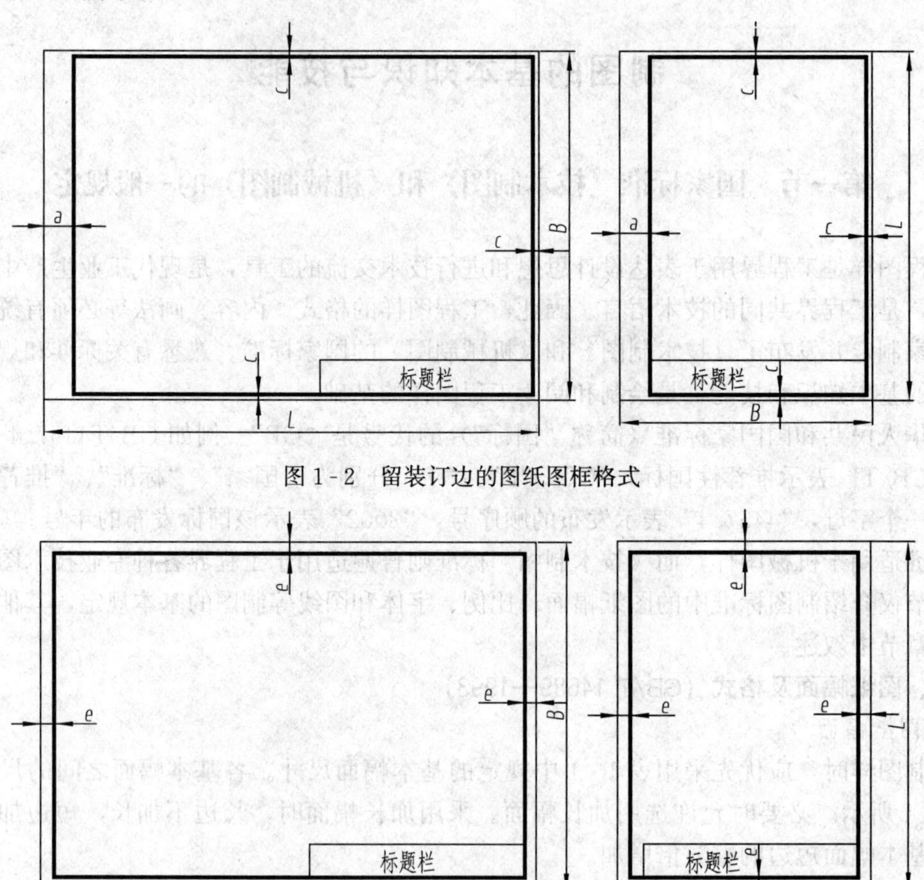

图 1-2　留装订边的图纸图框格式

图 1-3　不留装订边的图纸图框格式

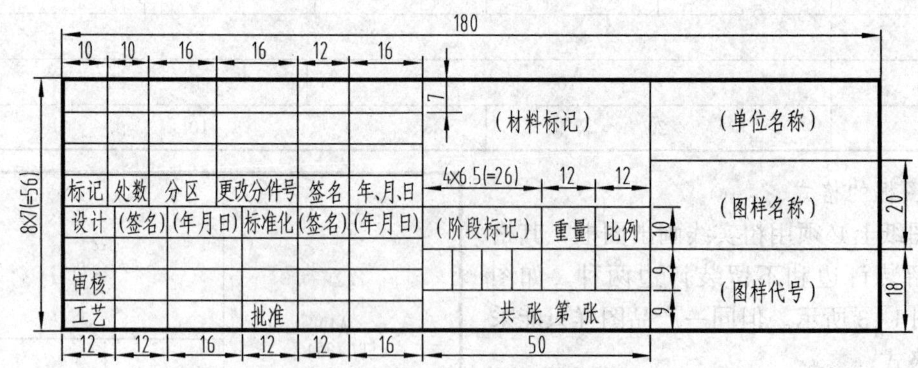

图 1-4　标题栏格式

学校的制图作业使用的标题栏可采用简化样式，如图 1-5 所示。

4. 附加符号

(1) 对中符号。为了使图样复制和缩微摄影时定位方便，各图纸均应在图纸边长的中点

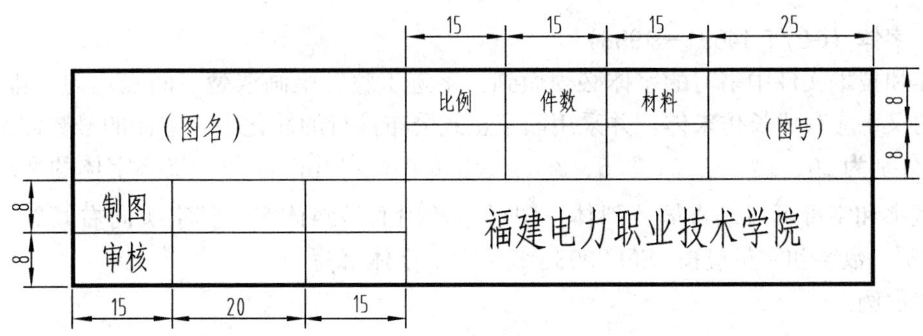

图 1-5　简化标题栏格式

处分别画出对中符号（线宽不小于 0.5mm 的粗实线），当对中符号处在标题栏范围内时，则伸入标题栏部分省略不画，如图 1-6 所示。

(2) 方向符号。对于使用预先印制的图纸，需要改变标题栏的方位时，必须将标题栏旋转至图纸的右上角。此时，为了明确绘图与看图时图纸的方向，应在图纸的下边对中符号处画出一个方向符号，如图 1-6 所示。

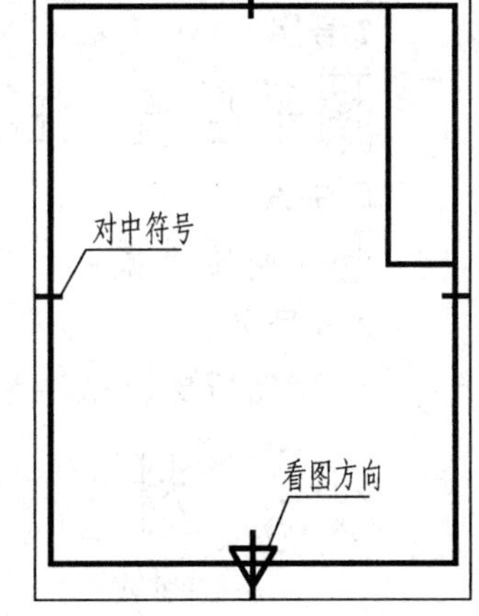

图 1-6　对中符号和看图方向

二、比例（GB/T 14690—1993）

比例是指图样中图形与其实物相应要素的线性尺寸之比。

绘制图样时，应优先在表 1-2 规定的系列中选取比例。必要时，也可选用表 1-3 中规定的比例。为了从图样上直接反映实物的大小，绘图时应优先采用原值比例——1∶1。

选用比例的原则是有利于图形的清晰表达和图纸幅面的有效利用。绘制同一机件的各个视图应选用相同的比例，并在标题栏的“比例”栏中写明。当某个视图必须选用不同的比例时，应在该视图的上方另行标注。不论采用何种比例，在标注尺寸时，图中标注的尺寸数值必须是机件实际大小尺寸，与所采用的比例无关。

表 1-2　常用绘图比例（GB/T 14690—1993）

种　类	比　例		
原值比例	1∶1		
放大比例	5∶1	2∶1	
	5×10^n∶1	2×10^n∶1	1×10^n∶1
缩小比例	1∶2	1∶5	1∶10
	1∶2×10^n	1∶5×10^n	1∶1×10^n

注　n 为正整数

表 1-3　必要时选用的比例

种　类	比　例				
放大比例	4∶1 4×10^n∶1		2.5∶1 2.5×10^n∶1		
缩小比例	1∶1.5 1∶1.5×10^n	1∶2.5 1∶2.5×10^n	1∶3 1∶3×10^n	1∶4 1∶4×10^n	1∶6 1∶6×10^n

三、字体（GB/T 14691—1993）

图样和技术文件中书写的字体必须做到：字迹工整、笔画清楚、间隔均匀、排列整齐。图样中的汉字应写成长仿宋体，并采用国家正式公布推行的简化字。字体的号数即字体的高度（h）分别为 20、14、7、5、3.5、2.5、1.8（单位：mm）8 种。汉字字体的宽度一般为 $h/\sqrt{2}$。数字和字母可写成直体或斜体，图样中常用的是斜体字，其字头向右倾斜，与水平线约成 75°。数字和字母应按 ISO 3098－5：1997 字体书写。

字体示例：

汉字　10 号字

字体工整笔画清楚间隔均匀排列整齐

7 号字

横平竖直　注意起落　结构均匀　填满方格

5 号字

技术制图机械电子汽车船舶土木建筑矿山井坑港口纺织服装

3.5 号字

螺纹齿轮端子接线飞行指导驾驶舱位挖填施工引水通风闸阀坝棉麻化纤

变 1/2 1/2　材 1/2 1/2　章 1/3 1/3 1/3　锻 1/3 1/3 1/3　1/3 2/3 符　2/3 1/3 塑　2/5 3/5 泵　锌 2/5 3/5

汉字结构分析

阿拉伯数字

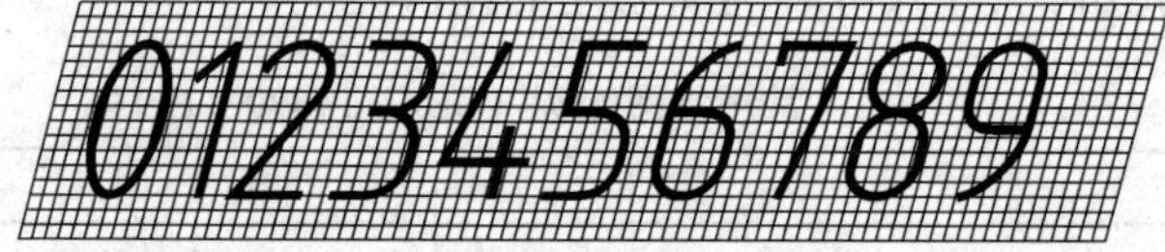

大写拉丁字母

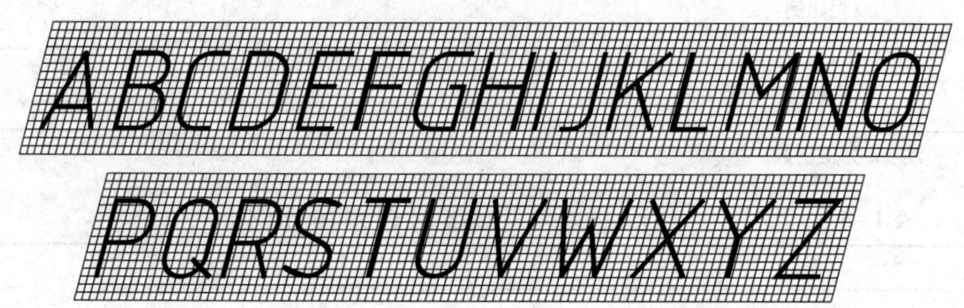

小写拉丁字母

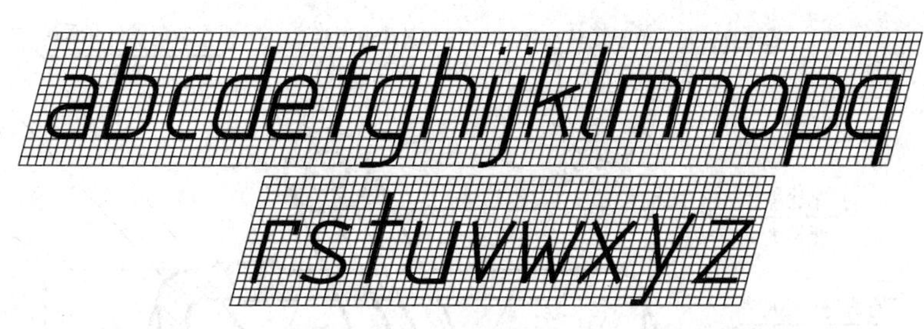

罗马数字

四、图线（GB/T 17450—1998、GB/T 4457.4—2002）

1. 图线的线型与应用

国家标准GB/T 17450—1998《技术制图　图线》及GB/T 4457.4—2002《机械制图　图样画法　图线》中，详细规定了图线的形式、画法及应用。绘制图样时，应采用国家标准规定的图线和画法。机械制图的线型及应用见表1-4，图1-7。

表1-4　　图线的线型与应用（摘自GB/T 4457.4—2002）

图线名称	线　型	线宽	一般应用
细实线	————————	$b/2$	过渡线 尺寸线、尺寸界线 指引线、基准线、剖面线 重合断面轮廓线 螺纹牙底线
波浪线	～～～～	$b/2$	断裂处边界线；视图与剖视图的分界线
双折线	—\/\—————\/\—	$b/2$	断裂处边界线；视图与剖视图的分界线
粗实线	━━━━━━━━	b	可见轮廓线 剖切符号用线
细虚线	- - - - - - - -	$b/2$	不可见轮廓线
粗虚线	━ ━ ━ ━ ━ ━	b	允许表面处理的表示线
细点画线	——-——-——	$b/2$	轴线 对称中心线 孔系分布的中心线
粗点画线	━━ - ━━ - ━━	b	限定范围表示线
细双点画线	—··———··—	$b/2$	相邻辅助零件的轮廓线 可动零件的极限位置的轮廓线 成形前轮廓线 轨迹线 毛坯图中制成品的轮廓线 中断线 工艺用结构的轮廓线

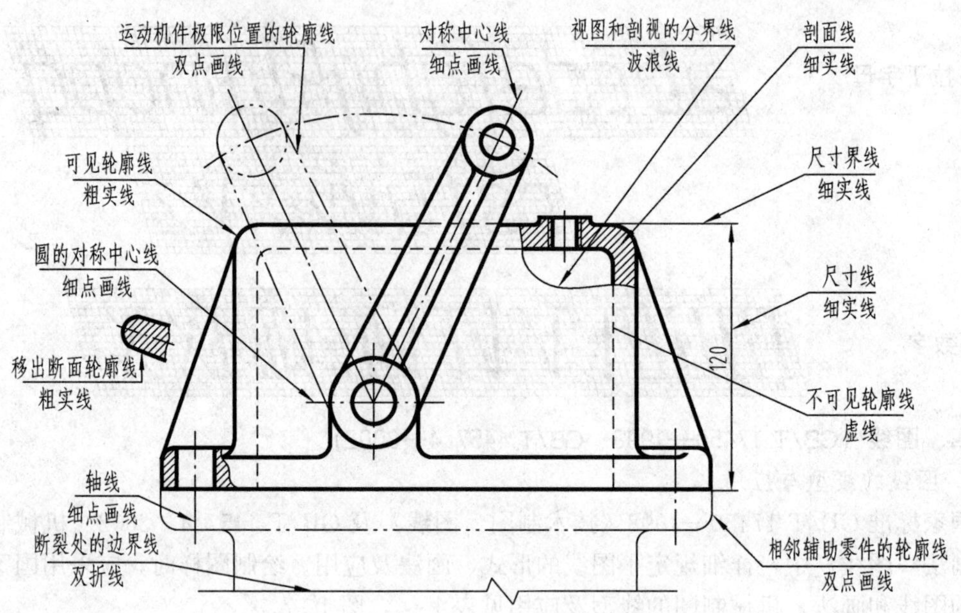

图 1-7　图线应用示例

2. 图线的宽度

国家标准 GB/T 4457.4—2002 明确规定，在机械图样中采用粗细两种线宽，它们之间的比率为 2∶1，图线宽度符号为 b。当粗线的宽度为 b 时，细线的宽度应为 $b/2$，见表 1-4。图线宽度的粗细有 9 种：0.13mm、0.18mm、0.25mm、0.35mm、0.5mm、0.7mm、1mm、1.4mm、2mm。粗线的宽度通常采用 b=0.5mm 或 0.7mm。

3. 图线绘制的注意事项

图线绘制注意事项见图 1-8。

(1) 同一图样中的同类图线的宽度应一致，虚线、点画线及双点画线的线段长度和间隔应大致相等。

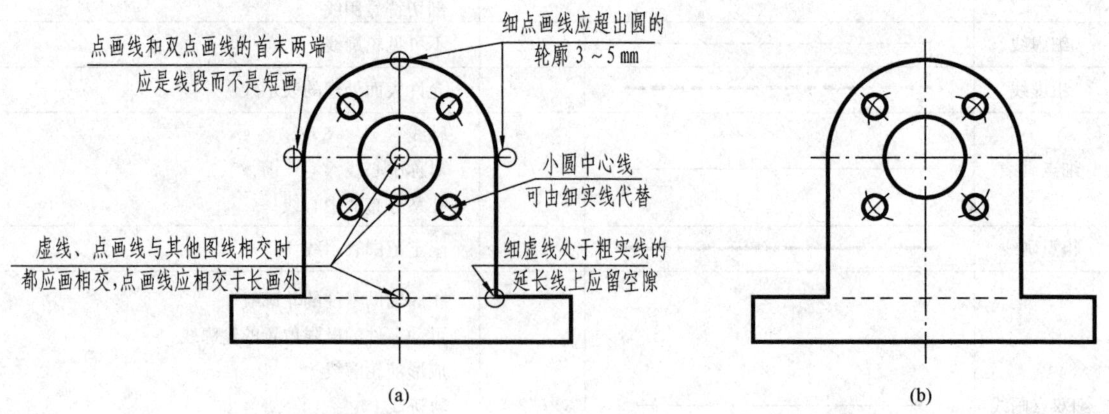

图 1-8　图线绘制注意事项

(a) 错误；(b) 正确

（2）绘制圆的对称中心线时，圆心应在线段与线段的相交处，细点画线应超出圆的轮廓线3～5mm。

（3）当所绘制圆的直径较小，画点画线有困难时，细点画线可用细实线代替。

（4）点画线和双点画线的首末两端应是线段而不是短画。

（5）虚线、点画线与其他图线相交时，都应画相交。当虚线处于粗实线的延长线上时，虚线与粗实线之间应有间隙。

（6）两条平行线（包括剖面线）之间的最小距离应不小于0.7mm。

五、尺寸标注的规定（GB/T 4458.4—2003，GB/T 16675.2—1996）

机械图样中的图形只能表示物体的形状，而其大小是由标注的尺寸确定的。国标GB/T 4458.4—2003，GB/T 16675.2—1996中规定了标注尺寸的规则和方法。

1. 基本规则

（1）机件的真实大小应以图样中所注的尺寸数值为依据，与图形的大小及绘图的准确度无关。

（2）图样中（包括技术要求和其他说明）的尺寸，以毫米为单位时，不需标注单位符号（或名称），如采用其他单位，则应注明相应的单位符号。

（3）图样中所标注的尺寸，为该图样所示机件的最后完工尺寸，否则应另加说明。

（4）机件的每一尺寸，一般只标注一次，并应标注在反映该结构最清晰的图形上。

2. 尺寸的组成

一个完整的尺寸由尺寸界线、尺寸线和尺寸数字三部分组成，（见图1-9）。

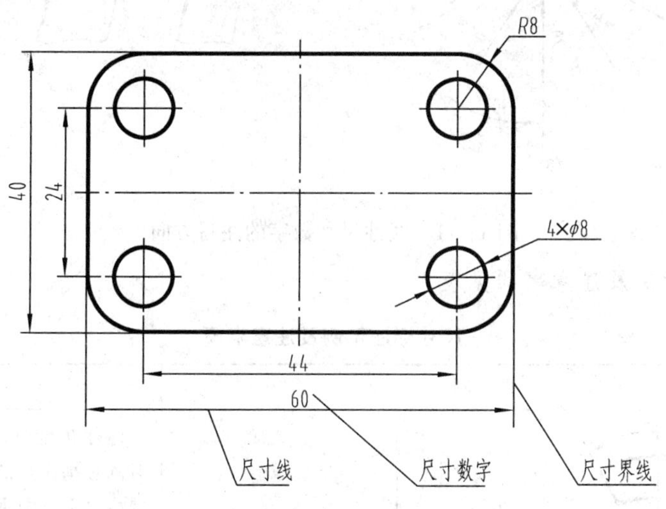

图1-9　尺寸的组成

（1）尺寸界线。尺寸界线用细实线绘制，并应由图形的轮廓线、轴线或对称中心线处引出。也可利用轮廓线、轴线或对称中心线代替尺寸界线。尺寸界线一般与尺寸线垂直，并超出尺寸线的终端约2mm。

（2）尺寸线。用细实线绘制，不能用其他图线代替。其终端有箭头和斜线两种形式（见图1-10），同一张图样只能采用一种形式。机械图样中一般采用箭头作为尺寸线终端。标注线性尺寸时，尺寸线必须与所标注的线段平行，当有几条互相平行的尺寸线时，大尺寸在外小尺寸在内，避免尺寸线和尺寸界线相交（见图1-9）。在圆或圆弧上标注尺寸时，尺寸线或其延长线应通过圆心。

（3）尺寸数字。水平方向的线性尺寸的数字一般应注写在尺寸线的上方，也允许注写在尺寸线的中断处，由左向右书写，字头向上；垂直方向的线性尺寸，数字应写在尺寸线的左侧或尺寸线的中断处，由下向上书写，字头向左（见图1-9）；倾斜方向尺寸数字应保持字头朝上趋势[见图1-11（a）]，并尽可能避免在图1-11（a）所示30°范围内标注，当无法避免时可按图1-11（b）的形式标注。

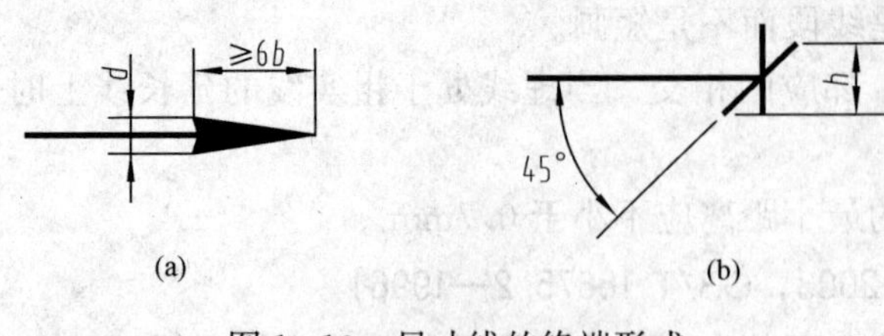

图1-10　尺寸线的终端形式

（a）箭头；（b）斜线

b—粗实线的宽度；h—字体高度

角度、圆、圆弧、小尺寸等数字的标注方式参见表1-5。

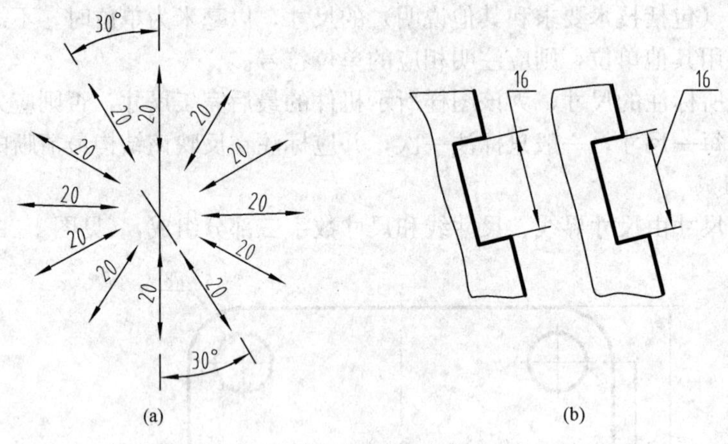

图1-11　线性尺寸数字的注写方向

3. 尺寸标注示例及注意事项见表1-5

表1-5　　**尺寸标注示例及注意事项**

项目	图　例	注　意　事　项
角度	60°　15°　65°　5°　75°　20°	标注角度时，尺寸线应画成圆弧，其圆心是该角的顶点。角度的数字一律按水平方向书写，一般注写在尺寸线的中断处。必要时也可按图中的形式标注
圆	φ40　φ54　φ36	圆和大于半圆的圆弧尺寸应标注直径，直径尺寸线通过圆心，箭头指在圆周上，且应在尺寸数字前加注符号“φ”。 圆的直径和圆弧半径的尺寸线的终端应画成箭头

续表

项目	图　例	注　意　事　项
圆弧	R20　R40　R33	小于或等于半圆的圆弧尺寸一般标注半径，只在指向圆弧的一端尺寸线上画出箭头，尺寸线指向圆心，且应在尺寸数字前加注符号“*R*”
大圆弧	R100　SR100	当圆弧的半径过大或在图纸范围内无法标出其圆心位置时，可按左图形式标注；不需标出圆心位置时，可按右图标注
小尺寸	5　3　1　3　3　3　1　3　2　4　ϕ10　ϕ10　ϕ10　ϕ5　ϕ5　ϕ5　ϕ5　R5　R5　R5　R5　R5　R5　R1	在没有足够的位置画箭头或注写数字时，可按图的形式标注，必要时，允许用原点或斜线代替箭头。圆和圆弧的小尺寸，可按图例标注
球面	Sϕ40　SR30　R23	标球面的尺寸，如左侧两图所示，应在*ϕ*或*R*前加注“*S*”。不致引起误解时，则可省略，如右图中的右端球面
图线通过尺寸数字时	ϕ30　ϕ24　ϕ14　10　24	尺寸数字不可被任何图线所通过，否则应将该图线断开
弦长和弧长	30　⌒32	标注弦长或弧长时，尺寸界线应平行于弦的垂直平分线。标注弧长时，尺寸线用圆弧，并应在尺寸数字上方加注符号“⌒”

4. 标注尺寸的符号及缩写见表 1 - 6（GB/T 4458.4—2003）

表 1 - 6　　标注尺寸的符号及缩写

序号	含义	符号	序号	含义	符号
1	直径	ϕ	9	深度	↧
2	半径	R	10	沉孔或锪平	⌴
3	球直径	Sϕ	11	埋头孔	⌵
4	球半径	SR	12	弧长	⌒
5	厚度	t	13	斜度	∠
6	均布	EQS	14	锥度	◁
7	45°倒角	C	15	展开长	○→
8	正方形	□	16	型材界面形状	GB/T 4656.1—2000

第二节　绘图的方法和工具

一、尺规绘图的工具及其使用

随着计算机应用的普及，现在的工程图样大都采用计算机辅助制图（CAD）来完成，但传统的手工绘图技能是 CAD 的基础，也是学习和巩固投影理论的训练方法。为了提高手工绘图的质量和效率，必须学会正确使用各种绘图工具和仪器。

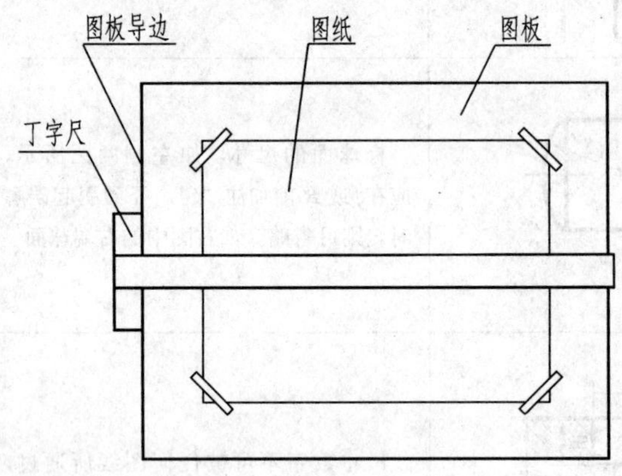

图 1 - 12　图板和丁字尺

1. 图板、丁字尺、三角板

图板供绘图时贴放图纸用，其板面应平坦、整洁，左侧为导边，必须平直。

丁字尺由尺头和尺身组成。使用时，尺头内侧必须紧靠图板的左导边，上下移动。尺身上边为工作边，用来画水平线。如图 1 - 12 所示。

三角板与丁字尺配合，可画垂直线及与水平方向成 15°倍数的各种斜线。如图 1 - 13 所示。

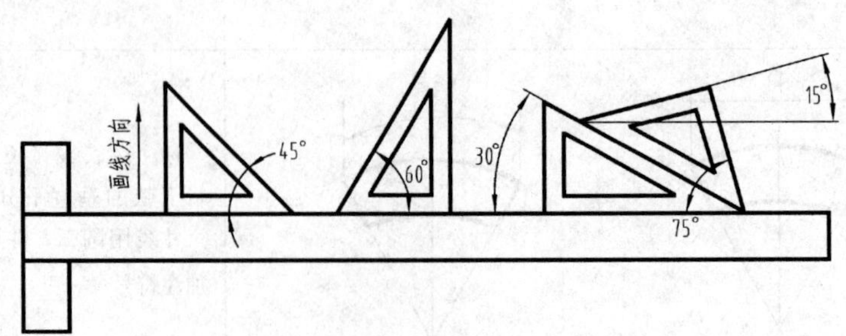

图 1 - 13　用三角板画垂直线及 15°倍数的角

2. 圆规、分规

圆规是画圆及圆弧的工具。画圆时，圆规的钢针应使用有台阶的一段，以避免图纸上的针孔不断扩大，并使笔尖与纸面垂直，具体使用方法见图 1-14。

分规是用来量取尺寸和截取线段的工具。分规的两腿均为钢针，两腿合拢时针尖应对齐。如图 1-15 所示。

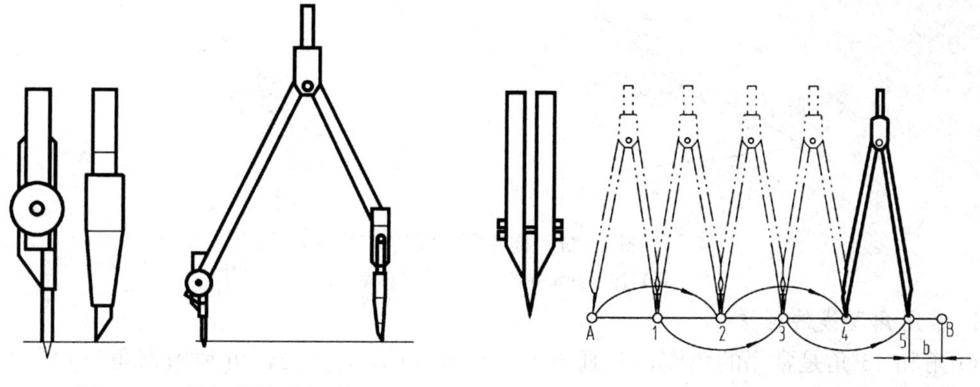

图 1-14　圆规的使用方法　　图 1-15　分规的使用方法

3. 铅笔

绘图铅笔笔芯软硬程度用字母“H”和“B”表示。H 表示硬性铅笔，H 前面的数值越大，表示铅芯越硬，画出的线越淡；B 表示软性铅笔，B 前面的数字越大，表示铅芯越软，画出的线越黑。“HB”表示铅芯软硬适中。画细线时，常用 H，写字常用 HB，画粗线时常用 B 或 2B。写字或画细线的铅笔芯常削成锥形，如图 1-16（a）所示，画粗线的铅笔芯常削成四棱柱形如图 1-16（b）所示。

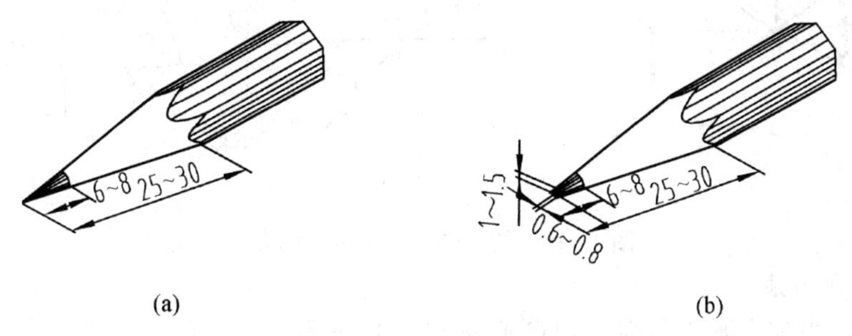

图 1-16　铅笔的削法

（a）锥形笔芯；（b）四棱柱形笔芯

4. 其他工具

绘图过程中，除了上述工具外，还要备有透明胶带纸、擦图片、小刀、砂纸、橡皮、曲线板、毛刷等。

二、徒手绘图的基本技法

通过目测已有零件结构形状和尺寸，不使用绘图仪器和工具，用较快的速度，徒手画出的图样称为草图。草图是设计构思、技术交流、设备改造和零件修配常用的绘图方法。草图虽是用徒手目测绘制而成，但它是重要的原始资料，应尽可能做到图形清晰、比例匀称、线型粗细分明、字迹工整、图面整洁，切不可将草图错误地理解为“潦草”的图。

1. 直线的画法

水平线应自左向右运笔［见图 1 - 17（a）］，垂直线应自上向下运笔［见图 1 - 17（b）］，一般画短的水平线转动手腕，目光注意着终点，控制方向，把线画直。当画的直线较长，不便一笔画成时，可分几段画出，但不可一小段一小段画出。画斜线时，也可适当调整图纸到画线最顺手的角度，再画线。

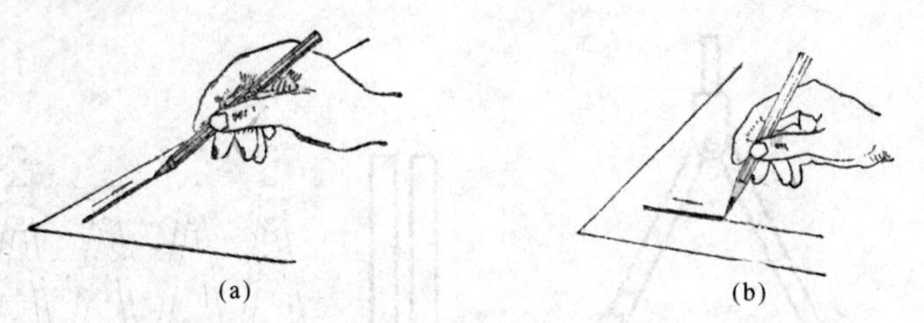

图 1 - 17　徒手画直线的方法

（a）徒手画水平线；（b）徒手画垂直线

2. 常用角度线的画法

30°角和 45°角是常用的角度，要画与水平线成 30°角的直线，可利用直角三角形两条直角边的长度比 3∶5 定出两端点来确定直线的方向，再连成线，如图 1 - 18（a）所示。要画与水平线成 45°角的直线，可先画出正方形，再通过正方形顶点与圆心画出斜线，如图 1 - 18（b）所示。也可以通过 1/4 圆弧的二等分点或三等分点来画 45°和 30°斜线，如图 1 - 18（c）所示。

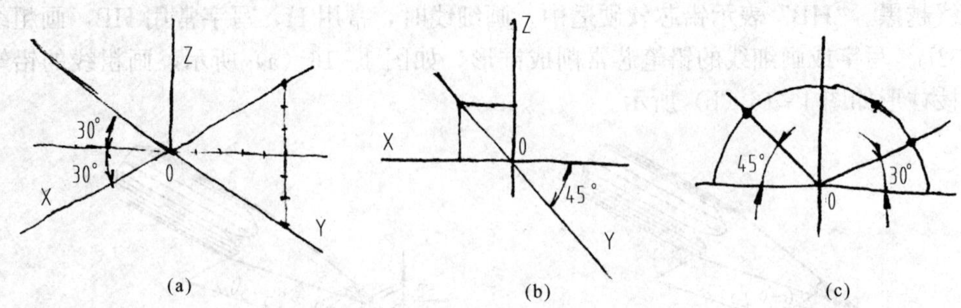

图 1 - 18　徒手画常用角度线的方法

3. 圆和圆角画法

画圆时，应先定出圆心位置，过圆心画出互相垂直的中心线，在中心线上定出等距的点，过点作圆的外切正四边形，再作出圆，如图 1 - 19（a）所示。当圆较大时，可再增加一些点，过点作半径方向的垂直线，然后连成圆，如图 1 - 19（b）所示。

画圆角时，先将直线徒手画成相交，画出角平分线，在角平分线上定出圆心的位置，圆心与两直线的距离等于圆角的半径大小，过圆心作两直线的垂线定出圆弧的端点，在角平分线上也定出圆弧上的点，最后将三点连成圆弧，如图 1 - 19（c）所示。

4. 椭圆的画法

画较小的椭圆时，应先定出椭圆心位置，过圆心画出互相垂直或与水平成 30°的中心线，在中心线上定出长、短轴或共轭轴的端点，画矩形或菱形，再作四段椭圆弧，如图 1 - 20 所示。画较大椭圆时，先定出菱形四边的中点 1、2、3、4，目测定出 $A4$ 中点 E、$D2$ 中点 F，分别连接 $1E$ 和 $1F$，由 $1E$ 和 $1F$ 与对角线的交点分别定出点 5、6，再作 5 和 6 点的对称点

7、8，这 8 个点将椭圆分成 8 段，过这 8 点依次连接画出椭圆，如图 1－20 所示。

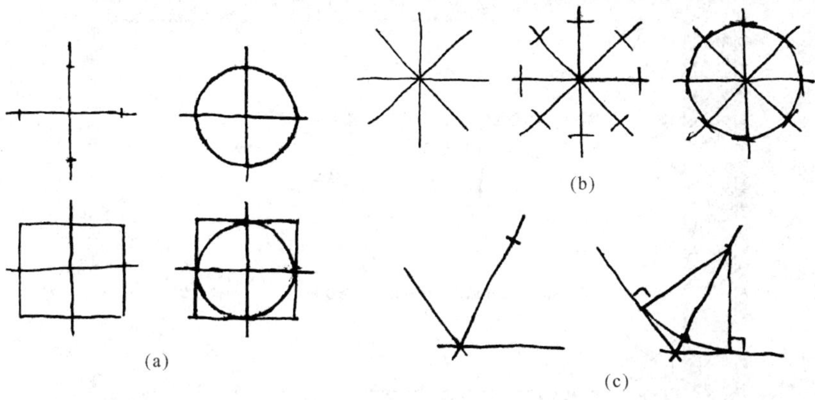

图 1－19　徒手画圆和圆角的方法

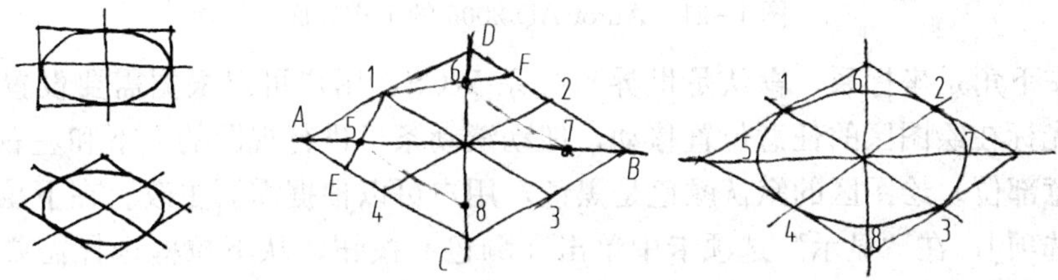

图 1－20　徒手画椭圆的方法

三、AutoCAD 2006 绘图环境及基本操作

1. AutoCAD 2006 的启动

启动 AutoCAD 2006 的方法有三种

（1）从 Windows“开始”菜单中选择“程序”中的 AutoCAD 2006 选项；

（2）在桌面建立 AutoCAD 2006 的快捷图标，双击该快捷图标；

（3）在 Windows 资源管理器中找到要打开的 AutoCAD 2006 文档，双击该文档图标。

2. AutoCAD 2006 的工作界面

AutoCAD 2006 启动之后，出现如图1－21所示的工作界面，它主要由标题栏、菜单栏、工具栏、状态栏、命令窗口、绘图区、用户坐标系、滚动条等组成。

（1）标题栏。该栏中显示软件图标和名称即 AutoCAD 2006，括号内是当前打开的正在编辑的文件名称。标题栏右端有三个窗口控制按钮，分别可实现 AutoCAD 2006 用户窗口的最小化、最大化和关闭。

（2）菜单栏。标题栏下面是 AutoCAD 2006 的菜单栏，可通过逐层选择相应的下拉菜单激活 AutoCAD 2006 的相应命令或弹出相应的对话框。菜单栏几乎包括了 AutoCAD 2006 的所有命令，用户可以方便地运用菜单中的命令进行绘图。AutoCAD 2006 还提供有快捷菜单功能，可以用单击鼠标右键的方法弹出快捷菜单。快捷菜单上显示的选项是上下文相关的，其决定于当前的操作和右击鼠标时光标的位置，如图 1－22 所示。

（3）绘图区。AutoCAD 2006 中最大的空白区域叫绘图区，用户绘制的图形在这里显

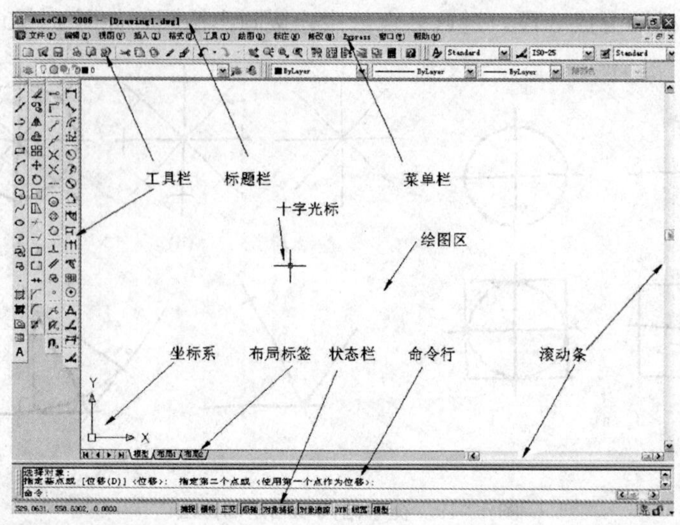

图 1-21　AutoCAD 2006 的工作界面

示。绘图区左下角是坐标系，默认是世界坐标系 WCS，用户可以根据需要设置用户坐标系 UCS。十字光标在绘图区的任意位置移动，拖动滚动条可进行视图的上下和左右移动，以观察图纸的任意部位。绘图区的默认颜色是黑色，用户可以根据需要更改。在下拉菜单中单击［工具］/［选项］，在“显示”选项卡中单击［颜色］按钮，从下拉框选择需要的颜色。如图 1-23 所示。

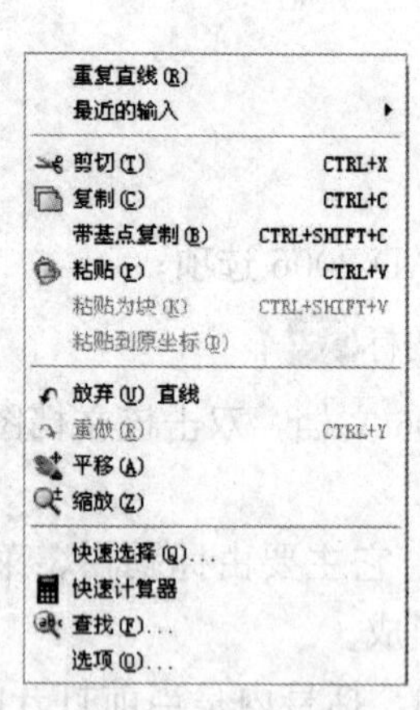

图 1-22　快捷菜单

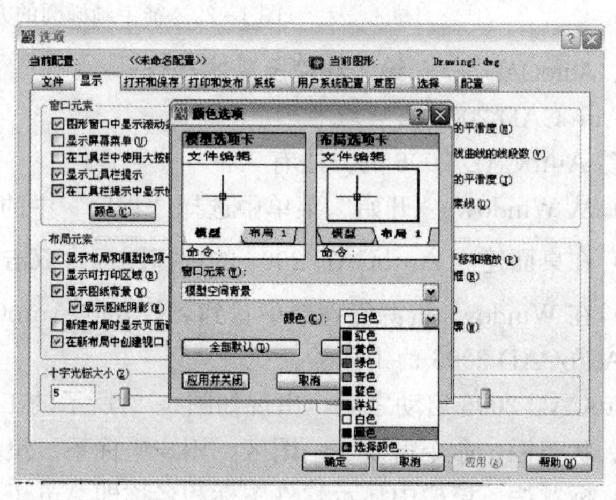

图 1-23　“颜色选项”卡

(4) 命令窗口。命令窗口是用户和 AutoCAD 2006 对话的窗口，在命令窗口可以直接输入操作命令进行相应的操作，同时 AutoCAD 2006 的操作提示、错误信息也在这里显示。

(5) 状态栏。状态栏显示当前十字光标的三维坐标和 AutoCAD 2006 绘图辅助工具的切换按钮。

(6) 工具栏。工具栏为用户提供快速执行命令的方法，AutoCAD 2006 中有众多工具栏，默认设置下，AutoCAD 2006 在工作界面上显示“标准”、“对象特性”、“样式”、“图层”、“绘图”和“修改”工具栏。如果将AutoCAD 2006的全部工具栏都打开，会占据较大的绘图空间，通常，当需要频繁使用某一工具栏时，打开该工具栏，当不使用它时，再将其关闭。AutoCAD 2006的所有工具栏都是浮动的，用户可将各工具栏拖放到工作界面的任意位置。打开和关闭工具栏的简便方法是在任一工具栏的位置单击鼠标右键，在弹出的快捷菜单中将相应的选项钩选，如图1-24所示。

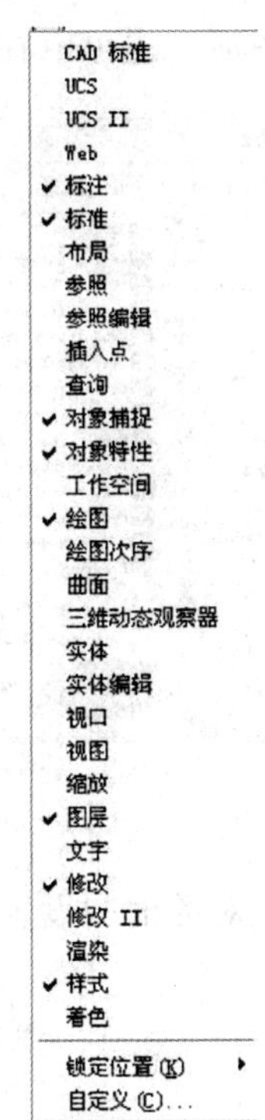

图1-24　工具条快捷菜单

3. AutoCAD 2006图形文件的管理

(1) 建立新的图形文件。AutoCAD 2006中可以通过以下方式之一建立新的图形文件：

1) 命令：New

2) 在下拉菜单中单击［文件］/［新建］

3) 在“标准”工具栏中单击新建图标

4) 快捷键键入［Ctrl+N］

用上述任一种方法激活新建命令后，AutoCAD 2006都会出现如图1-25所示的“选择样板”对话框，从中选择样板文件，单击“打开”按钮，即以acadiso. dwt文件为样板新建文件。acadiso. dwt文件是一个公制样板文件，其有关设置比较接近我国的绘图标准。

(2) 打开已有的图形文件、多文档操作。AutoCAD 2006中可以通过以下方式打开原有的图形文件：

图1-25　“选择样板”对话框

1) 命令：Open

2) 在下拉菜单中单击［文件］/［打开］

3) 在“标准”工具栏中单击打开图标

4) 快捷键键入［Ctrl+O］

用上述任一种方法激活打开命令后，AutoCAD 2006都会出现如图1-26所示的“选择文件”对话框，在对话框中选择要打开的文件，单击“打开”按钮，或直接双击要打开的文件的图标，也可以在文件名输入框中输入要打开的文件名称，单击“打开”按钮打开文件。

图 1-26　“选择文件”对话框

(3) 保存当前文件图形。AutoCAD 2006 中可以通过以下方式之一保存当前图形文件：

1) 命令：Save 或 Qsave

2) 在下拉菜单中单击［文件］/［保存］

3) 在“标准”工具栏中单击保存图标

4) 快捷键键入［Ctrl+S］

用上述任一种方法激活保存命令后，AutoCAD 2006 都会出现如图 1-27 所示的“图形另存为”对话框，可在此对话框中设置文件存储的路径及名称。

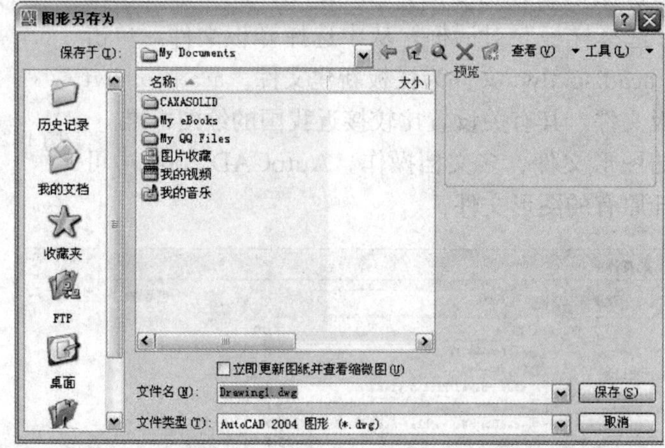

图 1-27　“图形另存为”对话框

(4) AutoCAD 2006 的退出。AutoCAD 2006 的退出有多种方式，常用的有以下三种：

1) 单击［文件］/退出。

2) 单击 AutoCAD 2006 界面标题栏右边的按钮。

3) 右击 Windows 任务栏的插图按钮，在打开的菜单中单击“关闭”。

采用以上任一种方式都将关闭当前文件，若文件没有存盘，AutoCAD 2006 会弹出是否保存的对话框，单击“是 (Y)”存盘后关闭；单击“否 (N)”不保存直接关闭；单击“取消”将取消退出的操作。

(5) AutoCAD 2006 命令调用。有多种方法可以调用 AutoCAD 2006 的命令：

1) 在命令行中输入命令名或命令缩写字，以画直线为例，在命令行中输入“LINE”或命令缩写字“L”，命令字符不分大小写。

2) 单击下拉菜单中的菜单选项。

3) 单击工具条中的对应图标。

4）单击屏幕菜单中的对应选项。

在命令执行的任一时刻都可以用键盘上的“Esc”键取消和终止命令的执行，当结束一个命令后，按“Enter”键或“空格”键可重复调用上一个命令。当命令激活后，AutoCAD在命令提示行中常出现命令提示选项，如激活“Cricle”（画圆）命令后，提示行显示：

circle 指定圆的圆心或［三点（3P）/两点（2P）/相切、相切、半径（T）］：

前面不带括号的提示为默认选项，可直接输入圆心坐标，若要选择其他选项，应先输入该选项的标识符，如要以三点方式画圆，则先输入“3P”，再按提示输入数据。若提示行最后带有尖括号，则尖括号中的数值为默认值或前一次使用该命令时输入的数值，可输入新的数值或直接按“Enter”使用默认值。

（6）图形显示控制。AutoCAD 2006 提供了多种图形显示功能，以满足用户观察和绘制图形的需要。应该注意的是，图形的缩放显示功能只是改变绘图区域内视图显示的大小，而不改变图形的真实尺寸。

二维图形显示控制操作可通过命令 ZOOM，下拉菜单［视图］/［缩放］，或者标准工具条右侧的显示控制按钮，如图 1-28 所示。

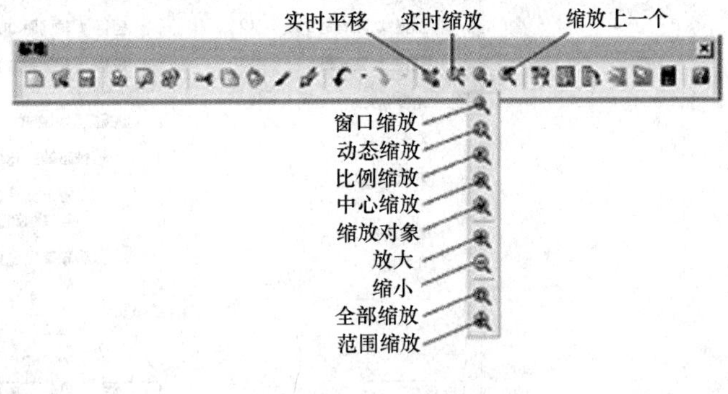

图 1-28　缩放工具栏

图形显示控制操作最简便的方法是采用鼠标滚轮，按住鼠标滚轮，鼠标即变成手状，相当于激活实时平移命令，可实时平移画面，放开鼠标滚轮即退出命令。滚动滚轮可进行放大或缩小。

4. 辅助绘图工具的设置

为了快速准确地绘图，AutoCAD 2006 提供了辅助绘图工具供用户选择。辅助绘图工具位于界面的最底部，可以通过单击切换其开关状态。

（1）捕捉。约束鼠标每次移动的步长。使用命令“Snap”或单击状态栏上的“捕捉”，或按快捷键 F9 可控制捕捉的开启或关闭。

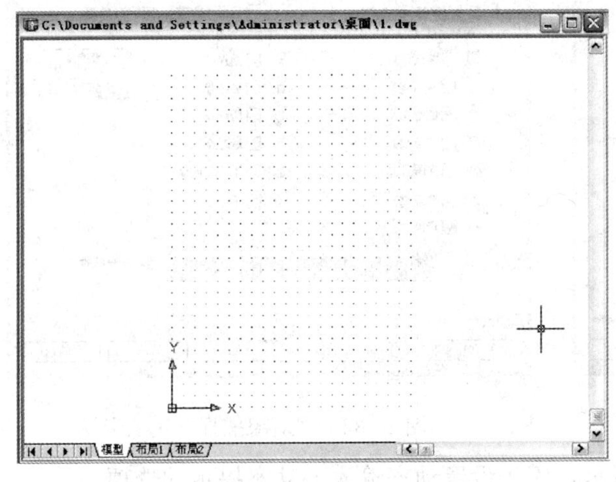

图 1-29　栅格

（2）栅格。栅格是一种可见的参考图标，它由一系列有规则的点组成，类似于带栅格的图纸，如图1-29所示。栅格有助于排列图形对象和看清它们之间的距离。如与捕捉功能配合使用，对提高绘图精度及绘图速度作用更大。使用“Grid”命令或直接用鼠标单击状态栏上的“栅格”，或按快捷键 F7 可控制栅格模式的开启或关闭。栅格不属于图形的一部分，不会被打印出来。

（3）正交模式。使用正交模式可

以绘制水平或垂直的图形对象。使用“Ortho”命令或直接鼠标单击状态栏上的“正交”，或按快捷键 F8 可控制正交模式的开启或关闭。

（4）“草图设置”对话框。AutoCAD 2006 提供了一个“草图设置”对话框，用于设置辅助工具状态及相应参数，如图 1-30 所示，可通过下拉菜单［工具］/［草图设置］，或用右键单击“捕捉”、“栅格”、“极轴”、“对象捕捉”、“对象追踪”、“DYN”按钮，并从弹出的快捷菜单中选择“设置”选项。“草图设置”对话框中有四个选项：

1）“捕捉和栅格”选项。如图1-30所示，用于设置栅格的各项参数和状态、捕捉的各项参数和状态、捕捉的样式和类型。

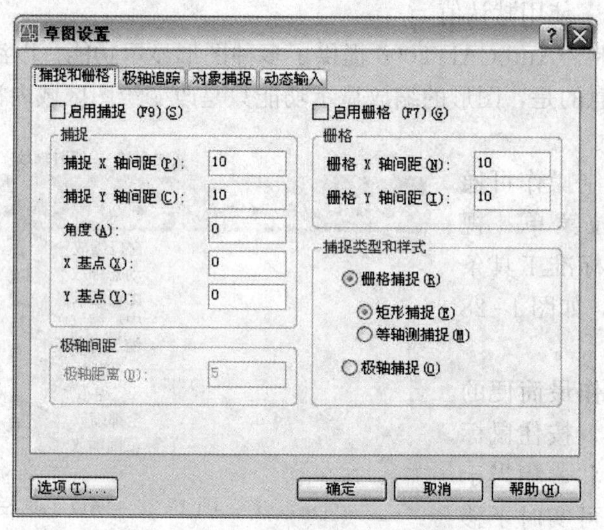

图 1-30　“捕捉和栅格”选项卡

2）“极轴追踪”选项。如图 1-31 所示，用于设置角度追踪和对象追踪的相应参数。

3）“对象捕捉”选项。如图 1-32 所示，用于设置对象捕捉的相应状态。

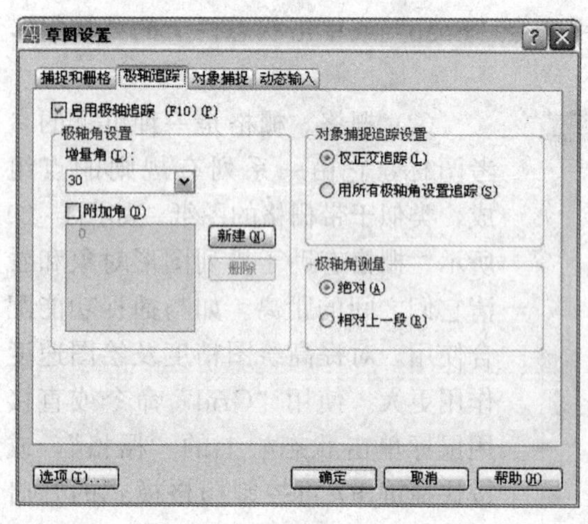

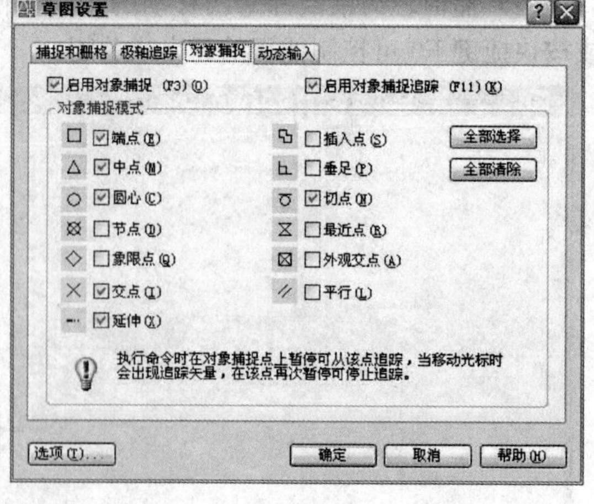

图 1-31　“极轴追踪”选项卡　　　　图 1-32　“对象捕捉”选项卡

4）“动态输入”选项。如图 1-33 所示，用于设置动态输入、动态提示的选项。

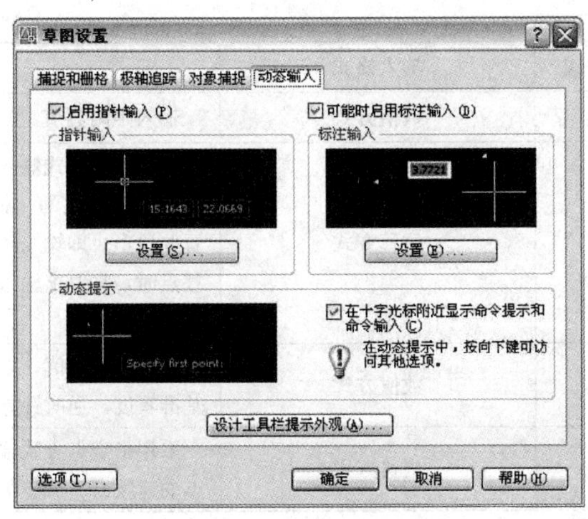

图 1-33　“动态输入”选项卡

5. 常用功能键

AutoCAD 2006 的某些命令，除了可以通过命令窗口输入命令、单击工具条图标、单击菜单项或状态栏对应按钮来完成外，还可使用键盘上的一组功能键，如表 1-7 所示。

表 1-7　　常用功能键

功能键	用　途	功能键	用　途
F1	调用 AutoCAD 帮助对话框	F7	栅格模式开关
F2	图形窗口与文本窗口的切换开关	F8	正交模式开关
F3	对象捕捉开关	F9	栅格捕捉开关
F4	标准数字化仪开关	F10	极轴追踪模式开关
F5	不同方向正等轴测图平面之间的切换	F11	目标捕捉追踪模式开关
F6	坐标显示模式的切换开关	F12	动态输入模式开关

6. 数据输入方法

在执行 AutoCAD 命令时，有时要进行一些必要的数据输入，如点的坐标、距离（包括高度、宽度、半径、直径、行距/列距等）、角度等。具体输入方式如表 1-8 所示。

表 1-8　　数据输入方式

数据类别	输入方式	输入格式		说　明
点	键盘	绝对坐标	$x，y，z$	用坐标 $x，y，z$ 确定的点，数值间用“，”分开。二维作图时不必输入 z
		相对坐标	@$x，y，z$	@表示某点的相对坐标，$x，y，z$ 是相对于前一点的坐标增量
		极坐标	@$l<\alpha$	l 表示输入点相对于前一点的距离，α 是与前一点的连线与 x 轴正向的夹角
	鼠标	拾取光标或目标捕捉		用鼠标将光标移至所希望的位置，单击左键，就输入了该点的坐标。精确绘图时用捕捉特征点或目标追踪捕捉

续表

数据类别	输入方式	输入格式	说　明
距离	键盘	数值方式	输入距离数值
	鼠标	位移方式	采用位移方式输入距离时，AutoCAD 会显示一条由基点出发的“橡皮筋”，移动鼠标至适当位置并单击，即输入了两点间的距离；若无明显的基点时，将要求输入第二点，以两点间的距离作为所需数据
角度	键盘	数值方式	输入角度数值，以度为单位，且以 x 轴正向为基准零度，逆时针方向为正
	鼠标	位移方式	采用指定点方式输入角度时，角度值由输入两点的连线与 x 轴正向的夹角确定

四、AutoCAD 2006 基本绘图命令

AutoCAD 2006 提供了多种绘图的实用命令，每个命令可以有多种激活方式，初学者一般采用工具栏图标方式，激活命令后，在命令窗口会显示出所激活的命令名称，可通过命令窗口来熟记常用命令。下面介绍几个常用命令：

1. 直线命令

可通过以下方式之一激活画直线命令：

➢ 工具栏图标

➢ 下拉菜单操作：[绘图] / [直线]

➢ 命令行操作：LINE 或 L

执行命令后 AutoCAD 提示：

命令：line 指定第一点：（*指定所画直线的起始点*）

指定下一点：[放弃（U）]：（*指定所画直线的端点*）

指定下一点：[放弃（U）]：（*指定第二条直线的端点*）

当画完一段直线后，系统重复提示“指定下一点”，按提示输入点即可画一组相连的线段。当输入的点超过 3 个以上时，系统出现提示：

指定下一点：[闭合（C）/放弃（U）]：

各选项含义如下：

[闭合（C）]：以第一条线段的起始点作为最后一条线段的端点，形成一个闭合的线段环。在绘制了两条或两条以上线段之后，才可以使用“闭合”选项。

[放弃（U）]：删除直线序列中最近绘制的线段。多次输入“U”，按绘制次序的逆序逐个删除线段。

2. 画圆命令

可通过以下方式之一激活画圆命令：

➢ 工具栏图标

➢ 下拉菜单操作：[绘图] / [圆]

➢ 命令行操作：CIRCLE

执行命令后 AutoCAD 提示：

命令：_ circle 指定圆的圆心或［三点（3P）/两点（2P）/相切、相切、半径（T）］：*（指定圆心位置）*

指定圆的半径或［直径（D）］：*（输入半径值或先输入“D”再输入直径值）*

系统默认基于圆的圆心和半径（或直径）画圆。或输入选项标识符选择其他的画圆方式：

［三点（3P）］：基于圆周上的三点绘制圆。分别指定三个点确定圆。如图 1-34（a）所示。

［两点（2P）］：基于圆直径上的两个端点绘制圆。分别指定圆的直径上的两个端点画圆。如图 1-34（b）所示。

［相切、相切、半径（T）］：基于指定半径和两个相切对象绘制圆。分别指定对象与圆的第一个切点和对象与圆的第二个切点，指定圆的半径即可画圆。如图 1-34（c）所示。

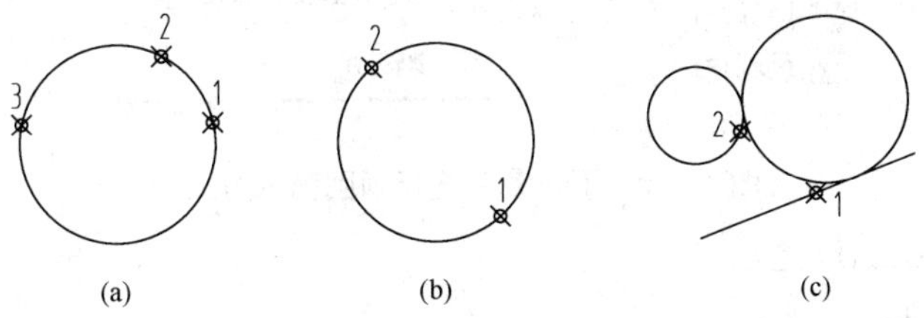

图 1-34　画圆的方式

（a）三点（3P）；（b）两点（2P）；（c）相切、相切、半径（T）

也可以通过［绘图］/［圆］子菜单中选择画圆方式，如图 1-35 所示。

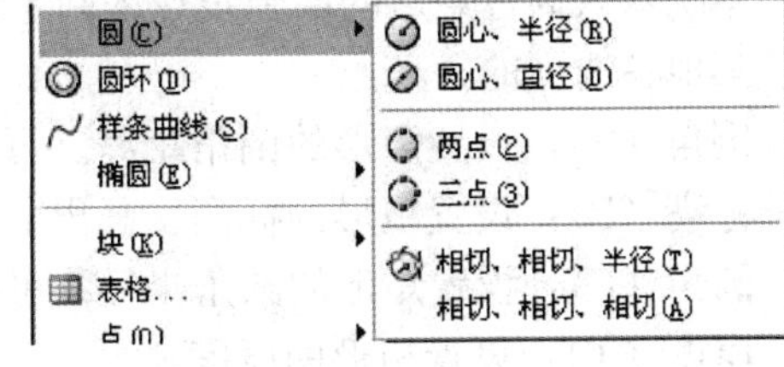

图 1-35　下拉菜单选择画圆的方式

3. 画圆弧命令

可通过以下方式之一激活画圆弧命令：

➢ 工具栏图标

➢ 下拉菜单操作：［绘图］/［圆弧］

➢ 命令行操作：ARC

执行命令后 AutoCAD 提示：

命令：arc 指定圆弧的起点或［圆心（C）］：*（指定圆弧的第 1 点）*

指定圆弧的第二个点或［圆心（C）/端点（E）］：*（指定圆弧的第 2 点）*

指定圆弧的端点：*（指定圆弧的第 3 点）*

系统默认基于三个点画圆弧方式，分别指定不在同一条直线上的三个点，第一个点为起点，第二个点是圆弧周线上的一个点，第三个点为端点。如图 1-36 所示。如果已知起点、中心点和端点，可通过输入标识符“C”或“E”来首先指定中心点或起点。

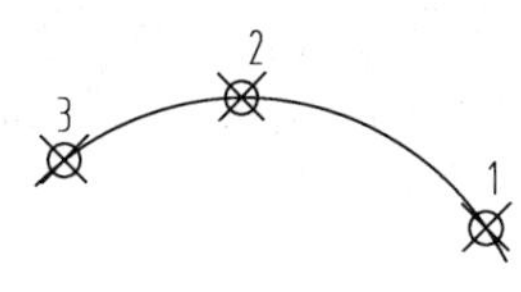

图 1-36　三点画圆弧的方式

也可以通过［绘图］/［圆弧］子菜单中选择画圆弧方式，如图 1-37 所示。

4. 画矩形命令

可通过以下方式之一激活画矩形命令：

➢ 命令行操作：RECTANG

➢ 下拉菜单操作：［绘图］/［矩形］

➢ 工具栏图标

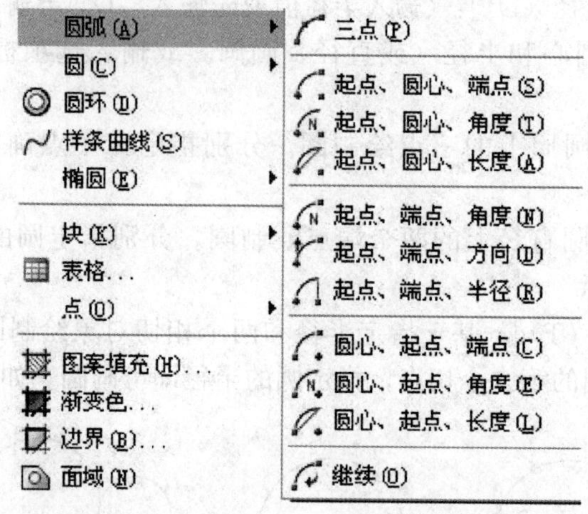

图 1-37　下拉菜单选择画圆弧的方式

执行命令后 AutoCAD 提示：

命令：RECTANG

指定第一个角点或［倒角（C）/标高（E）/圆角（F）/厚度（T）/宽度（W）］：（*指定矩形的第一个角点*）

指定另一个角点或［面积（A）/尺寸（D）/旋转（R）］：（*指定矩形的另一个角点*）

系统默认通过矩形的两个角点来确定矩形，所画出矩形的边与当前的 X 轴或 Y 轴平行。

其他各选项的含义：

倒角（C）：设置矩形的倒角距离。可画四个角带倒角的矩形。

标高（E）：设置矩形的标高。画出的矩形沿 Z 轴方向偏离 XOY 平面。

圆角（F）：设置矩形的圆角半径。可画四个角带圆角的矩形。

厚度（T）：设置矩形的厚度。

宽度（W）：为所绘制的矩形设置线宽。

面积（A）：使用面积与长度或宽度创建矩形。

尺寸（D）：使用长和宽创建矩形。

旋转（R）：按指定的旋转角度创建矩形。

5. 画正多边形命令

可通过以下方式之一激活画正多边形命令：

➢ 命令行操作：POLYGON

➢ 下拉菜单操作：［绘图］/［正多边形］

➢ 工具栏图标

执行命令后 AutoCAD 提示：

命令：POLYGON

输入边的数目〈5〉：（*指定正多边形的边数*）

指定正多边形的中心点或［边（E）］：（*指定正多边形的中心点*）

输入选项［内接于圆（I）/外切于圆（C）］〈I〉：*（输入选项）*

指定圆的半径：*（输入圆的半径）*

系统默认基于正多边形的中心及其内接圆或外切圆半径画正多边形。

内接于圆（I）：指定外接圆的半径，正多边形的所有顶点都在此圆周上。如图 1-38（a）所示。

外切于圆（C）：指定从正多边形中心点到各边中点的距离。如图 1-38（b）所示。

边（E）：通过指定第一条边的端点来定义正多边形。如图 1-38（c）所示。

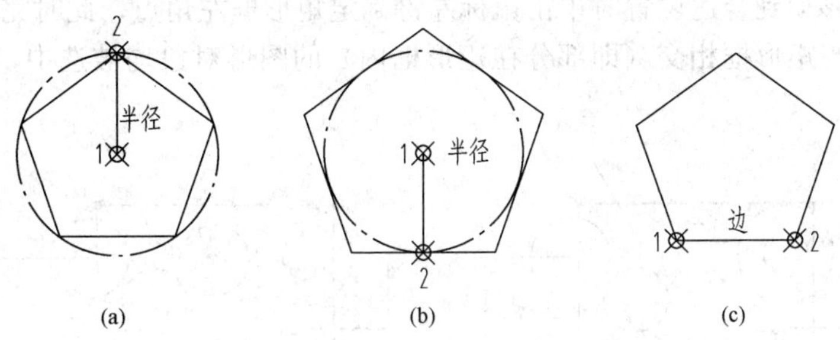

图 1-38　画正多边形

（a）内接于圆（I）；（b）外切于圆（C）；（c）边（E）

6. 画椭圆命令

可通过以下方式之一激活画椭圆命令：

- 工具栏图标
- 下拉菜单操作：［绘图］/［椭圆］
- 命令：ellipse

执行命令后 AutoCAD 提示：

命令：ellipse

指定椭圆的轴端点或［圆弧（A）/中心点（C）］：*（指定椭圆一条轴的第一个端点）*

指定轴的另一个端点：*（指定椭圆一条轴的另一个端点）*

指定另一条半轴长度或［旋转（R）］：*（指定椭圆另一条半轴的长度）*

系统默认利用椭圆上一条轴的两个端点的位置以及另一条半轴的长度绘制椭圆。如图 1-39所示。

也可以通过［绘图］/［椭圆］子菜单中选择画椭圆或椭圆弧的方式，如图 1-40 所示。

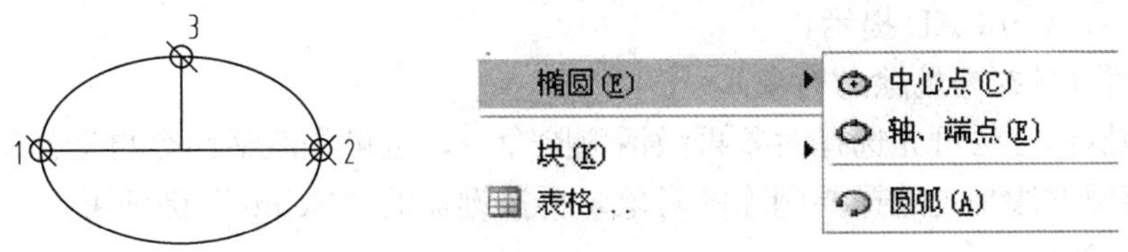

图 1-39　画椭圆　　图 1-40　下拉菜单选择画椭圆的方式

五、AutoCAD 2006 基本编辑命令

1. 编辑对象的选择方法

AutoCAD 在执行编辑操作和进行一些其他操作时，必须指定操作对象，即选择目标。

AutoCAD 有多种选择对象的方法，常用的有：

（1）单击法。用鼠标左键单击要选取的对象，该对象即变为以虚线方式显示，表明该对象已被选取。

（2）实线框选取法。单击鼠标左键先指定左角点，然后向右拖出矩形框，此矩形框显示为实线，当鼠标移动到合适位置时单击鼠标左键确定矩形框右角点，只有完全处在矩形框内的图形对象才被选中，处于框外或与矩形框相交的对象不能被选中，如图 1-41（a）所示。

（3）虚线框选取法。单击鼠标左键先指定右角点，然后向左拖出矩形框，此矩形框显示为虚线，当鼠标移动到合适位置时单击鼠标左键确定矩形框左角点，此时完全处在矩形框内的图形对象或者与矩形框相交（即部分在矩形框内）的图形对象均被选中，如图 1-41（b）所示。

图 1-41　用矩形框构造选择集

（a）实线框选取法；（b）虚线框选取法

此外还可通过 AutoCAD 提供的选择图形对象命令，确定选择图形对象的方法。操作方法是当 AutoCAD 提示选择对象时，输入“?”按“Enter”，则有提示：

需要点或窗口(W)/上一个(L)/窗交(C)/框(BOX)/全部(ALL)/栏选(F)/圈围(WP)/圈交(CP)/编

组(G)/添加(A)/删除(R)/多个(M)/前一个(P)/放弃(U)/自动(AU)/单个(SI)

根据提示输入不同的选项标识符进行选取操作。

2. 删除命令

可通过以下方式之一激活删除命令：

- 工具栏操作：单击修改工具栏图标
- 下拉菜单操作：[修改] / [删除]
- 命令行操作：ERASE

执行命令后 AutoCAD 提示：

选择对象：*（选择要删除的对象）*

以上三种操作方法可先选择对象再激活删除命令，也可先激活命令再选择对象。还有一种最常用的简便方法是先选择要删除的对象，再按键盘的“Delete”键即可。

3. 复制命令

可通过以下方式之一激活复制命令：

- 工具栏操作：单击修改工具栏图标
- 下拉菜单操作：[修改] / [复制]
- 命令行操作：COPY 或 CO

执行命令后 AutoCAD 提示：

命令：_copy

选择对象：*（使用对象选择方法选择对象，完成后按 Enter 键）*

指定基点或［位移（D）］〈位移〉：*（指定基点）*

指定第二个点或［退出（E）/放弃（U）］〈退出〉：*（指定第二点）*

通过指定的“基点”和“第二点”两点定义一个矢量，指示复制对象移动的距离和方向。COPY 命令可以重复操作。要退出该命令，请按 Enter 键或空格键或“Esc”键。

选项位移（D）：可通过输入坐标值指定相对距离和方向。

4. 移动命令

可通过以下方式激活移动命令：

- 工具栏操作：单击修改工具栏图标✥
- 下拉菜单操作：［修改］/［移动］
- 命令行操作：MOVE 或 M

执行命令后 AutoCAD 提示：

命令：move

选择对象：*（使用对象选择方法选择对象并在结束时按 Enter 键）*

指定基点或［位移（D）］〈位移〉：*（指定基点）*

指定第二点或〈使用第一点作为位移〉：*（指定第二点）*

通过指定的“基点”和“第二点”两点定义一个矢量，指示对象移动的距离和方向。

选项位移（D）：可通过输入坐标值指定相对距离和方向。

5. 旋转命令

可通过以下方式激活旋转命令：

- 工具栏操作：单击修改工具栏图标
- 下拉菜单操作：［修改］/［旋转］
- 命令行操作：ROTATE 或 RO

执行命令后 AutoCAD 提示：

命令：rotate

UCS 当前的正角方向：ANGDIR＝逆时针　ANGBASE＝0 *（当前的正角度方向和零角度方向）*

选择对象：*（使用对象选择方法选择对象并在结束时按 Enter 键）*

指定基点：*（指定点作为旋转中心）*

指定旋转角度或［复制（C）/参照（R）］：*（输入旋转角度）*

系统默认通过指定基点及对象绕基点旋转的角度来旋转对象。其他选项有含义：

复制（C）：复制并旋转选定的对象。

参照（R）：将对象从指定的角度旋转到新的绝对角度。

6. 镜像命令

可通过以下方式激活镜像命令：

- 工具栏操作：单击修改工具栏图标
- 下拉菜单操作：［修改］/［镜像］

➢ 命令行操作：MIRROR 或 MI

执行命令后 AutoCAD 提示：

命令：mirror

选择对象：*（使用对象选择方法选择要进行镜像的源对象并按 Enter 键）*

指定镜像线的第一点：*（指定要作为镜像线的第一点）*

指定镜像线的第二点：*（指定确定镜像线的第二点）*

要删除源对象吗？［是（Y）/否（N）］<N>：*（输入 y 或 n，或按 Enter 键）*

其中选项N：镜像后保留原始对象，如图 1-42（c）所示。

Y：镜像后删除原始对象，如图 1-42（d）所示。

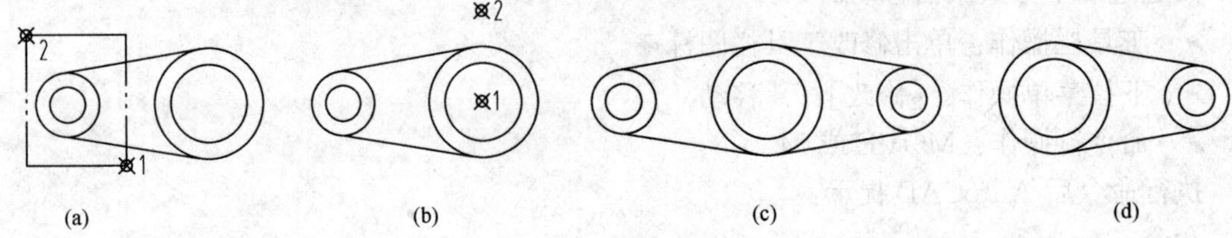

图 1-42　镜像

（a）选定对象；（b）指定对称线；（c）保留源对象；（d）删除源对象

7. 偏移命令

可通过以下方式激活偏移命令：

➢ 工具栏操作：单击修改工具栏图标

➢ 下拉菜单操作：［修改］/［偏移］

➢ 命令行操作：OFFSET 或 O

执行命令后 AutoCAD 提示：

命令：offset

当前设置：删除源=否　图层=源　OFFSETGAPTYPE=0 *（显示当前设置）*

指定偏移距离或［通过（T）/删除（E）/图层（L）］〈当前距离〉：*（指定偏移距离）*

选择要偏移的对象，或［退出（E）/放弃（U）］〈退出〉：*（选择一个对象）*

指定要偏移的那一侧上的点，或［退出（E）/多个（M）/放弃（U）］〈退出〉：*（指定一点确定偏移方向）*

系统默认通过指定偏移距离来偏移对象，如图 1-43（a）所示。其他选项的含义：

退出（E）：退出 OFFSET 命令。

多个（M）：输入 “M”，则使用当前偏移距离重复进行偏移操作。

放弃（U）：撤消前一个偏移。

通过（T）：通过指定点来确定偏移的距离和方向，如图 1-43（b）所示。

删除（E）：偏移源对象后将其删除。

图层（L）：确定将偏移对象创建在当前图层上还是源对象所在的图层上。

8. 阵列命令

可通过以下方式激活阵列命令：

➢ 工具栏操作：单击修改工具栏图标

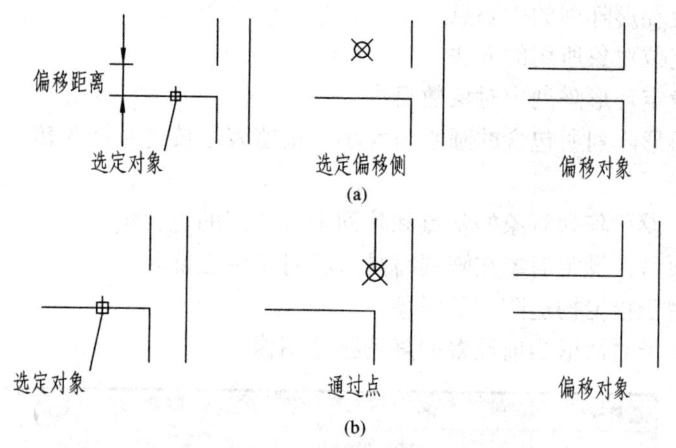

图 1-43　偏移对象

(a) 通过指定距离偏移对象；(b) 通过指定点偏移对象

➢ 下拉菜单操作：[修改] / [阵列]

➢ 命令行操作：ARRAY 或 AR

执行命令后 AutoCAD 将弹出对话框：矩形阵列（见图 1-44）或环形阵列（见图 1-45）。

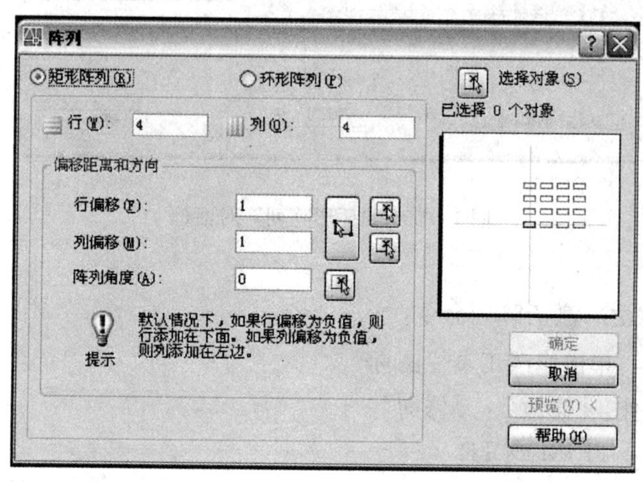

图 1-44　"矩形阵列"对话框

(1) 矩形阵列：用来绘制矩形阵列。如图 1-40 所示对话框中各选项的含义：

行：指定阵列中的行数

列：指定阵列中的列数

行偏移：指定行间距数值，若数值为负值，将向下添加行。

列偏移：指定列间距数值，若数值为负值，将向左添加列。

阵列角度：指定旋转角度，默认值为 0。

选择对象：用于指定构造阵列的对象。

预览：显示基于对话框当前设置的阵列预览图像。

(2) 环形阵列：用来绘制环形阵列。如图 1-45 所示对话框中各选项的含义：

中心点：指定环形阵列的中心点

方法：指定定位对象所用的方法

项目总数：设定环形阵列中对象数目

填充角度：环形阵列所包含的圆心角大小。正值表示按逆时针旋转。负值表示按顺时针旋转。

项目间角度：设置阵列对象的基点和阵列中心之间的包含角。

复制时旋转项目：设定对象在阵列时是否相对于中心旋转。

选择对象：用于指定构造阵列的对象。

预览：显示基于对话框当前设置的阵列预览图像。

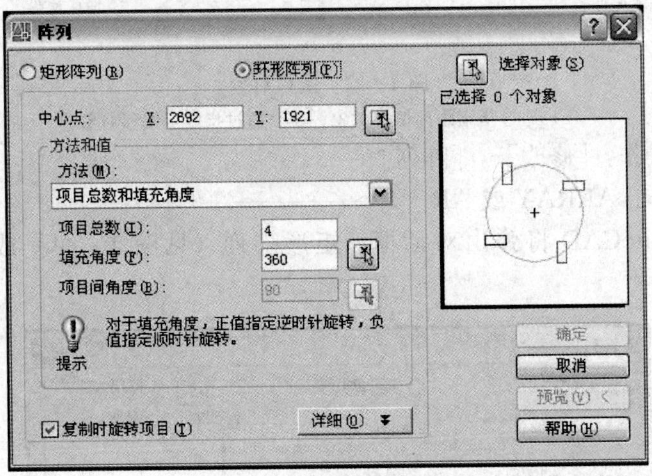

图 1-45 “环形阵列”对话框

9. 修剪命令

可通过以下方式之一激活阵列命令：

- 工具栏操作：单击修改工具栏图标
- 下拉菜单操作：[修改] / [修剪]
- 命令行操作：TRIM 或 TR

执行命令后 AutoCAD 提示：

命令：trim

当前设置：投影＝UCS，边＝延伸

选择剪切边…

选择对象或〈全部选择〉：*(选择对象作为剪切边，或者按 Enter 键选择所有显示的对象)*

选择要修剪的对象，或按住 Shift 键选择要延伸的对象，或 [栏选(F)/窗交(C)/投影(P)/边(E)/删除(R)/放弃(U)]：*(使用对象选择方法选择要修剪的对象)*

如图 1-46 所示，以剪切边为界限，剪去要修剪的对象。选择要修剪的对象时，选择修剪对象提示将会重复，因此可以选择多个修剪对象。若按住 Shift 键，此命令切换为“延伸”模式，可延伸选定对象。放开 Shift 键以切换为“修剪”模式。

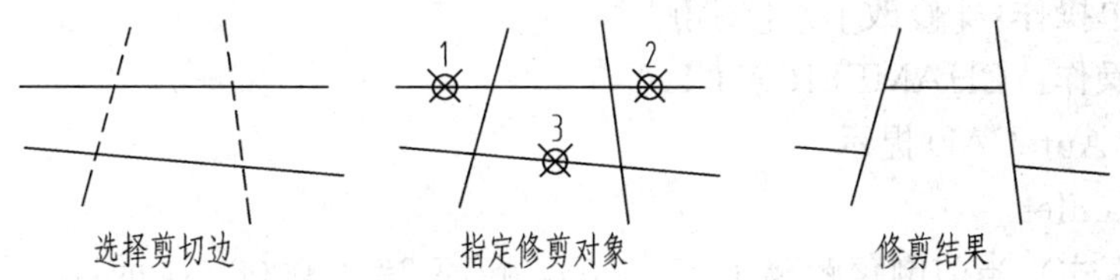

图 1-46　修剪命令的应用

其他选项的含义：

栏选（F）：选择与选择栏相交的所有对象。

窗交（C）：选择矩形区域（由两点确定）内部或与之相交的对象。

投影（P）：指定修剪对象时使用的投影方法。

边（E）：确定对象是否在另一对象的延长边处进行修剪。

删除（R）：删除选定的对象。用来删除不需要的对象，而无须退出 TRIM 命令。

放弃（U）：撤消由 TRIM 命令所作的最近一次修改。

10. 延伸命令

可通过以下方式之一激活延伸命令：

- 工具栏操作：单击修改工具栏图标
- 下拉菜单操作：[修改] / [延伸]
- 命令行操作：EXTEND 或 EX

执行命令后 AutoCAD 提示：

命令：extend

当前设置：投影=UCS，边=延伸

选择边界的边…

选择对象或〈全部选择〉：*（选择对象作为延伸边界，或者按 Enter 键选择所有显示的对象）*

选择要延伸的对象，或按住 Shift 键选择要修剪的对象，或 [栏选（F）/窗交（C）/投影（P）/边（E）/删除（R）/放弃（U）]：*（指定对象选择方法来选择要延伸的对象）*

如图 1-47 所示，以延伸边界为界限，延伸所选择的对象。

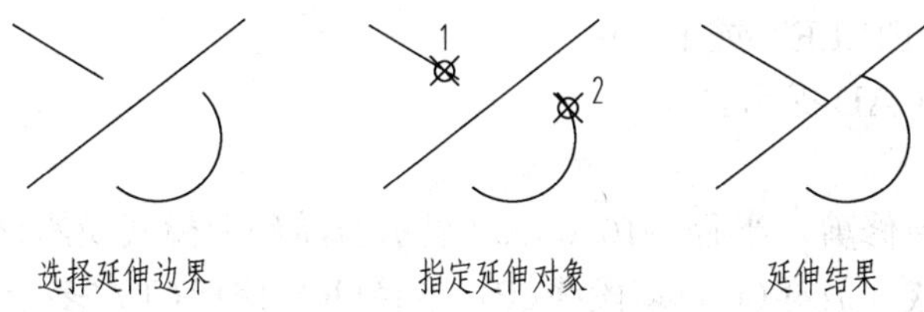

图 1-47　延伸命令的应用

各选项的含义及操作方法与修剪命令相同，按住 Shift 键可在修剪和延伸之间切换。

11. 倒角命令

可通过以下方式之一激活倒角命令

- 工具栏操作：单击修改工具栏图标

➢ 下拉菜单操作：［修改］/［倒角］

➢ 命令行操作：CHAMFER 或 CHA

执行命令后 AutoCAD 提示：

命令：_chamfer

（“修剪”模式）当前倒角距离 1=1.0000，距离 2=1.0000（*显示当前系统参数*）

选择第一条直线或［放弃（U）/多段线（P）/距离（D）/角度（A）/修剪（T）/方式（E）/多个（M）］：（*选择要倒角的第一条线*）

选择第二条直线，或按住 Shift 键选择要应用角点的直线：（*选择要倒角的第二条线*）

系统默认通过选择两条直线来进行倒角。当选择第一条直线后，系统提示选取第二条直线，此时选取第二条直线后，AutoCAD 就会分别以第一个倒角距离和第二个倒角距离对这两条直线进行倒角，如图 1-48（a）、（b）。其他选项的含义：

多段线（P）：对整条多段线的各个顶角进行倒角。如对矩形可同时将四个角倒角，如图 1-48（c）所示。

距离（D）：用于设定倒角时的倒角距离。

角度（A）：根据一个倒角距离和一个倒角角度进行倒角。

修剪（T）：确定倒角时是否对相应的倒角边进行修剪。

方式（E）：控制倒角时是使用两个距离还是一个距离一个角度来创建倒角。

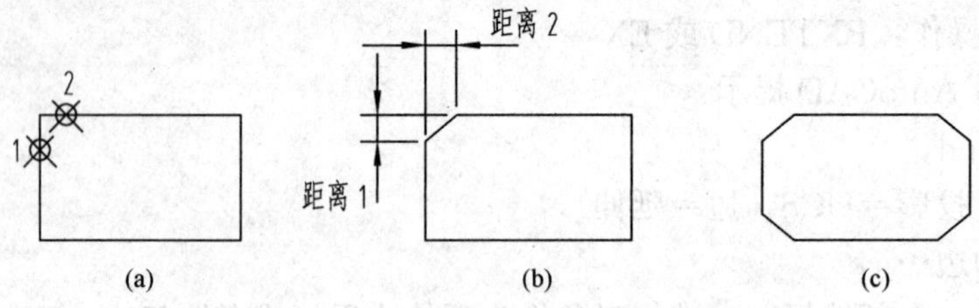

图 1-48　倒角命令的应用

12. 圆角命令

可通过以下方式之一激活：

➢ 工具栏操作：单击修改工具栏图标

➢ 下拉菜单操作：［修改］/［圆角］

➢ 命令行操作：FILLET 或 F

执行命令后 AutoCAD 提示：

命令：_fillet

当前设置：模式=修剪，半径=10.0000（*显示当前修剪模式及默认半径*）

选择第一个对象或［放弃(U)/多段线(P)/半径(R)/修剪(T)/多个(M)］：

选择第二个对象，或按住 Shift 键选择要应用角点的对象：

系统默认通过选择两条直线来进行圆角。当选择第一条直线后，系统提示选取第二条直线，此时选取第二条直线后，AutoCAD 就会以默认半径对这两条直线进行圆角。选项半径(R)，用于设定圆角半径。

其他选项与倒角命令相同。

六、AutoCAD 2006 基本尺寸标注命令

1. 线性标注

线性标注可用于标注水平和垂直尺寸，可通过以下方法激活线性标注命令：

- 工具栏操作：单击标注工具栏图标
- 下拉菜单操作：[标注] / [线性]
- 命令行操作：DIMLINEAR 或 DLI

执行命令后 AutoCAD 提示：

命令：_dimlinear

指定第一条尺寸界线原点或〈选择对象〉：*(指定第一条尺寸界线起点)*

指定第二条尺寸界线原点：*(指定第二条尺寸界线起点)*

指定尺寸线位置或［多行文字(M)/文字(T)/角度(A)/水平(H)/垂直(V)/旋转(R)]：*(移动鼠标指定尺寸线的位置)*

系统默认按已设置的标注样式按默认的比例标注出尺寸。当提示指定第一条尺寸界线时，也可直接回车，按提示选择要标注的对象，如图 1 - 49（a）所示；当提示指定尺寸线位置时，可通过选项标识符来更改默认标注，各选项含义如下：

多行文字（M）：用于在多行文本编辑器中输入尺寸文本。

文字（T）：用于在命令行中输入尺寸文本。

角度（A）：用于改变尺寸文本的角度。

水平（H）、垂直（V）：指定标注水平型尺寸或垂直型尺寸。如图 1 - 49（a）所示，当选择 1 点和 2 点后，若输入选项“H”，则只能标出水平尺寸，如图 1 - 49（b）所示，若输入选项“V”，则只能标出垂直尺寸，如图 1 - 49（c）所示。一般通过移动鼠标至合适位置，系统会自动变换“水平”或“垂直”模式。

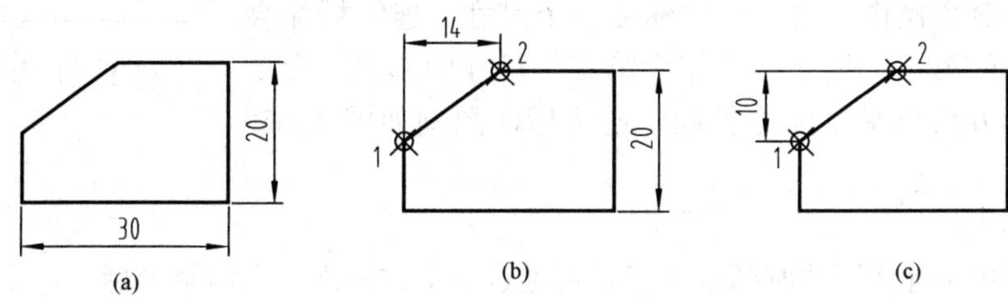

图 1 - 49　线性标注

2. 对齐标注

对齐标注可对斜线进行尺寸标注，可通过以下方法之一激活对齐标注命令：

- 工具栏操作：单击标注工具栏图标
- 下拉菜单操作：[标注] / [对齐]
- 命令行操作：Dimaligned

执行命令后 AutoCAD 提示：

命令：_dimaligned

指定第一条尺寸界线原点或〈选择对象〉：*(指定第一条尺寸界线起点)*

指定第二条尺寸界线原点：*(指定第二条尺寸界线起点)*

指定尺寸线位置或［多行文字(M)/文字(T)/角度(A)］:(*移动鼠标指定尺寸线的位置*)

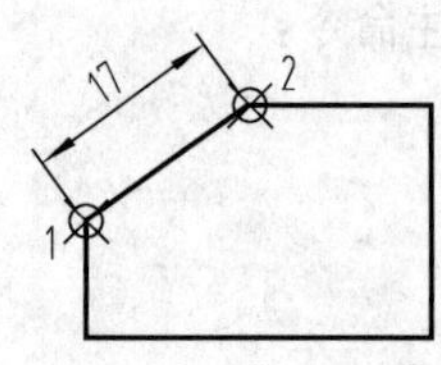

图 1-50　对齐标注

有关操作和选项含义与线性标注相同。对齐标注图例如图 1-50 所示。

3. 基线标注

基线标注可标注从同一基线开始的多个尺寸，可通过以下方法之一激活基线标注命令：

➢ 工具栏操作：单击标注工具栏图标

➢ 下拉菜单操作：［标注］/［基线］

➢ 命令行操作：dimbaseline

在执行该命令操作之前，应先标注一个尺寸，基线标注会自动将此尺寸的第一个尺寸界线作为基线。执行基线标注命令后 AutoCAD 提示：

命令：_ dimbaseline

指定第二条尺寸界线原点或［放弃（U）/选择（S）］〈选择〉:

此时指定另一个尺寸的第二条尺寸界线的引出点的位置就可自动标注出尺寸，提示会重复出现，直到标完该基线的所有尺寸，如图 1-51 所示。

4. 连续标注

连续标注可标注一系列首尾相接的尺寸，可通过以下方法之一激活连续标注命令：

➢ 工具栏操作：单击标注工具栏图标

➢ 下拉菜单操作：［标注］/［连续］

➢ 命令行操作：dimcontinue

在执行该命令操作之前，应先标注一个尺寸，连续标注会自动将此尺寸的第二个尺寸界线作为第二个尺寸的起点，命令的提示及操作方法与基线标注相同。连续标注图例如图 1-52 所示。

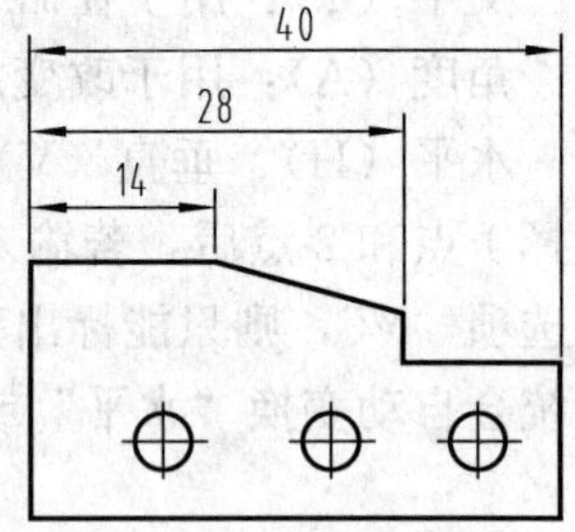

图 1-51　基线标注

5. 半径标注

半径标注用于标注圆或圆弧的半径，可通过以下方法之一激活半径标注命令：

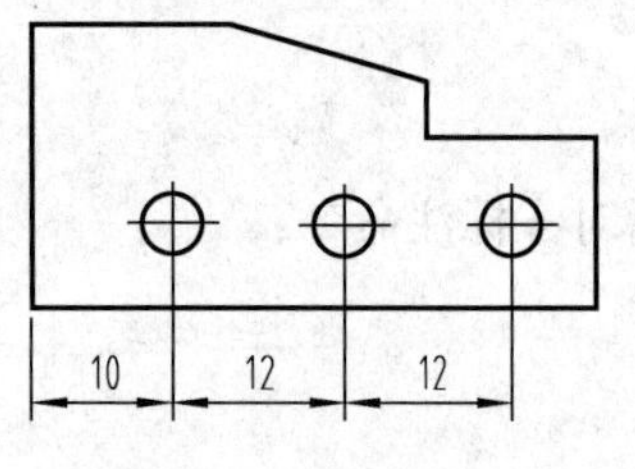

图 1-52　连续标注

➢ 工具栏操作：单击标注工具栏图标

➢ 下拉菜单操作：［标注］/［半径］

➢ 命令行操作：dimradius

命令：_ dimradius

选择圆弧或圆：(*选择需要标注的圆或圆弧*)

指定尺寸线位置或［多行文字(M)/文字(T)/角度(A)］:(*确定标注线的位置或输入选项标识符*)

如果需要修改系统自动生成的尺寸文字，则在输入新文字时应加半径符号“R”。

6. 直径标注

直径标注用于标注圆或圆弧的直径，可通过以下方法之一激活直径标注命令：

➢ 工具栏操作：单击标注工具栏图标

➢ 下拉菜单操作：［标注］/［直径］

➢ 命令行操作：dimdiameter

执行命令后提示及操作方法步骤与半径标注相同，如果需要修改系统自动生成的尺寸文字，则在输入新文字时应加直径符号“%%C”。

7. 角度标注

角度标注用于标注角度尺寸，可通过以下方法之一激活角度标注命令：

➢ 工具栏操作：单击标注工具栏图标

➢ 下拉菜单操作：［标注］/［角度］

➢ 命令行操作：dimangular

执行命令后 AutoCAD 提示：

选择圆弧、圆、直线或〈指定顶点〉：

在此提示下可有不同的操作：

1）选择圆弧：若选择圆弧，则标注出圆弧所对应的圆心角的角度，如图 1-53（a）所示。

2）选择圆：若选择圆，则系统提示：

指定角的第二个端点：(*指定第二个点*)

系统将标注出以圆心为角度顶点、指定圆时的第一点和按提示指定的第二点作为尺寸界线起点的角度，如图 1-53（b）所示。

3）选择直线：若选择一条直线，则系统提示选择第二条直线，则标出两直线间的夹角。移动鼠标可以选择标注锐角或钝角，如图 1-53（c）、(d）所示。

4）指定顶点：通过指定三个点来标注角度。激活角度标注命令后按回车，则系统提示：

指定角的顶点：(*指定角度顶点*)

指定角的第一个端点：(*指定第一个端点*)

指定角的第二个端点：(*指定第二个端点*)

指定三个点后，角度标注如图 1-53（e）所示。

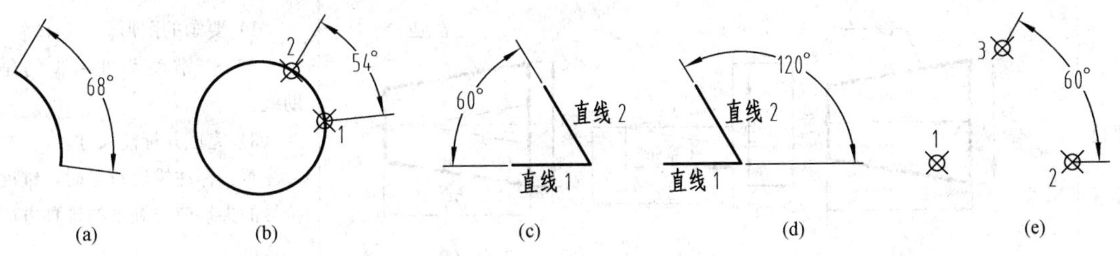

图 1-53　角度标注

第三节　平面图形的画法

一、平面图形的画法

机件轮廓图形是由若干直线、圆弧和其他曲线组成的几何图形。学会分析图形，熟练掌握几何图形的正确画法，才能保证绘图质量，提高绘图速度。

1. 斜度和锥度

斜度：一直线（或平面）对另一直线（或平面）的倾斜程度称为斜度，如图 1 - 54 所示。斜度用字母 S 表示，其大小用两直线（或平面）之间夹角的正切值来表示，并写成 $1:n$的形式。

$$S = \tan\alpha = H/L = 1:n$$

锥度：正圆锥的底圆直径与锥高之比称为圆锥的锥度。若是正圆台，则锥度是指两底圆直径之差与台高之比，如图 1 - 55 所示。锥度用字母 C 表示，并写成 $1:n$ 的形式。

$$C = D/L \quad 或 \quad (D-d)/l = 1:n$$

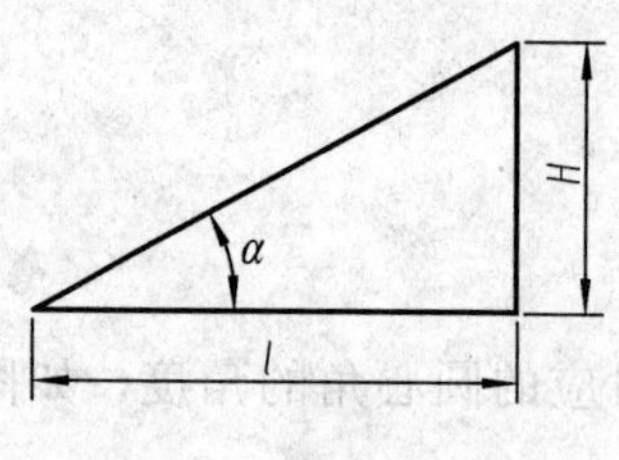

图 1 - 54　斜度

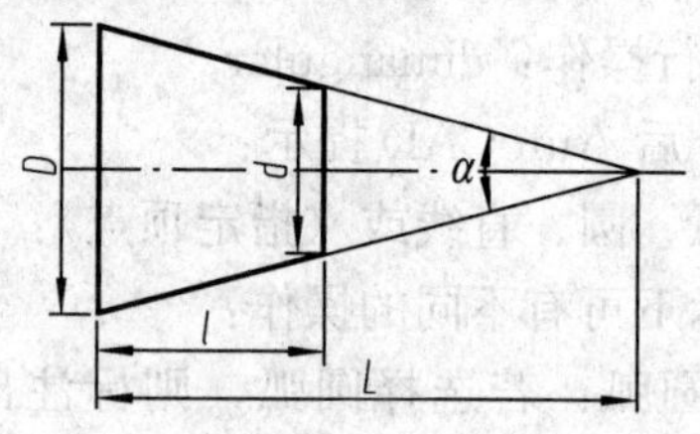

图 1 - 55　锥度

斜度和锥度的画法如表 1 - 9 所示。

表 1 - 9　　斜度和锥度

种类	作图步骤	说　明
斜度	(1) 1:6, 20, 60　(2) 20, 1等分, 6等分, 60　(3) 1:6, 20, 60	(1) 要画的图形。 (2) 作斜度为 1：6 的辅助线。 (3) 完成并标注尺寸。 注意：标注斜度符号时，斜度符号的斜边斜向应与斜度的方向一致
锥度	(1) 1:3, φ18, 25　(2) φ18, 1等分, 3等分, 25　(3) 1:3, φ18, 25	(1) 要画的图形。 (2) 作锥度为 1：3 的辅助线。 (3) 完成并标注尺寸。 注意：标注锥度符号时，锥度符号的尖端应与圆锥的锥顶方向一致

2. 圆弧连接方法

用一段圆弧光滑地连接相邻两已知线段（直线或圆弧）的作图方法称为圆弧连接。要保证光滑连接，必须使线段在连接处相切。圆弧连接的基本作图方法是先求连接圆弧的圆心及连接圆弧与已知线段的切点，再画连接圆弧。常见圆弧连接的作图方法步骤见表1 - 10。

表 1-10　**圆弧连接方法**

	作图方法和步骤		
	求连接圆弧圆心 *O*	求连接点（切点）*A*、*B*	连接圆弧
圆弧连接两已知直线	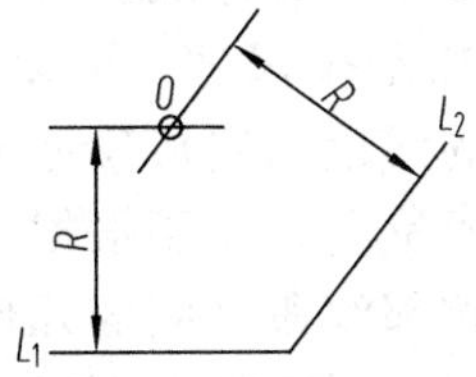	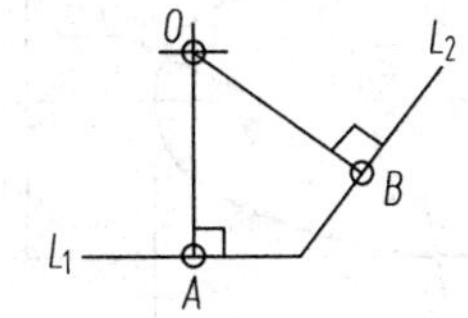	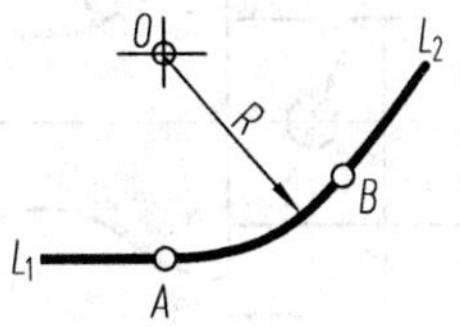
圆弧连接已知直线和圆弧	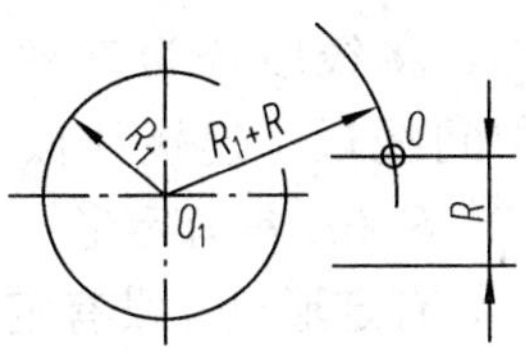	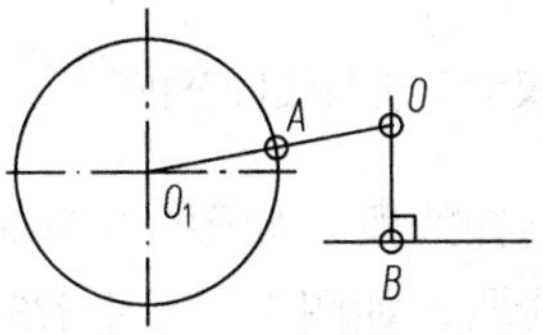	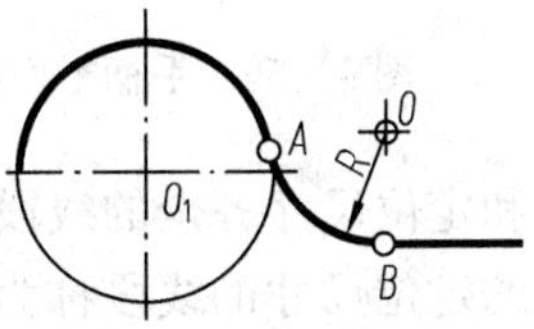
圆弧外切连接两已知圆弧	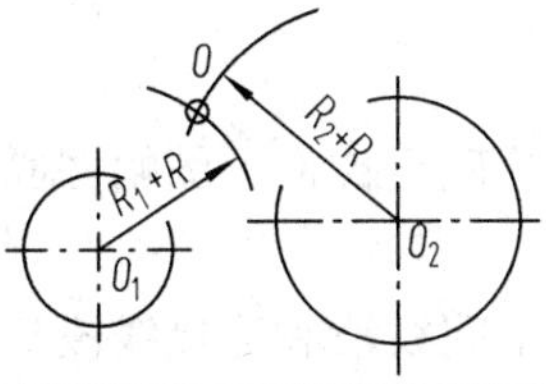	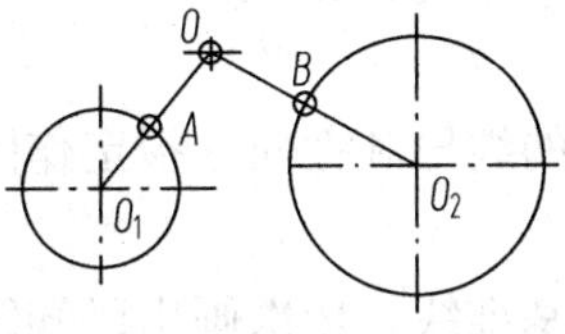	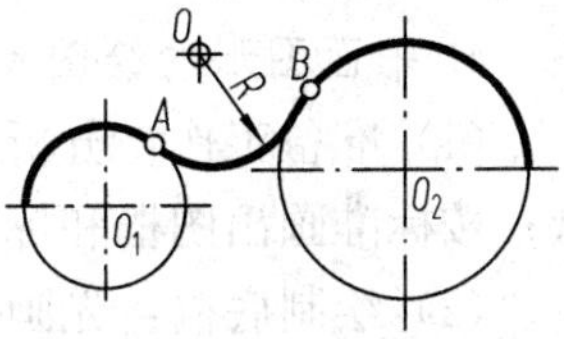
圆弧内切连接两已知圆弧	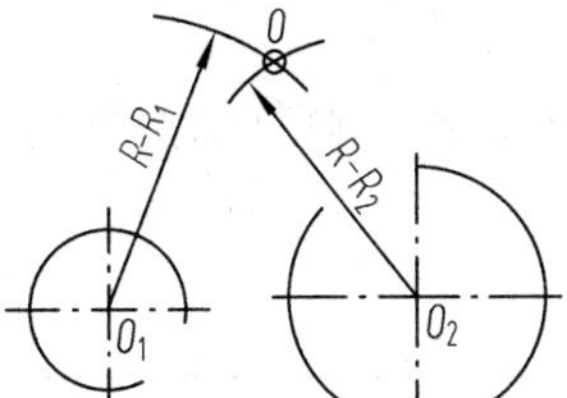	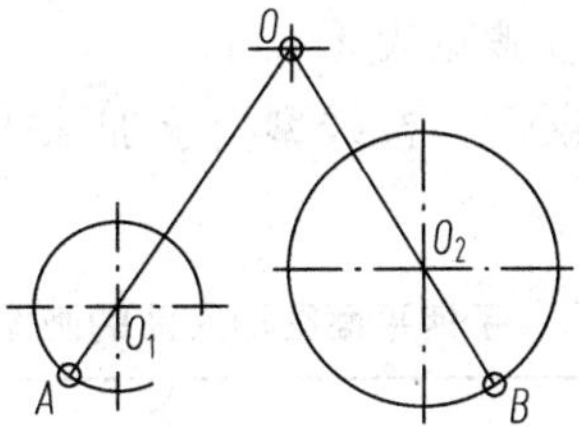	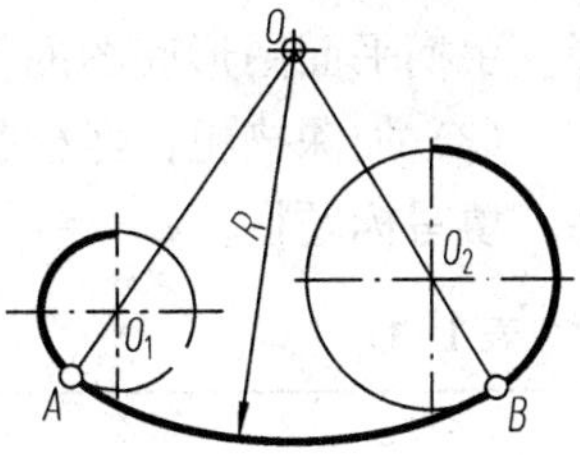
圆弧分别内外切连接两已知圆弧	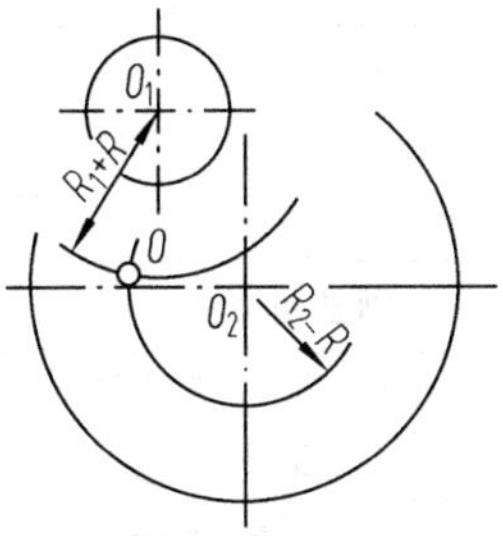	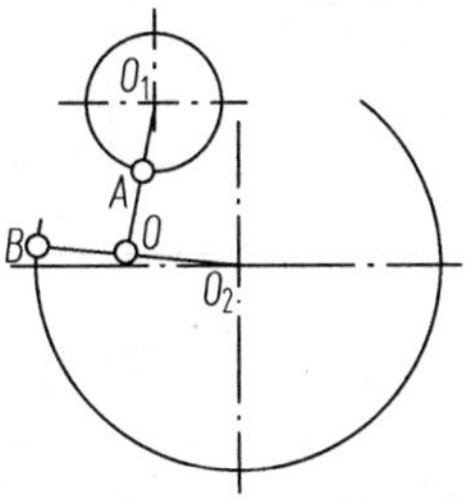	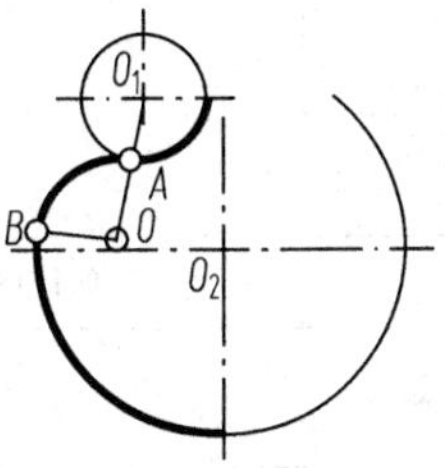

3. 平面图形的分析

任何平面图形都是由若干直线段或曲线段组成，线段之间的连接关系和位置关系由给定的尺寸来确定。因此，掌握平面图形的分析方法，对正确、快速绘制图样有重要作用。

（1）平面图形的尺寸分析。平面图形的尺寸，按作用可以分为定形尺寸和定位尺寸。定形尺寸是指确定平面图形上几何元素形状大小的尺寸。如图 1-56 中的 15、$\phi 20$、$\phi 5$、$R15$、$R12$ 等均为定形尺寸。定位尺寸是指确定平面图形中各组成部分之间相对位置的尺寸，如图 1-56中尺寸 8 是确定圆孔$\phi 5$ 位置的定位尺寸。一个尺寸可以既是定形尺寸，也是定位尺寸。如图 1 - 56 中的 75，既是确定手柄长度的定形尺寸，又是确定 $R10$ 圆心位置的定位尺寸。

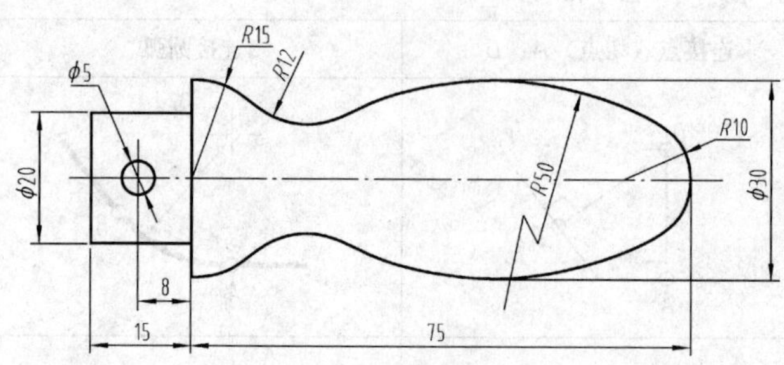

图 1 - 56　手柄平面图形的尺寸分析与线段分析

(2) 平面图形的线段分析。平面图形中，有的线段有确定的定形尺寸和定位尺寸，可以直接画出，而有的线段的定形尺寸或者定位尺寸并不完整，需要根据已有的尺寸及与相邻线段之间的几何约束来确定。因此，根据线段所具有尺寸的完整性，将线段分为三种：已知线段、中间线段、连接线段。定形尺寸和定位尺寸齐全的线段称为已知线段，如图 1 - 56 中的 $R15$、$R10$。具有定形尺寸和不完整的定位尺寸的线段称为中间线段，如图 1 - 56 中 $R50$ 圆弧。只有定形尺寸没有定位尺寸的线段称为连接线段，如图 1 - 56 中的 $R12$ 圆弧。

4. 平面图形的绘图步骤

(1) 准备工作：分析图形的线段和性质，拟定作图步骤；确定比例、图幅并固定好绘图纸；按标准画出图框和标题栏。

(2) 绘制底稿：先画作图基准线，依次画出已知线段、中间线段和连接线段，画出完整图形并按要求画出尺寸线和尺寸界线。画完底稿应整体检查修改，擦去多余的作图辅助线等。手柄平面图形底图的作图步骤见表 1 - 11。

(3) 加深描粗：经检查无误后，按线型要求加深描粗所有图线、画好箭头并注写尺寸数字、填写标题栏。

表 1 - 11　　手柄平面图形底图的画图步骤

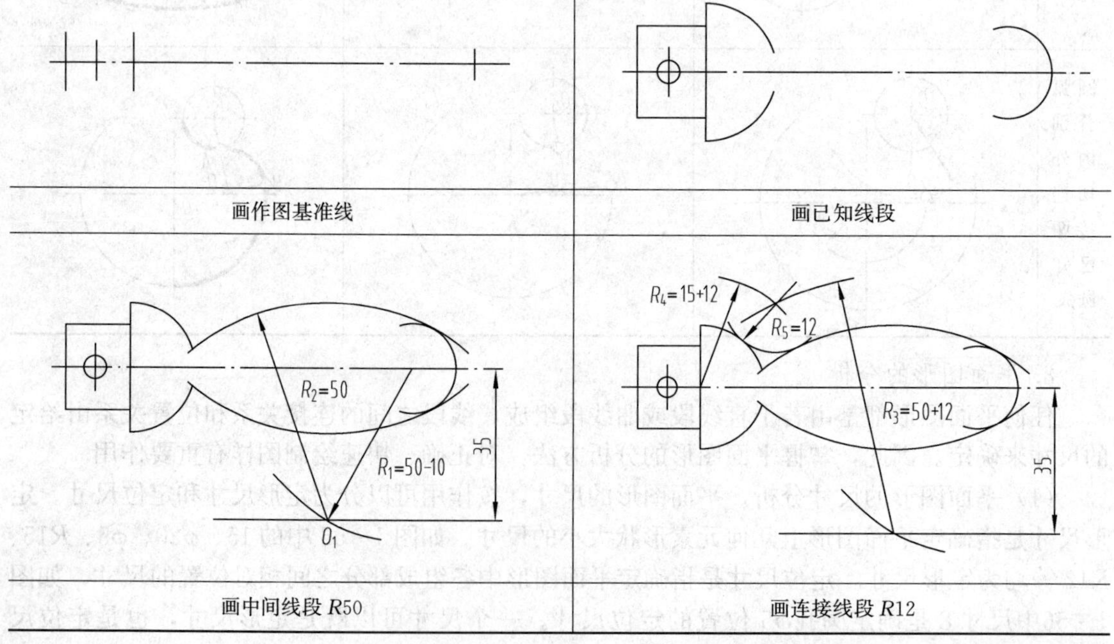

续表

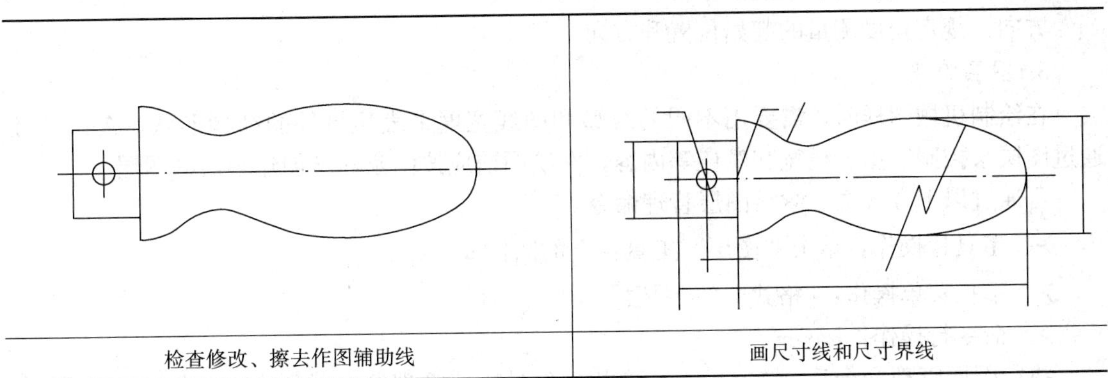

检查修改、擦去作图辅助线	画尺寸线和尺寸界线

二、CAD 绘图准备

1. 设置图幅尺寸

图纸幅面在 AutoCAD 中是通过“图形界限”来设置的，图形界限是 AutoCAD 绘图空间中的一个假想矩形绘图区域，默认值是左下角点（0，0），右上角点（420，297），相当于 A3 图纸幅面。可通过以下方式之一修改图纸幅面：

➢ 下拉菜单：[格式] / [图形界限]

➢ 命令：LIMITS

执行命令后 AutoCAD 提示：

指定左下角点或 [开（ON）/关（OFF）]〈0.0000，0.0000〉：*（指定左下角点）*

指定右上角点〈420.0000，297.0000〉：*（指定右上角点）*

例如要设定 A4 图纸幅面，则左下角点为〈0，0〉，右上角点为〈210，297〉。其中选项 [开（ON）/关（OFF）] 的含义：

开：打开图形界限检查，不允许在图形界限范围外绘图。

关：关闭图形界限检查，允许超出图形界限绘图，系统默认设置为关。

2. 设定绘图单位

可通过以下方式之一设定长度单位和角度单位：

➢ 下拉菜单：[格式] / [单位]

➢ 命令：DDUNITS

执行命令后 AutoCAD 会弹出如图 1-57 所示对话框，各选项含义如下：

长度：设置长度单位的类型和精度。

角度：设置角度单位的类型和精度。

插入比例：设置插入块的图形单位。

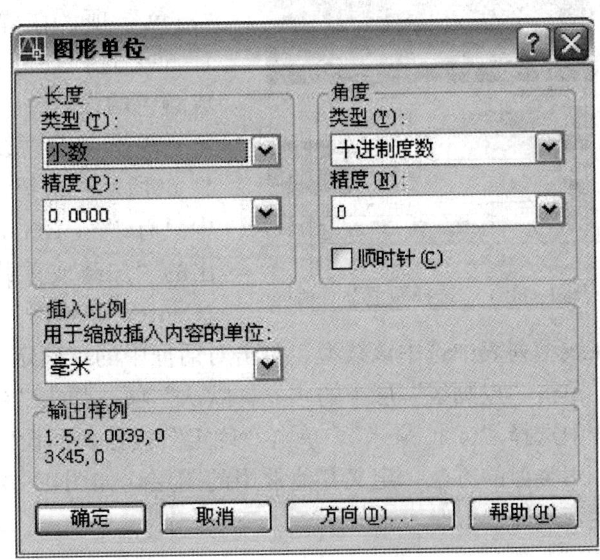

图 1-57　“图形单位”对话框

输出样式：显示当前设置的单位和角度的举例。

方向：规定角度测量的起始位置和方向。

3. 图层管理

在绘制机械图样时，需要用不同的线型和图线宽度来表达机件的结构形状，AutoCAD 通过图层来控制线型、线宽和颜色等内容，在绘图前应按国家标准创建必需的图层。

可通过以下方式之一激活图层管理命令：

➢ 工具栏操作：单击“图层”工具栏上的图标

➢ 下拉菜单操作：[格式] / [图层]

➢ 命令行操作：Layer

执行图层管理命令后，AutoCAD 弹出“图层特性管理器”对话框，如图 1-58 所示，下面以定义“点画线”层为例说明具体过程。

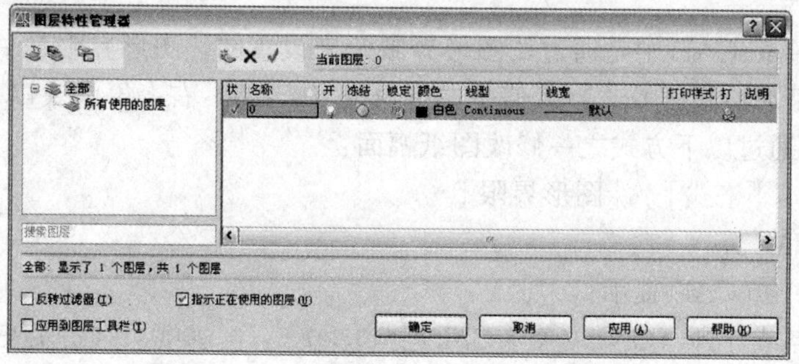

图 1-58 “图层特性管理器”对话框

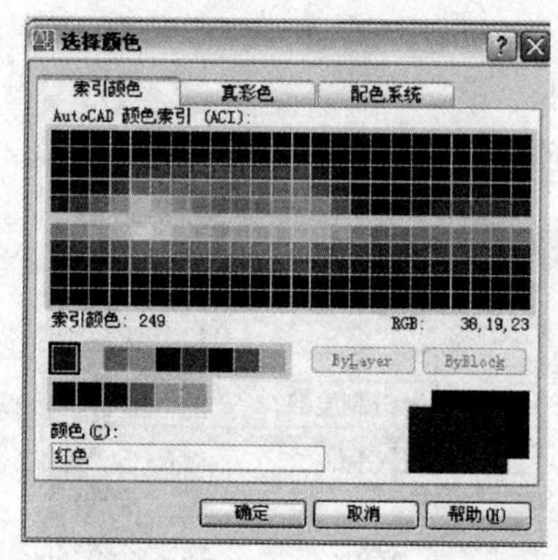

图 1-59 “选择颜色”对话框

单击对话框中的新建按钮，系统自动建立名为“图层 1”的图层。单击图层名，将“图层 1”改为“点画线”，即新建了“点画线”层。单击“点画线”层中的“白色”项，在弹出的“选择颜色”对话框中（见图 1-59）选择红色方块后单击对话框中的“确定”，即完成颜色的设定。

单击“点画线”层中的“continuous”项，弹出图 1-60所示“选择线型”对话框，在新建文档的线型列表中只有“continuous”一项，单击“加载”按钮，在弹出的“加载或重载线型”对话框（见图 1-61）中选中“Center”，单击“确定”返回到“选择线型”对话框，并在线型列表中选中该线型，单击对话框中的“确定”按钮，即完成线型设定。

单击“点画线”层中的“——默认”项，弹出“线宽”对话框，如图 1-62 所示。在对话框中选择“0.20 毫米”，单击“确定”按钮，即设定了中心线的线宽。

用类似的方法，定义其他常用的图层，如图 1-63 所示。单击确定“按钮”，关闭图层特性管理器。

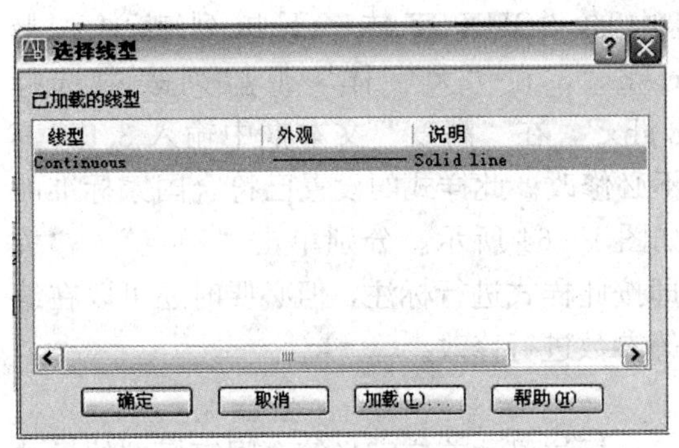

图 1-60　“选择线型”对话框

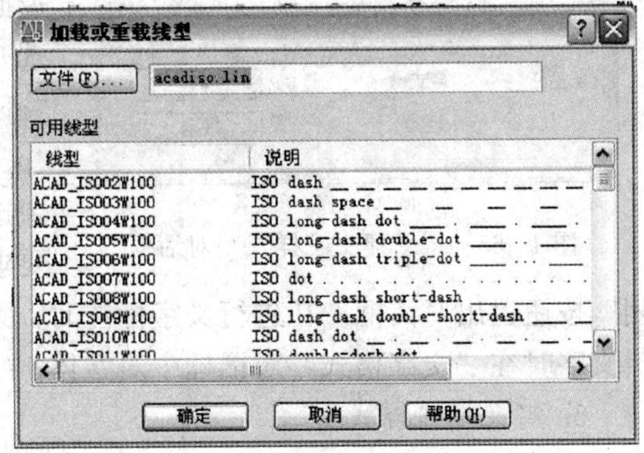

图 1-61　“加载或重载线型”对话框

图 1-62　“线宽”对话框

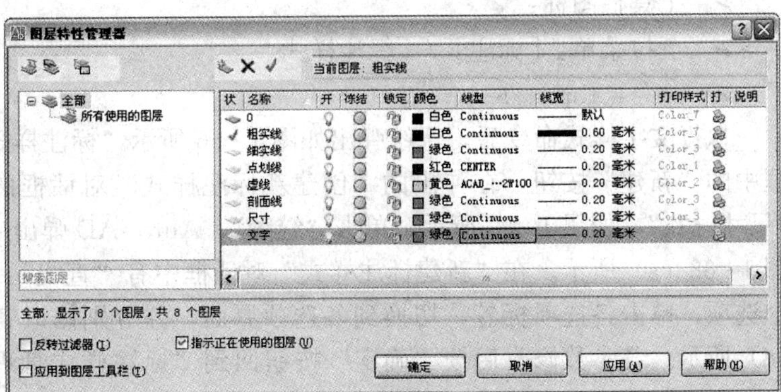

图 1-63　已定义好的图层

4. 设定字体

绘制机械图样时，经常要标注文字，标注前应参照制图国家标准设定文字的字体。AutoCAD 中字体的设定是在“文字样式”中设定，下面以新建一样式名为“工程字－35”、字高为 3.5 的工程字体为例，可通过以下方式之一激活文字样式命令：

➢ 命令：Style

➢ 下拉菜单：［格式］/［文字样式］

➢ 工具栏图标：

执行文字样式命令后，系统弹出如图 1-64 所示“文字样式”对话框，AutoCAD 默认的文字样式是“Standard”，单击对话框中的“新建”按钮，AutoCAD 弹出如图 1-65 “新建文字样式”对话框，在该对话框的“样式名”文本框中输入“工程字－35”，单击“确定”

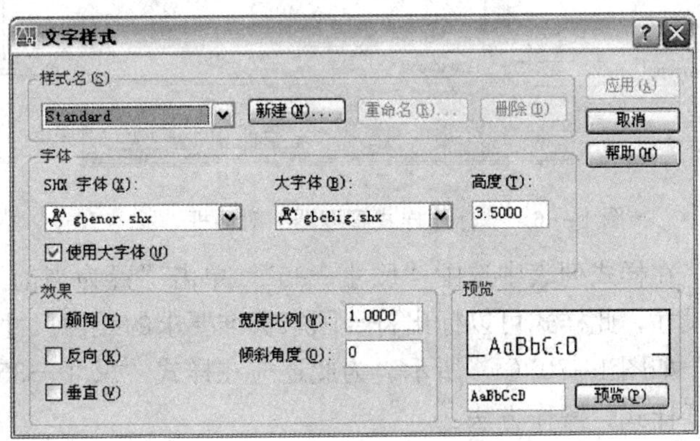

图 1-64　“文字样式”对话框

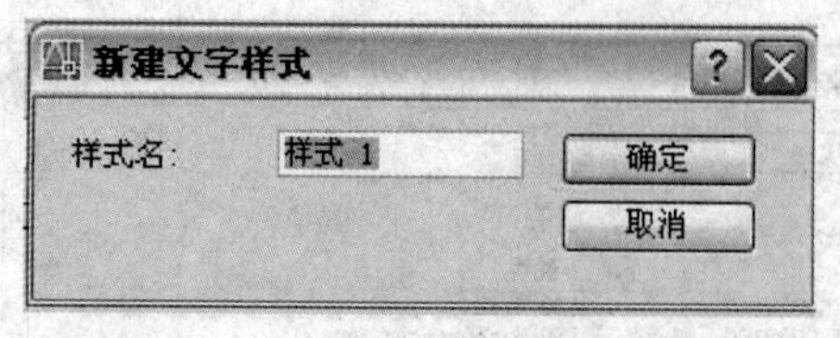

图 1 - 65 “新建文字样式”对话框

返回“文字样式”对话框，在此对话框中“字体”选项组中的“SHX 字体”下拉列表中选择“gbenor. shx”，在“大字体”下拉列表中选择“gbcbig. shx”，在“高度”文本框中输入 3.5，其余选项不必修改。此样式的设置已符合国家标准的要求，如图 1 - 64 所示。分别单击“确定”、“关闭”按钮退出对话框。在进行文字标注时，系统即按此样式进行标注，但必要时还可以在编辑文字时在“文字格式”对话框中对字体、字高等参数进行修改。

5. 定义标注样式

机械制图标准对尺寸标注的格式有具体的要求，标注尺寸前应定义符合国家标准的尺寸样式。下面以新建一样式名为“尺寸－35”（即尺寸文字的字高为 3.5）的标注样式为例，可采用如下方法之一激活文学样式命令：

➤ 工具栏图标：

➤ 下拉菜单：[标注] / [标注样式]

➤ 命令：Dimstyle

执行文字样式命令后，系统弹出如图 1 - 66 所示“标注样式管理器”对话框，单击对话框中的“新建”按钮，在弹出的“创建新标注样式”对话框的“新样式名”文本框中输入“尺寸－35”，如图 1 - 67 所示，单击“继续”，AutoCAD 弹出“新建标注样式”对话框，如图 1 - 68（a）所示。在“新建标注样式”对话框中有“直线”、“符号和箭头”、“文字”等 7 个选项，单击各选项标签，切换到各选项界面，并分别修改各参数值，如图 1 - 68（a）～（d）所示。各参数修改后按“确定”按钮回到“标注样式管理器”对话框，如图 1 - 68 所示，可见在样式列表中增加了“尺寸－35”样式。

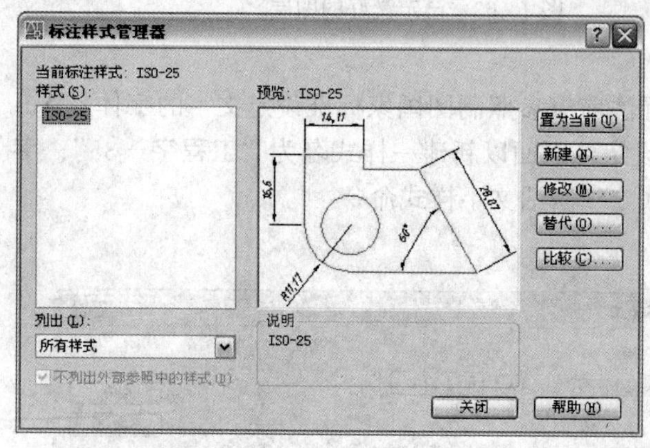

图 1 - 66 “标注样式管理器”对话框

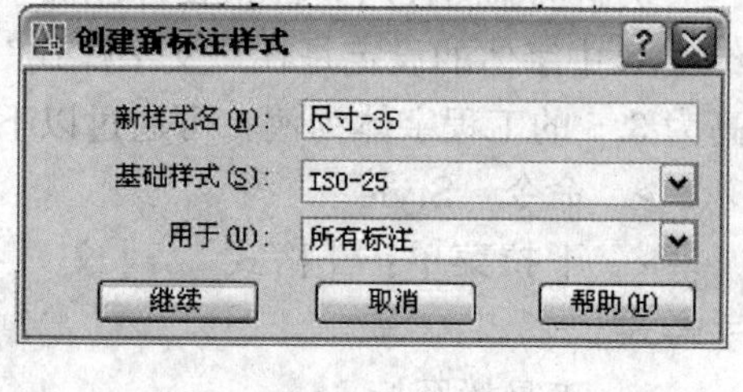

图 1 - 67 “创建新标注样式”对话框

在样式列表中选中“尺寸－35”，单击“置为当前”按钮，即可按样式“尺寸－35”标注尺寸，此样式可以标出符合国家标准要求的线性尺寸，但对于角度尺寸的标注还不符合标准，如图 1 - 70（a）所示。为此还应在样式“尺寸－35”的基础上定义专门适用于角度标注的子样式。操作方法：

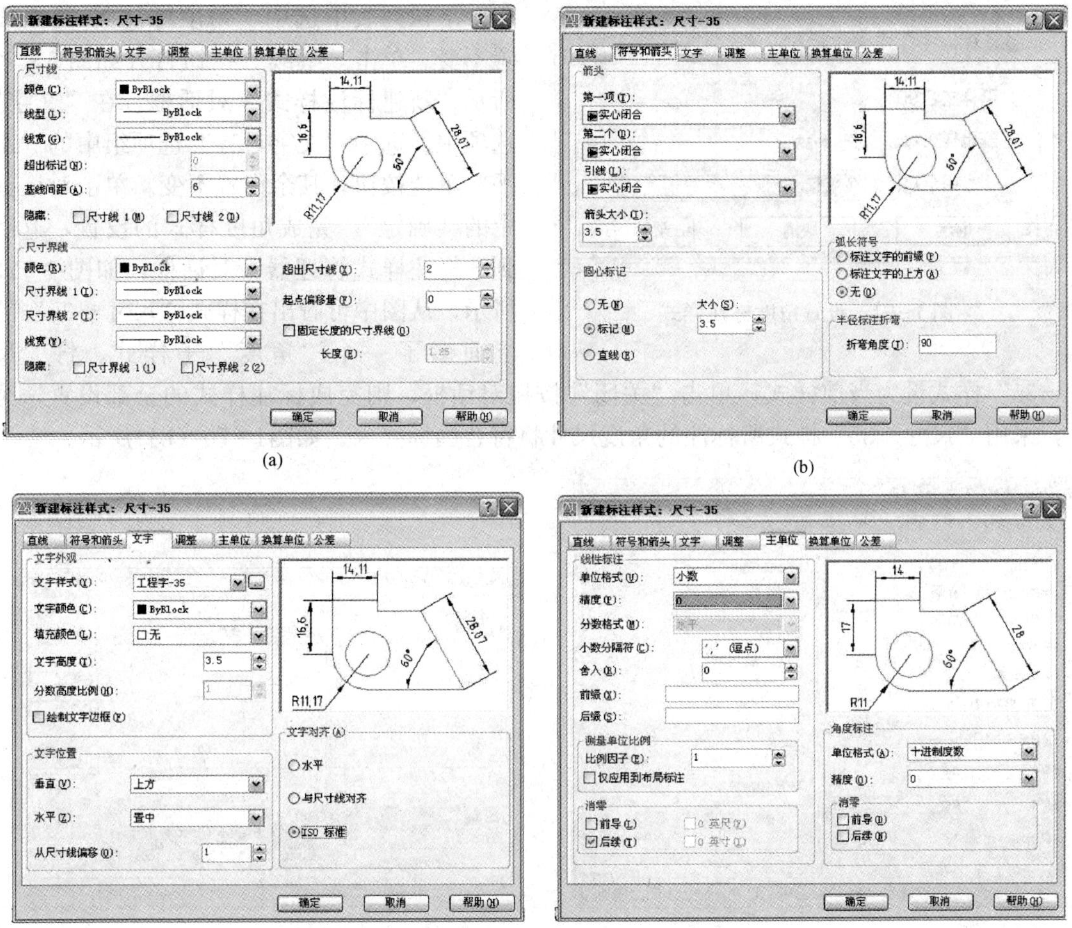

(a)　　(b)

(c)　　(d)

图 1-68　“新建标注样式”对话框

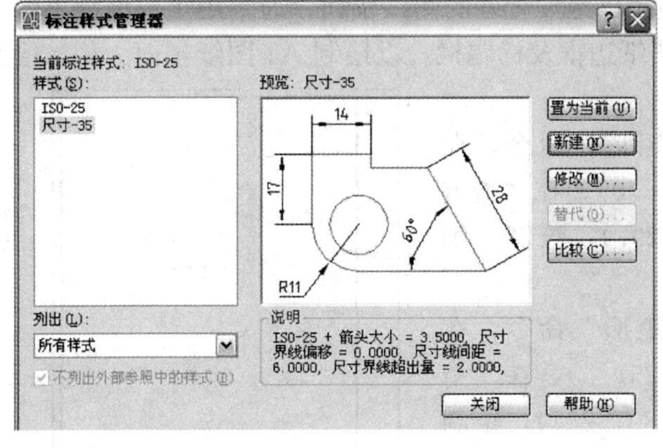

图 1-69　“标注样式管理器”对话框

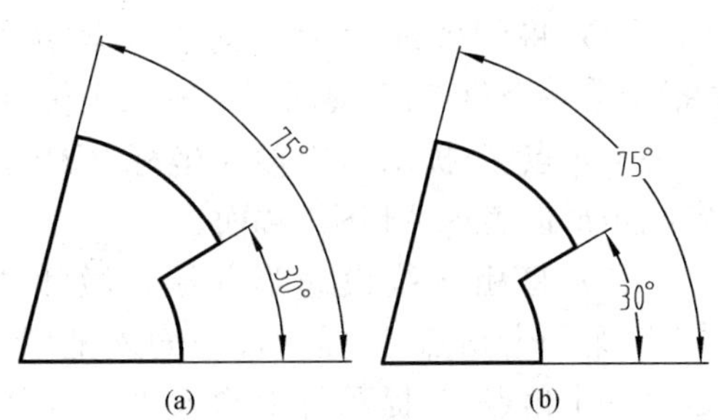

图 1-70　角度的标注

(a) 不符合国标要求；(b) 符合国标要求

打开“标注样式管理器”对话框，在“样式”列表框中选中“尺寸－35”样式，单击对话框中的“新建”按钮，弹出如图 1-71 所示“创建新标注样式”对话框，在对话框的“用

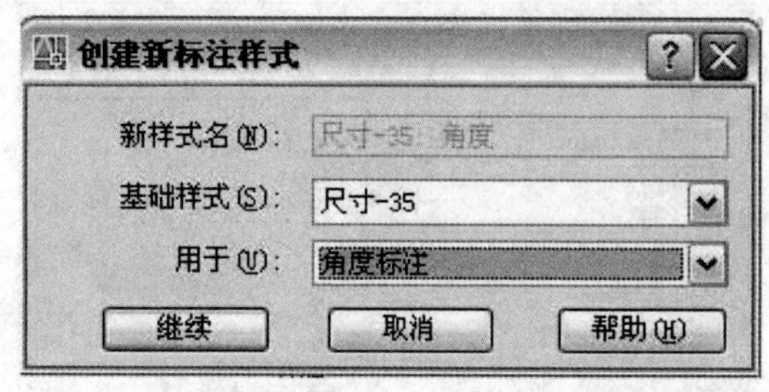

图 1-71 设置角度标注样式

于”下拉列表中选中“角度标注”，其余设置不变。单击“继续”按钮打开如图 1-72 所示“新建标注样式”对话框，在“文字”选项中，选中“文字对齐”选项组中的“水平”单选按钮，其余设置不变。单击对话框中的“确定”，完成角度样式的设置，返回到“标注样式管理器”对话框，如图 1-73 所示，从图中可看出在样式“尺寸－35”的下面多了一个“角度”子样式。将“尺寸－35”样式设为当前样式，单击“关闭”按钮对话框，则完成标注样式的全部设置，至此，采用“尺寸－35”样式所标注的角度尺寸将符合国标要求，如图1-70（b）所示。

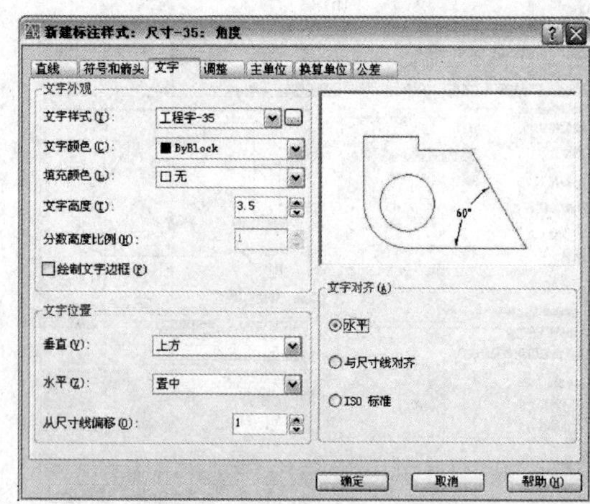

图 1-72 设置文字对齐方式

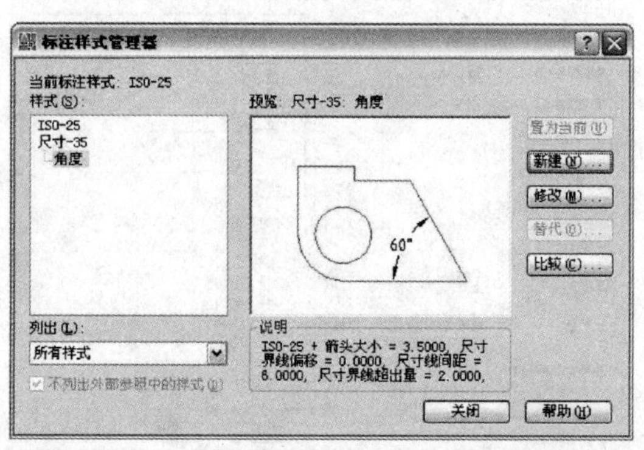

图 1-73 “标注样式管理器”对话框

6. 绘制图框和标题栏

在进行 AutoCAD 绘图时，为直观地显示已经设置好的图纸幅面，通常用矩形框画出图纸的幅面大小，并按国家标准绘制相应的图纸边框及标题栏。以绘制 A4 图纸幅面为例，绘制图框的操作步骤如下：

（1）将细实线设为当前层，激活“矩形”命令，在“指定第一个角点:”提示行中输入坐标（0，0），在“指定另一个角点:”提示行中输入坐标（210，297），绘制一细实线矩形框表示 A4 图纸幅面。

（2）将粗实线设为当前层，激活“矩形”命令，在“指定第一个角点:”提示行中输入坐标（25，5），在“指定另一个角点:”提示行中输入坐标（@180，287），绘制一粗实线矩形框表示作为 A4 图纸边框，如图 1-74 所示。

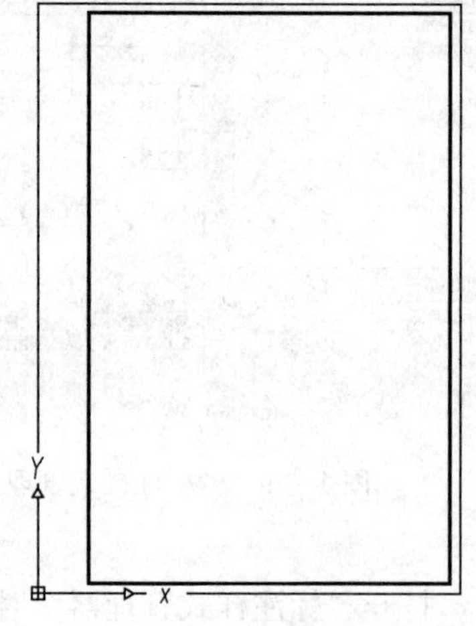

图 1-74 A4 图框

标题栏一般位于边框的右下角，在 AutoCAD 2006 中可使用下拉菜单［绘图］/［表格］命令来绘制标题栏，操作步骤如下：

（1）在图层工具栏的下拉列表中选择“标题栏”图层，将其设为当前层。

（2）选择［格式］/［表格样式］，打开“表格样式”对话框，单击“新建”按钮，打开“创建新的表格样式”对话框，在“新样式名”文本框中输入“标题栏”，如图1-75所示。

图1-75　“创建新的表格样式”对话框

（3）单击“继续”按钮，在打开的“新建表格样式：标题栏”对话框中（见图1-76），选择“数据”选项，在“文字样式”下拉列表中选择“标题栏”，在“文字高度”文本框中输入“5”，在“对齐”下拉列表中选择“正中”，在“栅格线宽”下拉列表中选择0.5mm，在“边框特性”选项组中单击“外边框”按钮，设置表格边界外框线宽；同理在“栅格线宽”下拉列表中选择0.25mm，单击“内边框”按钮，设置表格内框线宽；将“单元边距”中的水平和垂直均设为0，如图1-76所示。

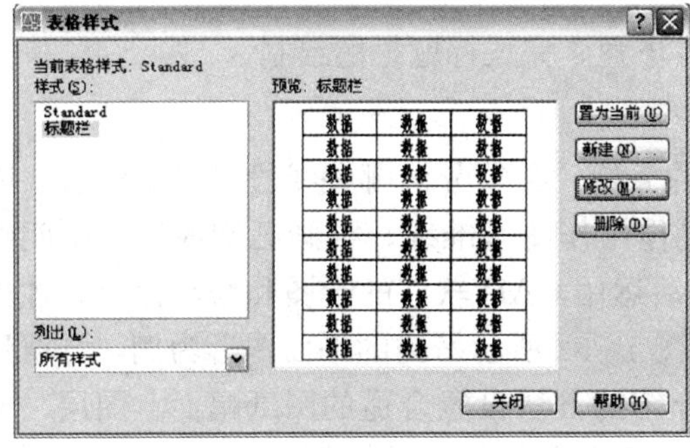

图1-76　“新建表格样式”对话框

（4）选择“列标题”选项，取消“包含页眉行”复选框；选择“标题”选项，取消“包含标题行”复选框。

（5）单击“确定”按钮，返回到“表格样式”对话框，在“样式”列表框中选中创建的新样式“标题栏”，单击“置为当前”按钮，如图1-77所示。

（6）设置完毕后，单击“关闭”按钮，关闭“表格样式”对话框。

（7）选择［绘图］/［表格］命令，打开“插入表格”对话框，在“插入方式”选项组中选择“指定插入点”单选按钮；在“列和行设置”选项组中分别设置“列”为7、“列宽”为15、“数据行”为4、“行高”为1，如图1-78所示。

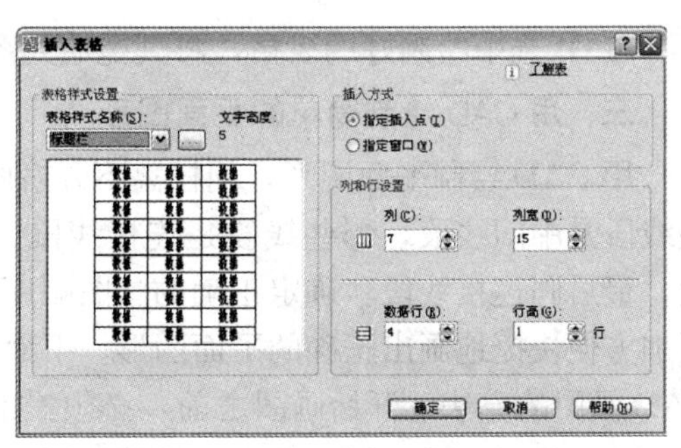

图1-77　“表格样式”对话框　　图1-78　“插入表格”对话框

（8）单击“确定”按钮，在图中插入一个 4 行 7 列的表格。

（9）选中表格中第一列，如图 1 - 79 所示，单击鼠标右键，在弹出的快捷菜单中选择“特性”，在弹出的表格特性中将“单元高度”改为 8，采用同样方法将第二列和第七列的“单元宽度”分别改为 20 和 25。

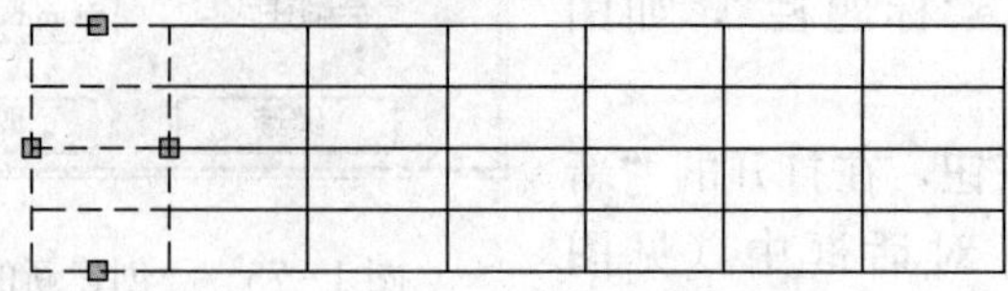

图 1 - 79　调整单元格高度

（10）使用表格快捷菜单编辑绘制好的表格。拖动鼠标选中表格中的前 2 行和前 3 列表格单元，右击选中的表格单元，在弹出的快捷菜单中选择“合并单元”/“全部”命令，将选中的表格单元合并为一个表格单元，如图 1 - 80（a）所示。

（11）使用同样方法，分别合并单元格，如图 1 - 80（b）所示。

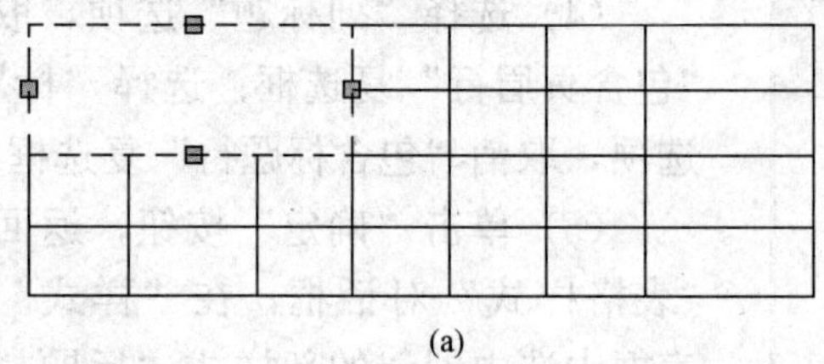

(a)

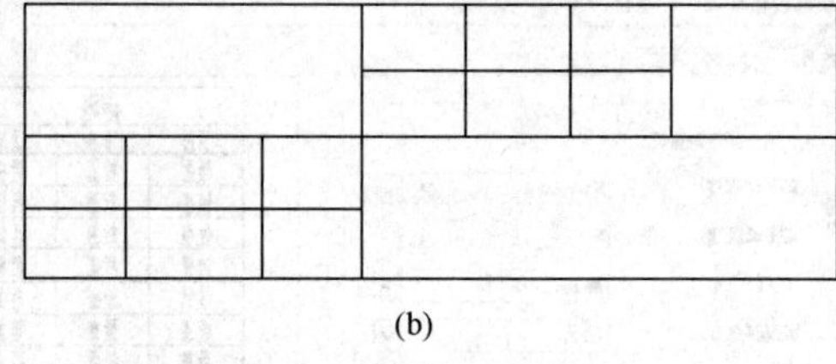

(b)

图 1 - 80　合并单元格

（12）分别双击各单元格，输入各单元格的文字，如图 1 - 81 所示。

			比例	件数	材料	
制图			福建电力职业技术学院			
审核						

图 1 - 81　输入单元格文字

（13）选中绘制好的表格，将其拖放到图框右下角，完成标题栏的绘制。

三、用 CAD 绘制简单的平面图形

用 CAD 绘制平面图形，同样离不开对图形的分析，必须分清哪些线段是已知线段、哪些线段是中间线段，哪些线段是连接线段。首先作出作图基准线，再画已知线段、中间线段，最后画连接线段。确定正确的画图顺序、灵活运用 CAD 软件的绘图和编辑命令，才能更加方便快捷地画出正确的平面图形。下面以如图 1 - 82 所示吊钩的平面图形为例，分析用 CAD 画图的方法，开始画图之前，必须按前面介绍的方法设置合适的图纸幅面、图层、文字和标注样式，设置辅助绘图工具等绘图环境，先画出边框和标题栏或调用已经设置好的样板图。具体画图步骤见表 1 - 12。

表 1-12　　用 CAD 画平面图形的方法步骤

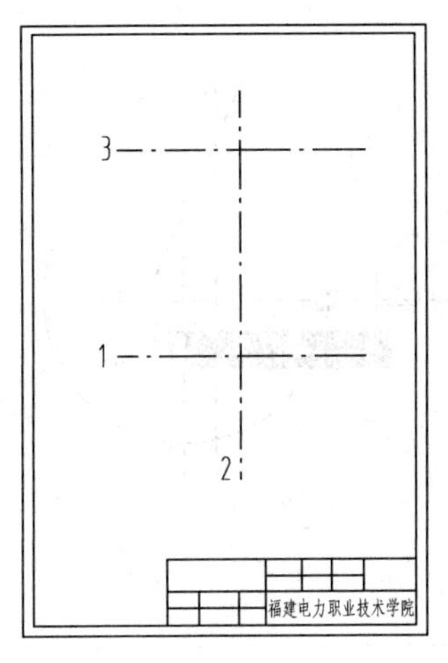	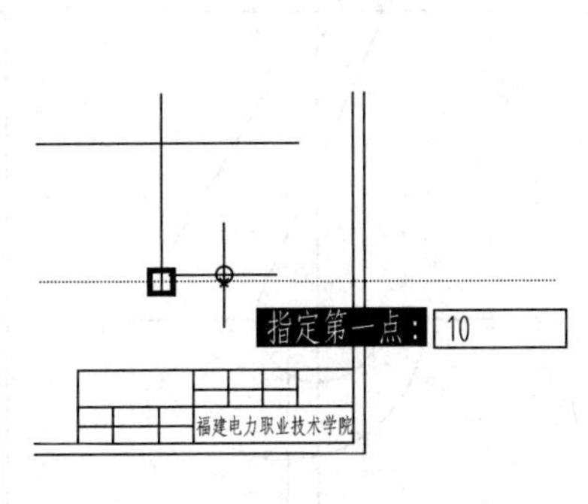	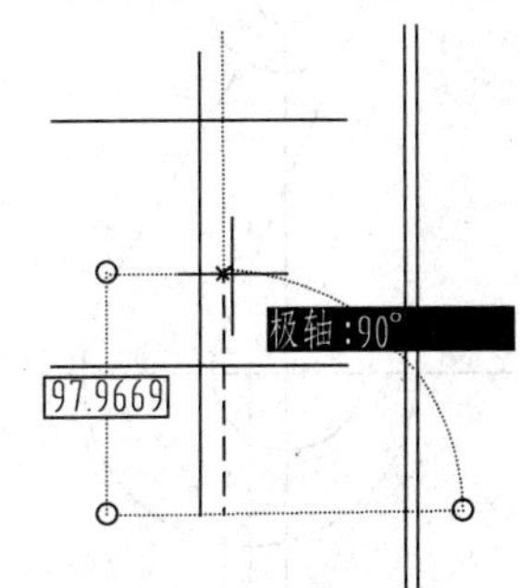
在图框中合适位置用“直线”命令绘制直线 1 和直线 2。用“复制”或“偏移”命令由直线 1 作出直线 3，两直线间距离为 100	激活“直线”命令，移动鼠标捕捉到直线 2 的端点，再将鼠标水平向右移动，此时对象捕捉追踪的虚线亮起，输入 10，回车确定直线的起点	将鼠标垂直向上移动，此时对象捕捉追踪的虚线亮起，在适当位置单击鼠标左键确定直线的终点
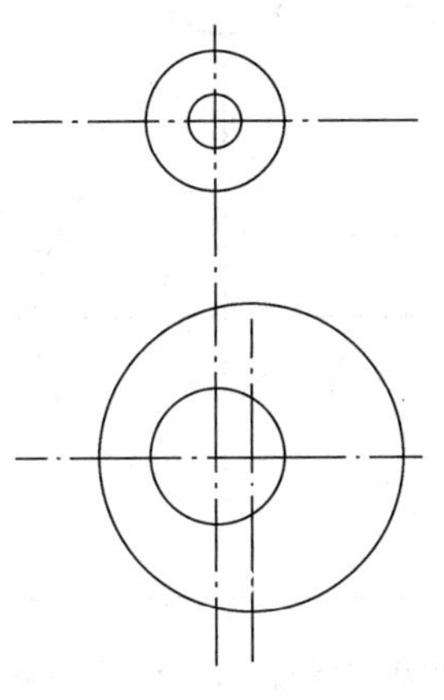	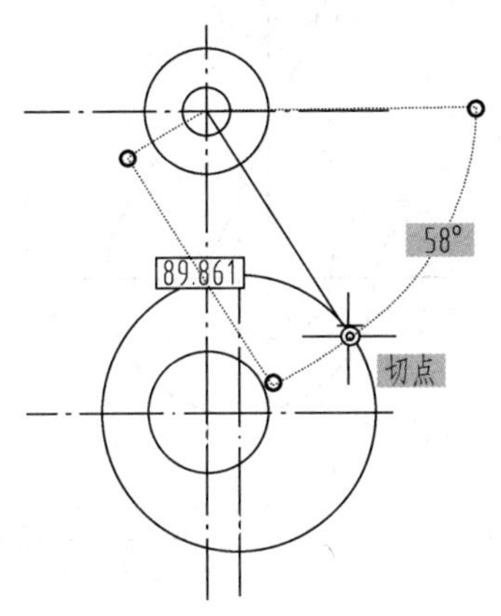	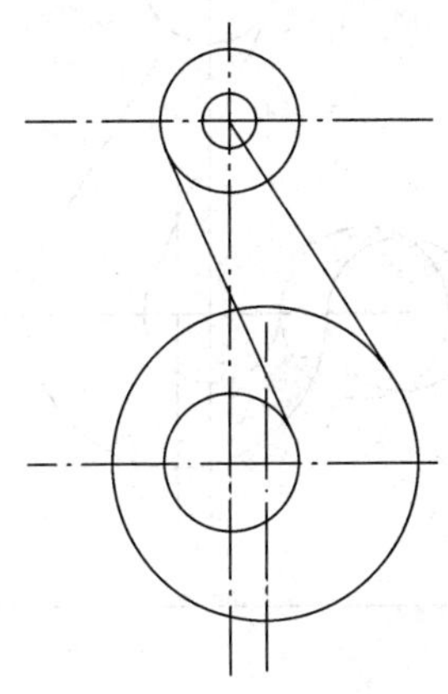
激活“圆”命令，分别捕捉到各“交点”作为圆心，输入半径值或输入“D”回车，再输入直径值	激活“直线”命令，捕捉到圆心确定直线的第一点，捕捉到“切点”确定直线的终点	激活“直线”命令，分别捕捉到两个圆的“切点”画直线

续表

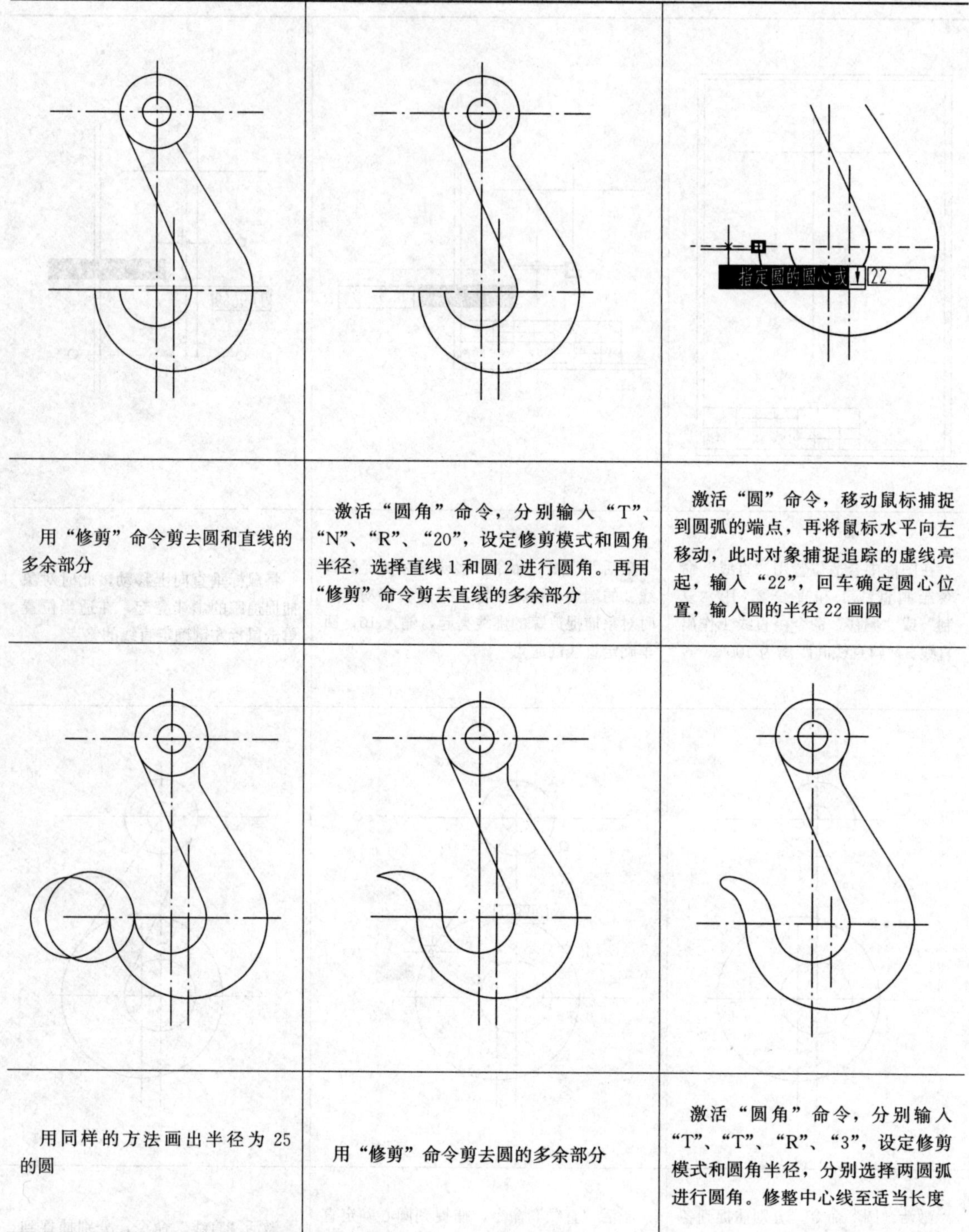

用“修剪”命令剪去圆和直线的多余部分	激活“圆角”命令，分别输入“T”、“N”、“R”、“20”，设定修剪模式和圆角半径，选择直线 1 和圆 2 进行圆角。再用“修剪”命令剪去直线的多余部分	激活“圆”命令，移动鼠标捕捉到圆弧的端点，再将鼠标水平向左移动，此时对象捕捉追踪的虚线亮起，输入“22”，回车确定圆心位置，输入圆的半径 22 画圆
用同样的方法画出半径为 25 的圆	用“修剪”命令剪去圆的多余部分	激活“圆角”命令，分别输入“T”、“T”、“R”、“3”，设定修剪模式和圆角半径，分别选择两圆弧进行圆角。修整中心线至适当长度

四、用 CAD 进行简单的尺寸及文字标注

绘制好图形后，还要对图形进行尺寸标注。标注前应设置好合适的标注样式，利用 CAD 的尺寸标注工具逐一地标出各尺寸。对吊钩图的尺寸标注的具体步骤见表 1 - 13。

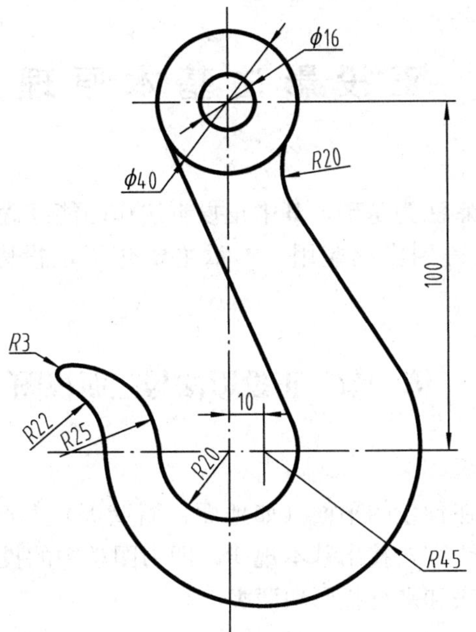

图 1-82　吊钩平面图形

表 1-13　　**用 CAD 标注平面图形的尺寸**

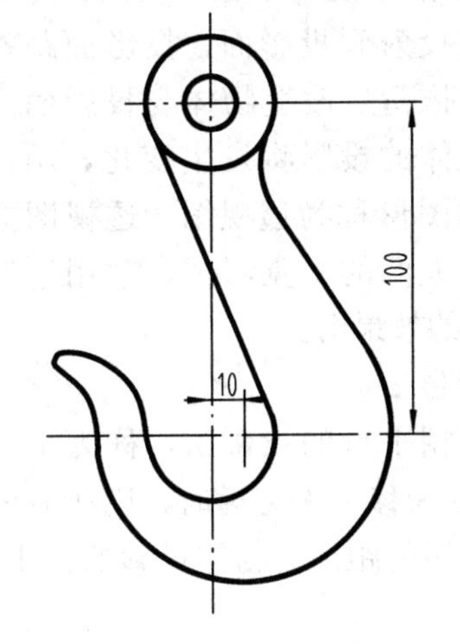	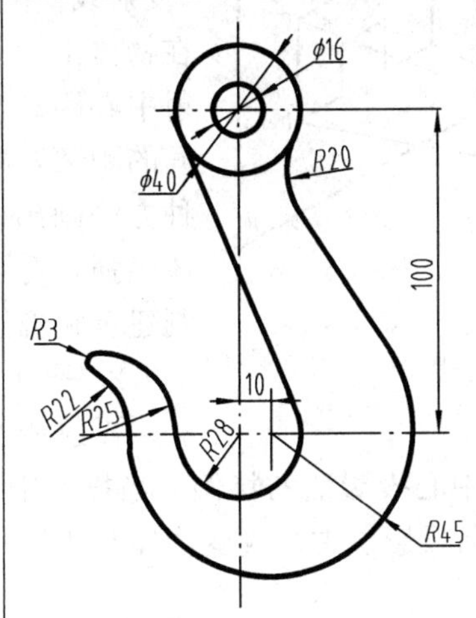	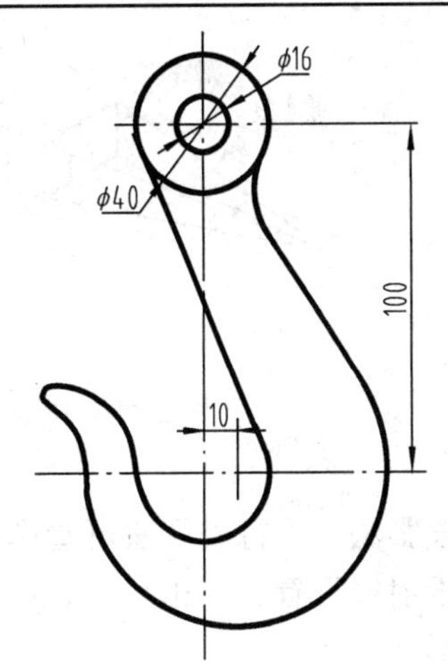
用“线性”标注工具分别标注中心距 10 和 100	用“直径”标注工具分别标注两圆直径ϕ16 和ϕ40	用“半径”标注工具分别标注 R3、R22、R25、R20 和 R45

第二章

正投影法基本原理

机械图样的绘制以投影法为基础，其中正投影法作图能准确地表达物体的形状，度量性好，作图简便，在工程上得到广泛应用，本章主要介绍正投影法的基本原理和绘图基本知识。

第一节　正投影法与三面视图

一、投影法的基本知识

物体被光线照射后，在预设的平面（如地面、墙壁等）上产生影子，这就是投影现象。把这种投影现象加以抽象研究，找出基本规律，即为图学中的投影法。

投影法分为中心投影法和平行投影法两类。

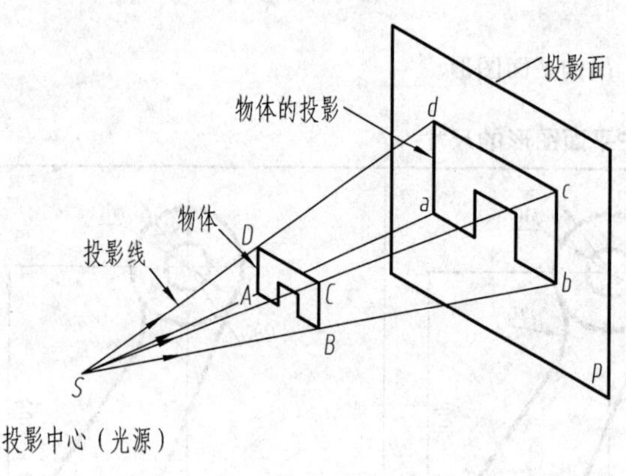

图 2 - 1　中心投影法

1. 中心投影法

投射线全部从投射中心出发的投影法，称为中心投影法。如图 2 - 1 所示，光线（投射线）由 S 点（投射中心）发出，照射在物体上，并投射到投影面，投影面距投射中心距离有限远。改变物体与投影面之间的距离，物体的投影将发生变化，用这种方法画出的图形称为透视图。透视图立体感强，符合人们的视觉习惯，常用于绘制建筑和机件的效果图。

2. 平行投影法

投射线互相平行的投影法，称为平行投影法。平行投影法可看作是中心投影法的特例，当投射中心 S 移至无穷远时，则所有的投射线可看成互相平行。在平行投影法中，改变物体与投影面间的距离，物体投影的大小、形状不变。

根据投射线与投影面的关系，平行投影法又分为两种：

正投影法：投射线垂直于投影面的平行投影法，称为正投影法，如图 2 - 2（a）所示。

斜投影法：投射线与投影面倾斜的平行投影法，称为斜投影法，如图 2 - 2（b）所示。

由于正投影法所得到的投影图能准确反映物体的形状和大小，度量性好，作图简便，因此，机械图样一般采用正投影绘制。为了叙述简单起见，如果没有特别声明，本书中提到的“投影”指“正投影”。

3. 正投影法基本性质

（1）真实性。当直线或平面平行于投影面时，其投影反映直线的实长或平面的实形，这种性质称为投影的真实性，如图 2 - 3（a）所示。

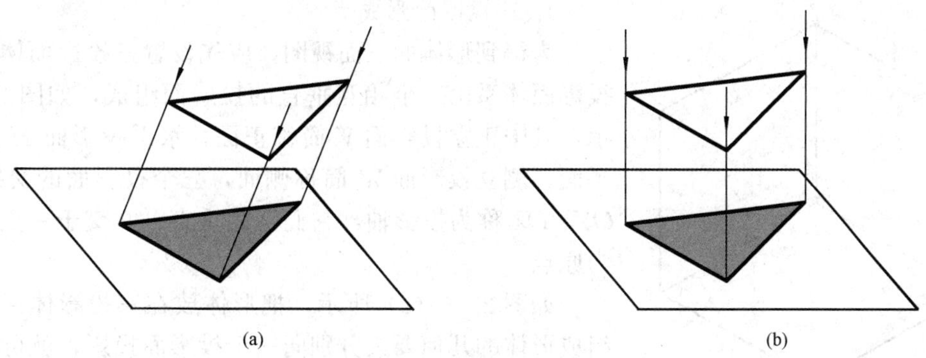
(a)　(b)

图 2-2　平行投影法

(a) 斜投影法；(b) 正投影法

(2) 积聚性。当直线或平面垂直于投影面时，直线的投影积聚成一点，平面的投影积聚成一直线，这种性质称为投影的积聚性，如图 2-3 (b) 所示。

(3) 类似性。当直线或平面倾斜于投影面时，直线的投影仍为直线，但小于实长，平面的投影是原图形的类似形状，这种性质称为投影的类似性，如图 2-3 (c) 所示。

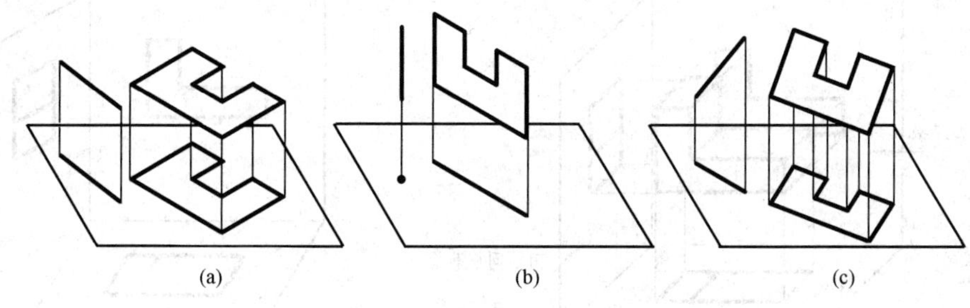
(a)　(b)　(c)

图 2-3　正投影法基本性质

二、形体的三面视图

工程图样大都是采用正投影法绘制的正投影图，用正投影法所绘制出的物体的图形称为视图。

通常情况下，物体的一个投影不能确定其形状，如图 2-4 所示，三个形状不同的物体在同一投影面的投影相同。因此，要反映物体的完整形状，必须增加不同投射方向得到的投影图，互相补充，才能将物体表达清楚。工程上常用三面视图来表达物体的形状。

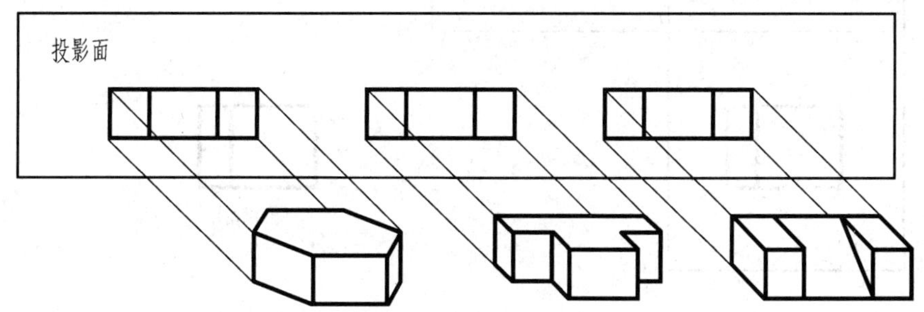

图 2-4　一个投影面的投影不能确定物体的形状和大小

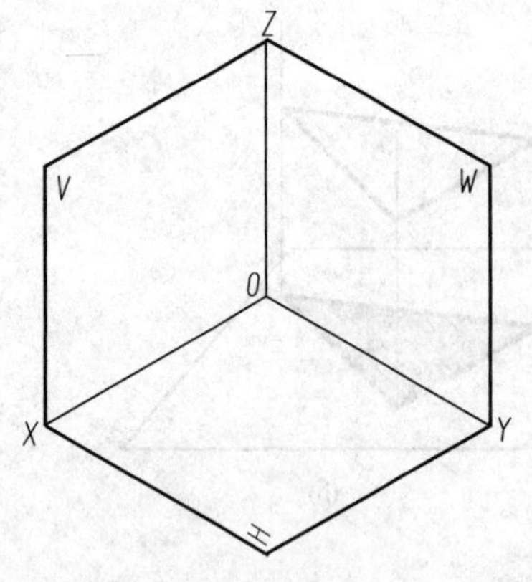

图 2-5　三投影面体系

1. 三视图的形成

为得到形体的三面视图，应先设置三投影面体系。三投影面体系由三个相互垂直的投影面组成，如图 2-5 所示：其中正立投影面 V 简称正面，水平投影面 H 简称水平面，侧立投影面 W 简称侧面，三个投影面的交线 OX、OY、OZ 称为投影轴，它们互相垂直，并交于一点 O，称为原点。

如图 2-6（a）所示，把形体放在三投影体系中，将组成形体的几何要素分别向三个投影面投影，就可在三个投影面上得到形体的三个投影图，也称为三视图形体在正面 V 上的得到的视图称为主视图，在水平面 H 上得到的视图称为俯视图，在侧面 W 上得到的视图称为左视图。

为了作图及读图方便，应把三个互相垂直相交的投影面展开摊平成一个平面，如图2-6（b）所示，保持 V 面不动，将 H 面绕 OX 轴向下旋转 90°，W 面绕 OZ 轴向右旋转 90°，这

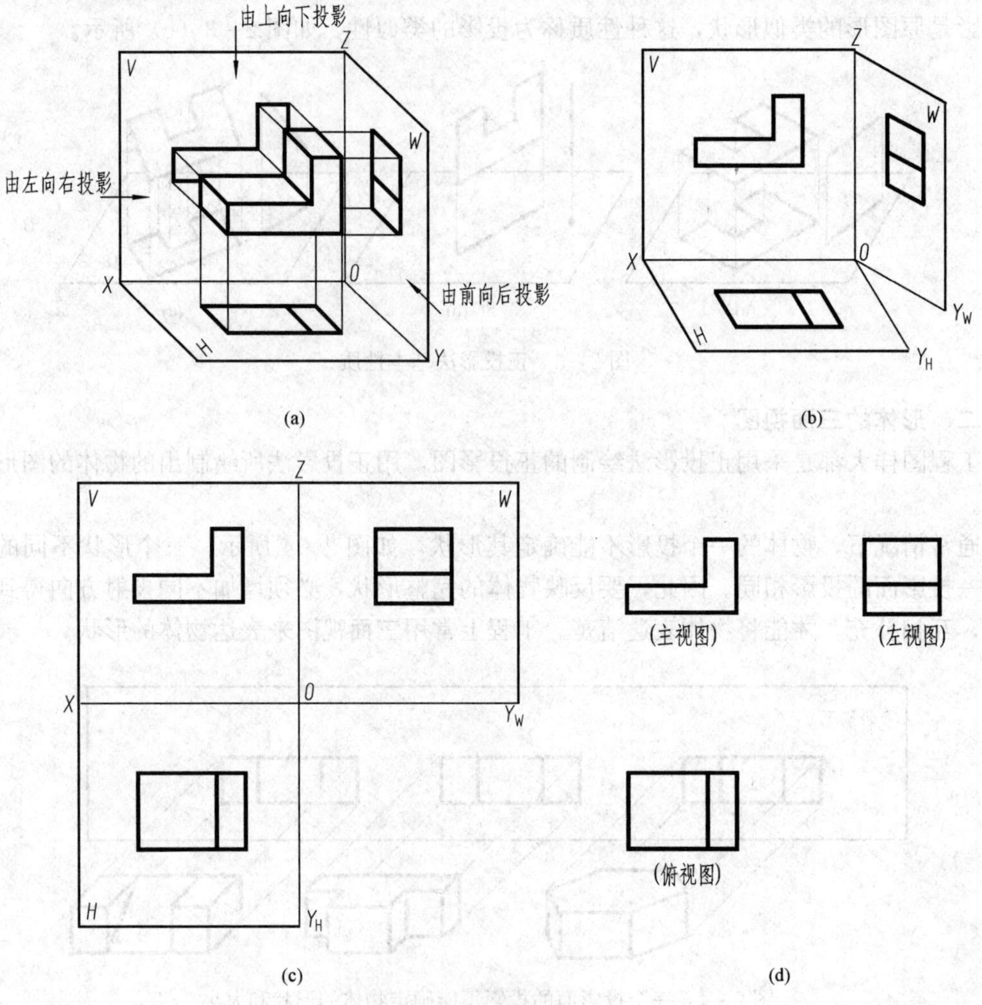

由上向下投影　由左向右投影　由前向后投影

(a)　(b)

(主视图)　(左视图)

(俯视图)

(c)　(d)

图 2-6　三视图的形成

样，三个投影面就处于同一平面，即得到物体的三个视图，如图 2－6（c）所示。在画三视图时，投影面的边框线及投影轴不必画出，三个视图的名称不必标注，但三个视图的相对位置应按如下规则布置：俯视图在主视图的正下方，左视图在主视图的正右方，如图 2－6（d）所示。

2. 三视图的投影关系

（1）三视图之间的对应关系。如图 2－7 所示，物体有长、宽、高三个方向的尺寸，通常规定：物体左右之间的距离为长度，前后间的距离为宽度，上下间的距离为高度，如图 2－7所示。主视图和俯视图都反映物体的长度，主视图和左视图都反映物体的高度，俯视图和左视图都反映物体的宽度。三个视图之间的投影关系可归纳为：

主视图、俯视图长对正；

主视图、左视图高平齐；

俯视图、左视图宽相等。

即“长对正、高平齐、宽相等”关系是三视图的重要特性，也是绘图和读图的主要依据。

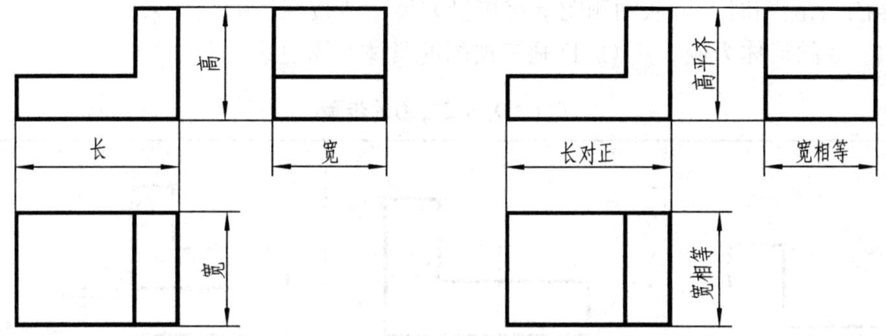

图 2－7　三视图的投影对应关系

（2）三视图与物体方位的对应关系。物体有上、下、左、右、前、后六个方位，如图 2－8所示，主视图反映物体的左右和上下关系，左视图反映物体的上下和前后关系，俯视图反映物体的左右和前后关系。

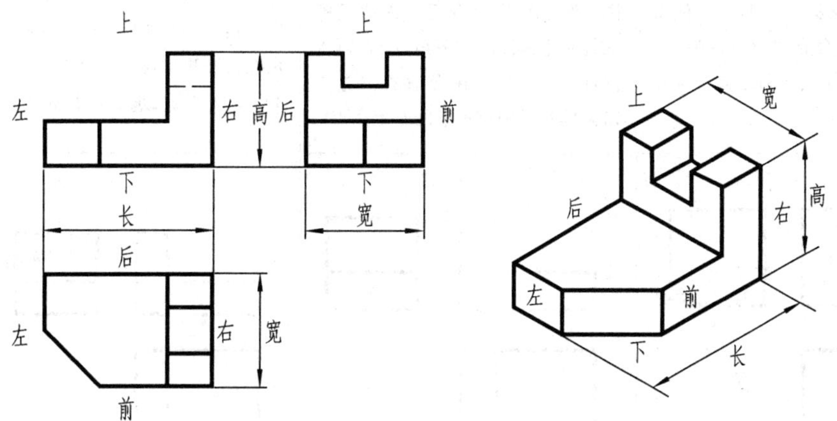

图 2－8　三视图的对应关系和方位关系

三、用 CAD 画三视图

画形体三视图时，应根据正投影法的原理和几何要素的投影关系，以及三视图间的各种关系，才能正确地画出三视图，画图时应注意以下几点：

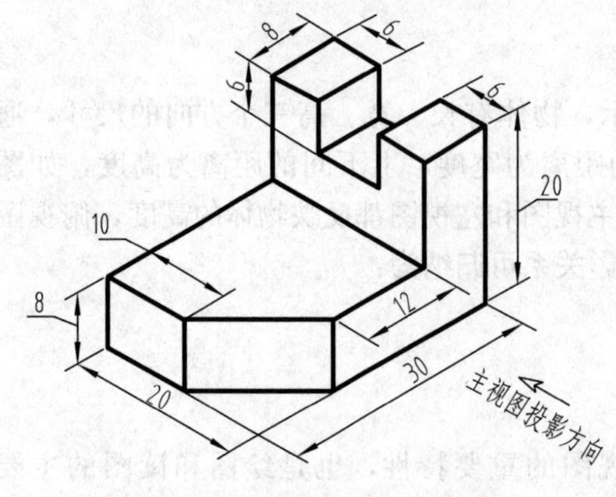

图 2 - 9　根据轴测图画三视图

（1）将形体放正，同时确定主视图的方向，一般选择最能反映形状特征的方向作为主视图的方向。如果给定的是轴测图，一般选择从形体的左下方投影，如图 2 - 9 中所示箭头方向。

（2）开始画图前应首先设置 CAD 绘图环境，设置图层、线型、文字样式、标注样式等。

（3）根据三视图的大小和位置，画出作图主要基准线。

（4）画图时应三个视图配合起来画，并注意长对正、高平齐、宽相等的关系。

（5）给定模型时应用直尺等量具测量相应的尺寸，给定轴测图时，可从轴测图上直接量取尺寸或按标注的尺寸来画。

以图 2 - 9 的形体为例，用 CAD 画三视图的具体步骤见表 2 - 1。

表 2 - 1　　**用 CAD 画三视图的步骤**

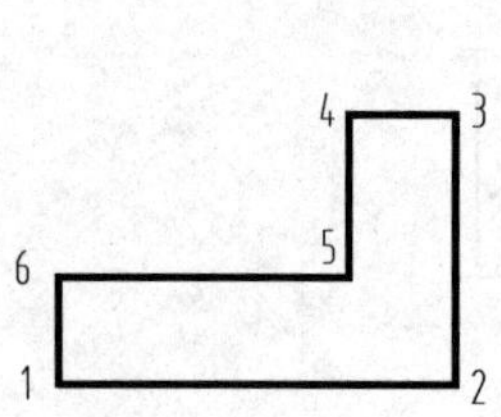

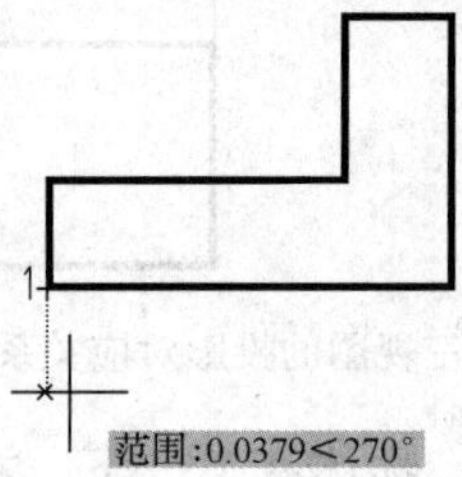

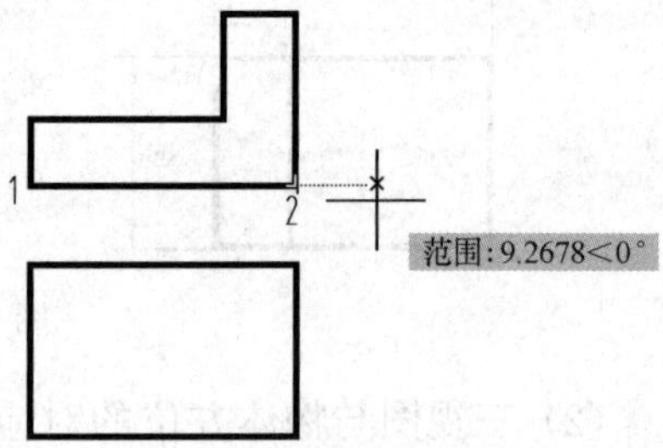

用“直线”命令画出形体主视图的轮廓。从第一点开始，依次画直线，各直线的长度分别为 30、20、8、12，端点 6 利用捕捉端点 1 对齐画出	用“矩形”命令画形体的俯视图。激活矩形命令后，移动鼠标捕捉到主视图的左下角点 1，再将鼠标向下移动，在合适的位置单击鼠标左键确定矩形的左上角点	输入相对坐标〈@30，－20〉确定矩形的右下角点。采用同样的方法捕捉点 2 对齐确定左视图矩形左下角点，输入相对坐标〈@20，20〉确定矩形的右上角点
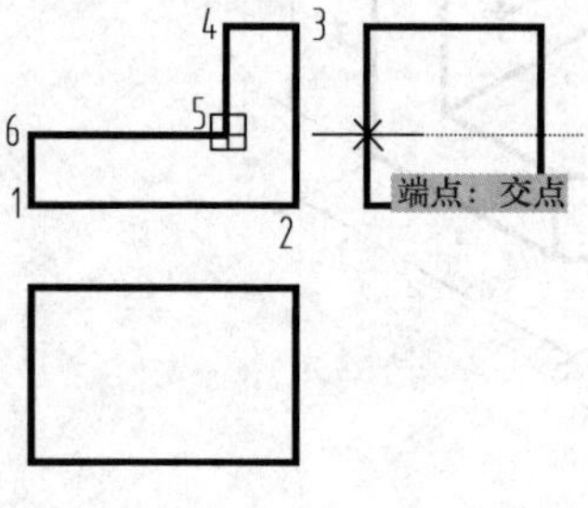	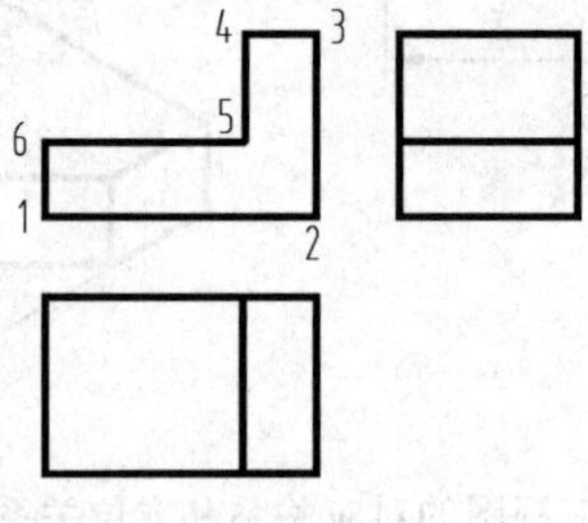	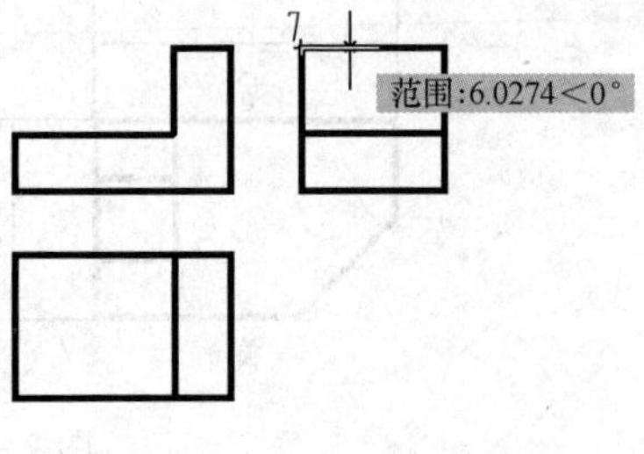

续表

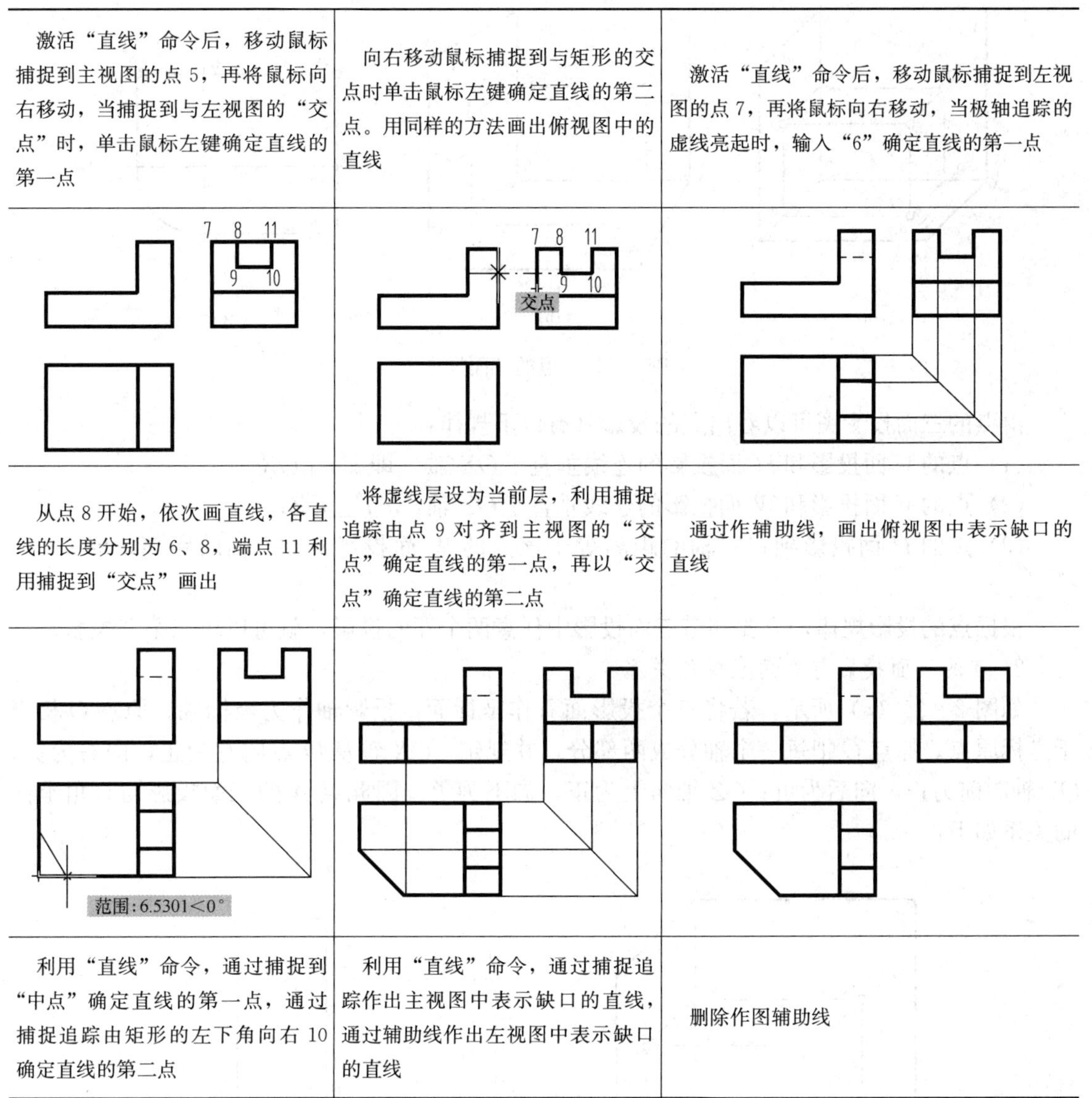

激活“直线”命令后，移动鼠标捕捉到主视图的点 5，再将鼠标向右移动，当捕捉到与左视图的“交点”时，单击鼠标左键确定直线的第一点	向右移动鼠标捕捉到与矩形的交点时单击鼠标左键确定直线的第二点。用同样的方法画出俯视图中的直线	激活“直线”命令后，移动鼠标捕捉到左视图的点 7，再将鼠标向右移动，当极轴追踪的虚线亮起时，输入“6”确定直线的第一点
7 8 11 9 10	7 8 11 9 10 交点	
从点 8 开始，依次画直线，各直线的长度分别为 6、8，端点 11 利用捕捉到“交点”画出	将虚线层设为当前层，利用捕捉追踪由点 9 对齐到主视图的“交点”确定直线的第一点，再以“交点”确定直线的第二点	通过作辅助线，画出俯视图中表示缺口的直线
范围：6.5301<0°		
利用“直线”命令，通过捕捉到“中点”确定直线的第一点，通过捕捉追踪由矩形的左下角向右 10 确定直线的第二点	利用“直线”命令，通过捕捉追踪作出主视图中表示缺口的直线，通过辅助线作出左视图中表示缺口的直线	删除作图辅助线

第二节　点、直线、平面的投影

点、直线、平面是构成实体的基本几何要素。要准确而迅速地表达实体，必须掌握这些几何要素的投影特性和作图方法。

一、点的投影

1. 点的三面投影

如图 2 - 10（a）所示，过空间点 A 分别向 H、V、W 投影面投射，得到点的三面投影，其中，V 面上的投影称为正面投影，记为 a'；H 面上的投影称为水平投影，记为 a；W 面上的投影称为侧面投影，记为 a''。把三个投影面展平到一个平面上，见图 2 - 10（b），除去投影面边框，即得空间点 A 的三面投影，如图 2 - 10（c）所示。

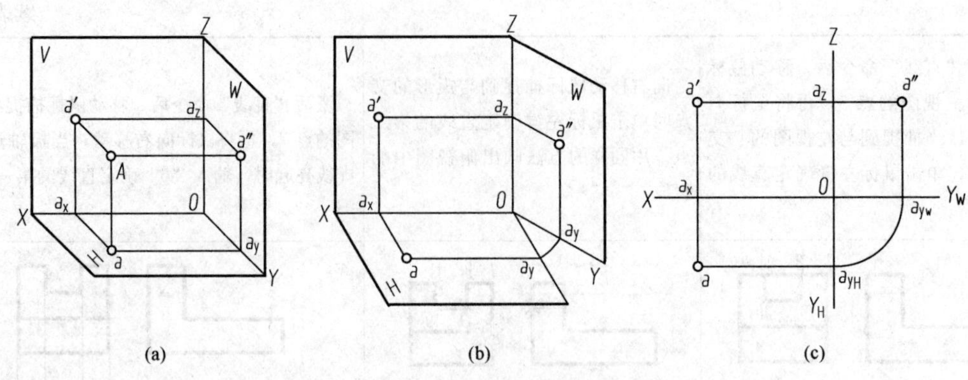

(a) (b) (c)

图 2-10 点的三面投影

由点的三面投影图可以看出点的投影具有以下规律：

(1) 点的 V 面投影和 H 面投影的连线垂直于 OX 轴，即 $a'a \perp OX$；

(2) 点的 V 面投影和 W 面投影的连线垂直于 OZ 轴，$a'a'' \perp OZ$；

(3) 点的 H 面投影到 OX 轴的距离等于该点的 W 面投影到 OZ 轴的距离，即 $aa_x = a''a_z$。

根据点的投影规律，只要知道三面投影中任意两个面的投影，就可以求出第三投影。

2. 点的三面投影与直角坐标的关系

如图 2-11 (a) 所示，若将三个投影面看作坐标面，投影轴作为坐标轴，原点 O 相当于坐标原点。原点 O 把每一个轴分成两部分，并规定，OX 轴从 O 点向左为正，向右为负；OY 轴向前为正，向后为负；OZ 轴向上为正，向下为负。因此点 A 的三面投影与直角坐标的关系如下：

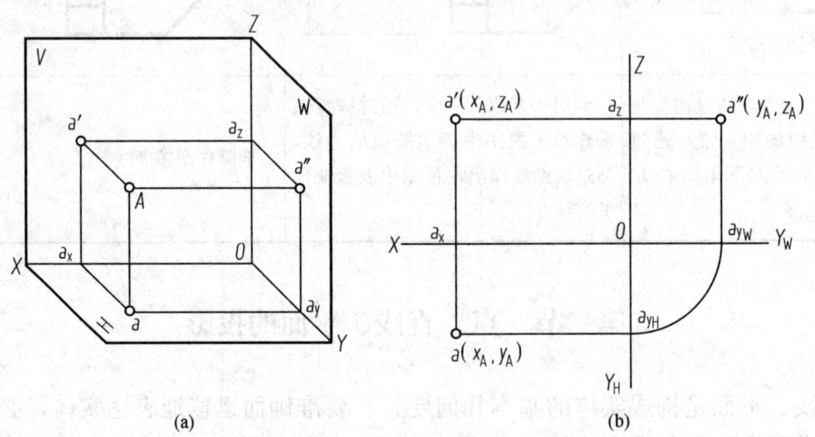

(a) (b)

图 2-11 点的三面投影与直角坐标的关系

(1) 空间点的任一投影，均反映了该点某两个坐标值，即 $a(x_A, y_A)$，$a'(x_A, z_A)$，$a''(y_A, z_A)$。

(2) 空间点的每一个坐标值，反映了该点到某投影面的距离，即：

$x_A = aa_{yH} = a'a_z = a_xo =$ A 到 W 面的距离

$y_A = aa_x = a''a_z = a_{yH}o = a_{yw}o =$ A 到 V 面的距离

$z_A = a'a_x = a''a_{yw} = a_zo =$ A 到 H 面的距离

由上述可知，点 A 的任意两个投影反映了点的三个坐标值。点 A 的一组坐标（x_A，y_A，z_A），可以唯一的确定该点的三面投影 a、a'、a''［见图 2 - 12（b）］。

3. 两点间的相对位置及重影点

两点间的相对位置是指空间两点之间上下、左右、前后的位置关系。

根据两点的坐标，可判断空间两点间的相对位置。两点中，x 坐标值大的在左；y 坐标值大的在前；z 坐标值大的在上。如图 2 - 12（a）所示，$x_A>x_B$，则点 A 在点 B 的左方；$y_A>y_B$，则点 A 在点 B 的前方；$z_A>z_B$，则点 A 在点 B 的上方。即点 A 在点 B 的左方、前方、上方［图 2 - 12（b）］。

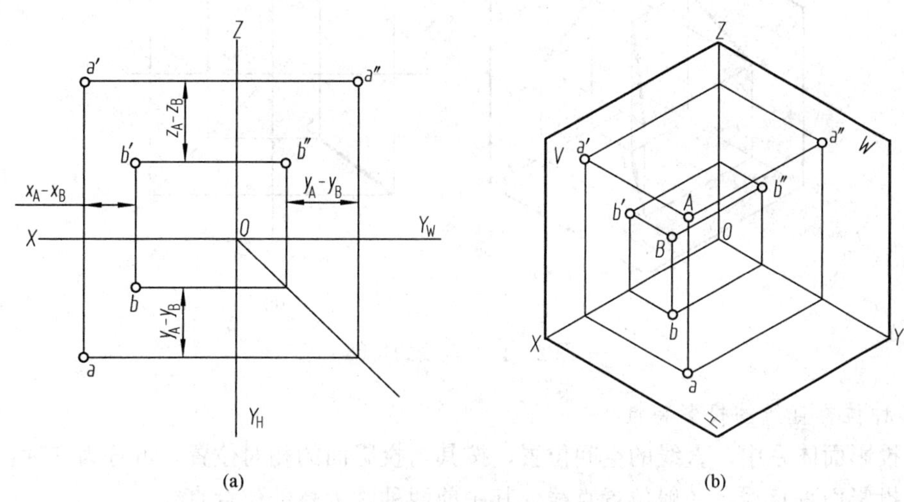

图 2 - 12 两点间的相对位置

重影点是指同一投射线上的点，在该投射线所垂直的投影面上的投影重合为一点。如图 2 - 13（a）中，空间两点 A、B 称为 H 面的重影点，其水平投影重合为一点 a（b）。

当空间点 A、B 在 H 面上的投影重合时，由于 $z_A>z_B$，点 A 在点 B 的上方，点 A 的投影遮挡住点 B 的投影，因此 a 为可见，b 为不可见（不可见的投影用括号表示），如图 2 - 13（b）所示。

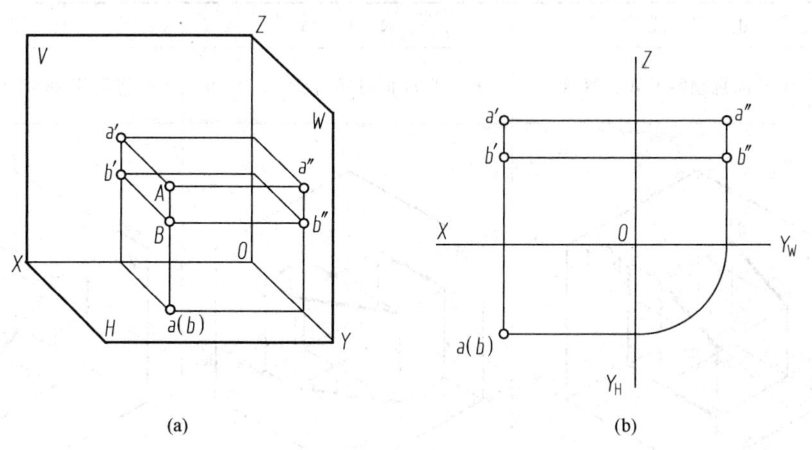

图 2 - 13 重影点的投影

二、直线的投影

直线的投影可由属于该直线的两点的投影来确定。一般用直线段的投影来表示直线的投影，如图 2 - 14（a）所示。以下提及的“直线”均指直线段。要作出空间直线 AB 的三面投影，可先作出其两端点的投影 a、a'、a''和 b、b'、b''，再将其同面投影相连，得 AB 直线的三面投影，见图 2 - 14（b）。

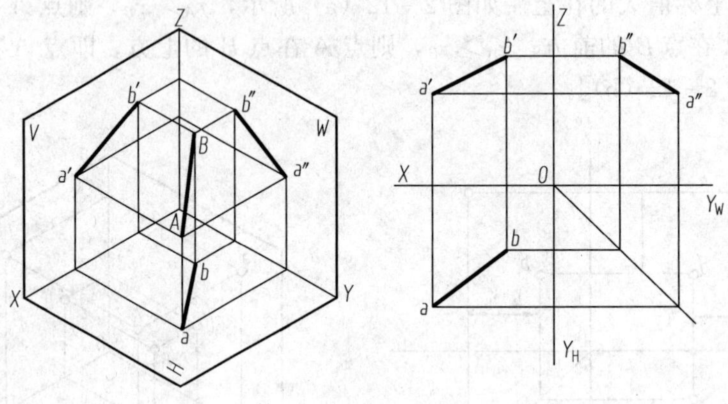

(a)　　(b)

图 2 - 14　直线的投影

1. 各种位置直线的投影特性

在三投影面体系中，直线的空间位置，按其与投影面的相对位置，可分为三种：投影面平行线、投影面垂直线、一般位置直线。其中前两种称为特殊位置直线。

（1）投影面平行线。平行于一个投影面，且倾斜于另两个投影面的直线称为投影面平行线。投影面平行线有三种：平行于 V 面且倾斜于 W 面、H 面的直线称为正平线，平行于 H 面且倾斜于 V 面、W 面的直线称为水平线，平行于 W 面且倾斜于 V 面、H 面的直线称为侧平线。投影面的平行线在与直线平行的投影面上的投影具有真实性。各种投影面平行线的投影特性见表 2 - 2 所示。

表 2 - 2　　投影面平行线的投影特性

名称	正平线	水平线	侧平线
位置特点	平行于 V 面且倾斜于 W、H 面	平行于 H 面且倾斜于 V、W 面	平行于 W 面且倾斜于 V、H 面
直观图	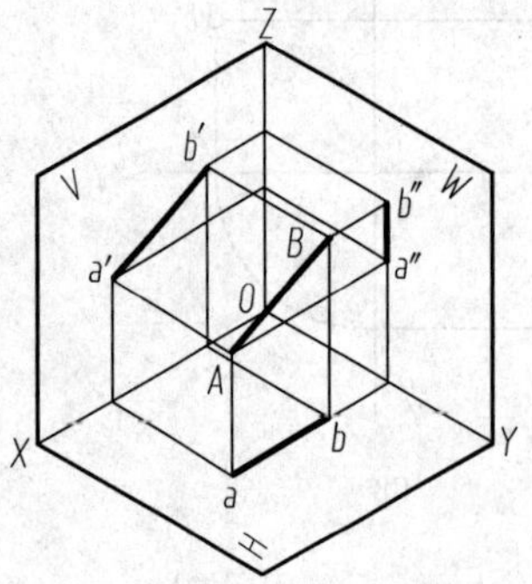	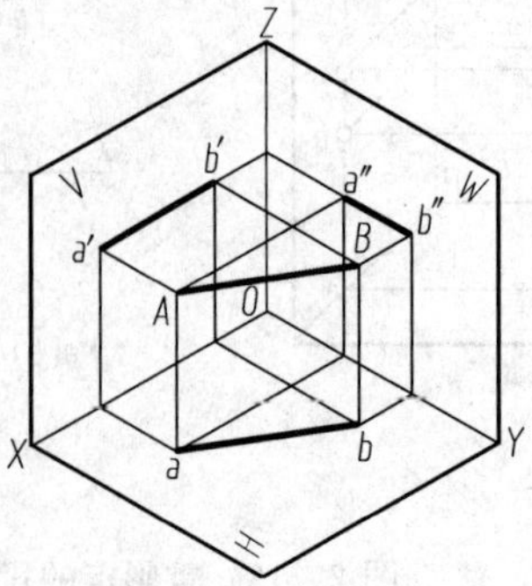	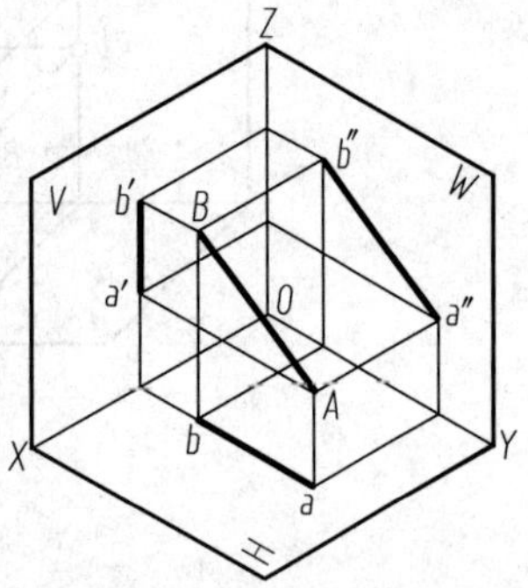

续表

名称	正平线	水平线	侧平线
投影图	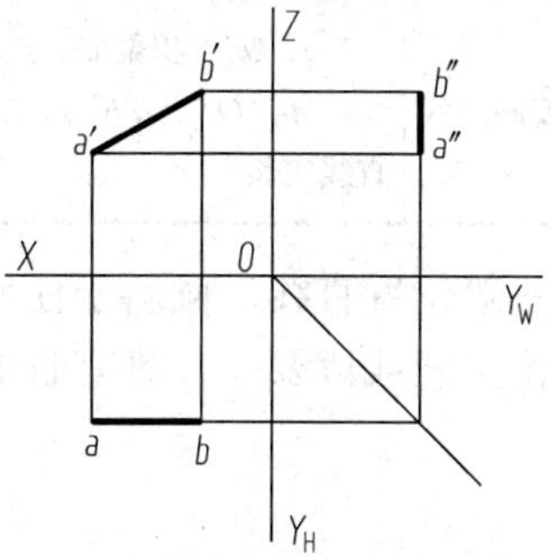	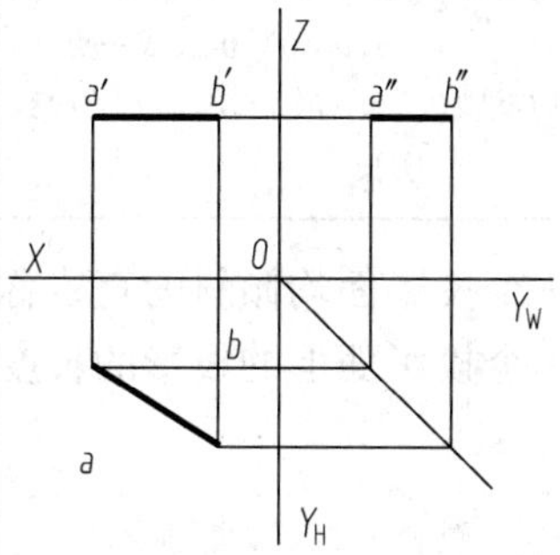	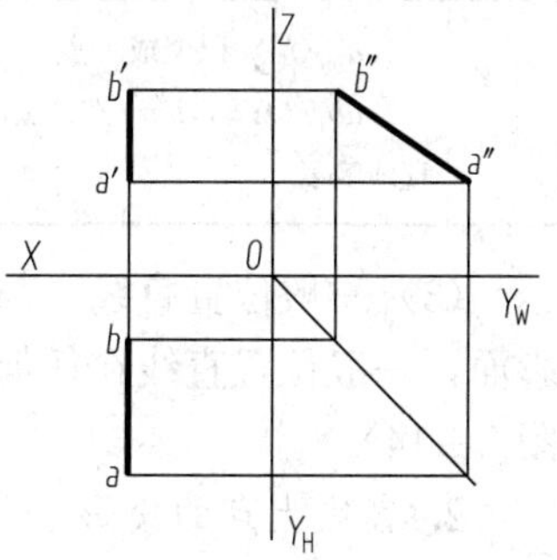
投影特性	1. $a'b'$反映直线实际长度和倾斜方向 2. $ab/\!/OX$，$a''b''/\!/OZ$，长度缩短	1. ab反映直线实际长度和倾斜方向 2. $a'b'/\!/OX$，$a''b''/\!/OY_W$，长度缩短	1. $a''b''$反映直线实际长度和倾斜方向 2. $a'b'/\!/OZ$，$ab/\!/OY_H$，长度缩短

（2）投影面垂直线。垂直于一个投影面的直线称为投影面垂直线。投影面垂直线有三种：垂直于正面的直线称为正垂线，垂直于水平面的直线称为铅垂线，垂直于侧面的直线称为侧垂线。投影面垂直线在与其垂直的投影面上的投影具有积聚性。各种投影面垂直线的投影特性见表 2 - 3 所示。

表 2 - 3　投影面垂直线的投影特性

名称	正垂线	铅垂线	侧垂线
位置特点	直线垂直于 V 面	直线垂直于 H 面	直线垂直于 W 面
直观图	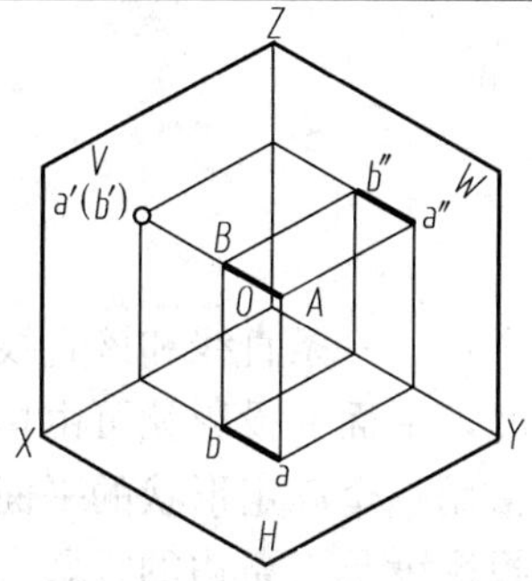	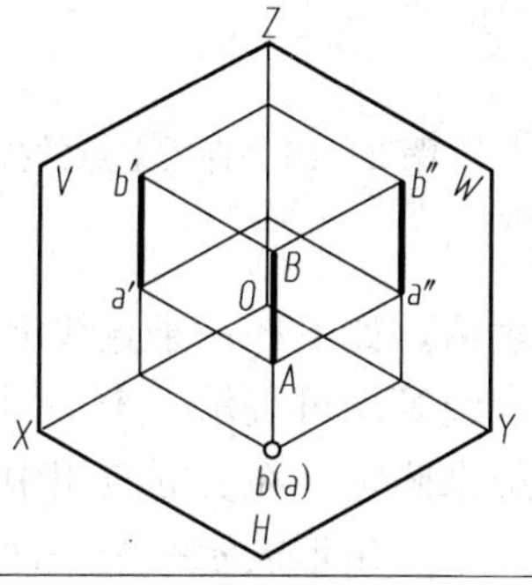	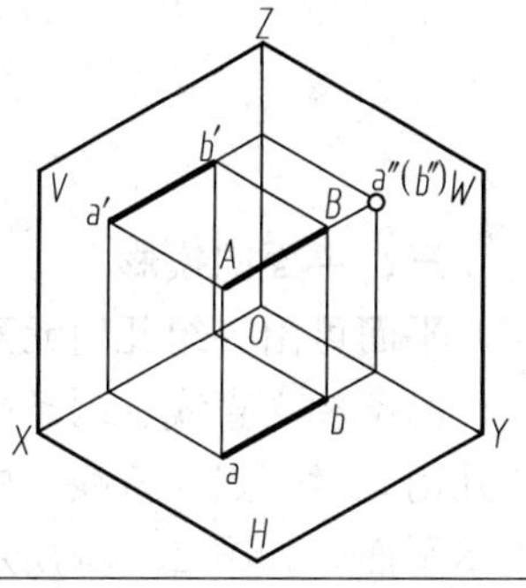
投影图	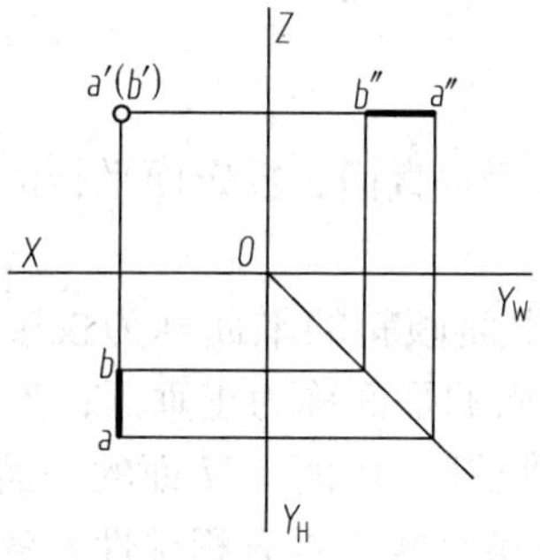	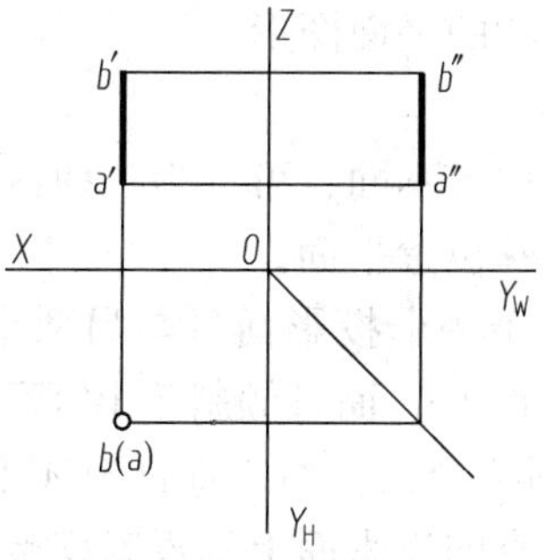	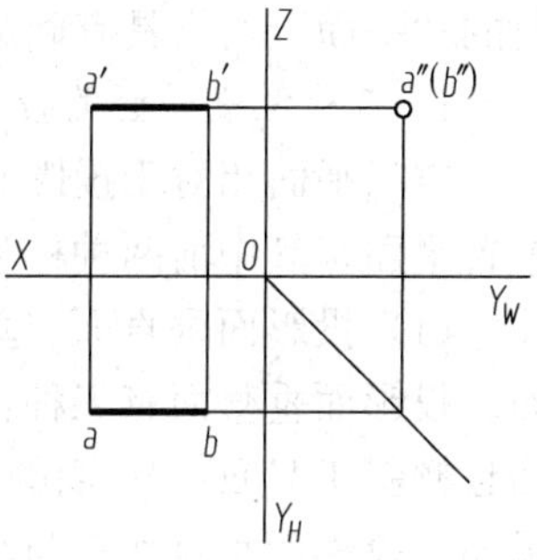

续表

名称	正　垂　线	铅　垂　线	侧　垂　线
投影特性	1. a'（b'）积聚成一点 2. ab//OY_H，$a''b''$//OY_W，均反映直线实长	1. a（b）积聚成一点 2. $a'b'$//OZ，$a''b''$//OZ，均反映直线实长	1. a''（b''）积聚成一点 2. ab//OX，$a''b''$//OX，均反映直线实长

(3) 一般位置直线。与三个投影面均倾斜的直线称为一般位置直线。倾斜于任何一个投影面，一般位置直线在任何一个投影面上的投影的长度均比空间线段要短，具有收缩性（见图 2-14）。

2. 直线上点的投影

直线上点的投影均在该直线的同面投影上，且直线上的点分割直线之比等于该点投影分割直线投影长度之比，具有定比性。如图 2-15 所示，线段 AB 上一点 C，将其分为 AC 与 CB 两段，则有 $AC:CB=ac:cb=a'c':c'b'=a''c'':c''b''$。

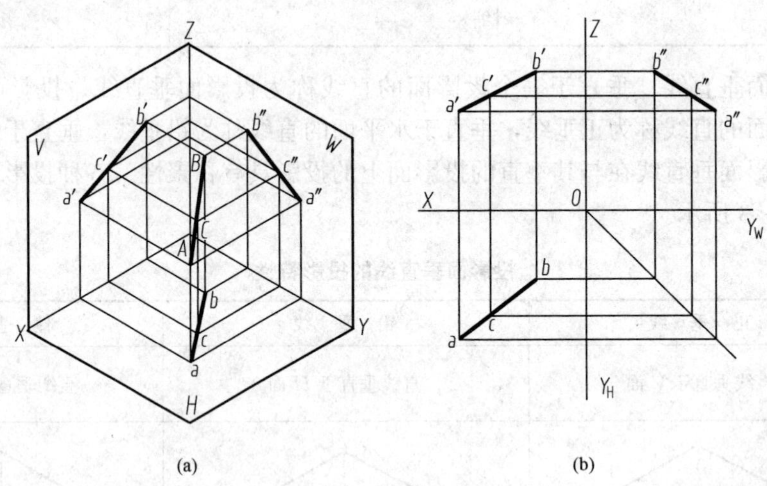

图 2-15　直线上点的投影

三、平面的投影

平面可由一组几何元素来表示，如不在一条直线上的三个点、一条直线和该直线外的一点、两条相交直线、两条平行直线等均可表示一个平面。因此，平面的投影就可由构成平面的几何元素（点、直线）的投影来确定。在实际应用中，通常用一个确定形状的平面图形来表示平面，如图 2-16 所示用一个三角形表示一个平面，其投影就是三条边的投影。以下提及的“平面”均指具有确定形状的平面图形。

1. 各种位置平面的投影特性

空间平面相对于投影面的位置不同，可分为三种：投影面垂直面、投影面平行面、一般位置平面。其中前两种称为特殊位置平面。

(1) 投影面垂直面。垂直于一个投影面且与另两个投影面倾斜的平面称为投影面垂直面。投影面垂直面有三种：垂直于 V 面且倾斜于 W 面、H 面的平面称为正垂面；垂直于 H 面且倾斜于 V 面、W 面的平面称为铅垂面；垂直于 W 面且倾斜于 V 面、H 面的平面称为侧垂面。投影面垂直面在与其垂直的投影面上的投影积聚为一条直线，具有积聚性。各种投影面垂直面的投影特性见表 2-4。

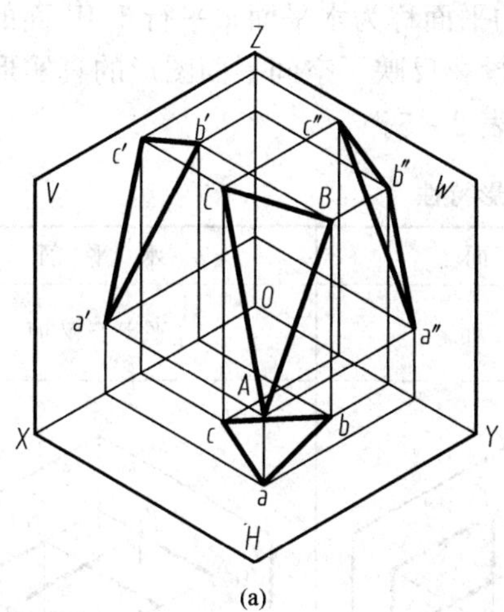

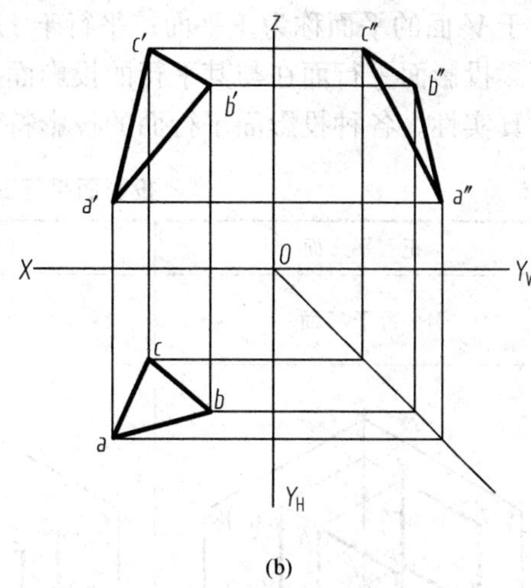

图 2-16　平面的投影

表 2-4　　投影面垂直面的投影特性

名称	正垂面	铅垂面	侧垂面
位置	垂直于 *V* 面且倾斜于 *W* 面、*H* 面	垂直于 *H* 面且倾斜于 *V* 面、*W* 面	垂直于 *W* 面且倾斜于 *V* 面、*H* 面
直观图	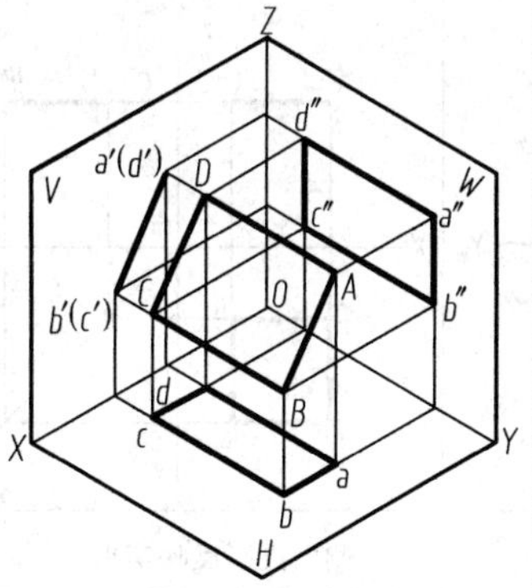	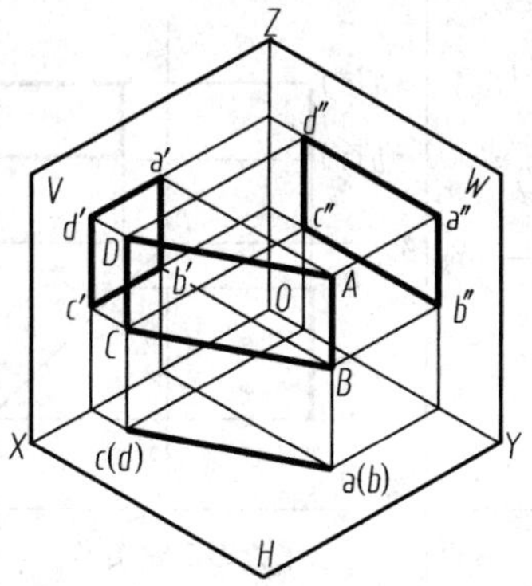	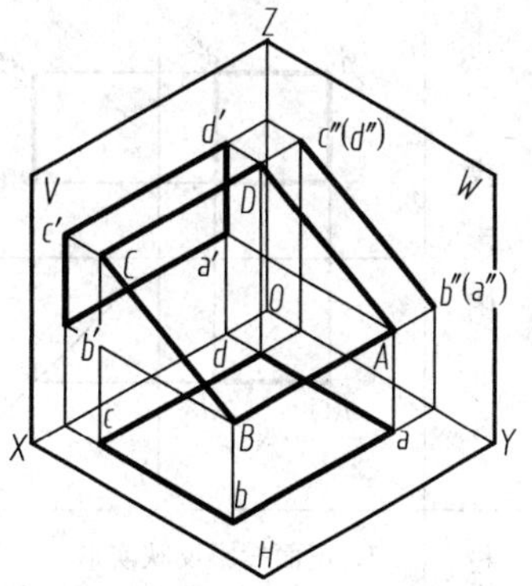
投影面	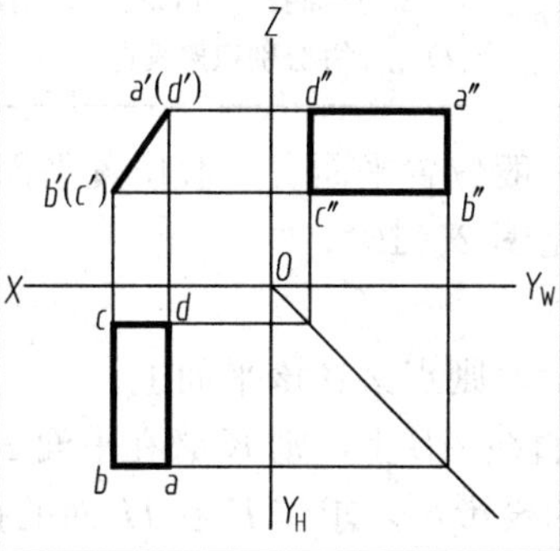	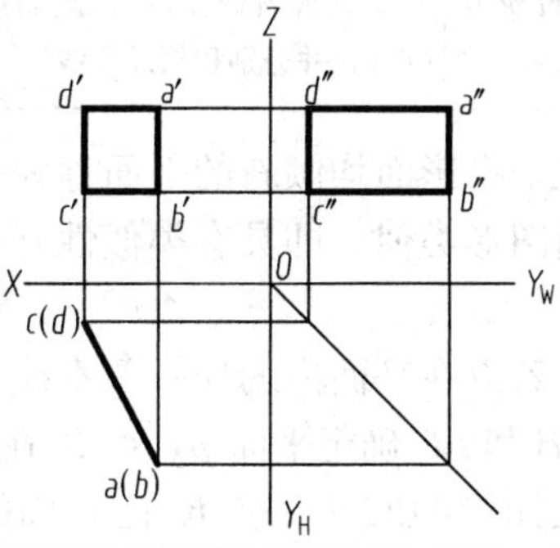	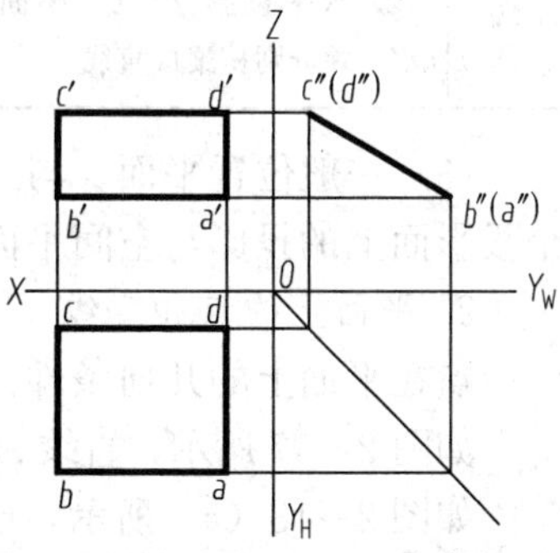
投影特性	1. 正面投影积聚成直线，并反映平面倾斜方向 2. 水平投影、侧面投影仍为平面图形，面积缩小	1. 水平投影积聚成直线，并反映平面倾斜方向 2. 正面投影、侧面投影仍为平面图形，面积缩小	1. 侧面投影积聚成直线，并反映平面倾斜方向 2. 正面投影、水平投影仍为平面图形，面积缩小

(2) 投影面平行面。平行于某一个投影面的平面称为投影面平行面。投影面平行面有三种：平行于 V 面的平面称为正平面；平行于 H 面的平面称为水平面；平行于 W 面的平面称为侧平面。投影面平行面在与其平行的投影面上的投影反映了空间平面图形的真实形状与大小，具有真实性。各种投影面平行面的投影特性见表 2 - 5。

表 2 - 5　　投影面平行面的投影特性

名称	正　平　面	侧　平　面	水　平　面
位置特点	平行于 V 面	平行于 H 面	平行于 W 面
直观图	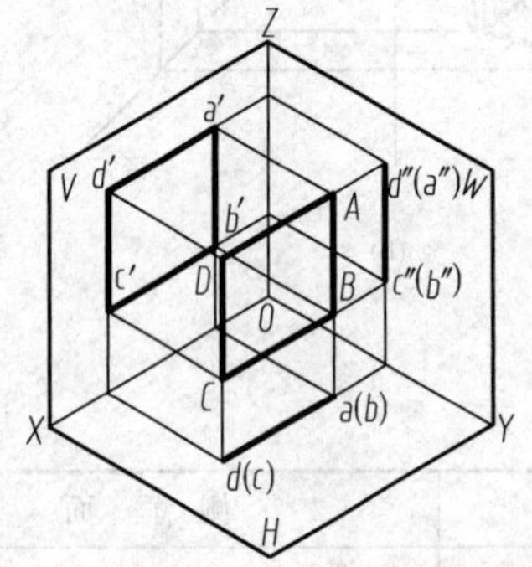	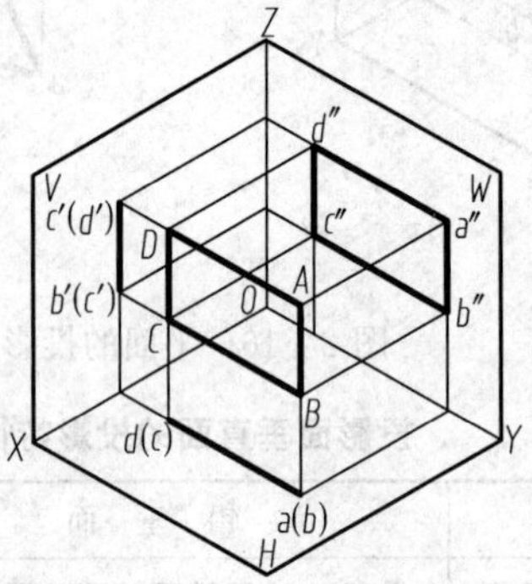	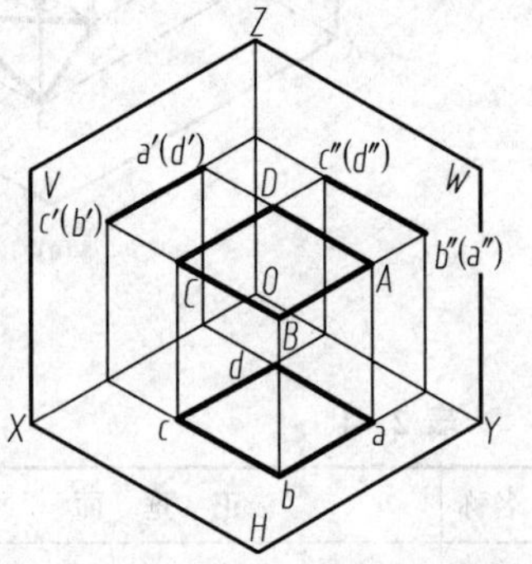
投影图	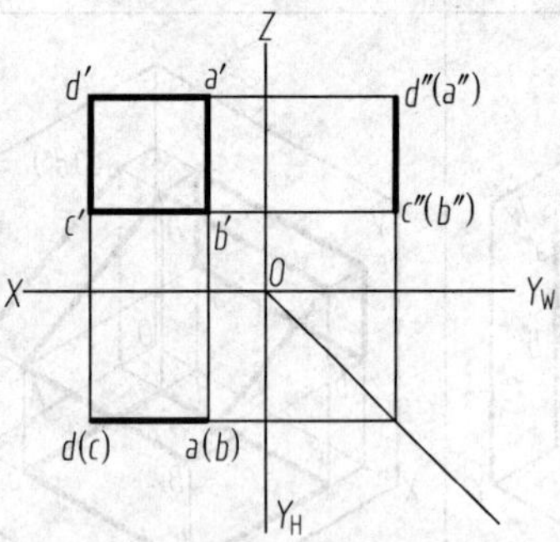	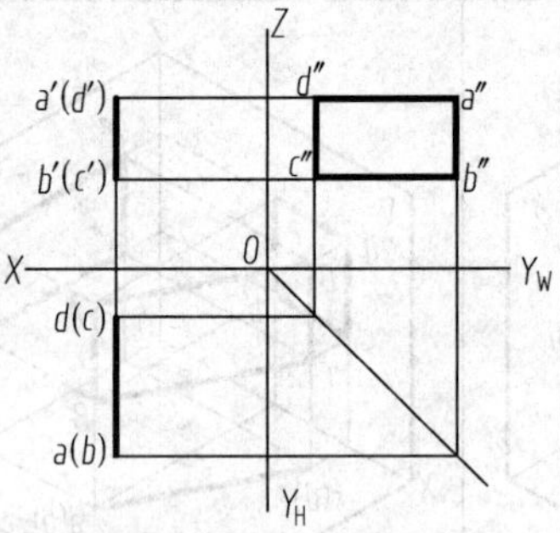	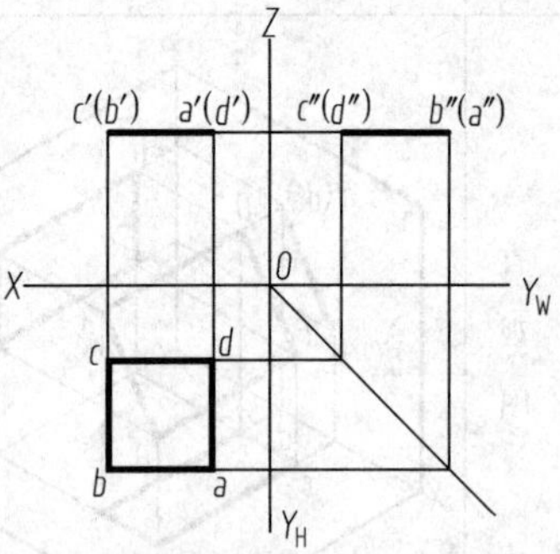
投影特性	1. 正面投影反映实形 2. 水平投影 // OX，侧面投影 // OZ，并分别积聚成直线	1. 水平投影反映实形 2. 正面投影 // OX，侧面投影 // OY_W，并分别积聚成直线	1. 侧面投影反映实形 2. 正面投影 // OZ，水平投影 // OY_H，并分别积聚成直线

(3) 一般位置平面。与三个投影面均倾斜的平面称为一般位置平面。一般位置平面在三个投影面上的投影与空间平面图形类似，即具有类似性（见图 2 - 16）。

2. 平面上的点和直线

点在平面上的几何条件：若点在平面内的任一条直线上，则点必在该平面上。

如图 2 - 17 所示，直线 AB 和 BC 确定平面 p，点 K 在直线 AB 上，则 K 必在平面 P 上。

如图 2 - 18（a）所示，已知△ABC 上一点 K 在 V 面的投影 k'，求作 K 在 H 面的投影。

根据点在平面上的几何条件，求作平面上点的投影时，可先在平面上作辅助线，然后在辅助线的投影上求作点的投影。作图方法如图 2 - 18（b）所示，在 V 面投影中，过 b'、k' 作辅助线，与 $a'c'$ 相交于 l'。由 l' 作 OX 轴的垂线，与 ac 交于 l，则 bl 即为辅助线的 H 面投影。再由 k' 作 OX 轴的垂线，与 bl 交于 k 即为点 K 在 H 面的投影。

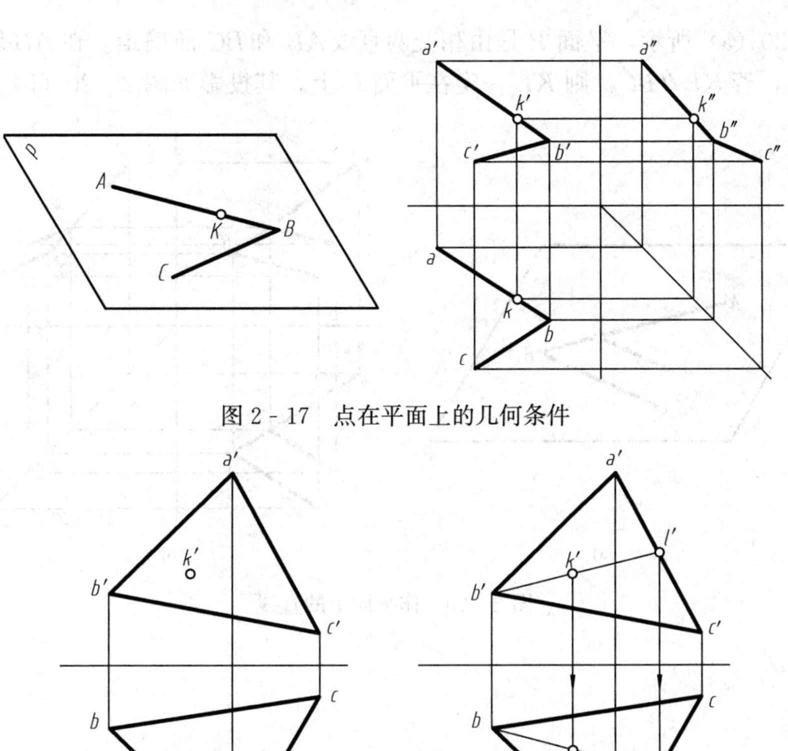

图 2 - 17 点在平面上的几何条件

图 2 - 18 求作平面上点的投影

直线在平面上的几何条件：若直线通过平面上的两个点，或通过平面上的一个点，且平行于属于该平面上的任一直线，则直线必在该平面上。

如图 2 - 19（a）所示，平面 P 是由相交两直线 AB 和 BC 所确定。在 AB 和 BC 上各取一点 K 和 L，则过 K 和 L 两点的直线一定在平面 P 上，其投影如图 2 - 19（b）所示。

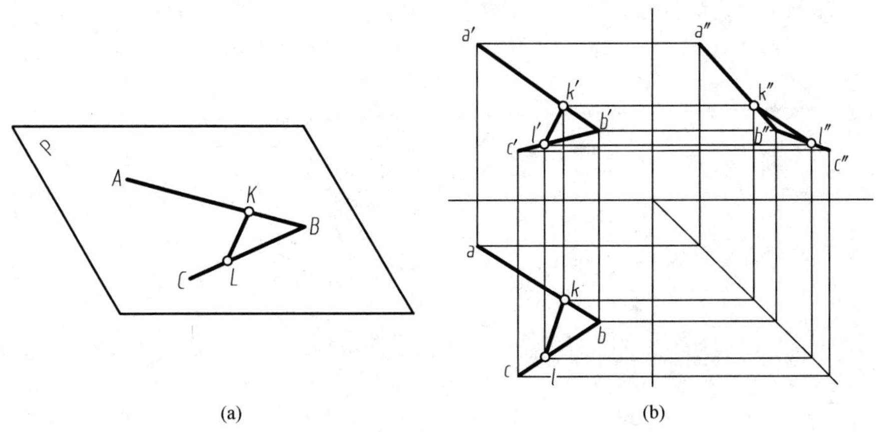

图 2 - 19 直线在平面上的几何条件

如图 2 - 20（a）所示，平面 P 是由相交两直线 AB 和 BC 所确定。在 AB 取一点 K，过 K 作直线 KL，若 $KL /\!/ BC$，则 KL 一定在平面 P 上，其投影如图 2 - 20（b）所示。

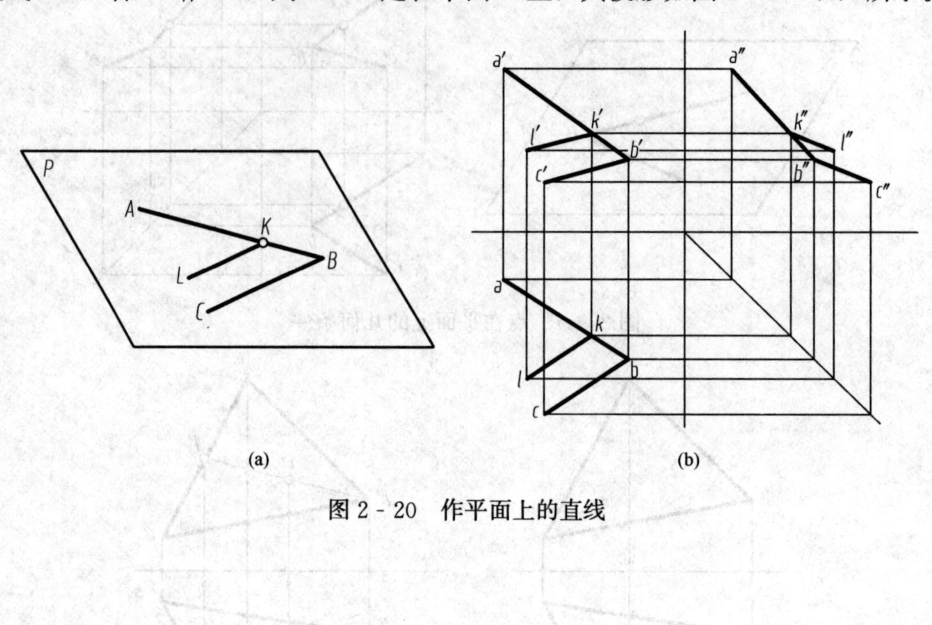

图 2 - 20　作平面上的直线

第三章

立体及其表面交线

立体根据其表面形状可分为两类：表面都是由平面构成的立体，称为平面体；表面由曲面或曲面与平面构成的立体，称为曲面体。常见的棱柱、棱锥、圆柱、圆锥、球、圆环等简单立体称为基本几何体，简称基本体。掌握基本体的投影规律及其画法是进一步学习复杂机件表示方法的基础。

第一节　基本体及其表面上点的投影

一、平面基本体

常见的平面基本体有棱柱和棱锥，它们的表面都是平面，每个平面又由若干直线（棱线）和点组成。画平面基本体的投影就是画出组成其表面的点、直线（棱线）、平面的投影，并判别其可见性，看得见的棱线画成实线，看不见的棱线画成虚线。

1. 棱柱

工程上常用的棱柱一般是正棱柱。下面以图 3 - 1 正六棱柱为例，分析其投影特征及作图方法。

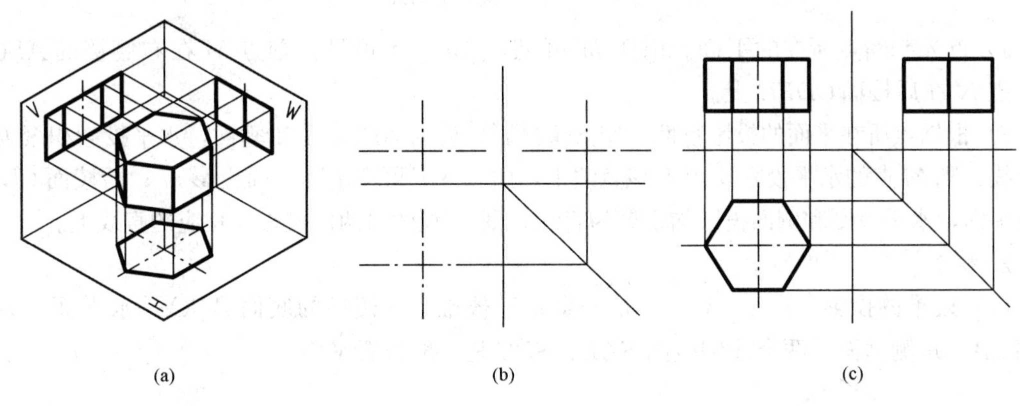

图 3 - 1　正六棱柱的投影

(1) 投影分析。图 3 - 1 (a) 正六棱柱的表面是由两个正六边形端面（顶面、底面）和六个矩形侧棱面组成。顶面和底面互相平行，各侧棱面与底面垂直。为便于作图，选择底面平行于水平投影面并使前后两个侧棱面平行于正投影面。

其投影特征是：顶面和底面是水平面，其水平投影反映实形，且两个平面的投影重合；正面及侧面投影积聚成一条垂直于 Z 轴的直线。六个侧棱面中，前后两个侧棱面是正平面，其余为铅垂面，它们的水平投影积聚为六边形的六条边；前后两个侧棱面的正面投影反映实形，侧面投影积聚为直线，其余侧棱面的正面及侧面投影均为类似形。六条棱线为铅垂线，水平投影积聚为六边形的六个顶点，正面和侧面投影反映实长且平行于 Z 轴；上、下端面的各条边投影也可按同样方法进行分析。

（2）作图方法。

1）选择正六边形的对称中心线和底面为基准，画各个投影面的作图基准线，如图 3 - 1（b）所示。

2）先画出具有轮廓特征的俯视图——正六边形，按“长对正、高平齐、宽相等”的投影规律，并量取棱柱高度作其余两视图，如图 3 - 1（c）所示。

（3）棱柱表面上的点。如图 3 - 2（a）所示，已知正三棱住表面上点 M 和点 N 的正面投影 m'、(n')，求点的另外两面投影。分析作图如下：

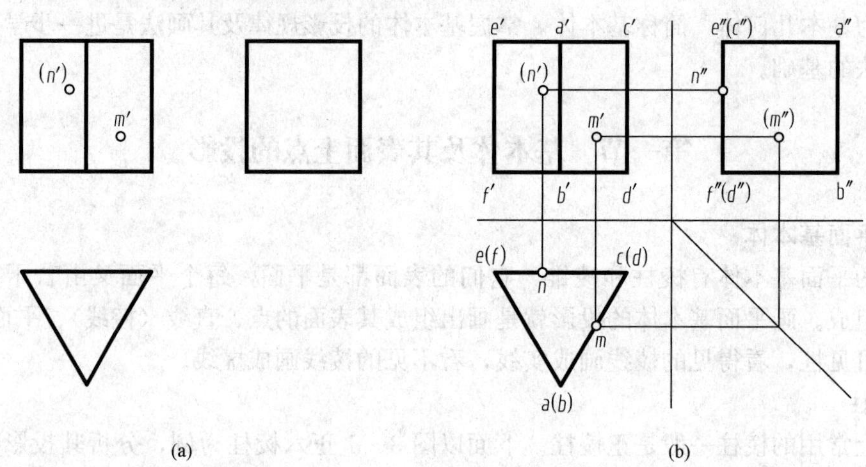

图 3 - 2　棱柱表面上的点

1）首先判断点所在的平面。由于 m' 可见，（n'）不可见，则点 M 在右侧棱面 $ABCD$ 上，点 N 在后棱面 $CDFE$ 上。

2）根据点所在平面的投影特性，作其余投影。棱面 $ABCD$ 是铅垂面，水平投影积聚为一条直线，则 M 点的水平投影 m 必在该直线上，由 m、m' 可作出第三面投影 m''；后棱面 $CDFE$ 是正平面，水平投影和侧面投影均积聚为直线，则 N 点的另两面投影在相应的直线上。

2. 棱锥

（1）棱锥的投影。图 3 - 3（a）是一个正三棱锥。三棱锥的底面 ABC 是水平面，后侧棱面 SAC 是侧垂面，两个前侧棱面 SAB、SBC 是一般位置平面。

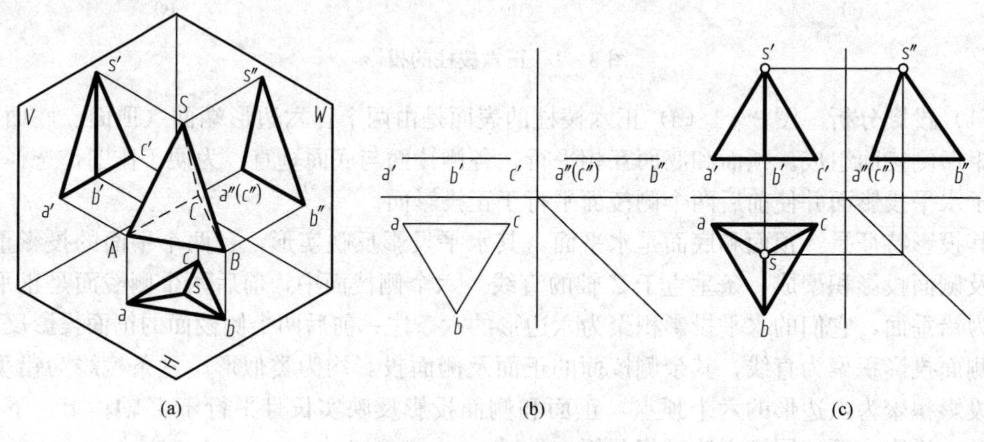

图 3 - 3　三棱锥的投影

其投影特征是：在水平投影面中，底面 ABC 投影反映实形，三个侧棱面 SAB、SAC、SBC 的投影与底面投影重合，均为相似形；在正面投影中，底面 ABC 投影积聚为一条直线，三个侧棱面 SAB、SAC、SBC 的投影均为类似形；在侧面投影中，底面 ABC 投影积聚为一条直线，后侧棱面 SAC 投影积聚为一条直线，两个前侧棱面 SAB、SBC 投影为类似形。

作图时先作底面三角形的各个投影，如图 3-3（b）所示，再作出锥顶点 S 的各个投影，然后连接各条棱线即可得到三棱锥的三面投影，如图 3-3（c）所示。

（2）棱锥表面上的点。如图 3-4（a）所示，已知三棱锥表面上的点 M 的正面投影 m' 和点 N 的水平投影（n），求作其余两面投影。

分析作图如下：

1）首先判断点所在的平面。由于 m' 可见，则点 M 在前侧棱面 SAB 上，（n）不可见，则点 N 在底面 ABC 上。

2）根据点所在平面的投影特性，作其余投影。前侧棱面 SAB 是一般位置面，用辅助直线法作图：过 s' 与 m' 作直线 $s'k'$ 与底边交于 k'，过 k' 作垂线与 ab 交于 k，连接 sk，过 m' 作垂线与 sk 交于 m 即为 M 点的水平投影，由 m 和 m' 可作出 m''；底面 ABC 是水平面，正面和侧面投影具有积聚性，则 N 点的另两面投影在相应的直线上。

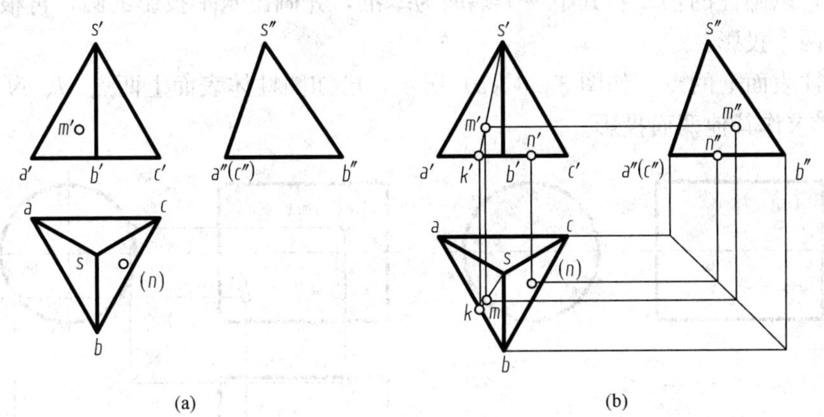

图 3-4　棱锥表面上的点

二、回转体

一动线（直线或曲线）绕一定直线旋转而成的曲面，称为回转面。定直线称为回转轴，动线称为母线，处于任意位置上的母线称为素线。在回转面向投影面投影时，把回转面分为一半可见另一半不可见的分界素线，称为（转向）轮廓素线。母线上任意一点的旋转轨迹都是圆，称为纬圆。由回转面或回转面与平面所围成的立体，称为回转体。工程上常见的回转体有圆柱、圆锥、圆球、圆环。

1. 圆柱

（1）圆柱的投影。圆柱体表面由圆柱面和两端面圆组成。圆柱面是由一直线绕与之平行的轴线旋转而成。

图 3-5 圆柱的轴线是铅垂线，圆柱面是铅垂面，上、下底面是水平面。

其投影特征是：在水平投影面中，上、下底面圆投影反映实形，为圆形，且具有重影

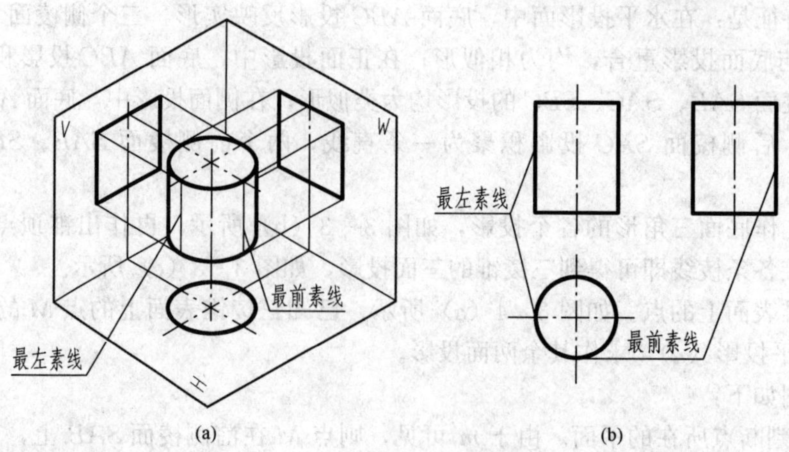

图 3-5　圆柱体的投影

性，圆柱面投影积聚成一个圆；在正面投影中，上、下底面投影积聚为直线，圆柱面投影为最左、最右轮廓素线和上、下底面投影围成的矩形；在侧面投影中，上、下底面投影积聚为直线，圆柱面投影为最前、最后轮廓素线和上、下底面投影围成的矩形。

作图时，以圆柱的轴线和其中一个端面为基准，先画出水平投影的圆，再根据圆柱体的高度作其余两个投影。

（2）圆柱表面上的点。如图 3-6（a）所示，已知圆柱体表面上两点 M、N 的正面投影 m' 和（n'），求作其他两面投影。

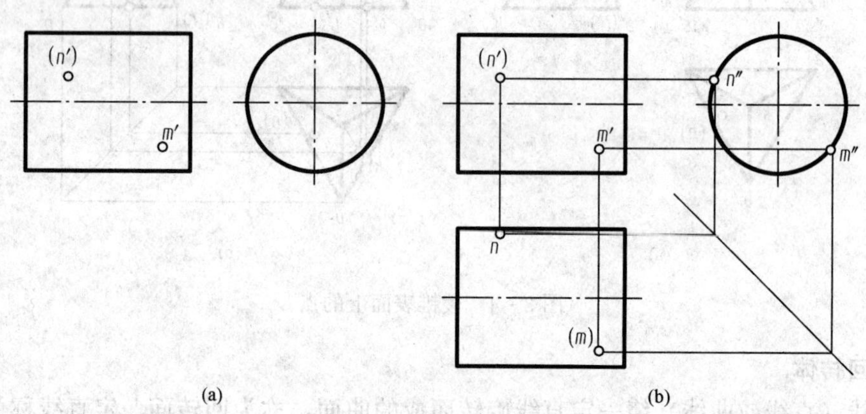

图 3-6　圆柱体表面上的点

1）首先判断点所在的位置。由于 m' 可见，则点 M 在圆柱面的前半部分，（n'）不可见，则点 N 在圆柱面的后半部分。

2）根据圆柱面的投影特性，作其余投影。圆柱面的侧面投影积聚为圆，则 M 点、N 点的侧面投影 m''、n'' 必在该圆上，由 m'、m'' 和 n'、n'' 可分别作出第三面投影 m 、n，可判断（m）不可见，n 可见。

2. 圆锥

（1）圆锥的投影。圆锥体表面由圆锥面和底圆面组成。圆锥面是由一直线绕与之相交的轴线旋转而成。图 3-7 圆锥的轴线是铅垂线，底面是水平面。

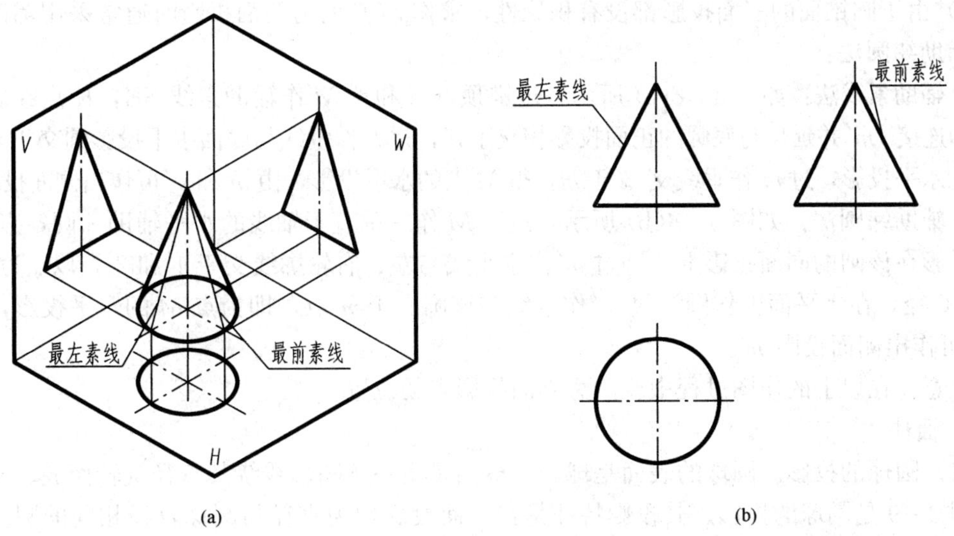

(a)　(b)

图 3-7　圆锥体的投影

其投影特征是：在水平投影面中，底面圆投影反映实形，为圆形，圆锥面投影与底面投影重合；在正面投影中，底面投影积聚为直线，圆锥面投影为最左、最右轮廓素线和底面投影围成的三角形，且最左、最右轮廓素线是正平线，其正面投影反映实长；在侧面投影中，底面投影积聚为直线，圆锥面投影为最前、最后轮廓素线和底面投影围成的三角形，且最前、最后轮廓素线是侧平线，其侧面投影反映实长。

作图时，以圆锥的轴线和底面为基准，先画出底面的各个投影，再画出锥顶点的各投影，然后分别画出其外形轮廓素线，即完成圆锥的各个投影。

（2）圆锥表面上的点。如图 3-8 所示，已知圆锥体表面上点 M 的正面投影 m'，求作其他两面投影。

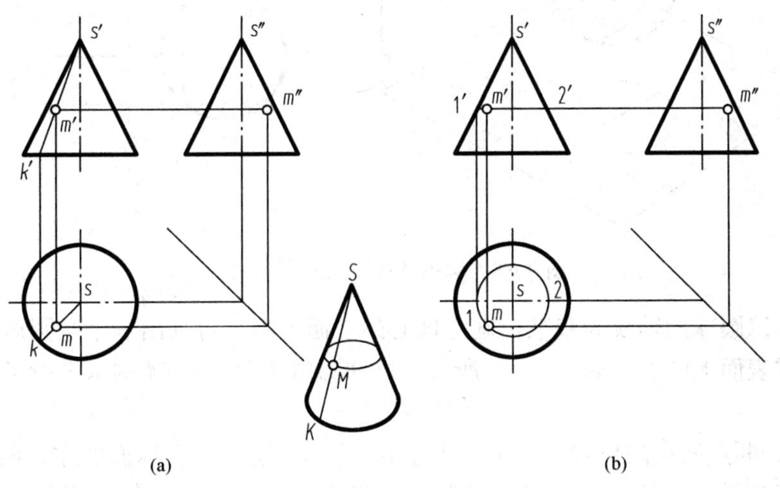

(a)　(b)

图 3-8　圆锥体表面上的点

1）首先判断点所在的位置。如图 3-8（a），由于 m'可见，则点 M 在圆柱面的左、前半部分。

2）由于圆锥面的三面投影都没有积聚性，求作 M 点的另两面投影时通常采用辅助素线法或辅助纬圆法：

• 辅助素线法：如图 3－8(a) 所示，过锥顶点 S 和点 M 作辅助素线 SK，K 点在底圆周上。即连接 $s'm'$ 并延长与底圆的正面投影相交于 k'，过 k' 作垂线与底面水平投影圆交于 k 即为 K 点的水平投影，过 m' 作垂线交 sk 于 m，得 M 点的水平投影，由 m 和 m' 可作出侧面投影 m''。

• 辅助纬圆法：如图 3－8(b) 所示，过点 M 作一垂直于轴线的水平辅助纬圆，点 M 的各面投影在该圆的同面投影上。即过 m' 作水平线与左、右轮廓线交于 $1'$ 和 $2'$，以 s 为圆心，$1'2'$ 为直径，在水平面上作圆，过 m' 作垂线与该圆交于 m 点，即为点 M 的水平投影，由 m 和 m' 可作出侧面投影 m''。

注意：在以上的作图过程中要注意判断投影点的位置。

3. 圆球

(1) 圆球的投影。圆球的表面是球面。球面是由一条圆母线绕其直径旋转而成。

图 3－9 是圆球的投影。其投影特征是：三面投影均为直径与圆球直径相同的圆。各圆的含义如下：正面投影上的圆是圆球面上平行于 V 面的轮廓素线圆的投影，是前半圆球面和后半圆球面的分界线；水平投影上的圆是圆球面上平行于 H 面的轮廓素线圆的投影，是上半圆球面和下半圆球面的分界线；侧面投影上的圆是圆球面上平行于 W 面的轮廓素线圆的投影，是左半圆球面和右半圆球面的分界线。

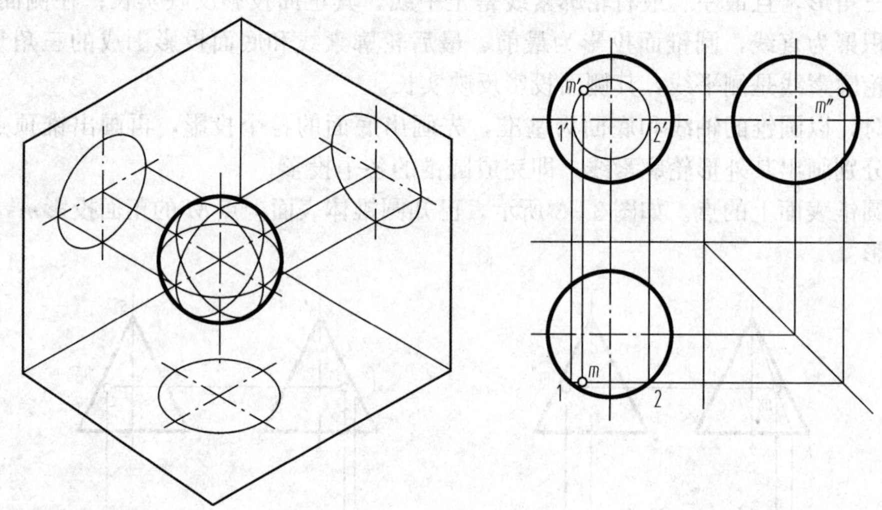

图 3－9　圆球的投影及表面上的点

作图时，以圆球的轴线为基准，确定球心的三面投影，再画出三个与圆球等直径的圆。

(2) 圆球表面上的点。如图 3－9 所示，已知圆球表面上点 M 的水平投影 m，求作其他两面投影。

1）首先判断点所在的位置。如图，由于 m 可见，则点 M 在球面的左、前、上半部分。

2）由于球面的三面投影都没有积聚性，也没有直线存在，求作 M 点的另两面投影时只能用辅助纬圆法。过 m 作正平纬圆的水平面投影 12，以 12 为直径，o' 为圆心作该纬圆的正面投影，过 m 作垂线交纬圆的正面投影于 m' 即为点 M 的正面投影，由 m 和 m' 可作点 M 的侧面投影 m''。

第二节　截　交　线

一、截交线的概念

平面与立体相交，可以看作是立体被平面截切，该平面称为截平面。截平面与立体表面的交线称为截交线。截交线围成的平面称为截断面。如图 3 - 10 所示。

1. 截交线的基本性质

(1) 截交线既在截平面上，又在立体表面上，是截平面与立体表面的共有线，截交线上的点是它们的共有点。

(2) 由于立体表面是封闭的，所以截交线一般是封闭的平面线框。

(3) 截交线的形状由立体表面形状和截平面与立体的相对位置决定。

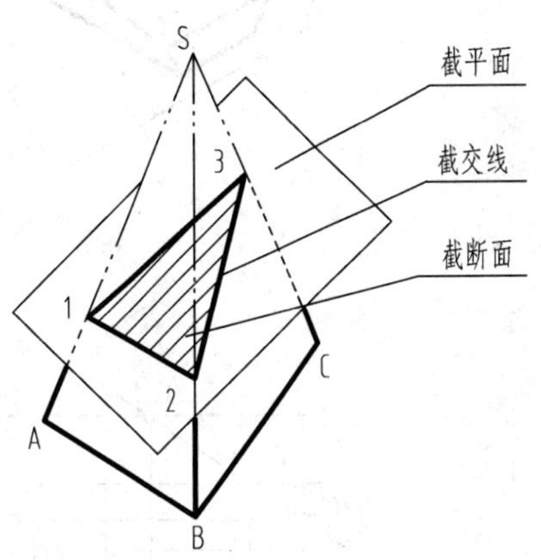

图 3 - 10　截交线

2. 求作截交线的一般方法和步骤

(1) 分析立体的表面性质，截平面与投影面的相对位置，截平面与立体的相对位置，初步判断截交线的形状及其投影特征。

(2) 求出截交线上点的三面投影，顺次连接各点的同面投影。

(3) 整理轮廓线并判别可见性。

二、平面立体的截交线

平面与平面立体相交，截交线是由直线围成的平面多边形，多边形的边为平面立体的各表面与截平面的交线。求截交线可归结为求截平面与立体表面共有点、共有线的问题。

【例 3 - 1】　如图 3 - 11 (a) 所示，用正垂面 P 截切正六棱柱，求作截切后六棱柱的三面投影。

分析：根据截平面 P 与六棱柱的相对位置可知，P 面与六棱柱的五个棱面以及左端面相交，形成的截交线为六边形，六边形的六个顶点分别为四条棱线以及端面上的两条边与 P 平面相交的交点。截平面 P 是正垂面，六棱柱的各个面都垂直或平行于相应的投影面，可直接利用积聚性作图。

作图方法：

(1) 作出六棱柱的三面投影图，然后作截平面 P 的正面投影 p'，找出 p' 与六棱柱棱线和边线的交点 1′、2′、3′、4′、5′、6′，见图 3 - 11 (b)。

(2) 根据直线上点的投影方法作出各点的水平投影 1、2、3、4、5、6 和侧面投影 1″、2″、3″、4″、5″、6″，见图 3 - 11 (c)。

(3) 顺次连接各点的同面投影，即得截交线的三面投影。

(4) 整理轮廓线，判别可见性，见图 3 - 11 (d)。

【例 3 - 2】　如图 3 - 12 (a) 所示，三棱锥被正垂面 Q 切割，画出三棱锥切割后的三面投影。

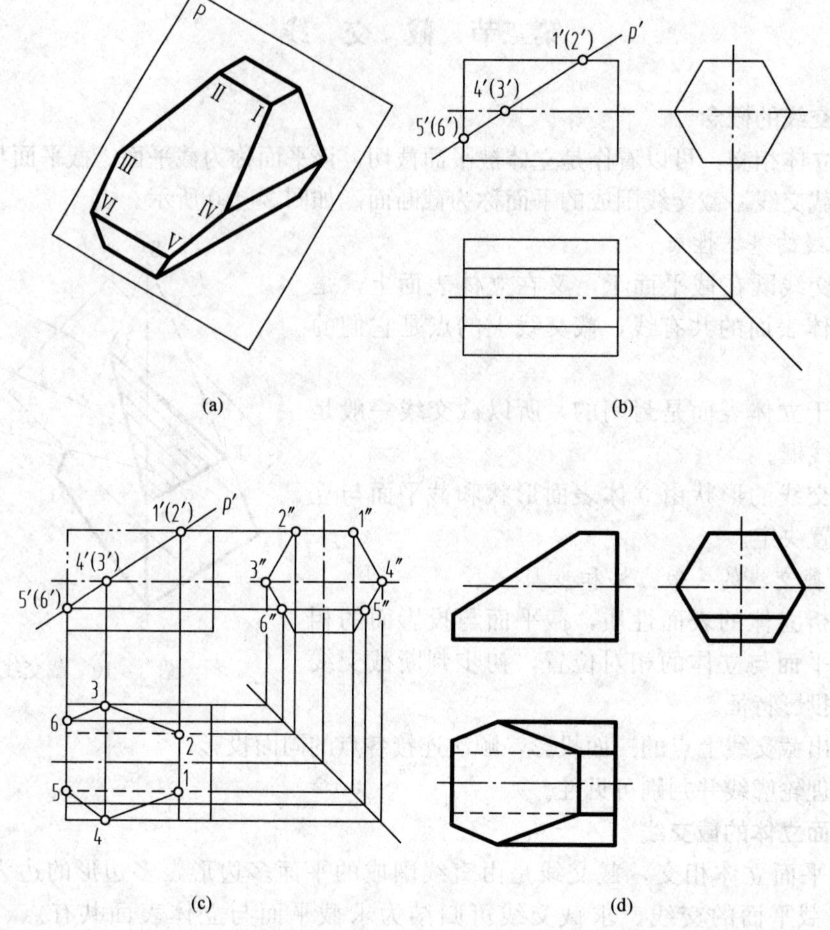

图 3-11 六棱柱截切体的投影

分析：根据截平面与三棱锥的相对位置可知，Q 面与三棱锥的三条棱线相交，所以截交线是一个三角形，三角形的三个顶点为三条棱线与 Q 面的交点。由于 Q 是正垂面，所以交点的正面投影与 Q 的正面投影重合，利用直线上点的投影特性，可由交点的正面投影作出水平和侧面投影。

作图方法：

(1) 作出三棱锥的三面投影图，然后作截平面 Q 的正面投影 q'，找出 q' 与三棱锥棱线的交点 1′、2′、3′，见图 3-12 (b)。

(2) 利用直线上点的投影特性，作出各点的水平投影 1、2、3 和侧面投影 1″、2″及 3″，见图 3-12 (c)。

(3) 顺次连接各点的同面投影，即得截交线的三面投影，整理轮廓线，画出切割后的三棱锥，见图 3-12 (d)。

【例 3-3】 如图 3-13 (a) 所示，求开槽六棱柱的侧面投影。

分析：由图 3-13 (a) 的正面投影可知，该通槽是由两个对称的侧平面和一个水平面切割六棱柱而成的。两个侧平截面分别与六棱柱的上顶面及左右侧面相交，形成的截交线为

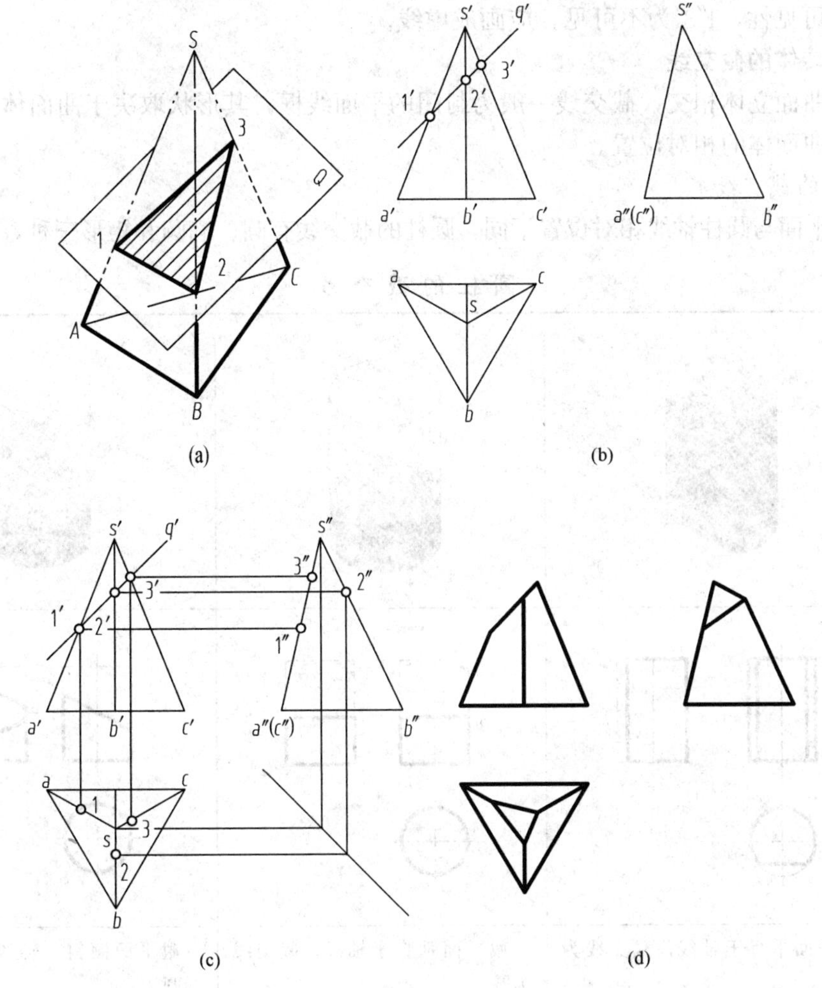

图 3-12　三棱锥的截交线

矩形，正面投影和水平投影积聚成直线，侧面投影重合且反映实形；水平截面与六棱柱的六个棱面相交，形成的截交线为八边形，正面和侧面投影积聚为直线，水平投影反映实形。

作图方法：

(1) 作出六棱柱完整的侧面投影；在正面投影和水平投影上标出侧平截面和棱柱矩形截交线的顶点 1、2、3、4 和 1′、2′、3′、4′。

(2) 按投影关系，作出矩形顶点的侧面投影 1″、2″、3″、4″。

(3) 顺次连接各投影点，整理轮

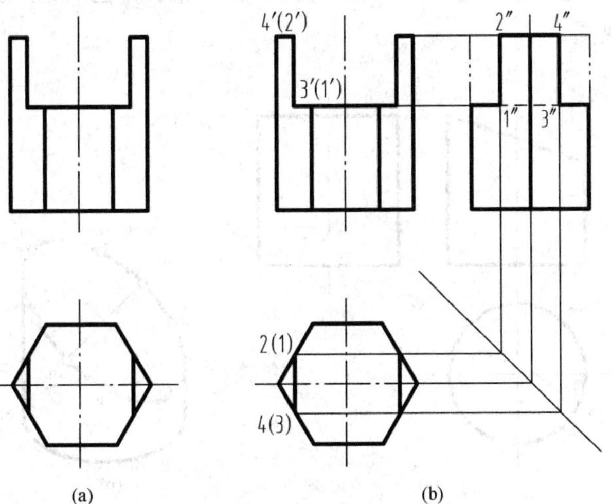

图 3-13　开槽六棱柱的侧面投影

廓线并判别可见性，1″3″为不可见，应画成虚线。

三、回转体的截交线

平面与曲面立体相交，截交线一般为封闭的平面线框，其形状取决于曲面体表面形状以及截平面与曲面体的相对位置。

1. 圆柱的截交线

根据截平面与圆柱轴线相对位置不同，圆柱的截交线有圆、椭圆和矩形三种，见表 3 - 1。

表 3 - 1　　　圆 柱 的 截 交 线

立体图			
投影图			
说明	截平面平行于轴线，截交线为矩形	截平面垂直于轴线，截交线为圆	截平面倾斜于轴线，截交线为椭圆

【例 3 - 4】　如图 3 - 14（a）所示，已知被截切圆柱的主视图和俯视图，试完成其左视图。

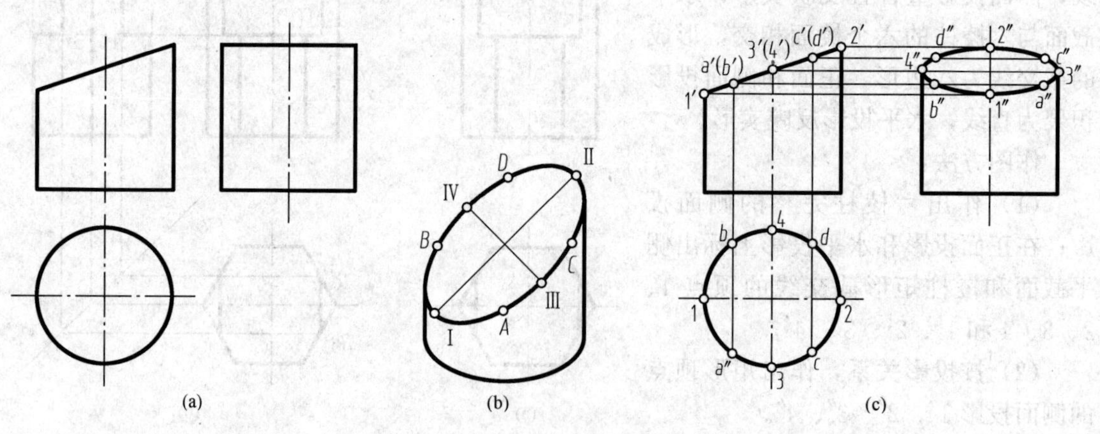

图 3 - 14　斜截圆柱的三视图

分析：由主视图可知，圆柱被与轴线倾斜的正垂面截切，其截交线为椭圆。截交线的正面投影积聚成直线，由于圆柱面是铅垂面，故截交线的水平投影与圆柱面积聚的圆重合，侧面投影为椭圆。可根据圆柱表面上求点的方法作图。

作图方法：

（1）求截交线上特殊位置点。特殊位置点是指截交线上最左、最右、最前、最后、最高及最低的点。特殊位置点对于确定截交线的范围及作图的准确性很重要，应首先求出。如图 3-14（b）所示，Ⅰ是最低、最左点，Ⅱ是最高、最右点，Ⅲ是最前点，Ⅳ是最后点，它们分别在圆柱表面的最左、最右、最前及最后轮廓素线上。可在主视图和俯视图上分别找出对应投影点 1′、2′、3′、4′及 1、2、3、4，可求得侧面投影 1″、2″、3″、4″点。

（2）求一般位置点。为使作图准确再在特殊点之间作出适当数量的一般点。在主视图上取投影点 a'、b'、c'、d'，根据圆柱面投影的积聚性作出水平投影 a、b、c、d，然后按投影规律作出侧面投影 a''、b''、c''、d''。

（3）依次光滑连接各点，即可得到截交线的侧面投影。

【例 3-5】　如图 3-15（a）所示，试作带切口圆柱体的三视图。

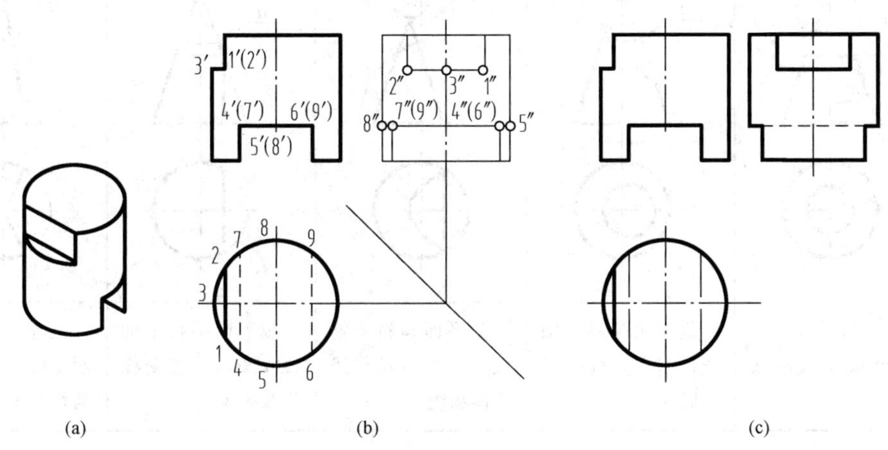

(a)　(b)　(c)

图 3-15　带切口圆柱的三视图

分析：该圆柱的上部被水平面和侧平面切去左上角，截交线有两条。其中矩形截交线上边是截平面和圆柱顶面的交线，前后两边是截平面和圆柱面的交线，下边是两个截平面的交线，其截断面是侧平面，正面与水平面投影积聚成直线，侧面投影反映实形；另一截交线由水平截面与圆柱面相交的圆弧及两个截平面相交的直线组成，其截断面是水平面，正面和侧面投影积聚成直线，水平投影反映实形。该圆柱下部被两个侧平面与水平面切去中下部，其截交线可按相同的分析方法进行分析。

作图方法：

（1）画出完整圆柱的三视图。

（2）按五个截面的实际位置作出其正面投影。正面投影都具有积聚性。

（3）按照投影关系做出各截面水平投影。三个侧平面的水平投影积聚为直线 12、47、69，直线的端点在圆周上，两个水平面的水平投影重合在圆周上，分别是 123 以及 456987。

（4）由两面投影作出侧面投影。上部水平面投影积聚为直线 1″3″2″，下部水平面积聚为 5″4″7″8″（9″）（6″），侧面投影为矩形，宽分别为 1″2″和 4″7″，见图 3-15（b）。

(5) 判别可见性。左上切口的投影都可见，下部切槽水平投影不可见，侧面投影 4″7″不可见。

(6) 整理轮廓线去除多余线条，见图 3-15 (c)。

2. 圆锥的截交线

根据截平面与圆锥轴线相对位置不同，圆锥的截交线有圆、椭圆、抛物线、双曲线、三角形，见表 3-2。

表 3-2　　　　圆锥的截交线

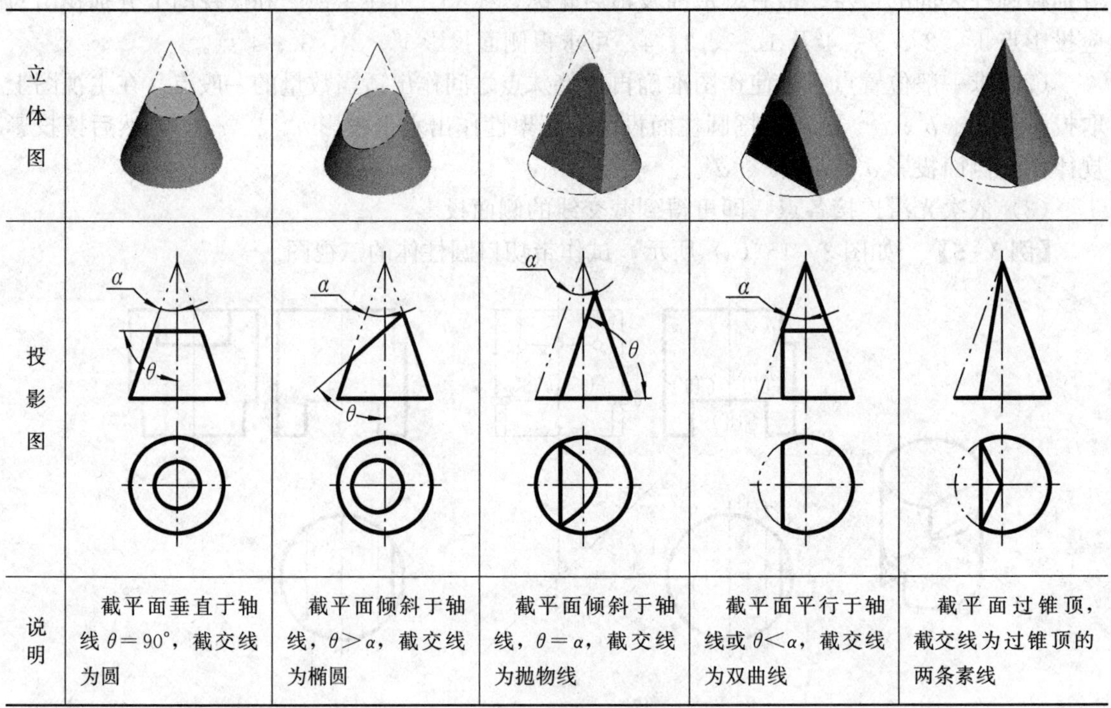

立体图					
投影图					
说明	截平面垂直于轴线 $\theta=90°$，截交线为圆	截平面倾斜于轴线，$\theta>\alpha$，截交线为椭圆	截平面倾斜于轴线，$\theta=\alpha$，截交线为抛物线	截平面平行于轴线或 $\theta<\alpha$，截交线为双曲线	截平面过锥顶，截交线为过锥顶的两条素线

【例 3-6】 如图 3-16 (a) 所示，完成斜截圆锥的三视图。

分析：由主视图可知，圆锥被与轴线倾斜的正垂面截切，且 $\theta>\alpha$，其截交线为椭圆。截交线的正面投影积聚成直线，水平投影和侧面投影均为椭圆，可根据圆锥表面上取点方法作图。

作图方法：

(1) 求截交线上特殊位置点。如图 3-16 (b) 所示，Ⅰ是最低、最左点，Ⅱ是最高、最右点，也是圆锥前后转向轮廓线上的点，由 1′、2′利用投影关系，可求得 1、2 和 1″、2″；Ⅲ是最前点，Ⅳ是最后点，其正面投影位于 1′2′斜线中点，可用辅助纬圆法（或辅助素线法）求得 3、4 和 3″、4″，如图 3-16 (c) 所示。

(2) 求一般位置点。为使作图准确再在特殊点之间作出适当数量的一般点。在主视图上取投影点 a'、b'、c'、d'，可用辅助纬圆法（或辅助素线法）求得 a、b、c、d 和 a''、b''、c''、d''，如图 3-16 (d) 所示。

(3) 依次光滑连接各点的水平投影和侧面投影，即可得到截交线的水平投影和侧面投影。整理轮廓线完成三视图，如图 3-16 (e) 所示。

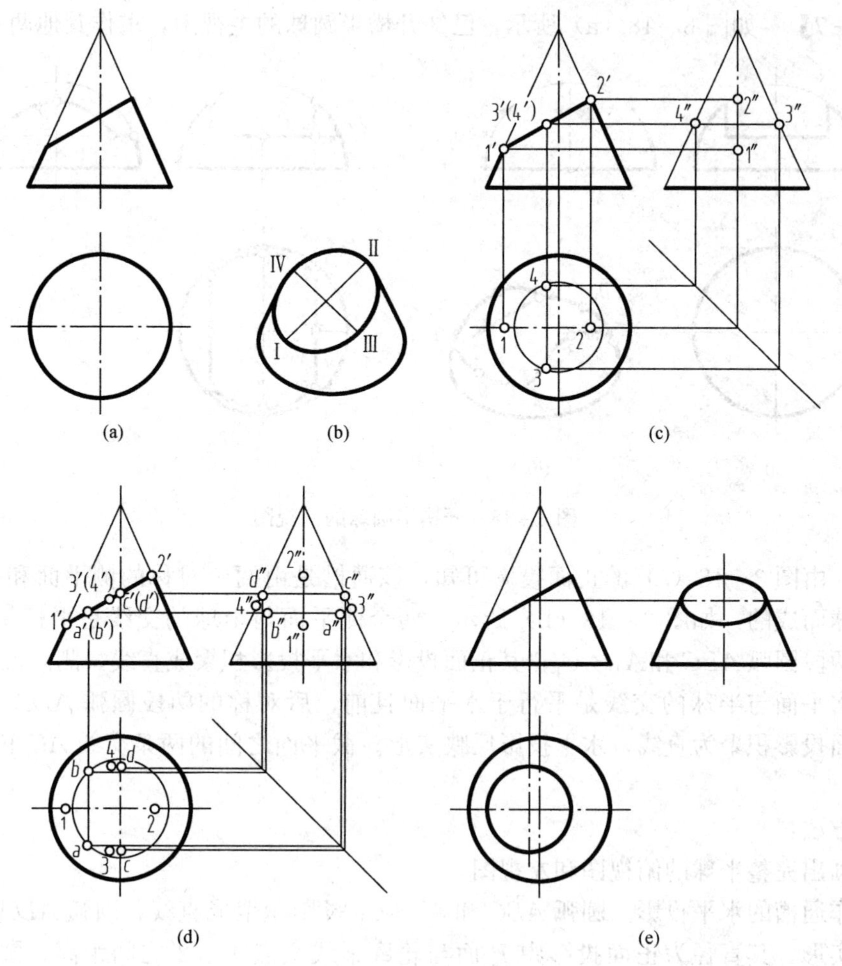

图 3-16　斜截圆锥三视图

3. 圆球的截交线

无论截平面位置如何，圆球的截交线总是圆，截交线的投影可以是直线、圆或椭圆。如图 3-17（a）所示，当截平面平行于投影面时，截交线在该投影面上的投影反映实形，另两个投影积聚成直线；当截平面倾斜于投影面时，截交线在该投影面上的投影为椭圆。

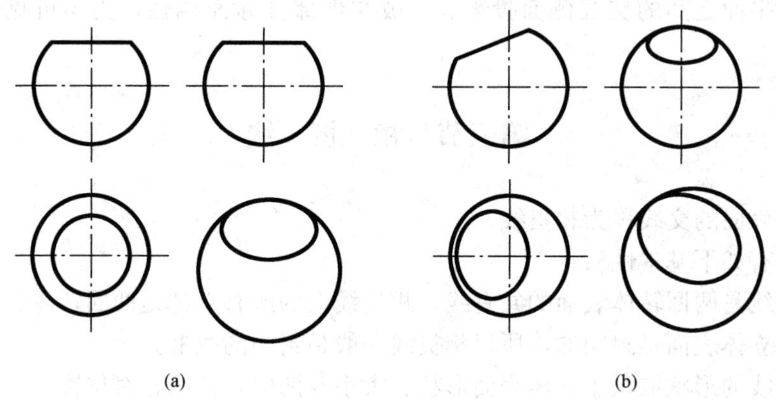

图 3-17　圆球的截交线

【例 3-7】 如图 3-18（a）所示，已知开槽半圆球的主视图，求作其他两视图。

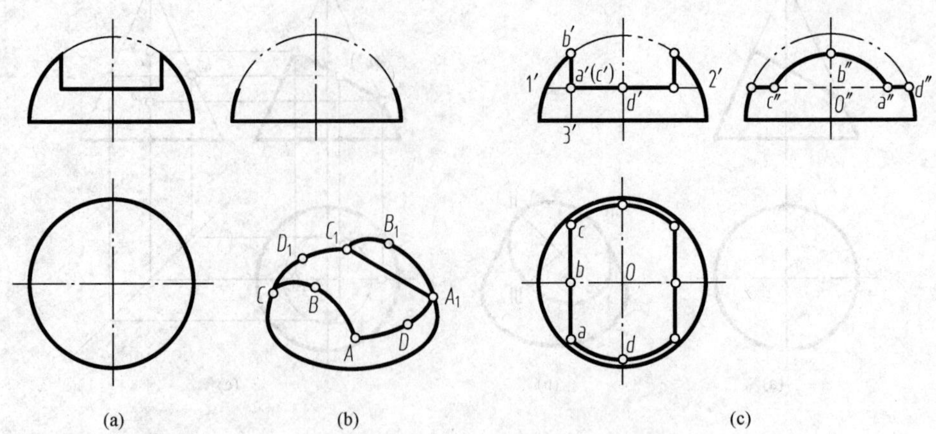

图 3-18 开槽半圆球的三视图

分析：由图 3-18（a）的正面投影可知，该通槽是由两个对称的侧平面和一个水平面切割半圆球而成的，如图 3-18（b）所示。两个侧平面与半球的交线是平行于侧面且左、右对称的两段圆弧 ABC 和 $A_1B_1C_1$；其正面投影和水平投影积聚成直线，侧面投影重合且反映实形；水平面与半球的交线是平行于水平面且前、后对称的两段圆弧 ADA_1 和 CD_1C_1，正面和侧面投影积聚为直线，水平投影反映实形。截平面之间的两条交线 AC 和 A_1C_1 是正垂线。

作图方法：

（1）画出完整半球的俯视图和左视图。

（2）作通槽的水平投影。圆弧 ABC 和 $A_1B_1C_1$ 投影积聚成直线，圆弧 ADA_1 和 CD_1C_1 投影反映实形，其直径为正面投影中 P 面与轮廓素线交点 $1'$、$2'$之间距离，圆心为 O 点。截平面之间的交线投影与圆弧 ABC 和 $A_1B_1C_1$ 投影重合。

（3）作通槽的侧面投影。圆弧 ABC 和 $A_1B_1C_1$ 投影重合并反映实形，其半径为正面投影中 Q_1 面与轮廓线交点 b'、$3'$之间距离，圆心为 O''点。圆弧 ADA_1 和 CD_1C_1 投影积聚成直线，截平面之间的交线投影 $a''c''$反映实长。

（4）整理轮廓线，判别可见性。球侧面投影的轮廓素线在截平面 P 以上部分被切掉，应该去除，截平面之间的交线侧面投影 $a''c''$被左半部分球面挡住，为不可见，如图 3-18（c）所示。

第三节 相 贯 线

两回转体表面的交线称为相贯线。

相贯线具有如下基本性质：

（1）相贯线是两回转体表面的共有线，相贯线上的所有点都是两回转体表面的共有点。

（2）由于立体表面是封闭的，所以相贯线一般是封闭的线框。

（3）相贯线的形状取决于立体表面形状、大小及两回转体的相对位置。

根据相贯线的性质，求相贯线就是求两相交立体表面上的公共点。常用的作图方法有表面取点法和辅助平面法。

一、两圆柱体正交时的相贯线

1. 表面取点法求相贯线

当圆柱体的轴线垂直于投影面时，相贯线在该投影面的投影积聚在圆柱面的投影圆周上。因此，两圆柱体正交可以用表面取点法求相贯线。

【例 3-8】　如图 3-19（a）所示，求两正交圆柱的相贯线。

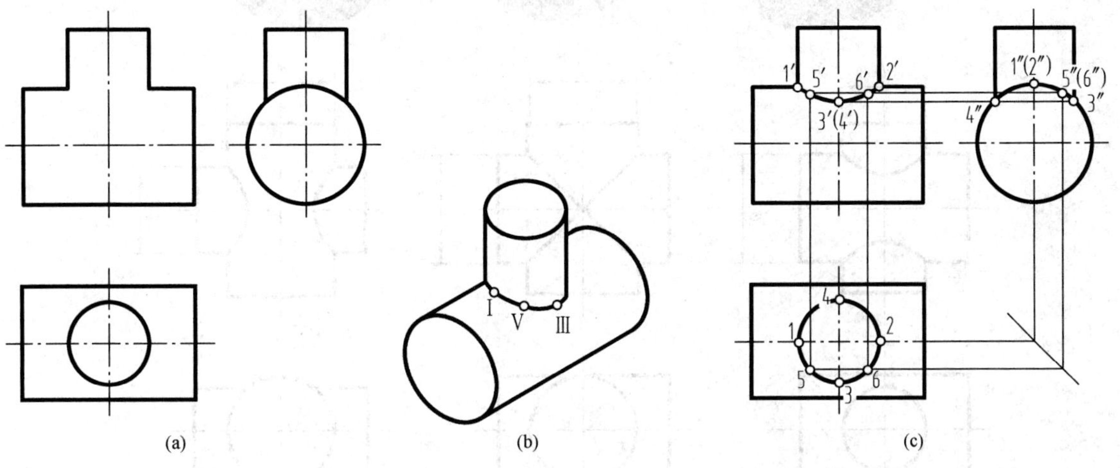

图 3-19　两正交圆柱相贯线

分析：大圆柱体的轴线是侧垂线，小圆柱体的轴线是铅垂线，且垂直相交，相贯线为前、后对称和左、右对称的空间曲线。相贯线的水平投影积聚在小圆柱体的水平投影圆周上，相贯线的侧面投影积聚在大圆柱体的侧面投影圆周上。已知相贯线的两面投影即可求出其第三面投影。

作图方法：

（1）求特殊位置点。Ⅰ、Ⅱ点是相贯线上的最左、最右点，也是最高点，在小圆柱的左、右轮廓素线上，也在大圆柱的上轮廓素线上；Ⅲ、Ⅳ点是相贯线上的最前、最后点，也是最低点，在小圆柱的前、后轮廓素线上，也在大圆柱的侧面投影圆周上。由此可定出它们的水平投影 1、2、3、4 和侧面投影 1″、(2″)、3″、4″，即可求出正面投影 1′、2′、3′、(4′)。

（2）求一般位置点。在相贯线水平投影（小圆柱圆周）的特殊点之间取左右对称的两点 5 和 6，求出侧面投影 5″、6″。即可求出正面投影 5′、6′。

（3）依次光滑连接各点的正面投影，即得到相贯线的正面投影。

注意：正交两圆柱的相对位置不变，而相对大小发生变化时，相贯线的形状和位置也将随之发生变化，如图 3-20 所示。

当$\phi_1>\phi$时，相贯线的正面投影为上下对称的曲线。

当$\phi_1=\phi$时，相贯线的正面投影为两条相交的直线。

当$\phi_1<\phi$时，相贯线的正面投影为左右对称的曲线。

由此可知，相贯线的投影一定向大圆柱轴线所在方向凸起。

2. 相贯线的近似画法

当两圆柱体轴线垂直相交，且两圆柱直径相差较大时，可采用近似法画相贯线投影。如

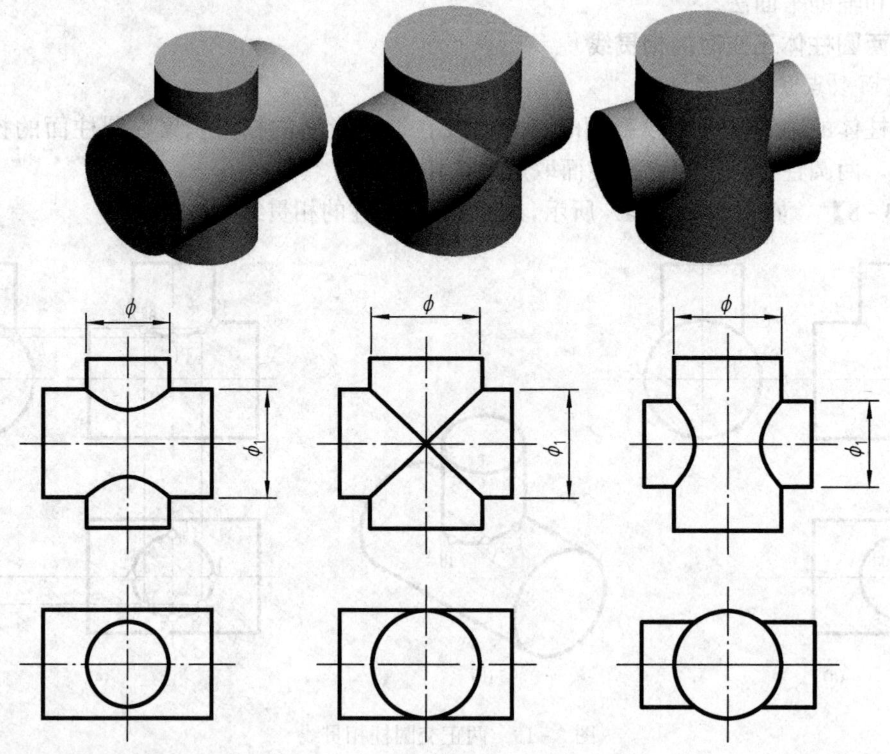

图 3-20　两圆柱正交时相贯线的变化

图 3-20 所示，图中代替相贯线投影的圆弧半径等于大圆柱半径。

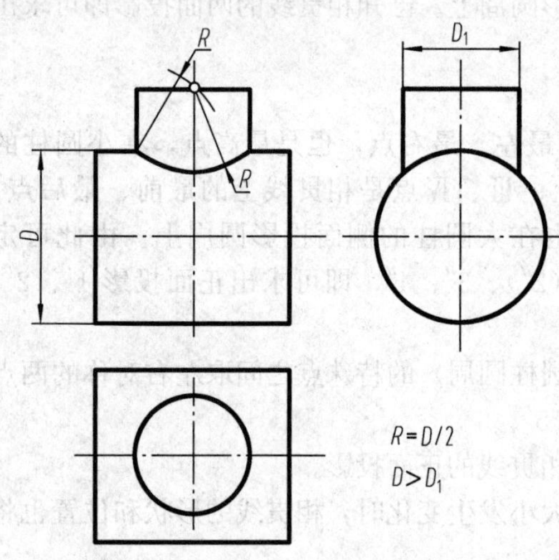

图 3-21　相贯线的近似画法

3. 相贯的形式

两轴线垂直相交的圆柱，是机件上最常见的，其相贯形式一般有三种：两实心圆柱相交［见图 3-22（a）］；圆柱孔与实心圆柱相交［见图 3-22（b）］；两圆柱孔相交［见图3-22（c）］。

二、圆柱和圆锥正交时的相贯线

由于圆锥的投影没有积聚性，因此圆柱和圆锥相交时的相贯线不能用表面取点法求作，而要采用辅助平面法求作。即作一辅助平面与相贯的两回转体相交，分别作出辅助平面与两回转体的截交线，这两条截交线的交点必为两立体表面的共有点，即为相贯线上的点。选择辅助平面应使其与回转体的截交线尽量简单，这样可以使作图简便。

【例 3-9】　如图 3-23 所示，圆柱和圆锥正交，求作相贯线的投影。

分析：根据圆柱和圆锥的相对位置及大小，其相贯线为前后、左右都对称的封闭空间曲线。侧面投影为圆弧，与圆柱面的侧面投影重合。

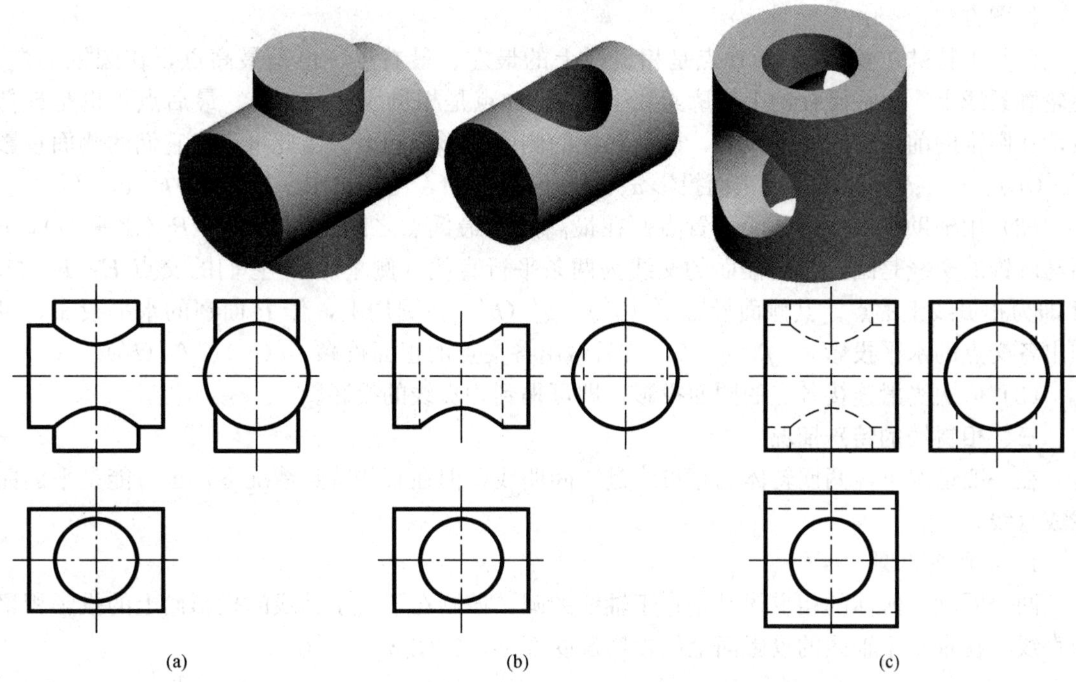

图 3-22　圆柱相贯的各种形式

（a）两实心圆相交；（b）圆柱孔与实心圆相交；（c）两圆柱孔相交

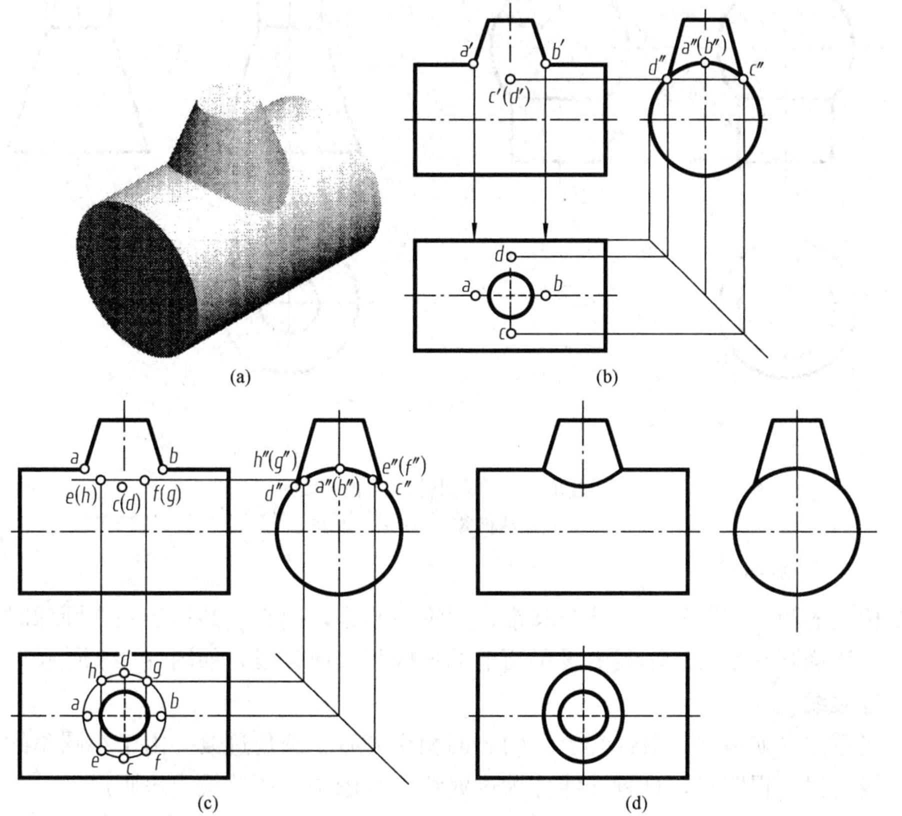

图 3-23　圆柱与圆锥正交的相贯线

作图方法：

（1）求特殊位置点。A、B 点是相贯线上的最左、最右点，也是最高点，在圆锥的左、右轮廓素线上，也在圆柱的上轮廓素线上；C、D 点是相贯线上的最前、最后点，也是最低点，在圆锥的前、后轮廓素线上，也在圆柱的侧面投影圆周上。由此可定出它们的侧面投影 a''、(b'')、c''、d''，即可求出正面投影 a'、b'、c'、(d')，再作出水平投影 a、b、c、d。

（2）用辅助平面法求一般位置点。在最高点和最低点之间作辅助平面 P（水平面），P 面与圆锥的交线是圆，与圆柱面的交线为两条平行直线（侧垂线），它们的交点 E、F、G、H 即为相贯线上的点。其侧面投影 e''（f''）、g''（h''）在圆周上，作 P 面圆的水平投影，可作出各交点的水平投影 e、f、g、h，最后做出各交点的正面投影 e'（h'）、f'（h'）。

（3）依次光滑连接各点的同面投影，即可得到相贯线的投影。

三、相贯线的特殊情况

在一般情况下，两回转体的相贯线是空间曲线，但在某些特殊情况下，也可能是平面曲线或直线。

1. 相贯线为圆

两个同轴回转体的相贯线是垂直于轴线的圆，该圆在平行于轴线的投影面上的投影积聚为直线，在垂直于轴线的投影面上的投影反映实形，如图 3 - 24 所示。

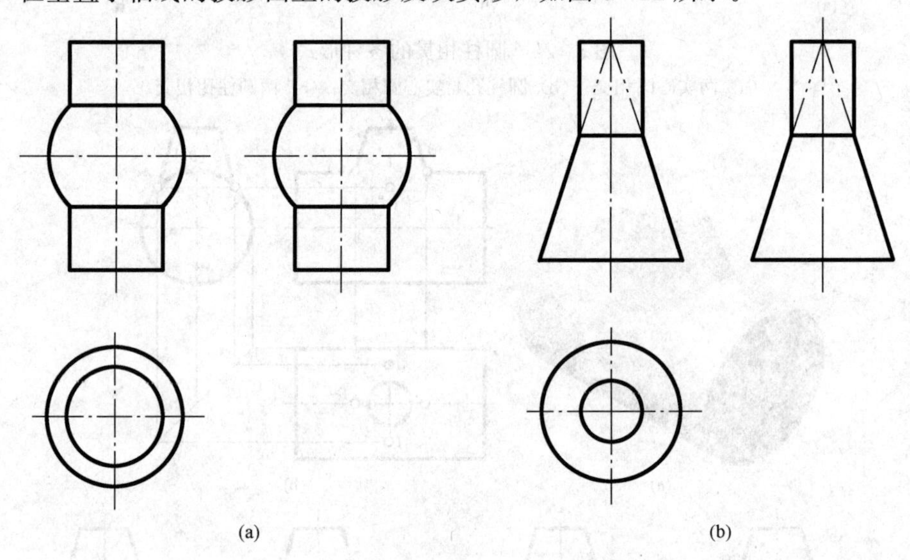

图 3 - 24　两回转体同轴相贯

（a）柱球相贯；（b）柱锥相贯

2. 相贯线为椭圆

轴线相交的圆柱与圆柱、圆柱与圆锥、圆锥与圆锥，当它们共切于一个圆球时，其相贯线为椭圆，该椭圆在平行于轴线的投影面上的投影积聚成直线，如图 3 - 25 所示。

四、过渡线

在某些零件（如铸件、锻件）上，两表面相交处有小圆角过渡。由于小圆角的影响，零件表面交线变得不很明显，这种交线称为过渡线。在图中，过渡线应该画出。

图 3 - 26（a）所示为回转体相交时过渡线的画法，其作图方法与相贯线相同，但要注

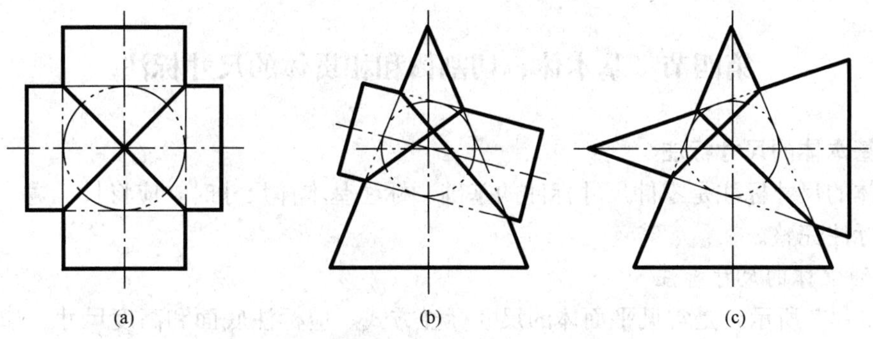

图 3-25 切于同一个球面的圆柱、圆锥的相贯线
(a) 圆柱与圆柱；(b) 圆柱与圆锥；(c) 圆锥与圆锥

意，过渡线两端与小圆角弧线间应留有空隙；图 3-26（b）为零件上平面与平面相交时过渡线的画法；图 3-26（c）为零件上平面与曲面相交时过渡线的画法；图 3-26（d）为曲面与长圆形肋板相切时过渡线的画法。

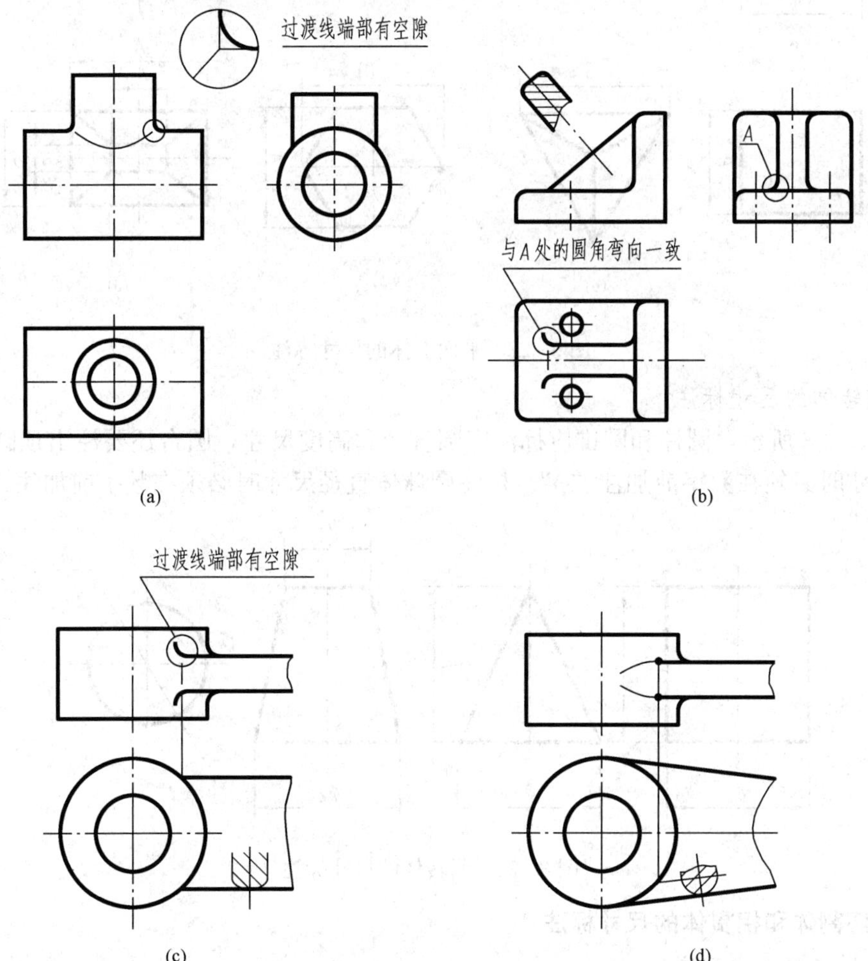

图 3-26 过渡线的画法

第四节 基本体、切割体和相贯体的尺寸标注

一、基本体的尺寸标注

基本体的尺寸标注是零件尺寸标注的基础。标注基本体尺寸时，应将长、宽、高三个方向的尺寸标注完整。

1. 平面立体的尺寸标注

如图 3-27 所示，是常见平面体的尺寸标注方式，应标注底面和高度尺寸。如在某个尺寸上加括号，表示该尺寸是参考尺寸，如图 3-27（c）所示六棱柱的尺寸（D）。

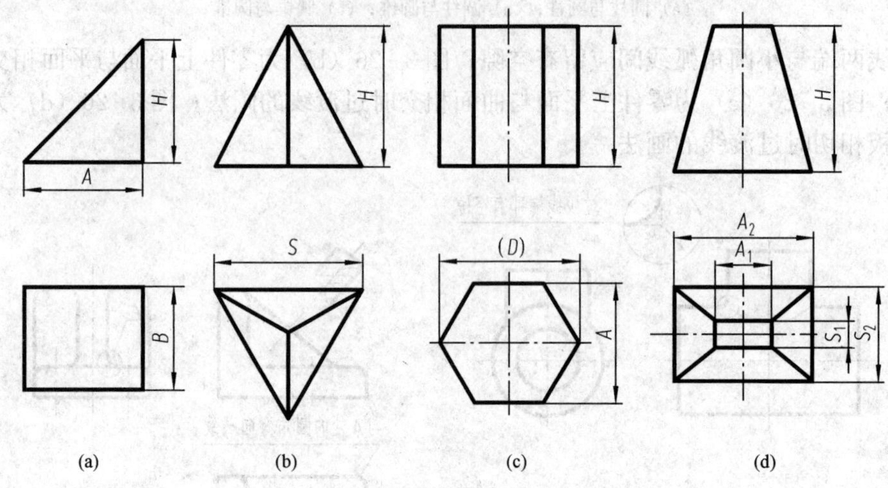

图 3-27 平面立体的尺寸标注

2. 回转体的尺寸标注

如图 3-28 所示，圆柱和圆锥应标注底圆直径和高度尺寸，圆台还要注出顶圆直径，标注直径尺寸时必须在数字前加注“ϕ”。标注圆球体直径尺寸时必须在数字前加注“Sϕ”。

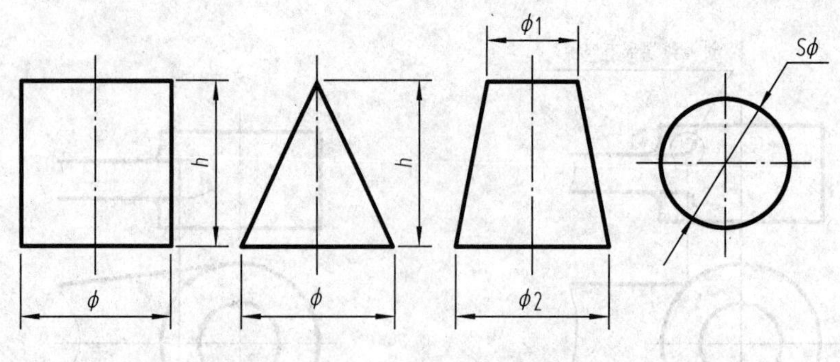

图 3-28 回转体的尺寸标注

二、切割体和相贯体的尺寸标注

1. 切割体的尺寸标注

基本形体上的切口、开槽、穿孔等，一般只标注截切平面的定位尺寸和开槽或穿孔的定形尺寸，而不标注截交线的尺寸，如图 3-29 所示。图中打“×”号的尺寸是错误的。

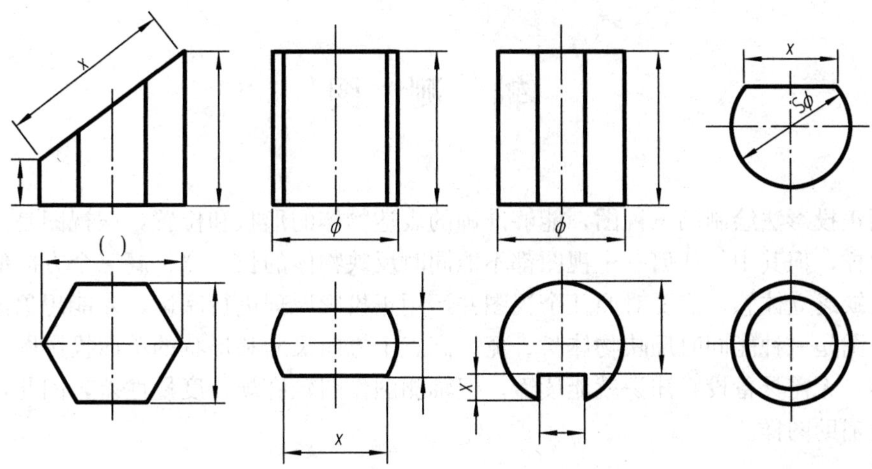

图 3-29　切割体的尺寸标注

2. 相贯体的尺寸标注

两回转体相贯时，应标注两回转体的定形尺寸和表示两回转体相对位置的定位尺寸，而不标注相贯线的尺寸，如图 3-30 所示。

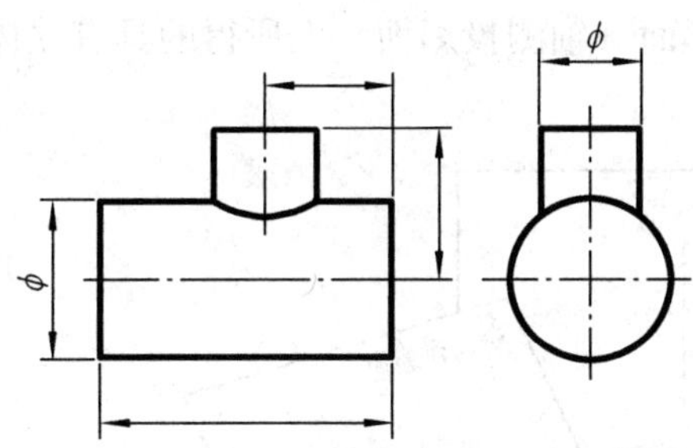

图 3-30　相贯体的尺寸标注

第四章

轴 测 图

利用正投影法绘制的三视图，能够准确的表达物体的形状和位置，三视图是工程中最广的一种图样，但其中的任何一个视图都不能同时反映物体的长、宽、高三个方向的尺寸和形状，因而缺乏立体感，需要对照几个视图并运用正投影原理进行阅读，才能想象出物体的形状。轴测图是一种能同时反映物体长、宽、高三个方向尺寸和形状的单面投影图，这种图富有立体感，无需具备投影知识就能读懂。但轴测图作图较麻烦，度量性差，因此，在生产中一般作为辅助图样。

第一节 轴测图的基本知识

一、轴测图的形成

将物体连同其确定其空间位置的直角坐标系，沿不平行于任一坐标平面的方向，用平行投影法将其投射在单一投影面（轴测投影面）上所得的具有立体感的图形称为轴测投影或轴测图，如图 4－1 所示。

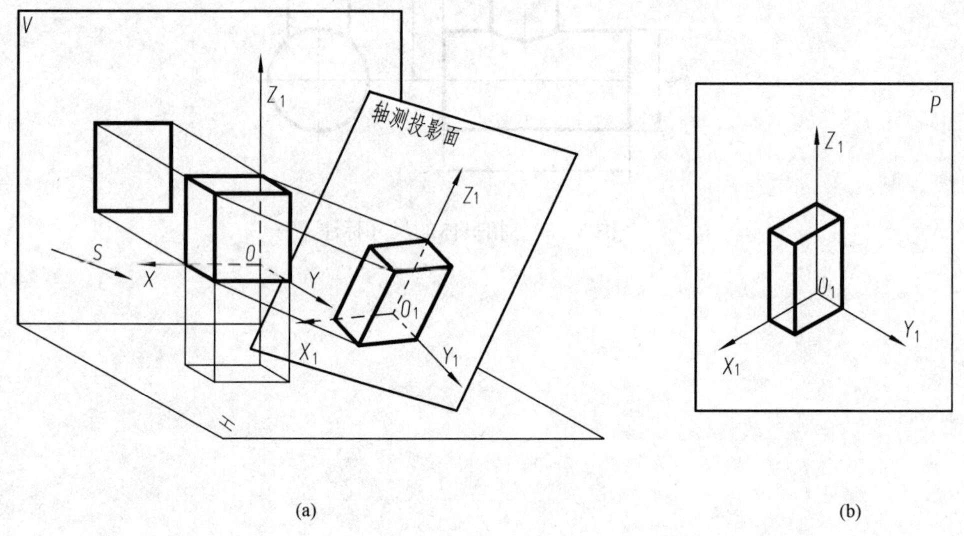

图 4－1 轴测图的形成

轴测轴：轴测图是单面投影图，称该单一投影面为轴测投影面（用 P 表示）。直角坐标轴 OX、OY、OZ 在轴测投影面 P 上的投影 O_1X_1、O_1Y_1、O_1Z_1 称为轴测轴。

轴间角：在轴测投影中，任意两根直角坐标轴在轴测投影面上的投影之间的夹角称为轴间角。如图 4－1（b）所示的角$\angle X_1O_1Y_1$、$\angle X_1O_1Z_1$、$\angle Y_1O_1Z_1$。

轴向伸缩系数：轴测轴的单位长度与相应直角坐标轴的单位长度的比值称为轴向伸缩系数。O_1X_1、O_1Y_1、O_1Z_1 轴上的轴向伸缩系数分别用 p_1、q_1、r_1 表示，为了方便画图，通常将轴向伸缩系数简化，分别用 p、q、r 表示。

二、轴测图的投影特性

由于轴测图采用的是平行投影法，因此它具有平行投影的特性：

（1）物体上相互平行的线段，其轴测投影也相互平行。

（2）物体上平行于直角坐标轴的线段，其轴测投影也平行于相应的轴测轴，且在作图时可以沿轴测量，即物体上长、宽、高三个方向的尺寸可沿其对应轴直接量取。

（3）物体上不平行于轴测投影面的平面图形，在轴测图上的投影为类似形。

三、轴测图的分类

根据投射方向与轴测投影面的相对位置的不同，轴测图可分为两大类：

正轴测图：当投射方向与轴测投影面垂直所得到的轴测图称为正轴测图。

斜轴测图：当投射方向与轴测投影面倾斜所得到的轴测图称为斜轴测图。

根据轴间角和轴向伸缩系数，这两类轴测图按伸缩系数是否相等又分为等测、二等测和不等测三种。在工程实际中，最常用的是正等轴测图和斜二轴测图。

第二节　正 等 轴 测 图

一、正等轴测图的轴间角和轴向伸缩系数

1. 轴间角

正等轴测图的轴间角 $\angle X_1O_1Y_1=\angle X_1O_1Z_1=\angle Y_1O_1Z_1=120°$，如图 4 - 2（a）所示。作图时，将 O_1Z_1 轴画成铅垂方向，O_1X_1、O_1Y_1 轴分别画成与水平线成 30°的斜线，如图 4 - 2（b）所示。

2. 轴向伸缩系数

正等轴测图中 O_1X_1、O_1Y_1、O_1Z_1 三轴的轴向伸缩系数均相等，即 $p_1=q_1=r_1=0.82$。为作图简便，常采用简化的轴向伸缩系数，即 $p=q=r=1$，如图 4 - 2（b）所示。采用简化的轴向伸缩系数作图时，凡与坐标轴平行的线段都按实际尺寸量取，但所画出的图形在沿各轴向的长度上都分别放大了 1/0.82=1.22 倍，如图 4 - 2（c）所示的 a、b、c 按实物的实际尺寸量取。

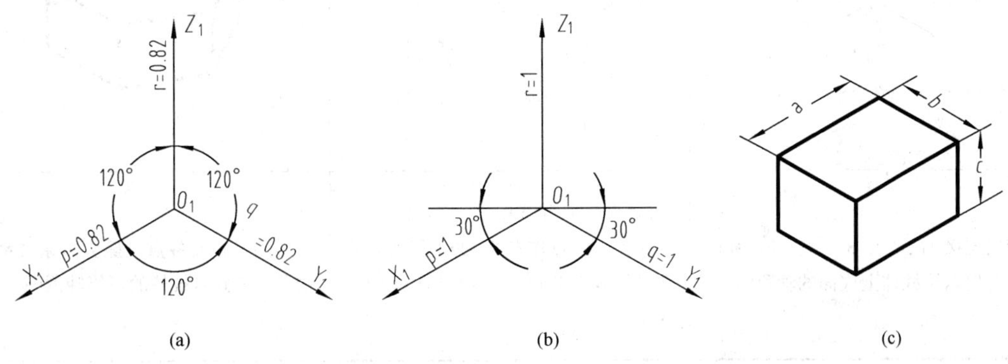

图 4 - 2　正等轴测图的轴间角和轴向伸缩系数

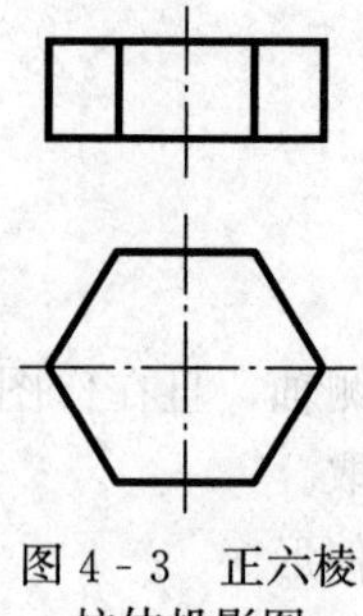

图 4-3　正六棱柱体投影图

二、平面立体正等轴测图的画法

画轴测图的常用方法有坐标法、切割法和堆积法。坐标法是最基本的方法。

【例 4-1】　用坐标法作如图 4-3 所示的正六棱柱体的正等轴测图。

正六棱柱体的前后左右对称，将坐标原点定在六棱柱体上底面六边形的中心，以六边形的中心线作为 OX 和 OY 轴。六棱柱体上底面为可见，下底面为不可见，画图时从上底面开始画，具体画图步骤见表4-1。

表 4-1　　**用坐标法作正六棱柱体的正等轴测图的画图步骤**

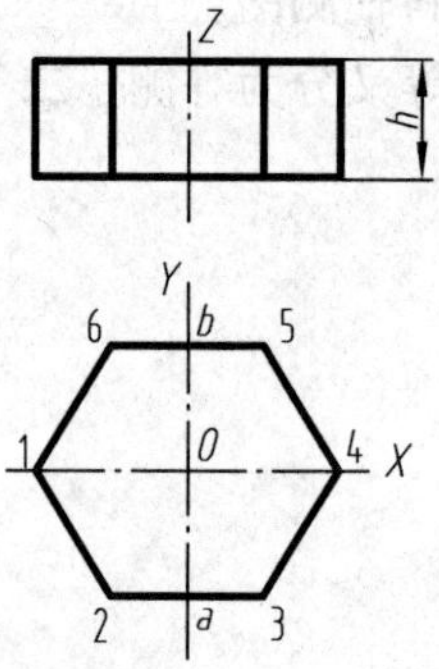 确定坐标原点和坐标轴	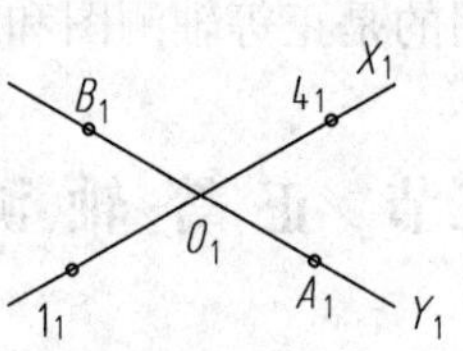 画出轴测轴 O_1X_1、O_1Y_1，由于 1、4 和 a、b 分别在 OX、OY 上，可直接量取，并在 O_1X_1、O_1Y_1 作出 1、4 和 A_1、B_1	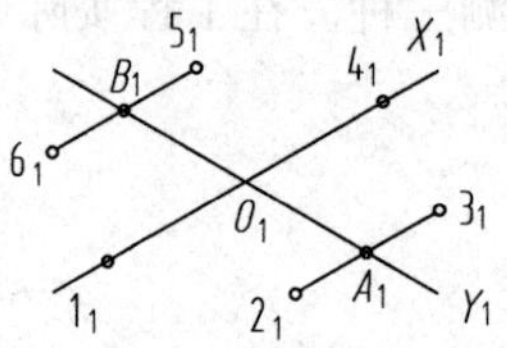 过 A_1、B_1 点作 O_1X_1 轴的平行线，并在平行线上量得 2_1、3_1 和 5_1、6_1 点
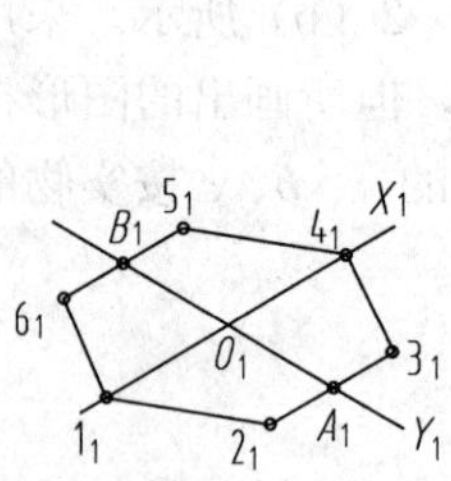 依次连接 1_1、2_1、3_1、4_1、5_1 和 6_1 点，得出六棱柱体上底面的轴测图	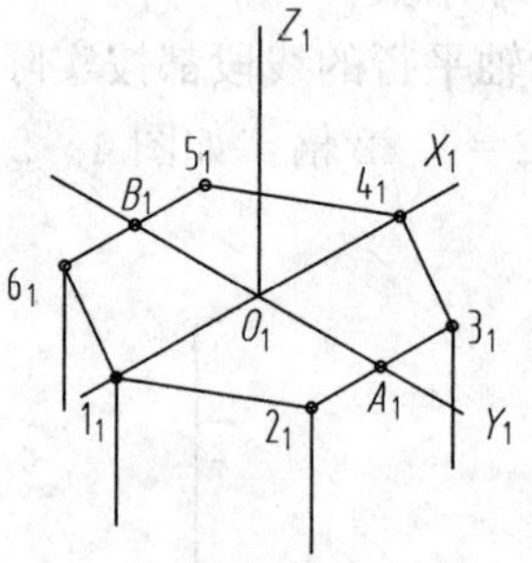 画出轴测轴 O_1Z_1，分别从 1_1、2_1、3_1、4_1 点作 O_1Z_1 的平行线，并在平行线上截取 h 作出下底面的可见点	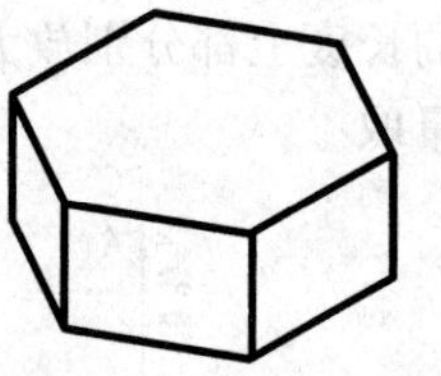 连接下底面各点，擦去多余图线并描深，得到六棱柱的正等轴测图

【例 4-2】　用切割法作如图 4-4 所示形体的正等轴测图。

用切割法作形体正等轴测图的画图步骤见表 4-2。

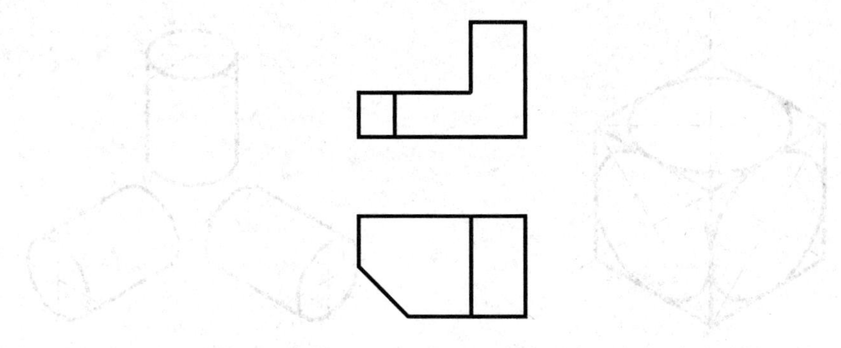

图 4 - 4　形体的投影图

表 4 - 2　　**用切割法作形体正等轴测图的画图步骤**

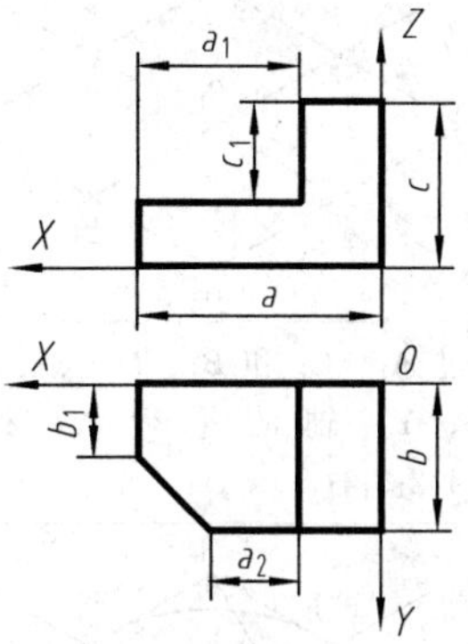 确定坐标原点和坐标轴	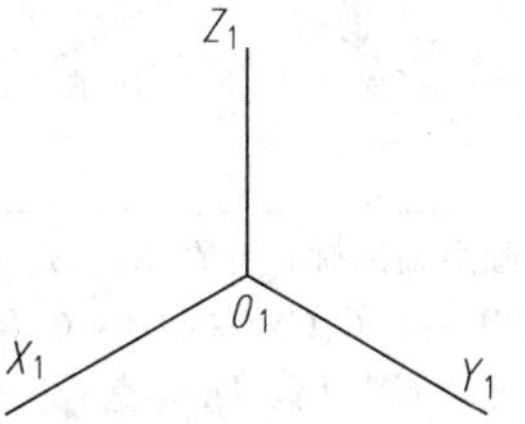 画轴测轴	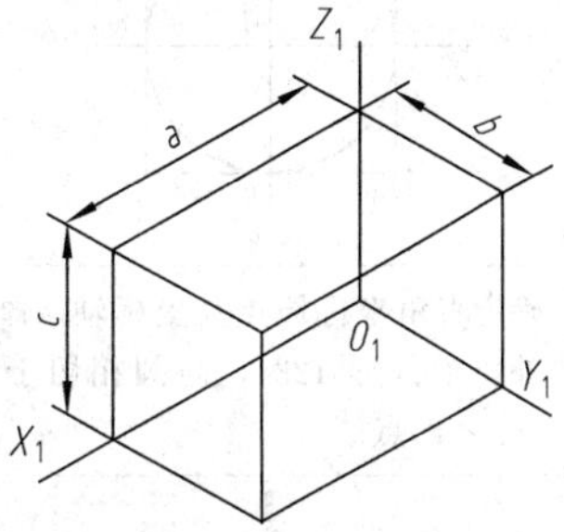 根据形体的总长 a、总宽 b 和总高 c 画出四棱柱体的正等轴测图
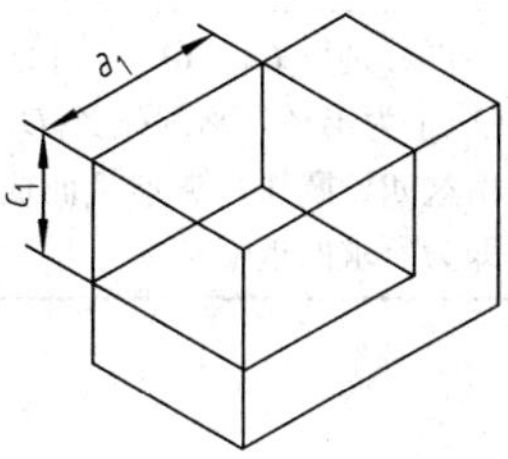 根据切口长方体的尺寸 a_1、c_1 作出切口的长方体	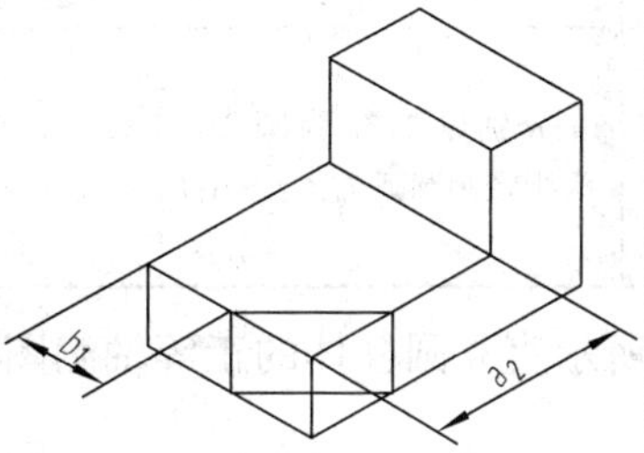 根据斜切口的尺寸 b_1、a_2 作出斜切口	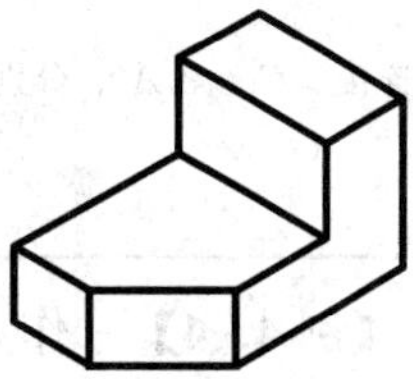 整理、描深，得出形体的正等轴测图

三、回转体的正等轴测图的画法

如图 4 - 5 所示，表示一正立方体的正等轴测图，正立方体三个表面上的圆在正等轴测图中均为椭圆。由图可见：$X_1O_1Y_1$ 面上椭圆的长轴垂直于 O_1Z_1 轴，$X_1O_1Z_1$ 面上椭圆的长轴垂直于 O_1Y_1 轴，$Y_1O_1Z_1$ 面上椭圆的长轴垂直于 O_1X_1 轴。轴线垂直于坐标面的圆柱体的轴测图如图 4 - 6 所示，各圆柱体的底面均表示为不同位置的椭圆。圆的正等轴测图一般采用四心圆弧法作图。半径为 R 的平行于水平面的圆的正等轴测图的画法见表 4 - 3。

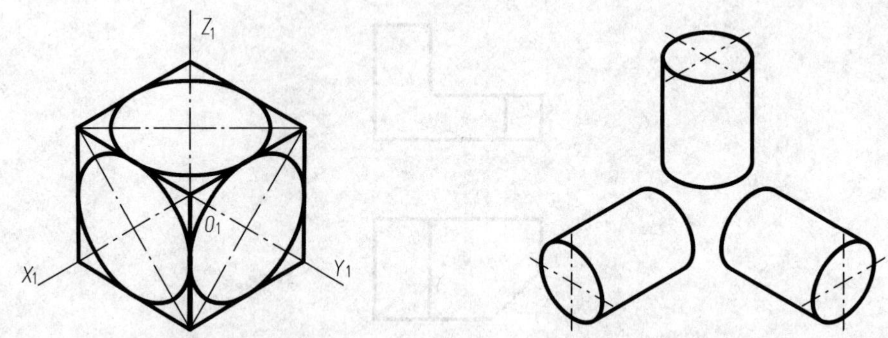

图 4-5 平行于投影面的圆的正等轴测图　　图 4-6 轴线垂直于投影面的圆柱体的正等轴测图

表 4-3　　平行于水平面的圆的正等轴测图的画法

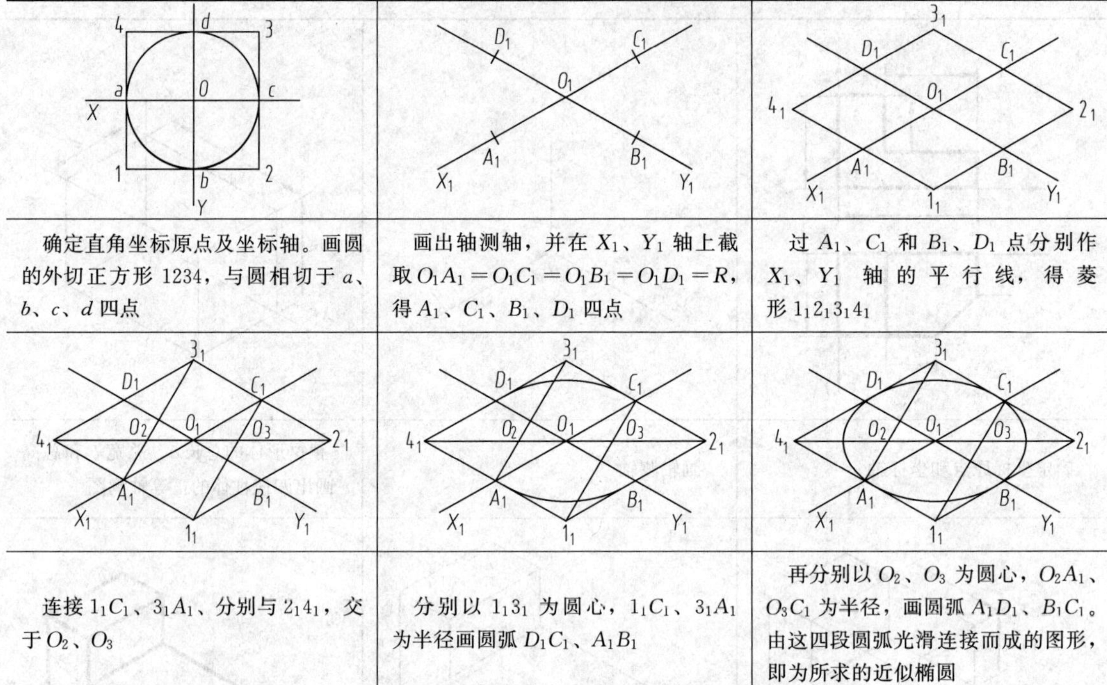

确定直角坐标原点及坐标轴。画圆的外切正方形 1234，与圆相切于 a、b、c、d 四点	画出轴测轴，并在 X_1、Y_1 轴上截取 $O_1A_1=O_1C_1=O_1B_1=O_1D_1=R$，得 A_1、C_1、B_1、D_1 四点	过 A_1、C_1 和 B_1、D_1 点分别作 X_1、Y_1 轴的平行线，得菱形 $1_12_13_14_1$
连接 1_1C_1、3_1A_1、分别与 2_14_1，交于 O_2、O_3	分别以 1_13_1 为圆心，1_1C_1、3_1A_1 为半径画圆弧 D_1C_1、A_1B_1	再分别以 O_2、O_3 为圆心，O_2A_1、O_3C_1 为半径，画圆弧 A_1D_1、B_1C_1。由这四段圆弧光滑连接而成的图形，即为所求的近似椭圆

【例 4-4】 作如图 4-7 所示直立圆柱体的正等轴测图。

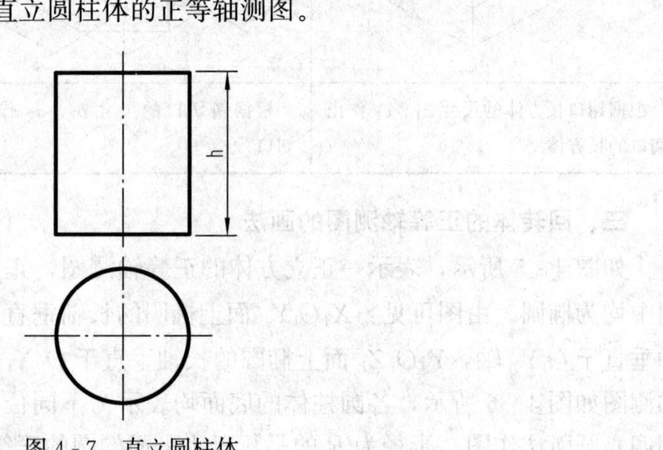

图 4-7 直立圆柱体

直立圆柱体的轴线垂直于水平面，上、下底为两个平行于水平面、大小相等的圆，两个圆在轴测图中均为椭圆。画图时根据圆的直径作出两个大小相等、中心距为 h 的椭圆，再作两椭圆的公切线。作图步骤见表 4-4。

表 4-4　　直立圆柱体的正等轴测图画法

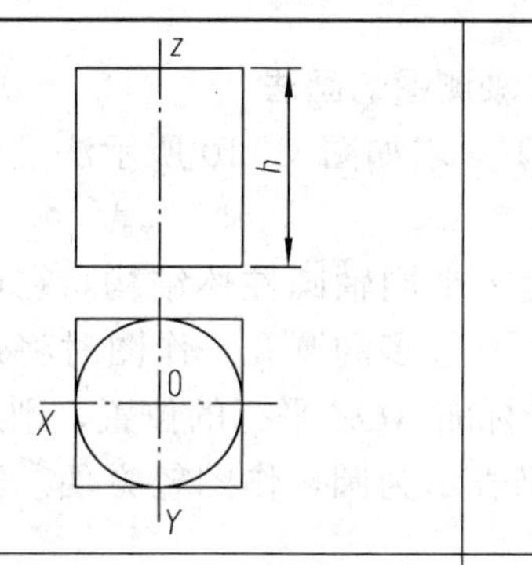	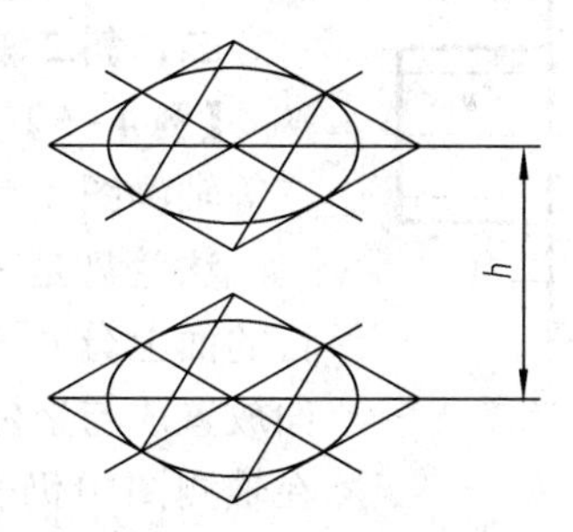	
作圆柱上底圆的外切正方形，定原点和坐标轴	根据平行于水平面的圆的正等轴测图的画法分别画出表示圆柱的上下底面的椭圆，两椭圆中心距为 h	作两椭圆公切线，擦去看不见的线，描深，得到圆柱体的正等轴测图

第三节 斜 二 轴 测 图

一、斜二测图的轴间角和轴向伸缩系数

当物体的两个坐标轴 OX 和 OZ 与轴测投影面 P 平行，而投射方向倾斜于轴测投影面时所得到的轴测图称为斜二轴测图，简称斜二测图，如图 4-8 所示。

1. 轴间角

斜二测图的轴间角 $\angle XOY=\angle YOZ=135°$。$\angle XOZ=90°$。作图时，将 OX、OZ 轴分别画成水平线和垂直线，而将 OY 轴画成与水平线成 45°的斜线，如图 4-9 所示。

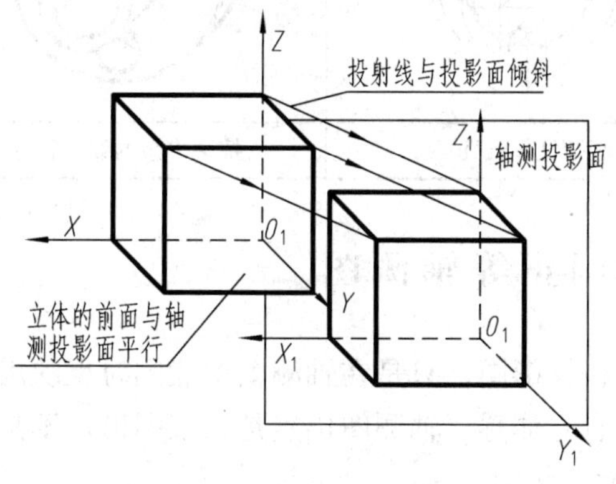

图 4-8　斜二测图的形成

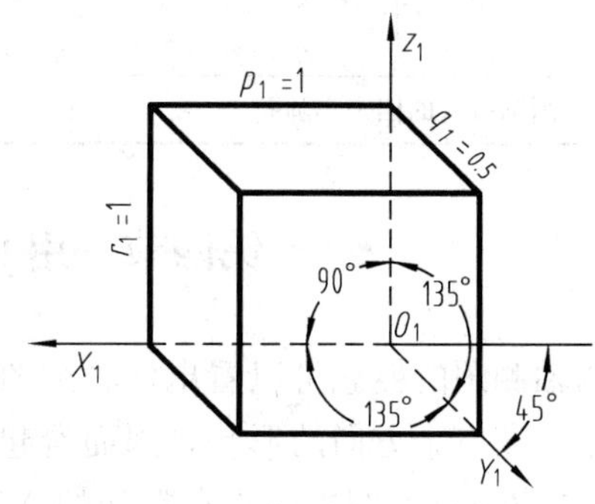

图 4-9　斜二测图的轴测轴和轴间角

2. 轴向伸缩系数

斜二测图中 OX、OZ 两轴的轴向伸缩系数相等，即 $p_1=r_1=1$，而 OY 轴的轴向伸缩系数 $q_1=0.5$。作图时，凡与 OX、OZ 轴平行的线段均按原尺寸量取，与 OY 轴平行的线段量

取后要缩短一半。

由于坐标面 *XOZ* 平行于轴测投影面，所以凡平行于 *XOZ* 坐标面的图形的轴测投影均反映实形。当物体某个面的形状较复杂、且具有较多的圆或圆弧时，常将该面置于与坐标面 *XOZ* 平行的位置，采用斜二等轴测作图较为方便。

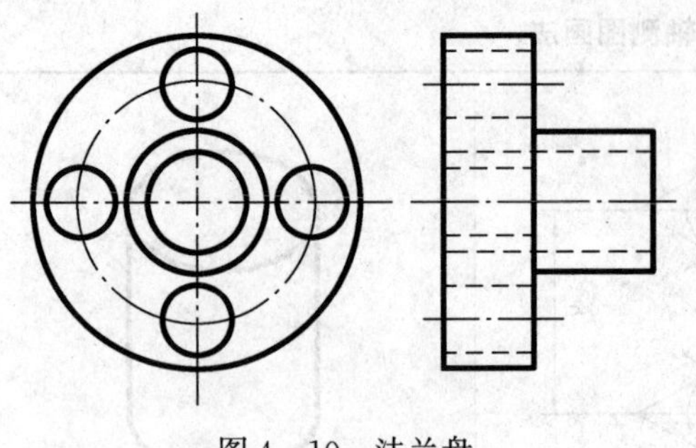

图 4-10　法兰盘

二、斜二轴测图的画法

【例 4-5】　求如图 4-10 所示法兰盘的斜二等轴测图。

法兰盘是一个同轴圆柱体结构，在前后平行的面上分布有较多的圆孔，作图时将这些平面放置成与坐标面 *XOZ* 平行的位置，则这些圆在轴测图中仍表示为圆，作图较方便。法兰盘的斜二等轴测图的画法见表 4-5。

表 4-5　**法兰盘的斜二测图的画法**

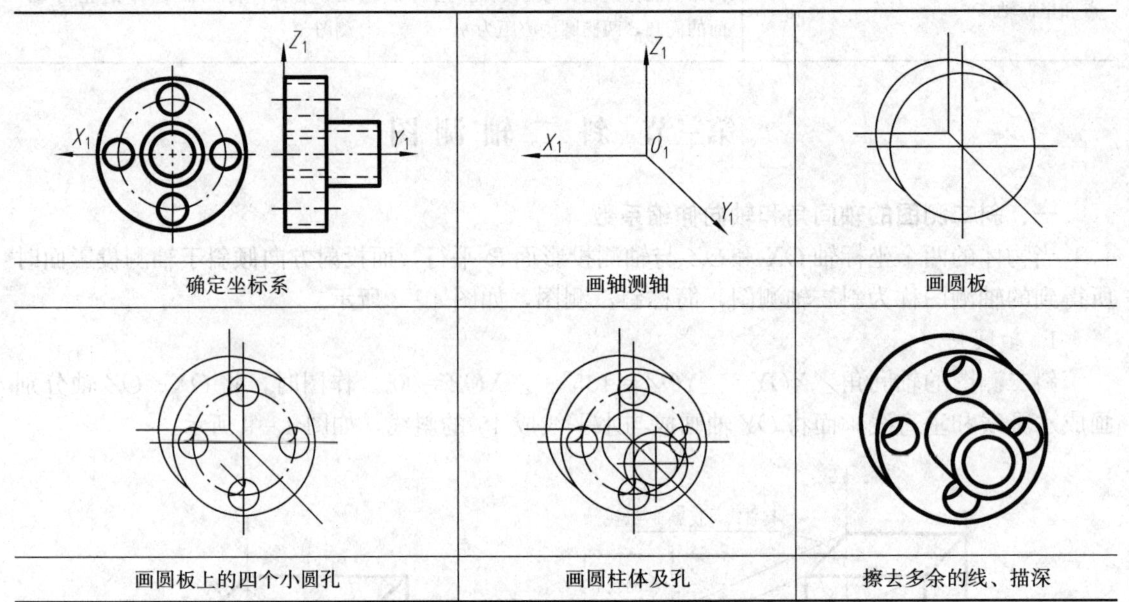

第四节　用CAD画正等轴测图

根据轴测图的概念可以看出，轴测图是一种投影图，只是在轴测图中能同时反映出形体的长、宽、高三个方向的形状，因而看起来具有立体感。轴测图仍然是二维图形，不是三维立体图，在 CAD 作图中还是在默认的 *XY* 平面上作图。

一、轴测图的绘图环境设置

1. 设置极轴追踪

由于正等轴测图的轴测轴 X_1、Y_1、Z_1 之间的夹角均为 120°，三个轴测轴的角度均与系统的 *X* 正方向成 30°的倍数，在画轴测图时，应先设置极轴，可通过［工具］/［草图设置选项]，或右键单击状态栏中的的“极轴”按钮，在弹出的快捷菜单中选取“设置”选项，在弹出的对话框中将“启用极轴追踪（F10）”选项打勾，并设置“角增量”为30°，如图4-11所示。

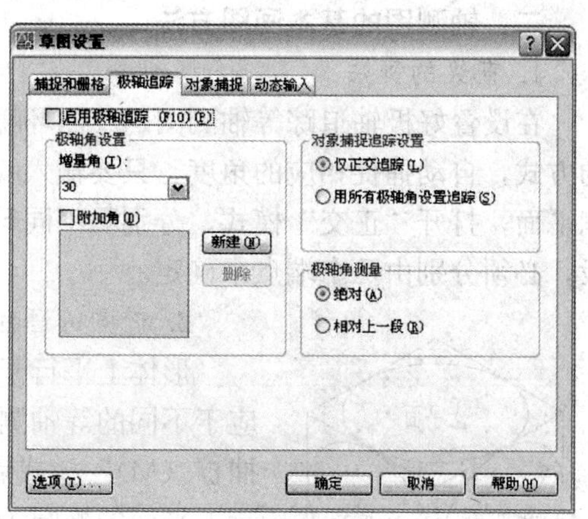

图4-11　设置极轴追踪

2. 设置等轴测模式

通过［工具］/［草图设置］选项，或右键单击状态栏中的“栅格”按钮，在弹出的快捷菜单中选取“设置”选项，在弹出的对话框中选中“等轴测捕捉（M）”选项和“启用栅格”选项，单击“确定”按钮退出。设置等轴测捕捉模式后，原来的十字光标及栅格变成如图4-13（a）所示。按Ctrl+E组合键或F5键，光标形状会在图4-13（b）、（c）、（d）之间切换，分别对应“等轴测平面—上”、“等轴测平面—右”和“等轴测平面—左”，可方便于在不同的轴测平面上作图。

图4-12　设置等轴测模式

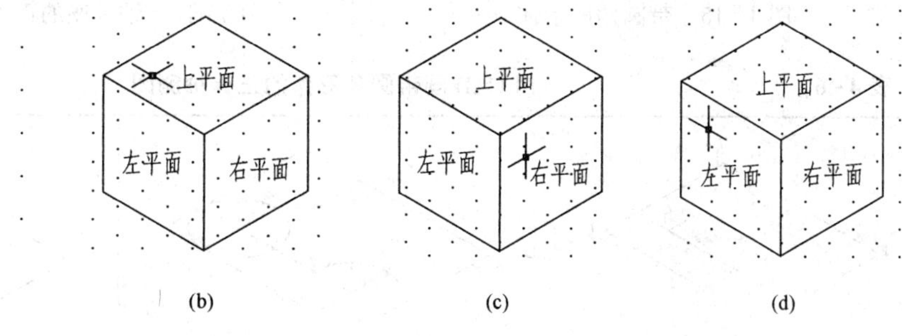

图4-13　等轴测平面

二、轴测图的基本画图方法

1. 直线的画法

在设置好极轴追踪等轴测图的绘图环境后，对于与坐标轴平行的线段，可采用极轴追踪的方式，自动捕捉相应的角度，只要输入线段长度即可。也可以按 F5 键切换到相应的等轴测平面，打开“正交”模式，分别画不同等轴测平面上的直线。而对于与坐标轴不平行的线段，必须分别由两个端点来确定。

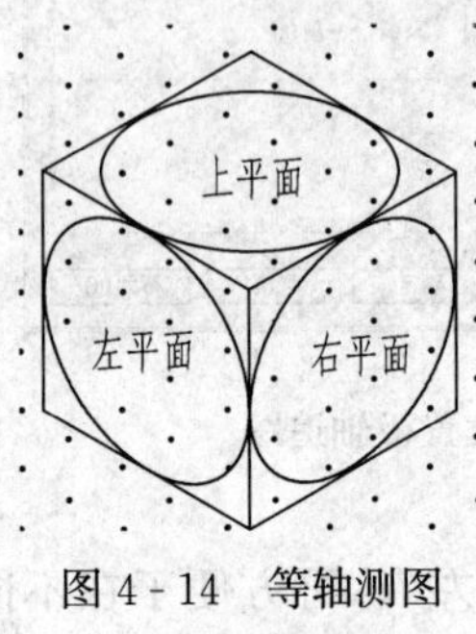

图 4-14　等轴测图上的椭圆画法

2. 椭圆的画法

形体上平行于坐标平面的圆，在正等轴测图上表示为椭圆。对应于不同的等轴测平面的椭圆如图 4-14 所示。在设置好“等轴测捕捉（M）”模式后，可利用“椭圆”命令来画。以画如图 4-14 所示上平面的椭圆为例，画图步骤：按 F5 键，将等轴测平面切换到“等轴测平面”上（在命令栏里显示，或观察光标形状），激活“椭圆”命令后输入选项“I”，指定椭圆的圆心，输入椭圆的半径，即可画出椭圆。这里的半径为形体上圆的半径尺寸。

3. 画图实例

【例 4-6】　用 CAD 作图 4-15 带圆角形体的正等轴测图。

作图方法步骤见表 4-6。

【例 4-7】　用 CAD 作图 4-16 轴承座的正等轴测图。

作图方法步骤见表 4-7。

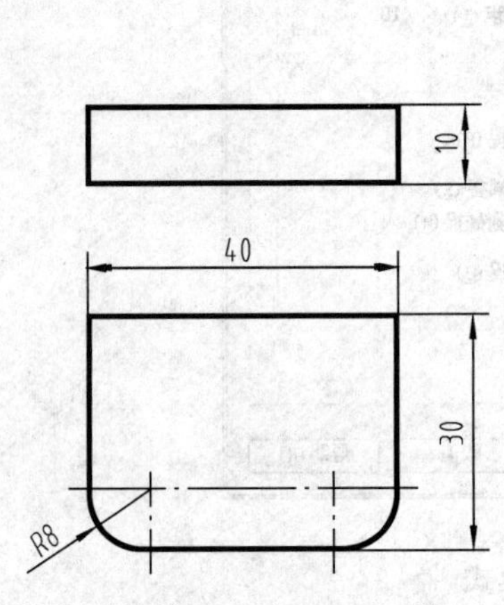

图 4-15　带圆角的形体

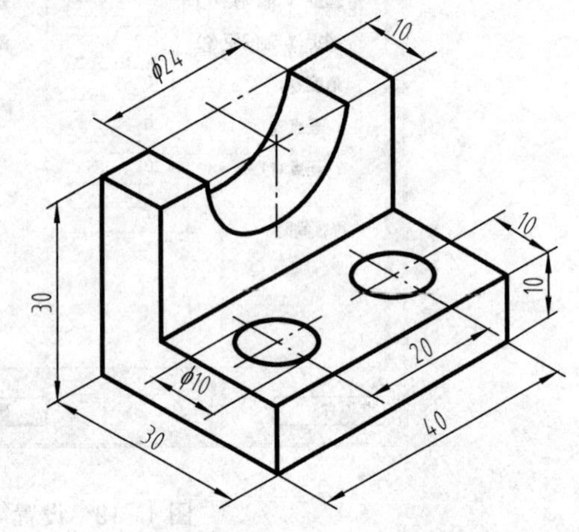

图 4-16　轴承座的正等轴测图

表 4-6　　**用 CAD 画带圆角形体的正等轴测图**

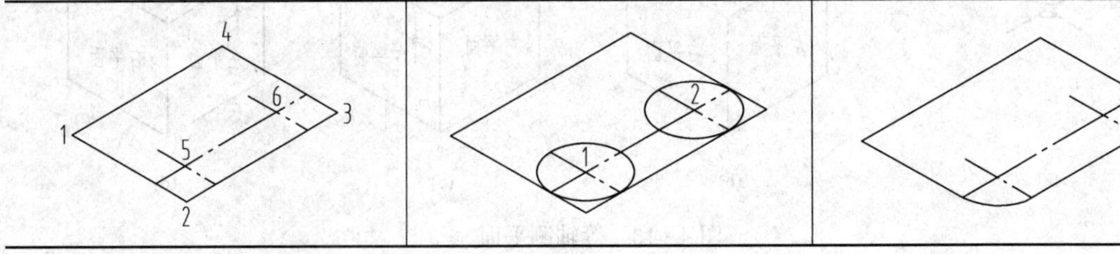

续表

根据图 4 - 15 所示的尺寸，利用“直线”命令连续画出直线 1234，同时用直线命令画出圆角的中心线定出圆角的中心 5、6 点。中心线与相应边的距离为圆角半径 8	按“F5”键，切换到“等轴测平面上”。激活“椭圆”命令，输入选项“I”，捕捉到点 1 作为椭圆圆心，输入半径 8，按回车画出一个椭圆。同理以点 2 为圆心画另一个椭圆	利用“修剪”命令，以椭圆的中心线为边界线，修剪去多余的线条
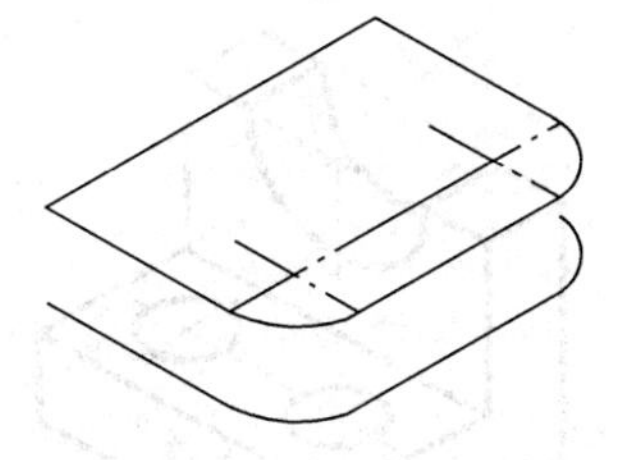	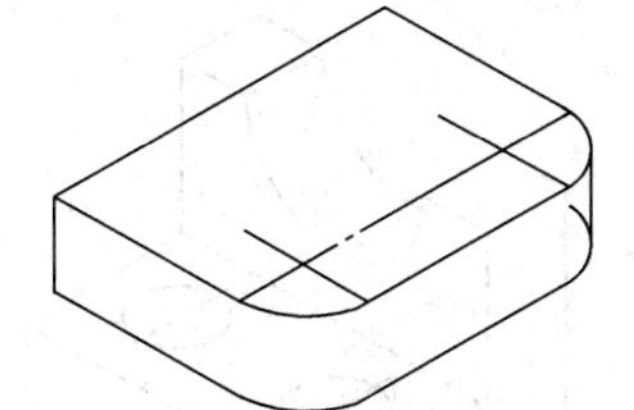	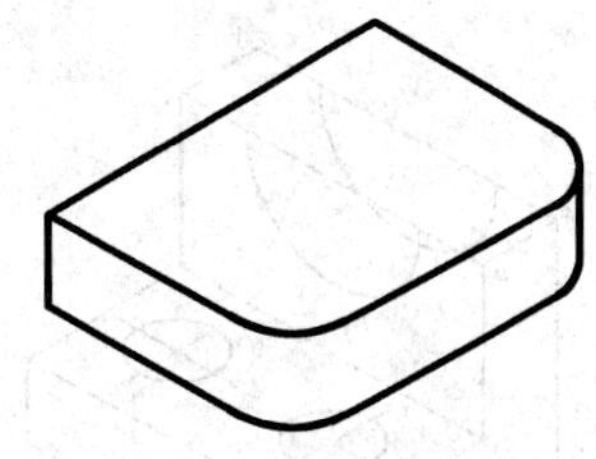
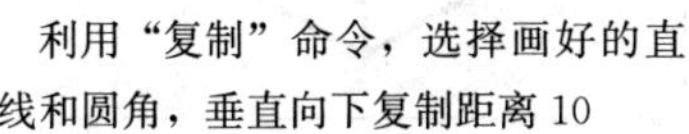利用“复制”命令，选择画好的直线和圆角，垂直向下复制距离 10	利用“直线”命令画出连接上下底面的两条直线	利用“修剪”命令修剪去多余的线条，删除中心线，调整线型及显示

表 4 - 7　　用 CAD 画轴承座的正等测图

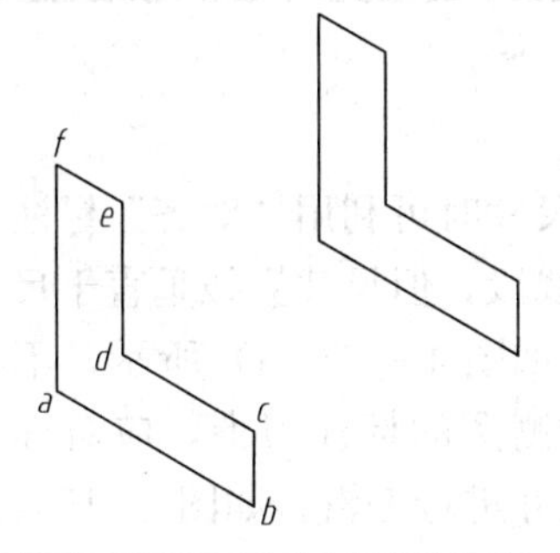	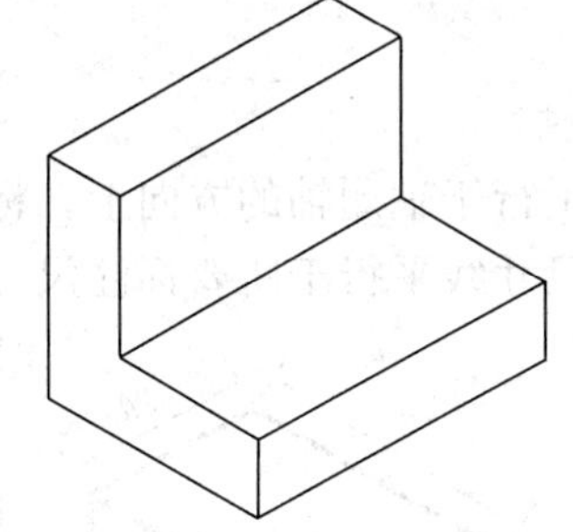	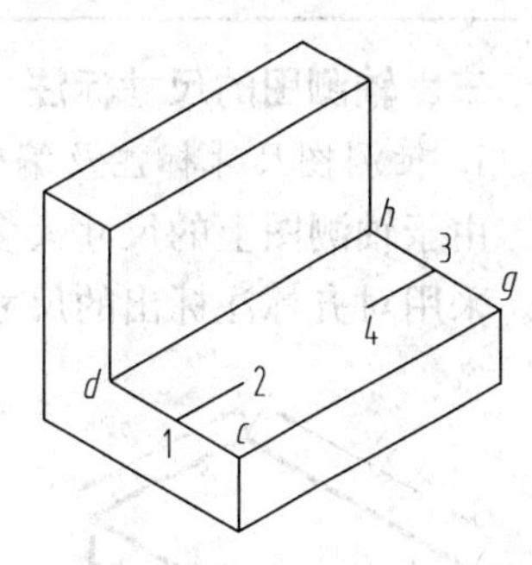
利用“直线”命令，连续画直线。画直线 ab 时应注意捕捉极轴角度为 330°，输入直线长度 30；同理画出 bc、cd、de、ef，最后输入“C”按回车画出封闭图形。利用“复制”命令将此图形沿 30°方向复制距离 40	利用“直线”命令，将两个封闭图形的对应点连接起来。 删去看不到的两条直线	利用“直线”命令，捕捉到 cd 的中点 1 作直线的起点，沿 30°方向画直线长度 10，同理画直线 34，这两个直线的端点 2 和 4 将作为画椭圆的圆心
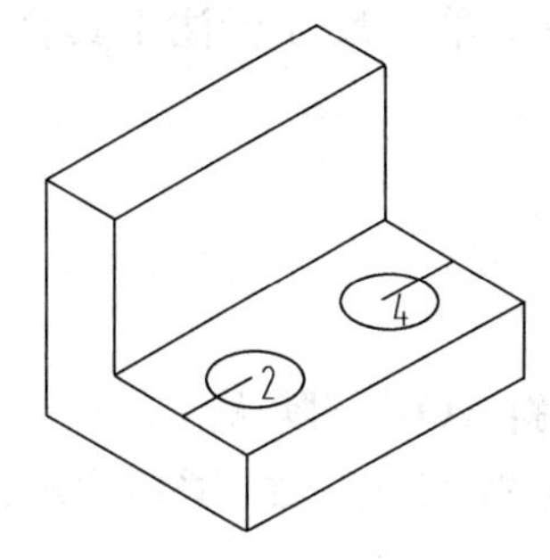	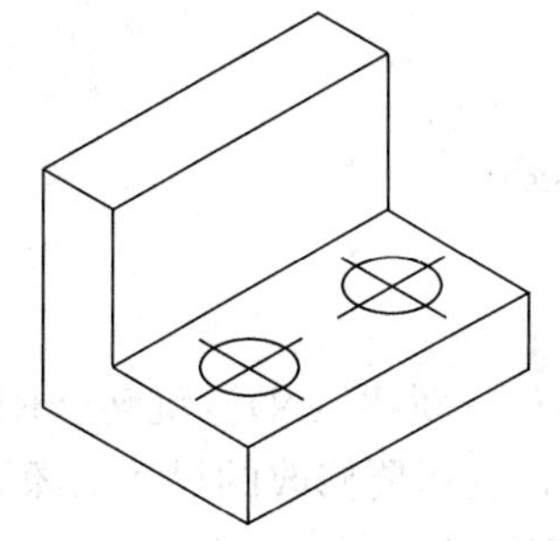	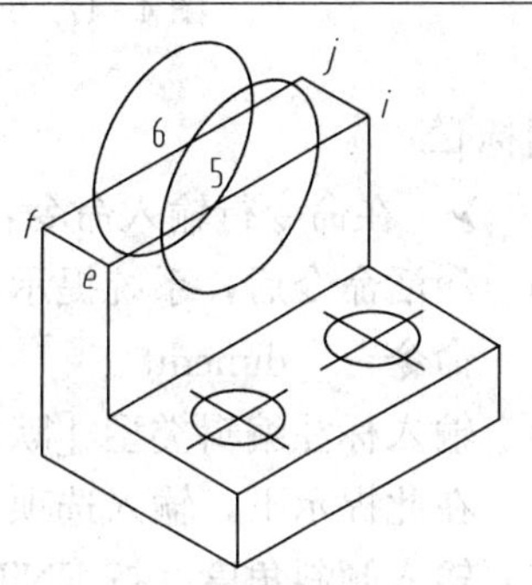

续表

按“F5”键，切换到“等轴测平面上”。激活“椭圆”命令，输入选项“I”，捕捉到点 2 作为椭圆圆心，输入半径 5，按回车画出一个椭圆。同理以点 4 为圆心画另一个椭圆	修改完成两个椭圆的中心线	按“F5”键，切换到“等轴测平面右”。激活“椭圆”命令，输入选项“I”，捕捉到线 ei 的中点 5 作为椭圆圆心，输入半径 12，按回车画出一个椭圆。同理以点 6 为圆心画另一个椭圆
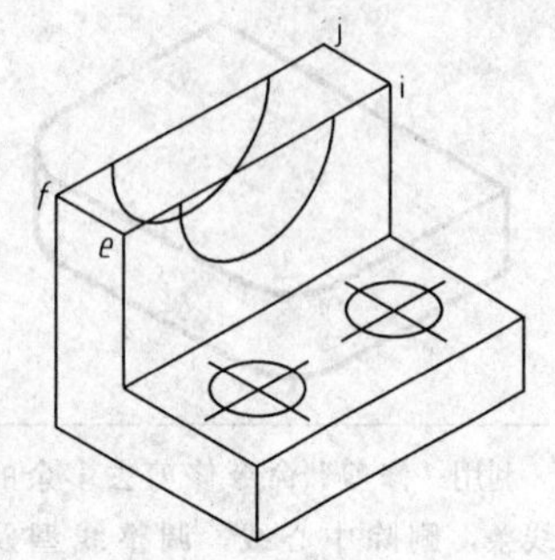	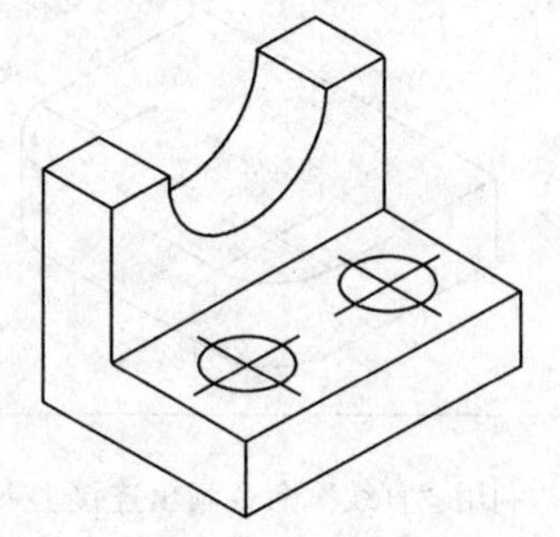	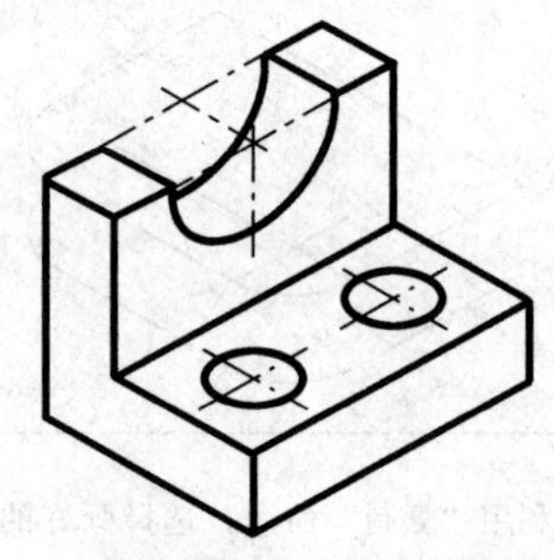
利用“修剪”命令，以直线 *ei*、*fj* 为界线，修剪掉两个椭圆的上半部分	利用“直线”命令，画出两椭圆端点的连线。利用“修剪”命令，修剪掉多余的线条	在点画线层补画出椭圆的中心线。打开“线宽”显示，检查修改线型，最后完成图形

三、轴测图的尺寸标注

1. 轴测图尺寸标注及编辑方法

由于轴测图上的尺寸大多在平行于轴测轴的方向上，标注尺寸时可利用“对齐”标注命令。采用对齐标注标出的尺寸，尺寸线平行于所要标注尺寸的线段，但尺寸界线垂直于尺寸线，如图 4-17（a）所示，不符合轴测图的标注习惯，应对标出的尺寸进行编辑，如图 4-17（b）所示，尺寸 20 的尺寸界线应于绘图系统 *X* 轴的正方向成 30°夹角，尺寸 30 和尺寸 15 的尺寸界线应与绘图系统 *X* 轴的正方向成 150°夹角。编辑标注的命令可用以下方法之一激活：

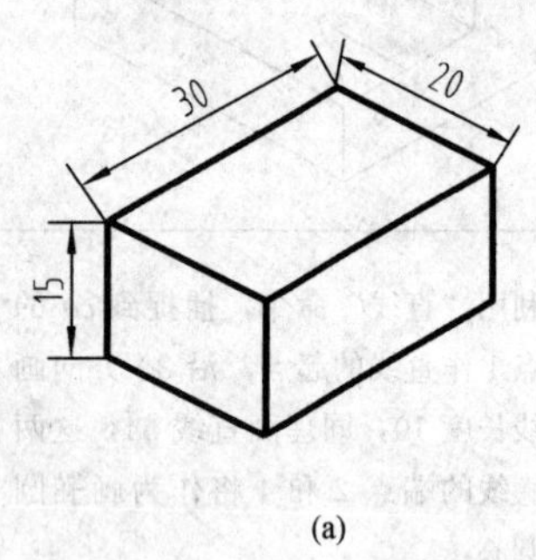

(b)

图 4-17　尺寸标注及编辑

➢　单击尺寸标注工具栏的图标 [A]

➢　在命令行输入命令：dimedit

激活命令后，系统提示：

命令：_dimedit

输入标注编辑类型［默认（H）/新建（N）/旋转（R）/倾斜（O）］〈默认〉：

在此提示下，输入选项“O”，选择要修改的尺寸对象，选择 20 尺寸，后，系统提示：

输入倾斜角度（按 ENTER 表示无）：

由于20的尺寸界线与 X 轴夹角30°，在此提示下输入30，回车，则完成尺寸20的编辑。采用同样的方法编辑尺寸15和30，在提示输入角度时，输入角度150，编辑后的尺寸标注如图4-17(b)所示。

2. 尺寸标注实例

以图4-15为例，轴测图的尺寸标注方法步骤见表4-8。

表4-8　　用CAD标注正等测图的尺寸

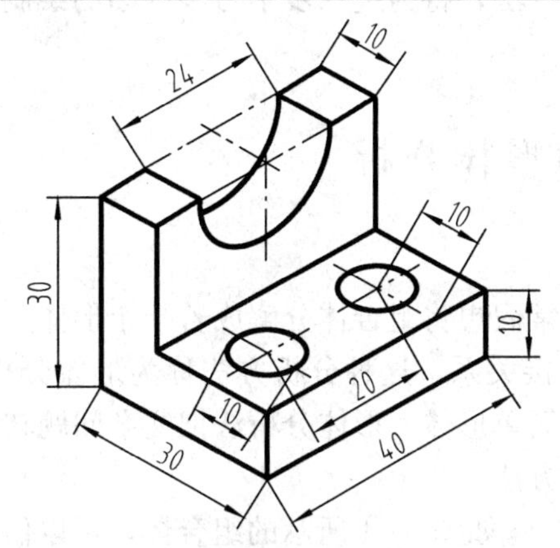	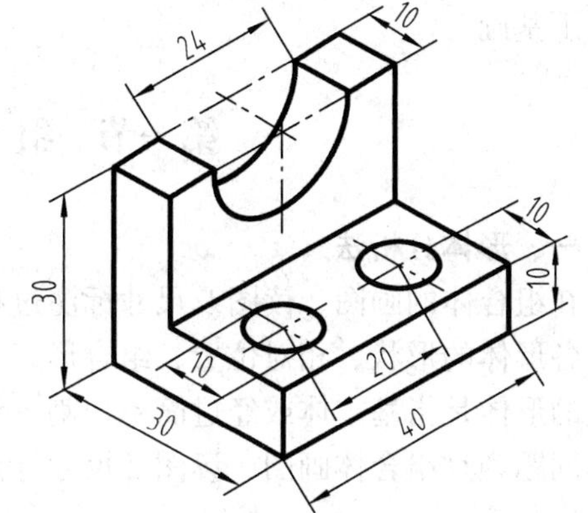
利用“对齐”标注命令，标注所有要标注的尺寸	激活“编辑标注”命令，在提示选择对象时，选中所有尺寸界线要改为30°的尺寸对象，在提示输入角度时，输入30，完成所有尺寸界线为30°的尺寸编辑
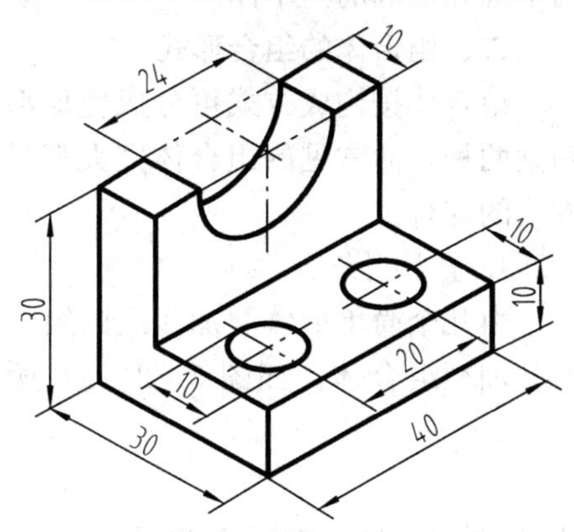	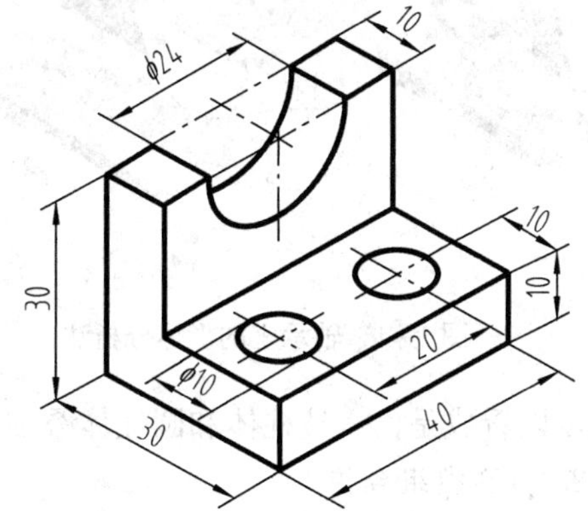
激活“编辑标注”命令，在提示选择对象时，选中所有尺寸界线要改为150°的尺寸对象，在提示输入角度时，输入150，完成所有尺寸界线为150°的尺寸编辑	修改直径尺寸30、10中的文字，激活文字编辑命令，通过菜单［修改］/［对象］/［文字］/［编辑］或命令行输入命令“ddedit”，激活命令，在提示选择对象时，分别选择直径尺寸，文字编辑对话框中原尺寸数字前加“c%%”，按确定完成直径尺寸的修改

第五章

组 合 体

由两个或两个以上的基本体按一定的方式所组成的形体称为组合体。组合体大都是由机件抽象而成的几何形体，掌握组合体的画图和读图方法，将为进一步学习零件图的绘制和识读打下基础。

第一节 组合体的形体分析

一、形体分析法

在组合体的画图、读图及尺寸标注过程中，通常假想将组合体分解成若干个形体，进而分析各形体的形状、相对位置、组合形式及表面连接关系，这种分析方法称为形体分析法。这里的形体是指基本体或经过简单切割、穿孔后的简单形体。形体分析法把复杂问题转化为简单问题，是组合体画图、读图及尺寸标注的基本方法。

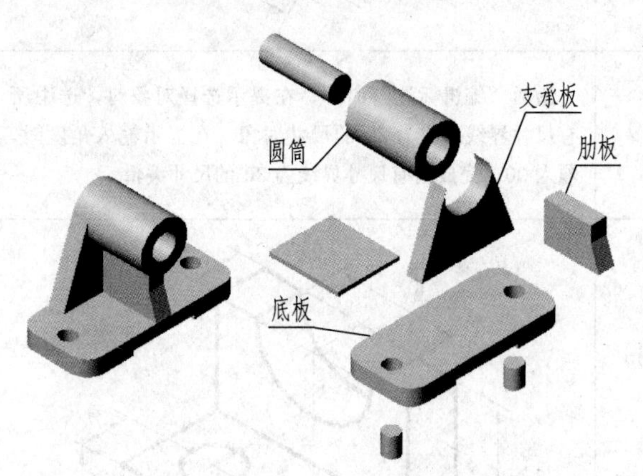

图 5-1 轴承座的形体分析法

如图 5-1 所示的组合体，可以假想将其分解为底板、圆筒、支承板、肋板四个基本形体。而底板可以看成是四棱柱体中切去一个四棱柱凹槽、四个倒圆角、切去两个圆孔形成的简单体。

二、组合体的组合形式

组合体按构成方式可分成叠加型和切割型两种，而常见的组合体则大都是两种方式的综合。

1. 叠加型组合体

由几个简单形体叠加而成的组合体称为叠加型组合体。如图 5-2（a）所示组合体可以看成是由六棱柱体和圆柱体叠加而成。

2. 切割型组合体

由一个基本体切去某些部分而成的组合体称为切割型组合体。如图 5-2（b）所示组合体可以看成是由一个四棱柱体通过斜切和开槽而成。

3. 综合型组合体

通过叠加和切割综合方式构成的组合体称为综合型组合体。如图 5-2（c）所示组合体，各组成部分可以分别看成是由基本体切割而成，而各组成部分最后通过叠加而成。

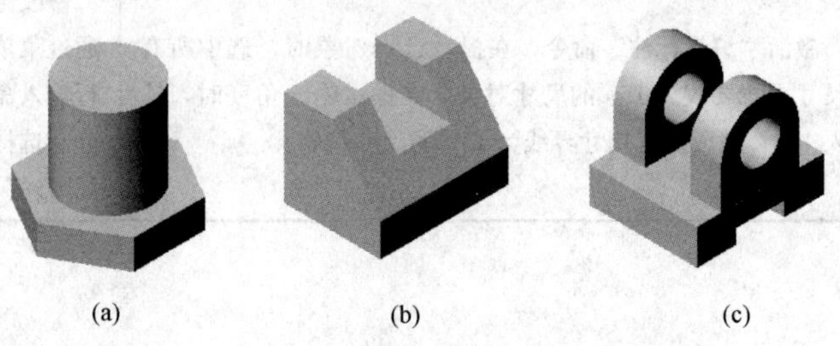

图 5-2 组合体的组合形式

三、组合体表面连接关系

组合体中各基本几何体表面之间的连接关系主要有共面、相交和相切等形式。

1. 共面

共面是指两个基本几何体的相邻表面处于同一个平面内，即两个基本体的两平面平齐，这种连接情况两表面之间没有交线或棱线，所以在作图时不应画出两平面的分界线，如图5-3（b）所示。图5-3（c）中多画线是错误的。当两个基本几何体的相邻表面不共面时，则两形体的投影间应有线隔开，应画出分界线，如图5-4（b）所示。图5-4（c）中漏画线是错误的。

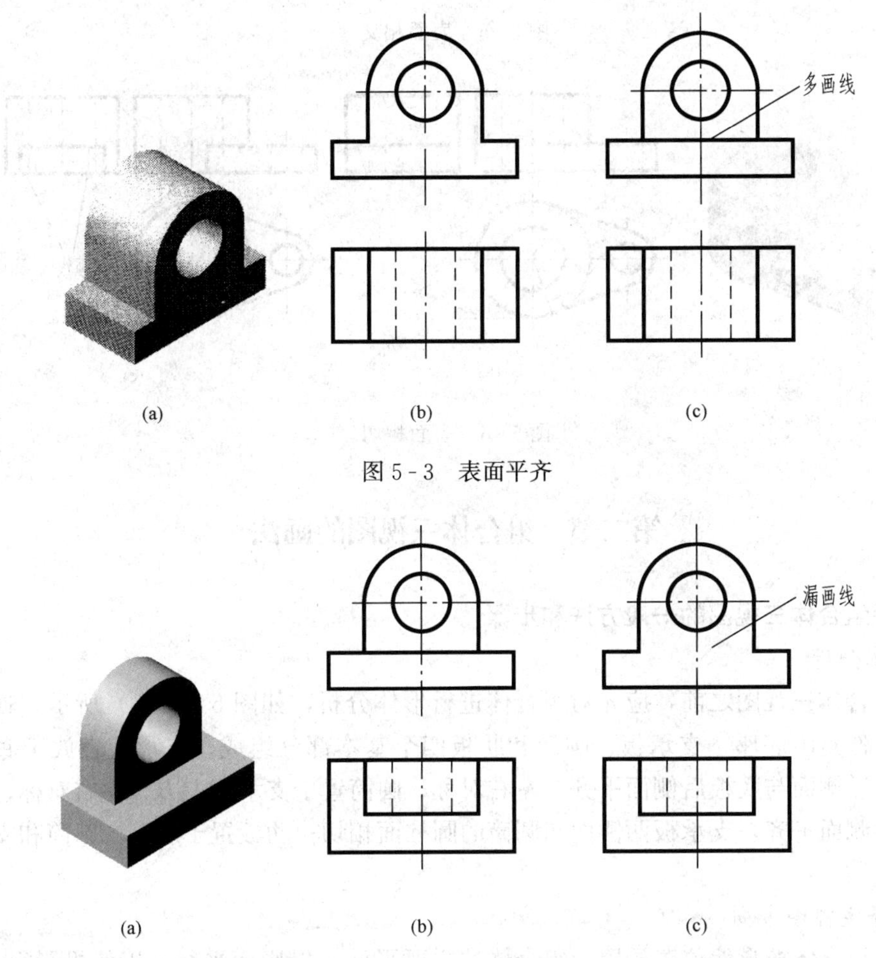

图5-3　表面平齐

图5-4　表面不平齐

2. 表面相交

当两基本形体的表面相交时，相交处会产生不同形式的交线，在视图中就应按投影关系画出这些交线的投影，如图5-5（b）所示。图5-5（c）中交线画错。

3. 表面相切

当两基本形体的表面相切时，两表面相切处光滑过渡，相切处无分界线，在视图中不应画出切线，如图5-6（b）所示。图5-6（c）中多画线是错的。

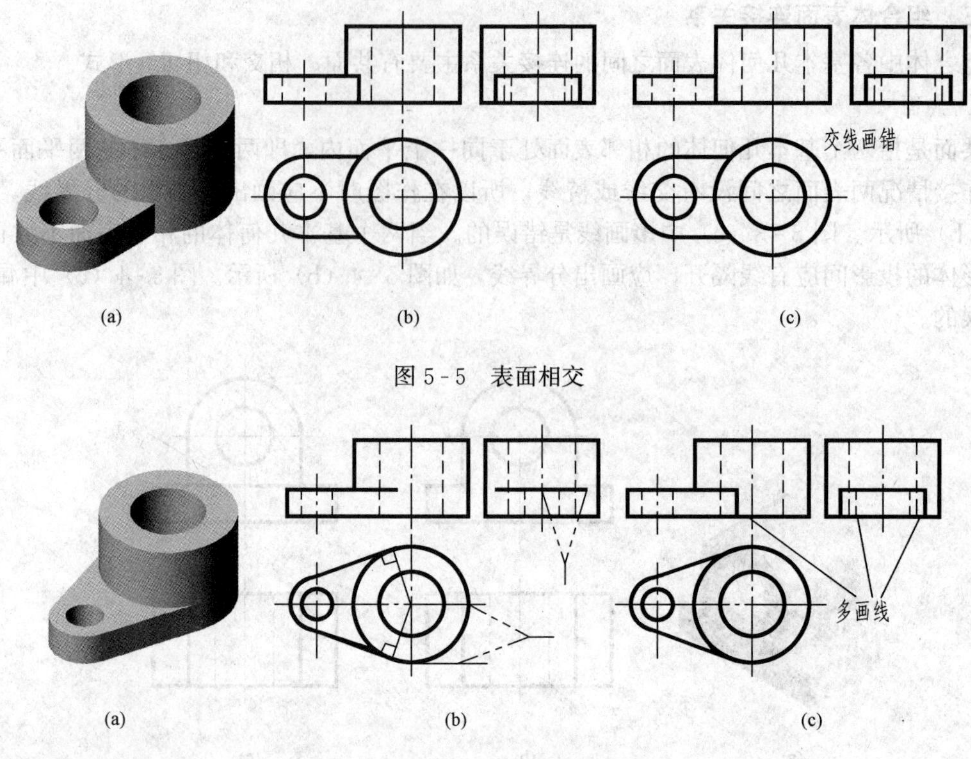

图 5-5　表面相交

图 5-6　表面相切

第二节　组合体三视图的画法

一、画组合体三视图的一般方法和步骤

1. 形体分析

在画组合体三视图之前，应先对组合体进行形体分析，如图 5-7（b）所示，轴承座组合体可以看作是由底座、支承板、圆筒和肋板四个基本部分组成。支承板叠放于底板后上方，支承板后侧面与底板后侧面平齐，左右对称；圆筒置于支承板上方，左右对称，后侧面与支承板后侧面平齐，支承板两侧面与圆筒的圆柱面相切；肋板置于底板、圆筒和支承板之间，左右对称。

2. 选择主视图方向

一般将组合体按自然位置放置，组合体的主要平面与投影面平行，以使投影得到实形。选择反映组合体各组成部分的形状和位置较为明显的方向作为主视图的投影方向，并考虑其他两个视图表达的清晰性，尽量少虚线。如图 5-7（a）所示轴承座组合体，选择方向 A 作为主视图的投影方向、选择方向 C 作为俯视图的投影方向、选择方向 B 作为左视图的投影方向。

3. 选择图纸幅面和比例

根据组合体的大小和复杂程度，选择符合国家标准的图幅和比例，选择时注意考虑到视图之间留有标注尺寸的位置、标题栏的位置。

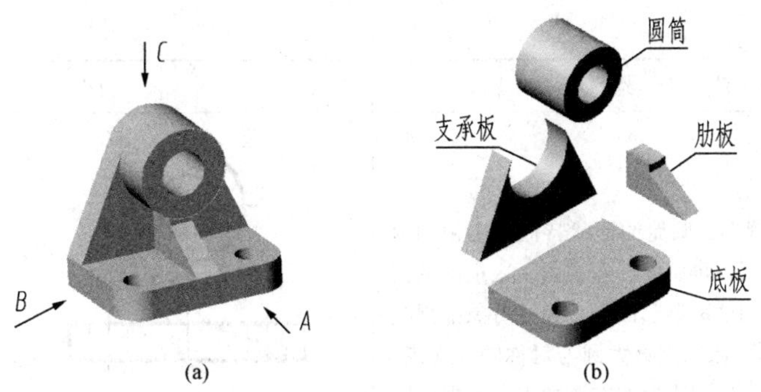

图 5-7　组合体三视图的画法

4. 在图纸上作图

（1）画作图基准线。根据视图的大小，确定各视图的位置，画出主要作图基准线。作图基准线一般为形体的底面、对称面、重要端面及中心线等。

（2）分别画出主要几何体的各视图。确定各主要几何体的位置，分别画出各主要几何体的三视图。

（3）分别画出其余几何体的各视图。主要几何体之间通常由支承板、肋板等连接，根据其与主要几何体的连接关系，分别画出其余几何体的各视图。

（4）检查、修改。各几何体的视图画完后，应整体检查修改，擦去作图辅助线等多余的线条，补齐缺漏的线条，如截交线、相贯线等。

（5）描深定稿。经检查无误后，按机械制图标准线型描深加粗。

二、用 CAD 绘制组合体三视图

在图纸上作图，也可以只画草图，而画正规图可利用 AutoCAD 绘图。

1. 设定绘图环境

运行 AutoCAD 软件，设定图层、线型、图形界限、单位、文字样式、尺寸样式等，或调用已经设置好的样板图。

2. 绘制三视图

组合体三视图的作图步骤见表 5-1。

表 5-1　组合体三视图的作图步骤

方　法　步　骤	图　　示
（1）绘制作图基准线：用“直线”命令在点画线层绘制作图基准线，画线时利用对象捕捉追踪功能保证主、俯视图的长对正关系以及主、左视图的高平齐关系。 （2）绘制底板的三视图：底板的形状特征在俯视图显示，应先画底板的俯视图，再画主视图和左视图。在粗实线层用“矩形”命令画带圆角的矩形，通过捕捉圆心，画出圆孔。主视图中圆孔的线可通过对象捕捉利用“直线”命令画出，并注意孔的轮廓线在虚线层。圆孔左右对称，可先画一个再利用“镜像”命令作出第二个。由于圆孔长宽尺寸相等且与圆角同心，左视图中的圆孔可利用“复制”命令从主视中复制过去，操作时注意选择矩形的相应角点作为基点	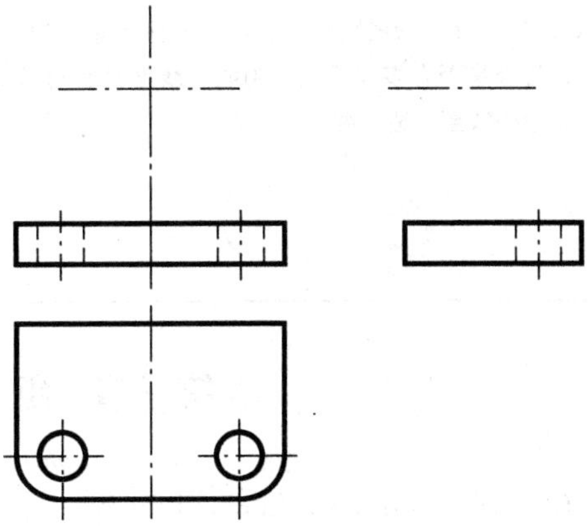

续表

方 法 步 骤	图 示
(3) 绘制圆筒的三视图：圆筒的形状特征在主视图显示，应先画圆筒的主视图，再画俯、左视图。主视图的同心圆画好后，左视图利用“矩形”命令，通过对象捕捉追踪功能分别捕捉到大圆上象限点（大圆与对称轴线交点）和左视图矩形左上角点来确定矩形的左上角点，根据圆筒的尺寸确定矩形的右下角点。在虚线层通过对象捕捉追踪功能，利用“直线”命令画圆孔的虚线。俯视图的画法和左视图相似	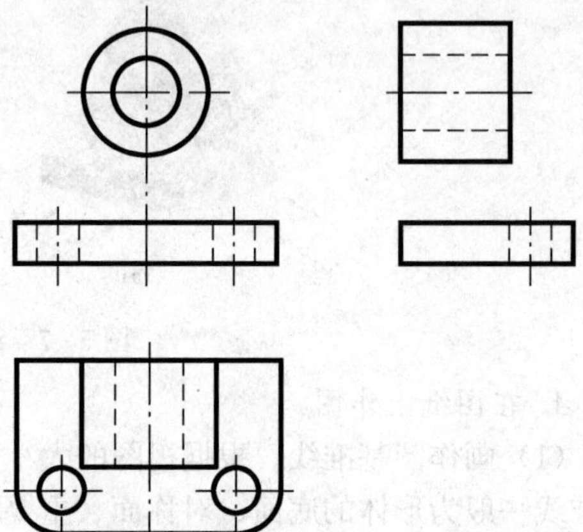
(4) 绘制支承板的三视图：先画主视图，用“直线”命令捕捉到底板矩形角点为第一点，捕捉到圆筒大圆切点为第二点。左视图中先画支承板后侧面的直线，此线与底板及圆筒的后侧面平齐。根据支承板厚度画前侧面直线，可用“偏移”命令从后侧面的线复制出来，但要通过对象捕捉追踪功能调整直线上端点位置，使其与主视图中的切点高平齐。用“修剪”命令剪去多余线条	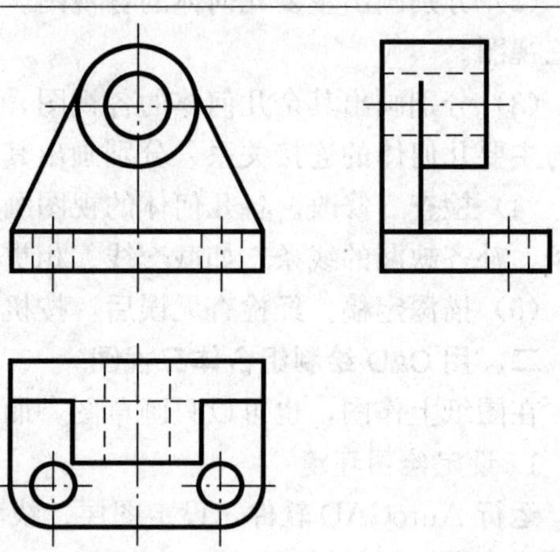
(5) 绘制肋板三视图：画肋板三视图应三个视图配合画，利用对象捕捉追踪功能确定交线位置。用“修剪”命令剪去多余线条，不可见轮廓线在虚线层绘制 (6) 各部分的三视图画完后，应整体检查修改，按投影关系检查是否有多画线或少画线、线型是否符合标准，并调整中心线至合适长度	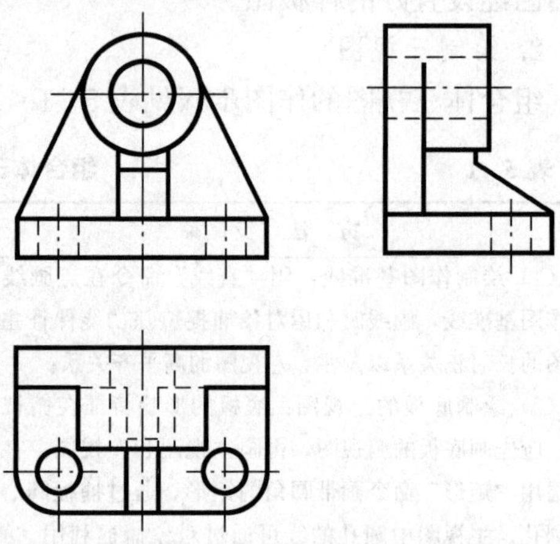

第三节 组合体的尺寸标注

组合体视图表达了组合体的形状，其大小要通过尺寸的标注来表示。

一、组合体尺寸的种类

组合体的尺寸有下列三种：

1. 定形尺寸

确定组合体各基本形体大小的尺寸。如图 5-8（a）所示，底板的定形尺寸为长 32、宽 24、高 7、圆角 $R6$ 及两圆孔直径$\phi6$；立板的定形尺寸为长 5、高 15、圆弧半径 $R9$ 及圆孔直径$\phi9$；肋板的定形尺寸为长 10、宽 4、高 8。

2. 定位尺寸

确定组合体中各基本形体之间相对位置的尺寸。如图 5-8（c）所示，俯视图中 26、12 分别是底板上两圆孔的长度和宽度方向的定位尺寸；左视图中 22 是立板圆孔$\phi9$ 高度方向的定位尺寸。

3. 总体尺寸

确定组合体总长、总宽和总高的外形尺寸。如图 5-8（c）所示，底板长度尺寸 32 即为总长尺寸，底板宽度尺寸 24 即为总宽尺寸，总体尺寸由尺寸 22 和尺寸 $R9$ 决定。

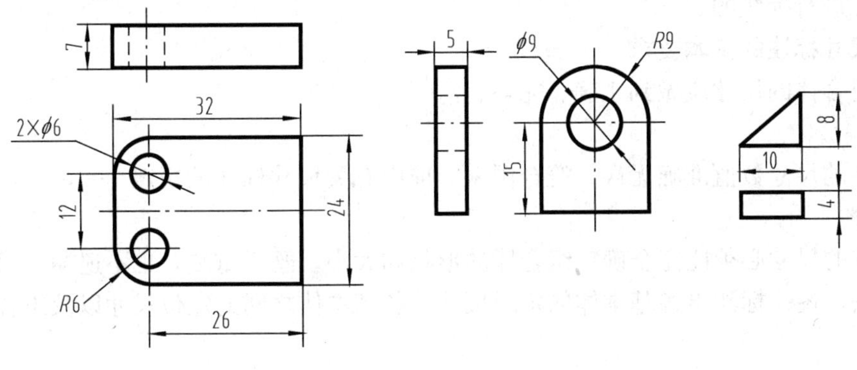

(a)

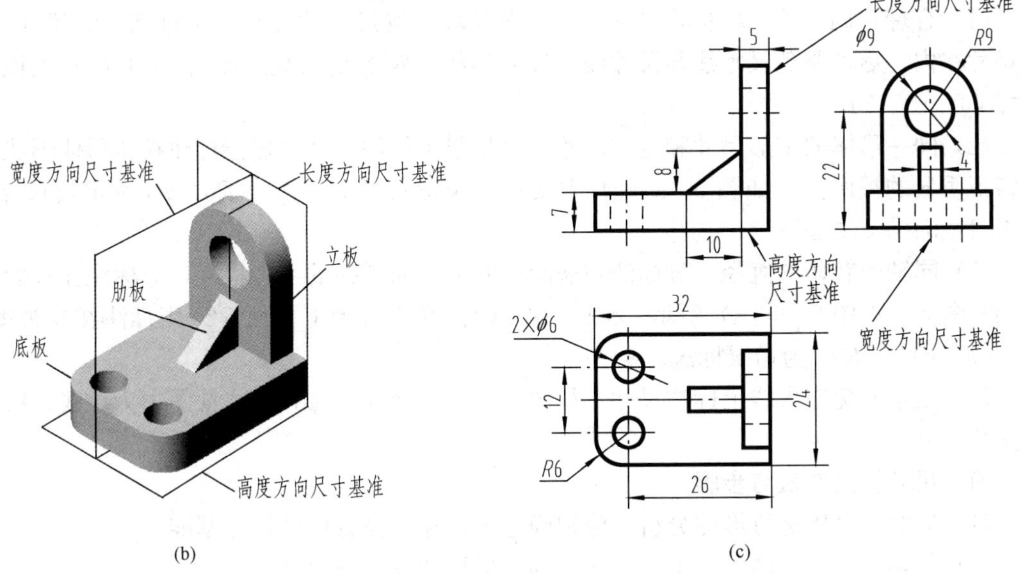

(b)　　(c)

图 5-8　组合体尺寸的种类及尺寸基准

应该注意，当组合体的端部为回转体时，一般不直接注出该方向的总体尺寸，而是由回转体轴线的定位尺寸和回转面的半径尺寸来表示，如图 5-8（c）所示，组合体的总高由尺寸 22 和尺寸 $R9$ 相加而得。有时一个尺寸可以看成是组合体的总体尺寸，同时也是某一基本组成部分的定形尺寸，如图 5-8（c）所示，底板的定形尺寸 32 和 24，同时也是组合体的总体尺寸。

二、尺寸基准

标注尺寸的起始点，称为尺寸的基准。组合体有长、宽、高三个方向的尺寸，所以每个方向至少都应该选择一个尺寸基准。一般选择组合体的对称平面、底面、重要端面及回转轴线等作为尺寸的基准。如图 5-8（b）所示。

基准选定后，各方向的主要尺寸应从相应的尺寸基准出发进行标注。如图 5-8（c）所示，主、俯视图中尺寸 5 和尺寸 26 是从长度方向基准标起、俯视图中尺寸 12 是从宽度方向基准标起、左视图中尺寸 22 是从宽度方向基准标起。有时一个方向上除了选定一个主要基准外，还需选定一个或多个辅助基准，如图 5-8（c）左视图中尺寸 $R9$ 是以圆孔 $\phi9$ 的轴线为辅助基准进行标注的。

三、尺寸标注的基本要求

标注组合体的尺寸应做到正确、完整、清晰。

1. 正确

所标注的尺寸数值准确无误，符合国家标准中有关尺寸标注的规定。

2. 完整

所标注的尺寸必须能完全确定组合体的形状和大小，既不重复，也不遗漏。为此应运用形体分析法，逐一标注出各基本体的定形尺寸、各基本体之间的定位尺寸以及组合体的总体尺寸。

3. 清晰

尺寸布置应清晰，便于看图。为此在组合体尺寸标注时应注意以下几点。

（1）合理布局尺寸，尽量将尺寸注在视图外面，按尺寸的大小依次排列，大尺寸在外，小尺寸在内，尽量避免尺寸线与尺寸线、尺寸界线、轮廓线相交。如图 5-9（a）主视图中尺寸 20、15、50。

（2）同一形体的定形尺寸和定位尺寸应尽量集中标注，并尽可能标注在该形体形状和位置特征明显的视图上。如图 5-8（c）中底板的定形尺寸 32、24、$R6$、$\phi6$ 及定位尺寸 12、26 集中标注在俯视图上。

（3）同轴回转体的直径一般标注在非圆视图上，而圆弧的半径尺寸，应标注在投影为圆弧的视图上。如图 5-9（a）所示，$\phi30$、$\phi24$ 标注在主视图上，而 $R20$ 则标注在左视图上。图 5-9（b）中 $R20$ 为错误标法。

（4）尽量避免在虚线上标注尺寸。如图 5-9（a）所示的 $\phi15$，主视图中为虚线，所以标在左视图上。

四、尺寸标注方法与步骤

（1）先对组合体进行形体分析，分别确定长、宽、高方向的尺寸基准。

（2）分别标注组合体各基本组成部分的定形尺寸及定位尺寸。

（3）标注组合体的总长、总宽和总高。

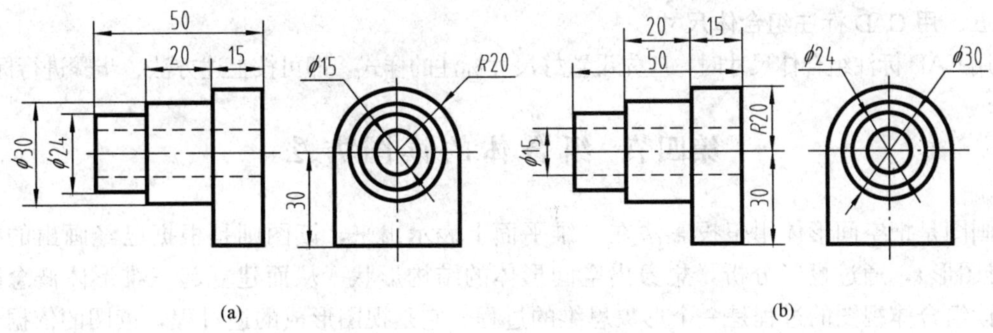

图 5-9　尺寸标注的清晰性

（a）清晰标注；（b）不清晰和错误注法

（4）对以上所标注的尺寸进行核对和调整，以避免重复和遗漏。

以轴承座的尺寸标注为例，见表 5-2。

表 5-2　　轴承座的尺寸标注

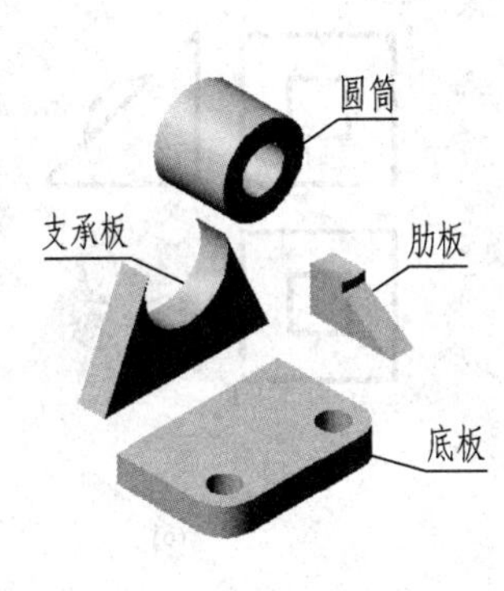	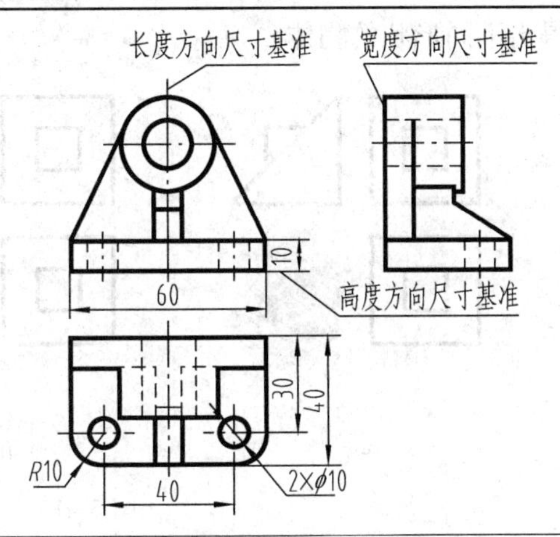
形体分析	确定尺寸基准、标注底板定形尺寸
	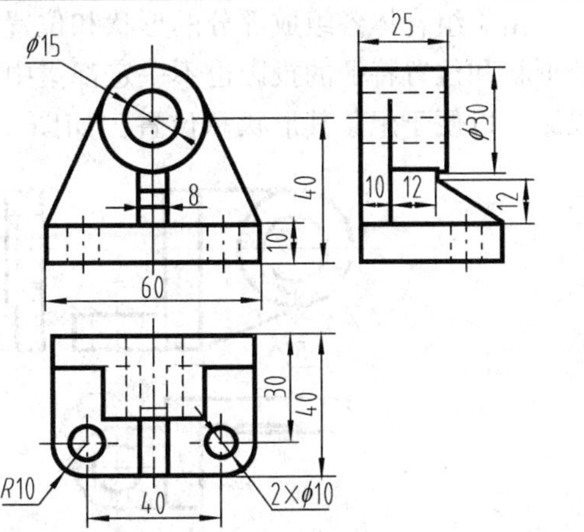
标注圆筒定形尺寸和定位尺寸	标注支承板、肋板尺寸和总体尺寸，校对并对尺寸进行必要调整

五、用 CAD 标注组合体尺寸

用CAD标注组合体尺寸时，应先设置好尺寸标注的样式，即可按上述方法、步骤进行标注。

第四节　组合体的读图方法

画图是把空间形体用正投影法在二维平面上表示出来，读图则是根据已经画出的视图（二维图形），通过投影分析，想象出空间形体的结构形状，从而建立起三维形体概念的过程。读组合体视图的过程是一个形象思维的过程，它是视图形成的逆过程，读图的依据仍然是投影规律。

一、读图时应注意的问题

1. 几个视图联合构思

由于每个视图是从物体的一个方向投射而得到的图形，一般情况下，一个视图无法确定物体的形状，有时甚至两个视图还不能确定物体的形状，读图时必须联系多个视图才能正确构思出物体的形状。如图 5 - 10 所示，三组视图中主、俯视图均相同，联系不同的左视图，即得出不同形状的物体。

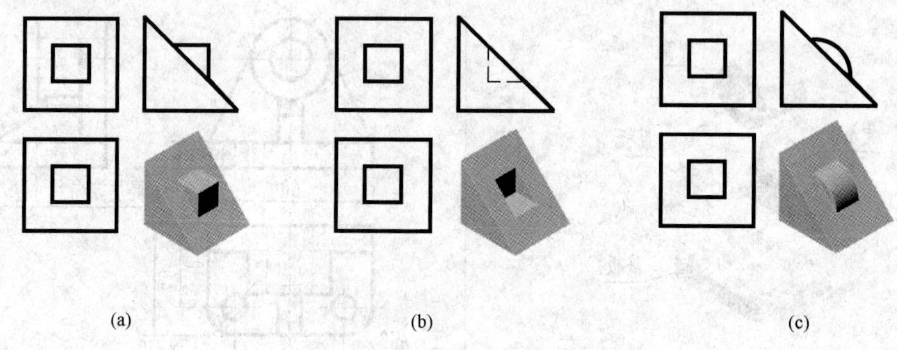

图 5 - 10　几个视图联合构思

2. 要善于找出特征视图

由于组合体各组成部分的形状和位置特征并不一定都集中在一个方向上，因此反映各部分形状和位置特征的投影也不一定都集中在某一个视图上，读图时必须善于找出反映特征的投影，以便于想象其形状和位置。如图 5 - 11 所示的组合体，可看成是由四个基本部分组

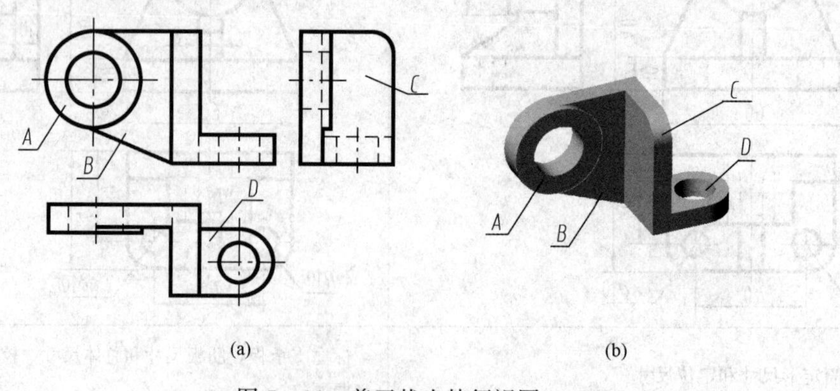

图 5 - 11　善于找出特征视图

成，A、B 部分的特征视图在主视图中，C 部分的特征视图在左视图中，D 部分的特征视图在俯视图中，在读图时应抓住反映其特征的线框，从这些有特征的线框看起，再联系相应的投影来分析想象各部分的形状和位置。

3. 明确视图中图线和线框的含义

（1）视图中的封闭线框。视图中的封闭线框一般表示物体的一个表面（平面或曲面）的投影。如图 5 - 12（a）所示，主视图中有四个封闭线框，对照俯视图可看出，线框 a' 表示圆柱体前半圆柱面的投影，线框 b'、c'、d' 分别表示六棱柱体前三个侧面的投影。

（2）相邻两线框或线框中套小线框。两线框一般表示物体上不同位置的两个平面，两个平面或者相交，或者错开，有上下、左右或前后之分。如图 5 - 12（a）所示，俯视图中六边形线框中有小线框圆，分别表示六棱柱顶面和圆柱体的顶面，对照主视图可看出，圆柱顶面在上，六棱柱顶面在下。主视图中相邻线框 b' 和 c'、c' 和 d'，是相交的表面；线框 a' 和 d' 是相错的两个表面，对照俯视图，可看出棱柱侧面 C 在圆柱面 A 之前。

（3）视图中的图线。视图中的图线可能是立体表面有积聚性的投影，或者两平面的交线的投影，也可能是曲面转向素线的投影。如图 5 - 12（b）所示，主视图中 $1'$ 是圆柱顶面的积聚性投影，$2'$ 是圆柱面转向素线的投影，$3'$ 是六棱柱体两侧面的交线的投影。

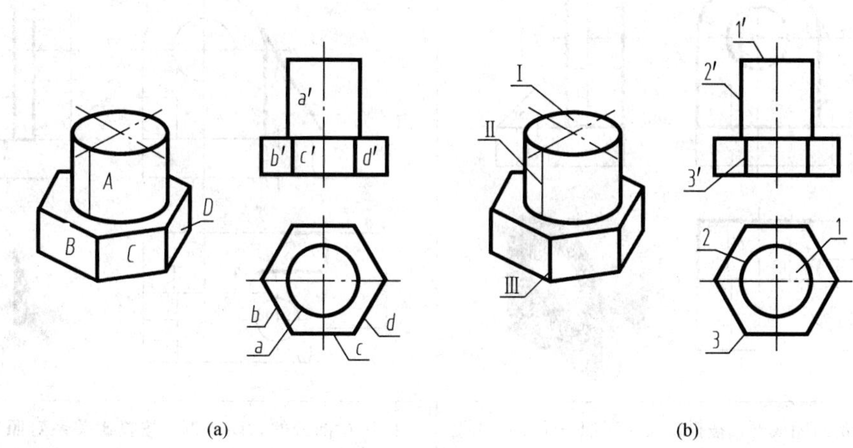

图 5 - 12　视图中图线和线框的含义

二、读图的基本方法

1. 应用形体分析法

应用形体分析法读图，就是在读图时通过形体分析，将形体分解成几个简单形体，再经过投影分析，想象出形体各部分的形状，进一步确定各部分之间的相对位置、组合形式和表面连接关系，最后综合想象出形体的总体形状。

在读图分析过程中，一般先从反映特征的封闭线框入手，然后对应其他几个视图来分析其几何形状，依次想出各组成部分的形状后，再综合分析各部分的关系，最后想出总体形状。

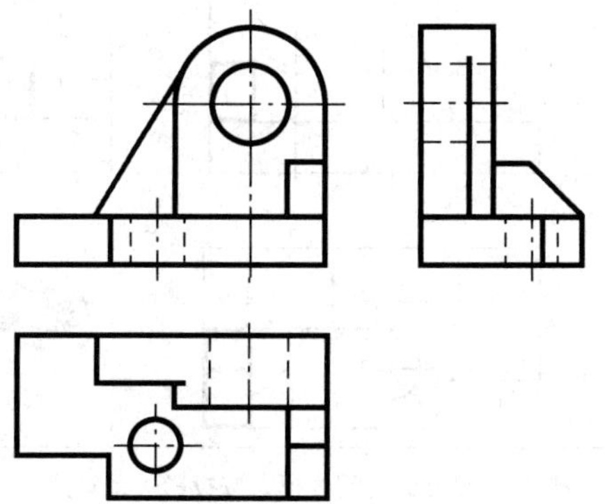

图 5 - 13　应用形体分析法读图

以图 5 - 13 所示组合体为例，应用形体分析法读图的过程如表 5-3 所示。

表 5-3　　应用形体分析法读图的过程

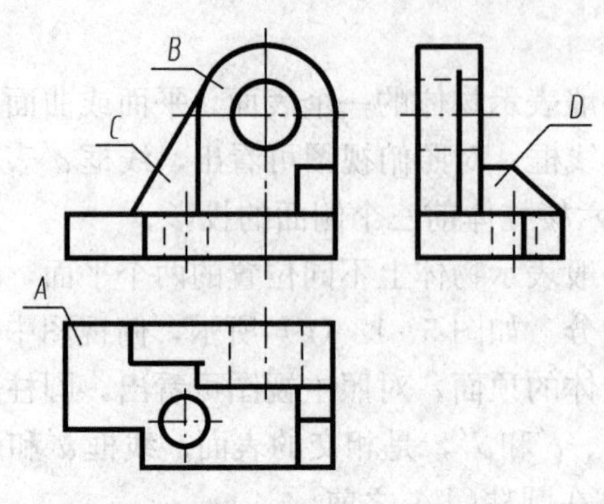	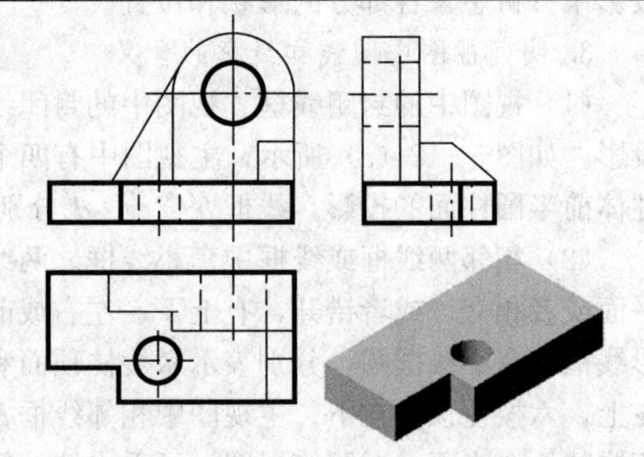
从反映形体特征明显的视图入手，对照其他视图，应用形体分析法，将形体分成 *A*、*B*、*C*、*D* 四个组成部分	抓住 *A* 部分的封闭线框，按投影关系对照三个视图，想象出 *A* 部分的形状
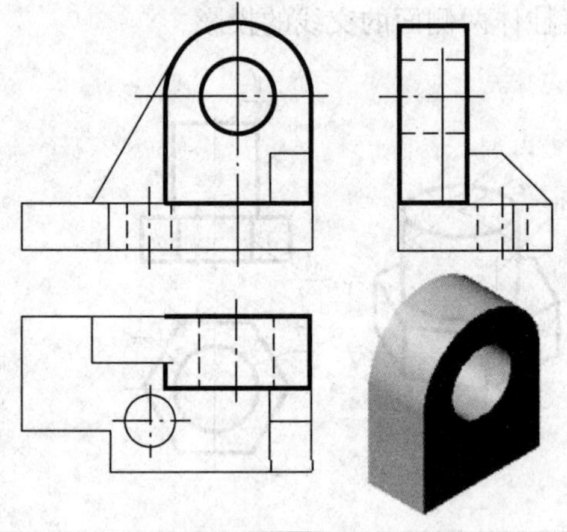	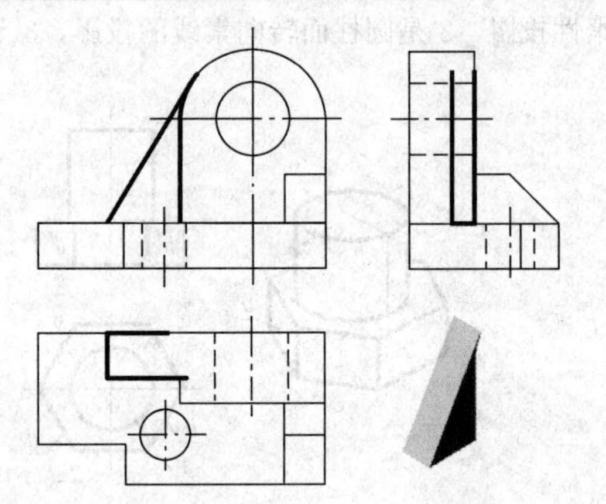
抓住 *B* 部分的封闭线框，按投影关系对照三个视图，想象出 *B* 部分的形状	抓住 *C* 部分的封闭线框，按投影关系对照三个视图，想象出 *C* 部分的形状
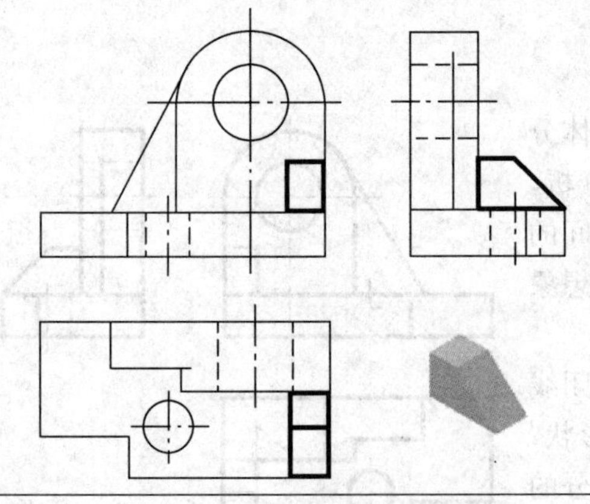	
抓住 *D* 部分的封闭线框，按投影关系对照三个视图，想象出 *D* 部分的形状	分析各部分的相对位置及表面连接关系，综合想象，构思出组合体整体结构形状

2. 线面分析法

当形体被多个平面切割、形体的形状不规则或在某个视图中形体结构的投影重叠时，应用形体分析法往往难以分析，这种情况可运用线面分析法进行分析。所谓线面分析法，就是运用点、线、面的投影特征，分析视图中图线和封闭线框的含义和空间位置，想象组合体表面及交线的形状和相对位置，最终读懂视图的方法。

以图 5 - 14（a）所示组合体三视图为例，读图过程如下：

（1）根据投影规律，想象出立体的原型为四棱柱体，如图 5 - 14（b）所示。

（2）在主视图中，斜线 A 是四棱柱被一个正垂面斜切后截面的积聚性投影，斜切后形成的形体如图 5 - 14（c）所示。

（3）在俯视图中，斜线 B 是四棱柱被一铅垂面斜切后截面的积聚性投影，斜切后形成的形体如图 5 - 14（d）所示。

（4）在左视图中，直线 C 和 D 是形体的前上方被两个互相垂直的平面切割后截面的积聚性投影，同理可想象出切割后形体的形状如图 5 - 14（e）所示。

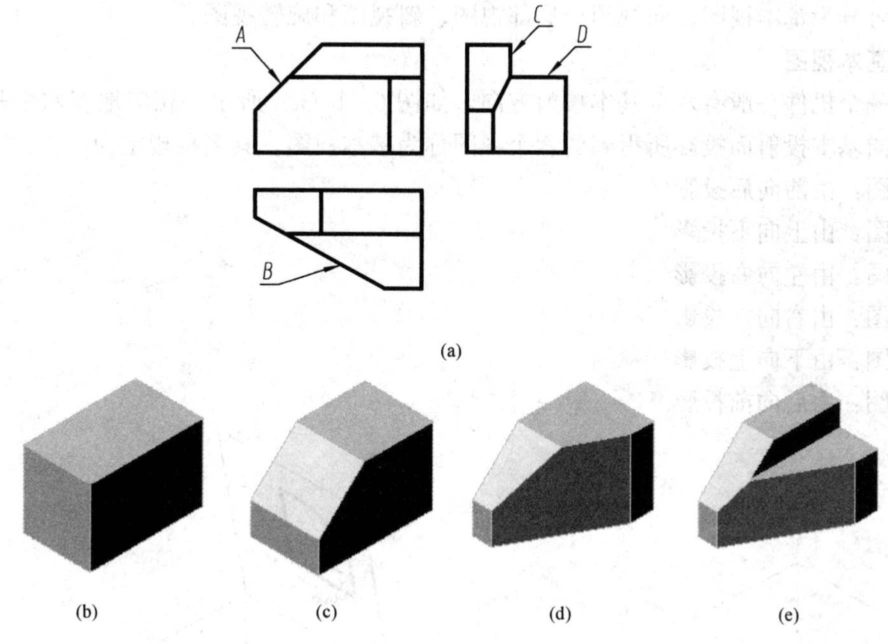

图 5 - 14　应用线面分析法看图

第六章

机件的基本表示法

在生产实际中，当机件的结构、形状较复杂时，只采用三个视图往往难以将其内、外结构完整、清晰地表达出来。为此，国家标准《技术制图》、《机械制图》中规定了机件的各种表示方法——视图、剖视图、局部放大图、简化画法和其他规定画法。本章主要介绍各种表示方法，并根据机件的结构特点恰当地选用这些表示方法。

第一节　视　　图

视图是机件以正投影法向投影面投影所得的图形。它主要用于表达机件的外部结构形状。视图可分为基本视图、向视图、局部视图、斜视图和旋转视图。

一、基本视图

表示一个机件一般有六个基本投射方向，如图 6-1（a）所示，相应地有六个基本投射面，机件向基本投射面投影所得到的六个视图称为基本视图。其名称规定为：

主视图：由前向后投影

俯视图：由上向下投影

左视图：由左向右投影

右视图：由右向左投影

仰视图：由下向上投影

后视图：由后向前投影

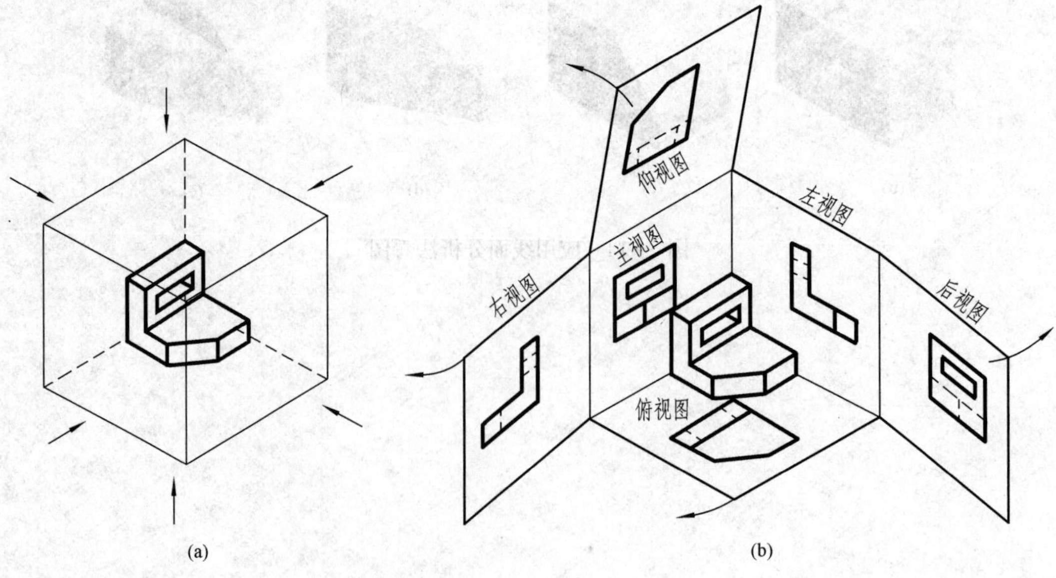

图 6-1　六个基本视图的形成

如图 6-1（b）所示，以正面投影面不动，其余投影面依次旋转展开到与正面投影面在一个平面图上，基本视图的位置关系配置如图 6-2 所示。

六个基本视图的方位对应关系如图 6-2 所示。除后视图外，在围绕主视图的俯、仰、左、右四个视图中，远离主视图的一侧表示机件的前方，靠近主视图的一侧表示机件的后方。

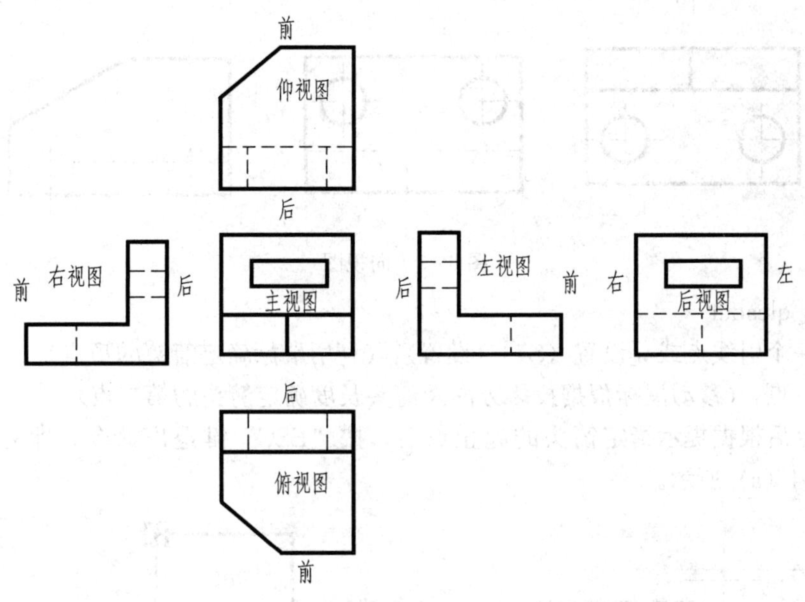

图 6-2 基本视图的配置

六个基本视图仍保持“长对正、高平齐、宽相等”的三等关系，仰视图与俯视图同样反映物体长、宽方向的尺寸；右视图与左视图同样反映物体高、宽方向的尺寸；后视图与主视图同样反映物体长、高方向的尺寸。

各视图若按图 6-2 所示规定位置配置时，一律不标注视图的名称。实际绘图时，不必将六个基本视图全部画出，应根据机件的复杂程度和表达需要，选用其中几个必要的基本视图，若无特殊情况，优先选用主、俯、左视图。

二、向视图

向视图是位置自由配置的基本视图。在实际绘图时，由于考虑到图纸的合理布局问题，有时某个视图无法按规定位置配置时，可按向视图绘制，即在视图的上方标出视图的名称“×”（“×”为大写拉丁字母代号，下同）并在相应的视图附近用箭头指明投射方向，注上同样的字母，如图 6-3 所示。

在 CAD 作图中，可利用“快速指引线”来标注箭头，同时利用“单行文字”或“多行文字”来注写字母。

标注箭头时可通过以下方法之一激活“快速指引线”命令：

- ➢ 工具栏图标
- ➢ 下拉菜单操作：[标注] / [引线]
- ➢ 命令行操作：qleader

执行命令后 AutoCAD 提示：

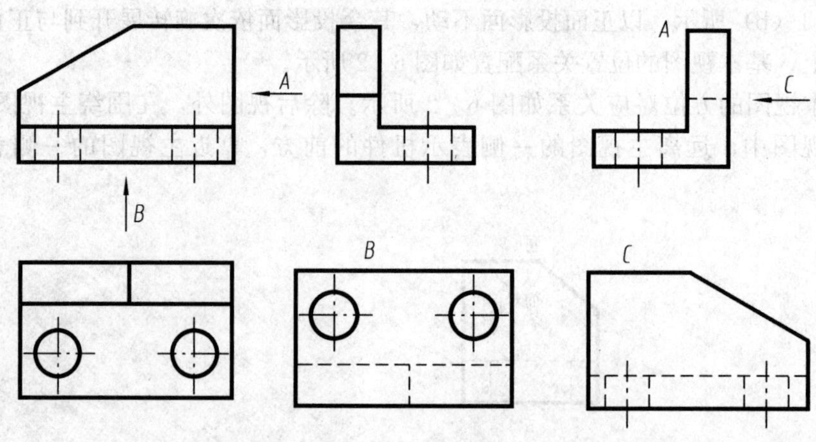

图 6-3　向视图

命令：_ qleader

指定第一个引线点或［设置（S）］〈设置〉：（*利用鼠标确定箭头的顶点*）

指定下一点：（*移动鼠标根据投影方向及箭头长度确定箭头的第二点*）

激活命令后根据提示指定箭头的起止点后，按“ESC”键退出命令，即完成箭头的注写，如图 6-4（a）所示。

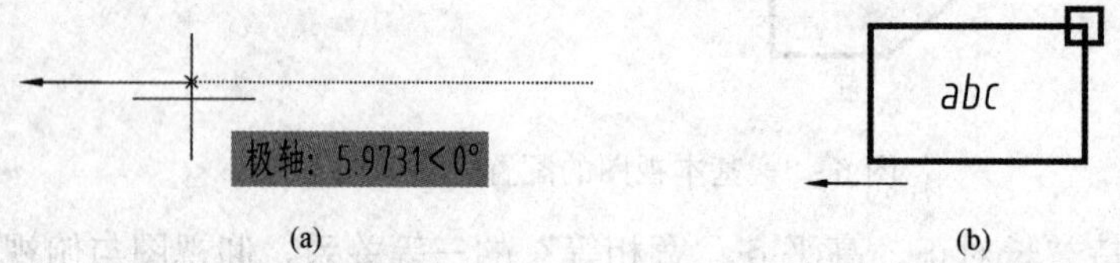

(a)　　(b)

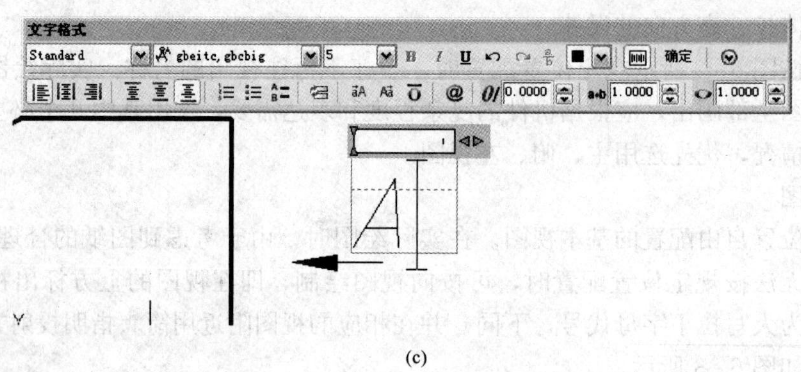

(c)

图 6-4　箭头及字母的注写

用多行文字注写字母时可通过以下方法之一激活“多行文字”命令：

- ➢　工具栏图标 A
- ➢　下拉菜单操作：［绘图］/［文字］/［多行文字］
- ➢　命令行操作：mtext

执行命令后 AutoCAD 提示：

命令：_ mtext 当前文字样式：“Standard”当前文字高度：5（*显示当前文字样式及字高*）

指定第一角点：*（指定要标注字母的左下角点）*

指定对角点或［高度（H）/对正（J）/行距（L）/旋转（R）/样式（S）/宽度（W）］：*（指定要标注字母的右上角点）*

在指定标注字母的矩形框后，系统弹出“文字格式”对话框，输入要注写的字母如“A”，如果不必对文字样式进行修改，直接按“确定”按钮即完成字母的注写。如果要修改文字格式，则必须先选中字母，再修改文字高度、倾斜角度、宽度比例等参数，最后按“确定”按钮。

用单行文字注写字母的方法与多行文字方法类似。

三、局部视图

局部视图是将机件的某一部分向基本投影面投射所得到的视图。如图 6-5 所示的机件用主、俯两个基本视图表达了主体形状，但左、右两边凸缘形状不够清晰，如再用左视图和右视图表达，则大部分重复。采用 *A*、*B* 两个局部视图来表达凸缘形状，则既简单又清晰。

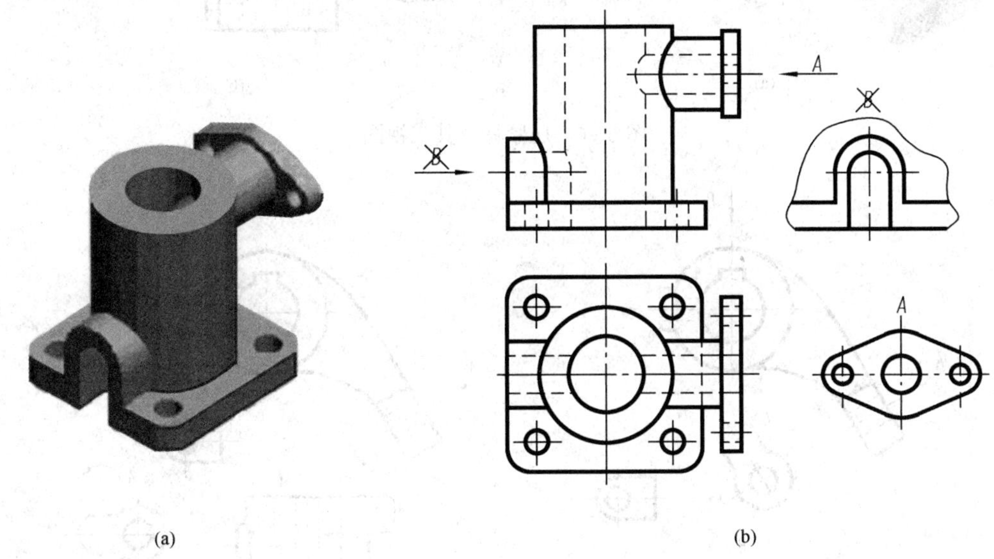

图 6-5　局部视图的画法

画局部视图时应注意：

(1) 画局部视图时可按向视图的配置形式配置并标注。一般在局部视图上方标注视图的名称“×”，在相应的视图附近用箭头指明投射方向，并注上相同的字母，如图 6-5（b）所示。当局部视图按投影关系配置，且中间无其他图形隔开时，可省略标注，如图 6-5（b）中的 *B* 向局部视图。

(2) 局部视图断裂处的边界线用波浪线表示，如图 6-5（b）中的 *B* 向局部视图。当所表示的局部结构是完整的，且外形轮廓线又呈封闭时，波浪线可省略不画，见图 6-5（b）中的 *A* 向局部视图。

四、斜视图

斜视图是机件向不平行于基本投影面的平面投射所得的视图。如图 6-6（b）所示压紧杆的三视图，由于压紧杆的耳板是倾斜的，因此其俯视图和左视图都不反映实形，表达不清楚，画图也较困难。为了清晰地表达压紧杆的倾斜结构，可加一个平行于耳板的正垂面作为新投影面，如图 6 - 7（a）所示，则耳板在新投影面上的投影反映实形。压紧杆的斜视图只是为了表达耳板的实形，故画出实形后，可用波浪线断开，不必画出其余部分的视图。斜视图通常按向视图的形式配置和标注，如图 6 - 7（a）所示。必要时，允许将斜视图旋转后配置在适当位置，此时应标注旋转符号“⌒”，如图 6 - 7（b）所示。

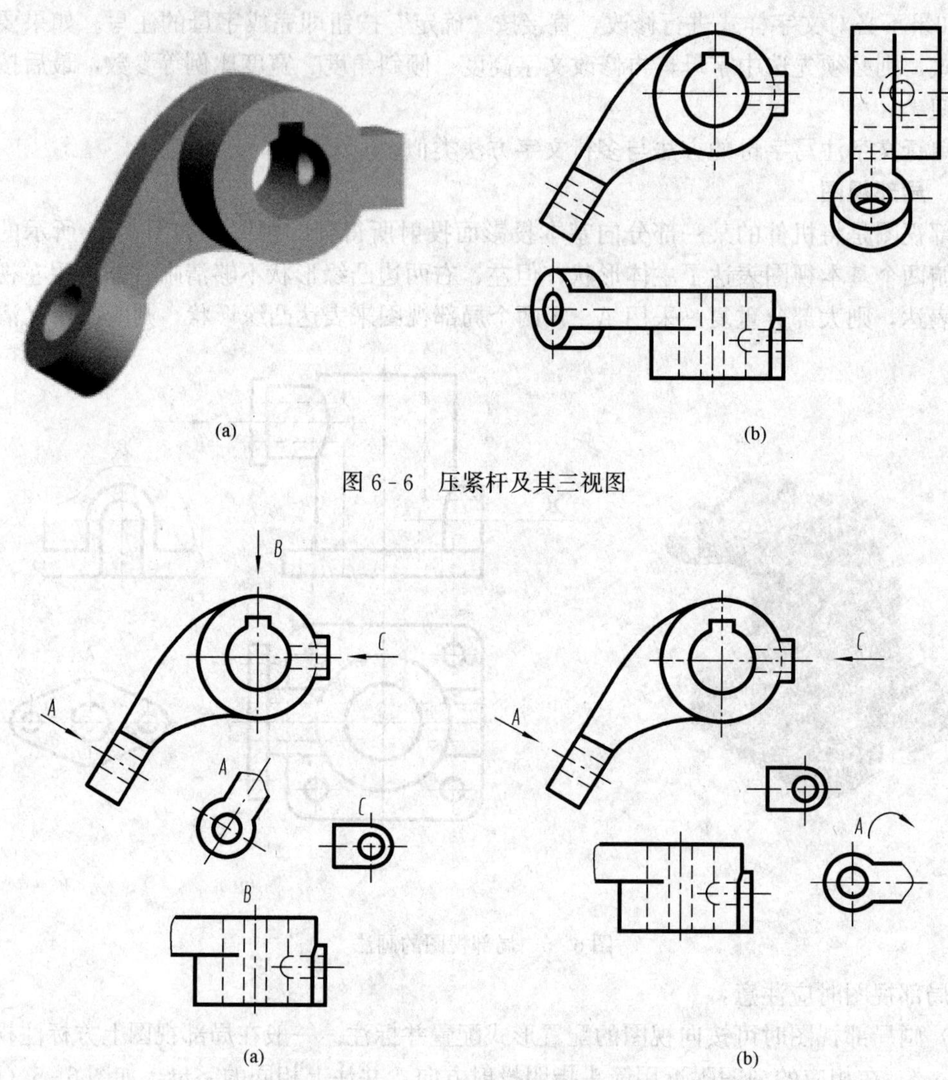

图 6 - 6　压紧杆及其三视图

图 6 - 7　压紧杆的斜视图和局部视图

第二节　剖　视　图

当机件的内部结构比较复杂时，视图上就会出现较多的虚线，这不仅影响视图的清晰，给看图带来困难，也不便于画图和标注尺寸。为了将机件内部结构表达清楚，又避免出现较多的虚线，可采用剖视图的方法来表达。

一、剖视图的基本概念

假想用剖切面剖开机件，将处在观察者与剖切面之间的部分移去，而其余部分向投射面投射所得的图形称为剖视图，简称剖视，如图 6-8 所示。

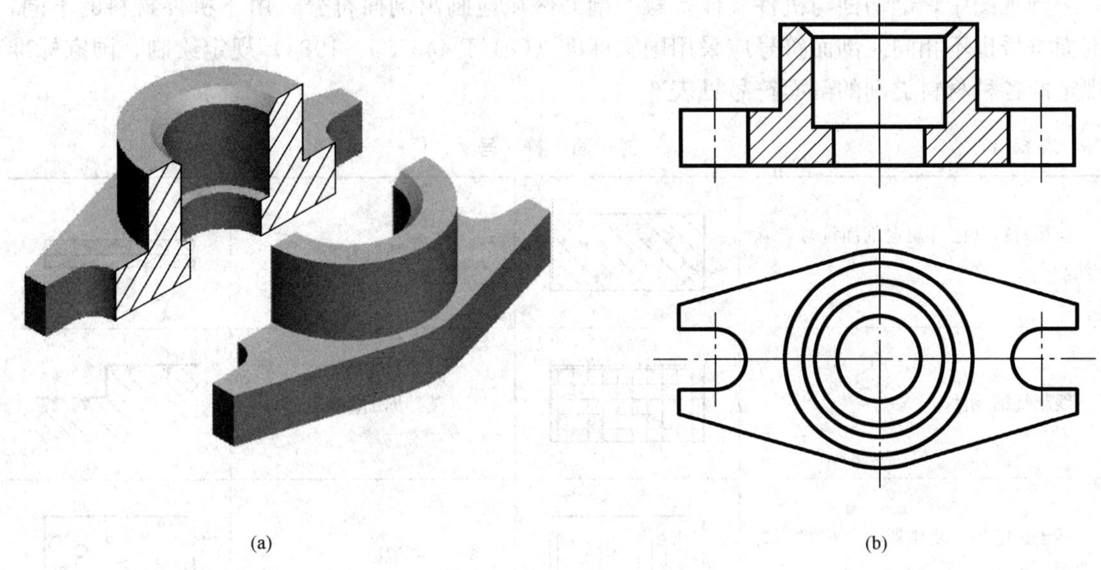

(a)　(b)

图 6-8　剖切过程及剖视图

二、剖视图的画法

1. 确定剖切面的位置

确定剖切面位置时应使剖切面平行于基本投影面，并且尽量通过机件的对称平面或所需表达的内部结构的对称面。

2. 画剖视图

(1) 画剖视图时是将机件假想剖开，因此除了剖视图外，其他视图应按完整的机件画出，不能只画一半。图 6-8 (b) 中的俯视图按完整机件画出。

(2) 剖切面之后的可见轮廓线应全部画出，不能遗漏，如图 6-8 (b) 所示。图 6-9 (c) 少画了键槽的线。

(3) 凡剖视图中已经表达清楚的结构，虚线可以省略不画 [见图 6-9 (a)]，但必须保留那些不画就无法表达机件结构形状的虚线 [见图 6-9 (b)]。

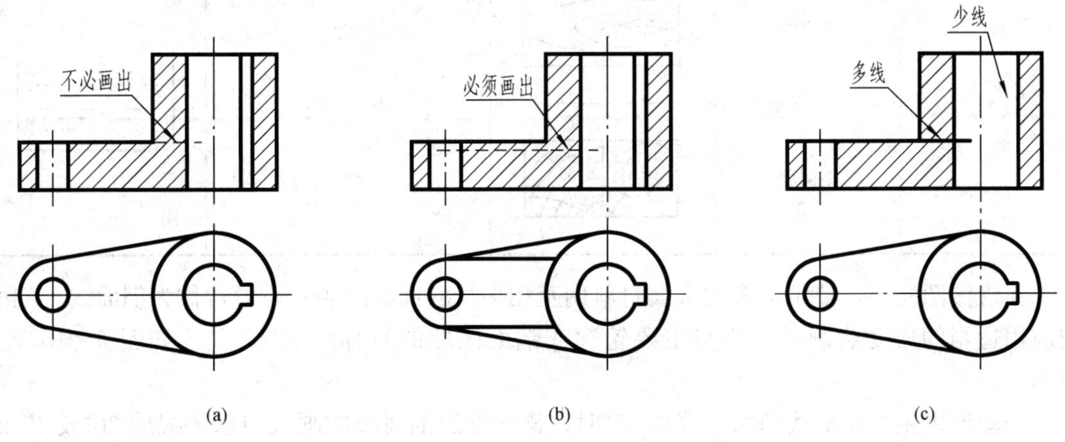

(a)　(b)　(c)

图 6-9　剖视图的画法

3. 画剖面符号

剖视图中，剖切面与机件实体接触的剖面区域应画出剖面符号。由于机件材料的不同，剖面符号也不相同。剖面符号应采用国家标准（GB/T 4457.5—1984）规定绘制，国家标准规定的各种材料类别的剖面符号见表 6 - 1。

表 6 - 1　　剖　面　符　号

材料		剖面符号	材料	剖面符号
金属材料（已有规定剖面符号者除外）			木质胶合板	
线圈绕组元件			基础周围的泥土	
转子、电枢、变压器和电抗器等的迭钢片			混凝土	
非金属材料（已有规定剖面符号者除外）			钢筋混凝土	
型砂、填砂、粉末冶金、砂轮、陶瓷刀片、硬质合金刀片等			砖	
玻璃及供观察用的其他透明材料			格网（筛网、过滤网等）	
木　材	纵剖面		液　体	
	横剖面			

在机械图样中，使用最多的金属材料用互相平行的细实线表示，通常称为剖面线。剖面线应用适当的角度绘制，一般与主要轮廓或剖面区域的对称线成 45°角，如图 6 - 10（a）所示。

当图形中主要轮廓线与水平线成 45°时，该图形的剖面线应画成与水平线成 30°或 45°的平行线，其倾斜方向应与其他图形的剖面线方向一致，同一物体的各个剖面区域的剖面线方向应间隔相等、方向一致。如图 6－10（b）所示。

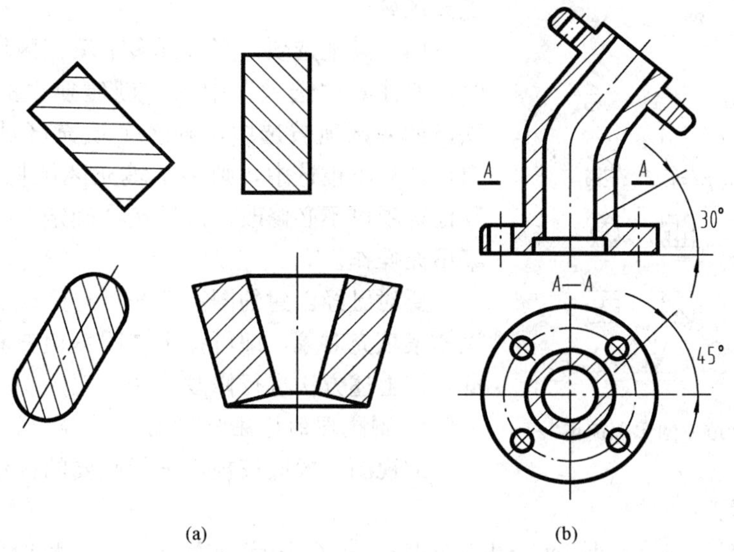

图 6－10　剖面线的画法

在 CAD 作图中，可利用“图案填充”命令很方便地绘制剖面线。通过以下方法可激活“图案填充”命令：

➢ 工具栏图标

➢ 下拉菜单操作：［绘图］/［图案填充］

➢ 命令行操作：bhatch

执行命令后 AutoCAD 弹出如图 6－11 所示的“图案填充和渐变色”对话框，操作步骤如下：

（1）选择填充图案：在对话框中图案选项右侧的方形按钮，弹出如图 6－12 所示的“填充图案选项板”，在“其他预定义”选项中选择“LINE”图案，单击确定返回图案填充和渐变色对话框。

（2）确定角度和比例：在“角度”文本框中输入角度，或单击右侧三角形，在下拉菜单中选择角度。最常用的是 45°和 135°。在“比例”文本框中输入比例，或单击右侧三角形，在下拉菜单中选择比例。不同的比例值可用于调整剖面线的间隔。

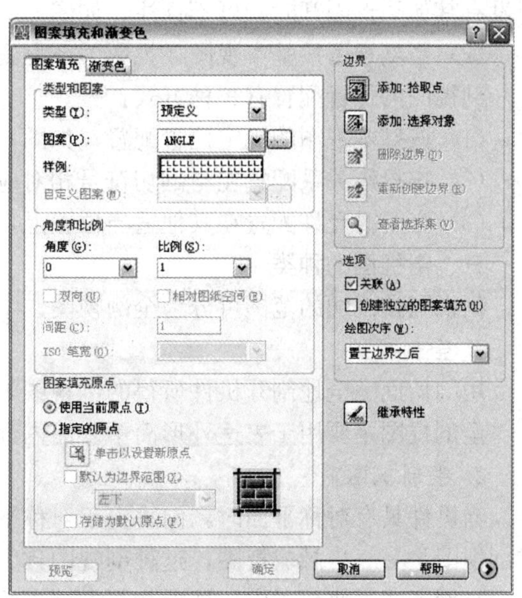

图 6－11　“图案填充和渐变色”对话框

（3）选择填充区域：单击“添加：拾取点”按钮，在需要填充的图形区域中任意单击一点，可同时选择不同的多个填充区域，选择完成后按回车退出选择。应注意，采用拾取点方式确定填充区域，所选择的区域必

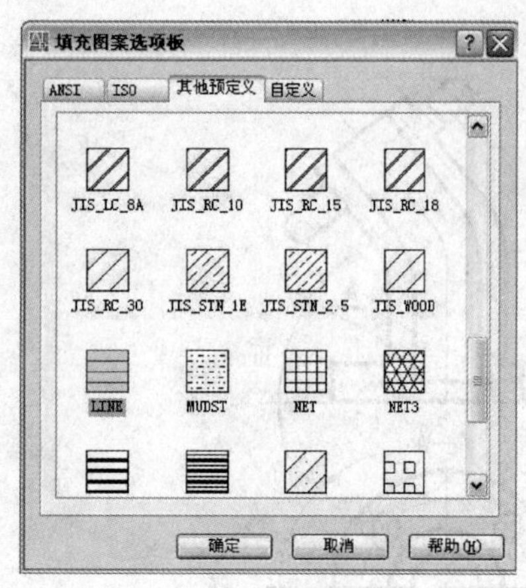

图 6-12 “填充图案选项板”

须是封闭的图形。也可以采用“选择对象”等方式确定填充区域。

(4) 其他选项：当选择多个填充区域同时进行填充时，要注意“选项”中的“创建独立的图案填充”选项，如果该项被选中，则多个填充区域可分别进行编辑，如果不被选中，则多个填充区域将作为一个对象。其他选项可不必修改。最后按“确定”按钮即可完成图案填充操作。

要对已经创建的图案填充进行修改编辑，只要双击该图案填充对象，即可弹出“图案填充和渐变色”对话框，按上述方法进行修改。

4. 剖视图的标注与配置

剖视图一般应按规定进行必要的标注，标注的内容包括以下三要素：

(1) 剖切符号。指示剖切面起止和转折位置（用粗短实线表示）及投射方向（用箭头表示）的符号，在剖切面的起、止和转折处标注与剖视图名称相同的字母。

(2) 剖切线。指示剖切面位置的线，用细点画线表示，画在剖切符号之间，可省略不画。

(3) 字母。表示剖视图的名称，用大写拉丁字母以“×－×”的形式注写在剖视图的上方。

标注形式如图 6-13 所示。

绘制机械图样时，以下情况的剖视图可省略标注：

(1) 当单一剖切面通过机件的对称平面或基本对称平面，且剖视图按投影关系配置，中间没有其他图形隔开时，可不标注，如图 6-8 所示。

(2) 当剖视图按基本视图或投影关系配置时，可省略箭头，见图 6-13 中的 $A—A$。

剖视图的位置配置有三种方式：

(1) 按基本视图的规定位置配置，如图 6-13 中的 $A—A$、$C—C$；

(2) 按投影关系配置在与剖切符号相对应的位置上；

(3) 必要时允许配置在其他适当位置上，见图 6-13 中的 $B—B$。

三、剖视图的种类

剖视图按剖切的范围可分为全剖视图、半剖视图和局部剖视图。

1. 全剖视图

用剖切面完全地剖开机件所得的剖视图，称为全剖视图。如图 6-8 及图 6-13 所示。

全剖视图主要用于表达外形简单、而内部结构较复杂且不对称的机件。

2. 半剖视图

当机件具有对称平面时，向垂直于对称平面的投影面上投影，以对称中心为界，一半画成剖视图，另一半画成视图，这种剖视图称为半剖视图。如图 6-14 所示。

半剖视图主要用于内、外形状都需要表达的对称机件。当机件的形状接近于对称，且其不对称部分已另有视图表达清楚时，也可画成半剖视图。如图 6-15 所示。

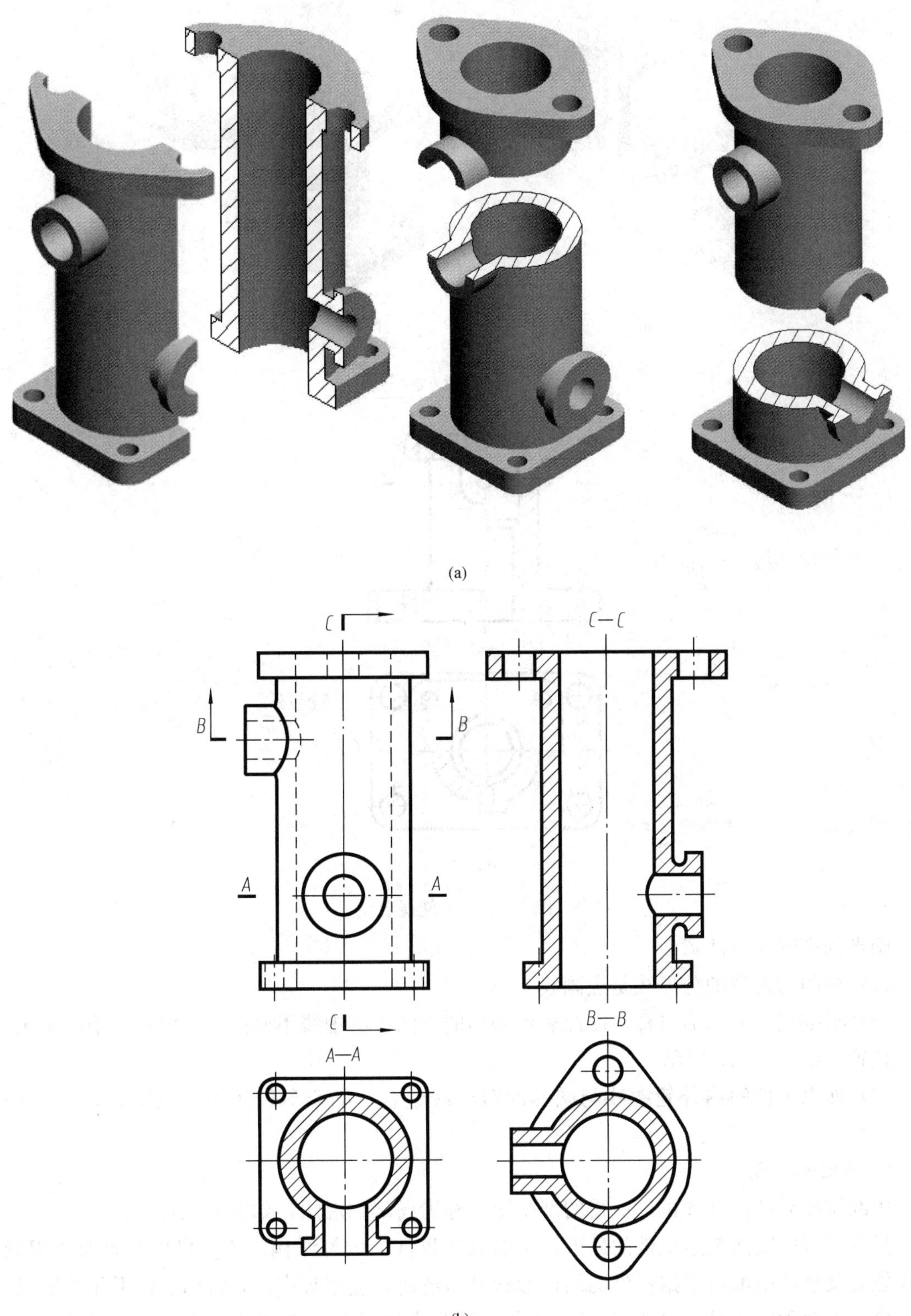

图 6-13 剖视图的配置与标注

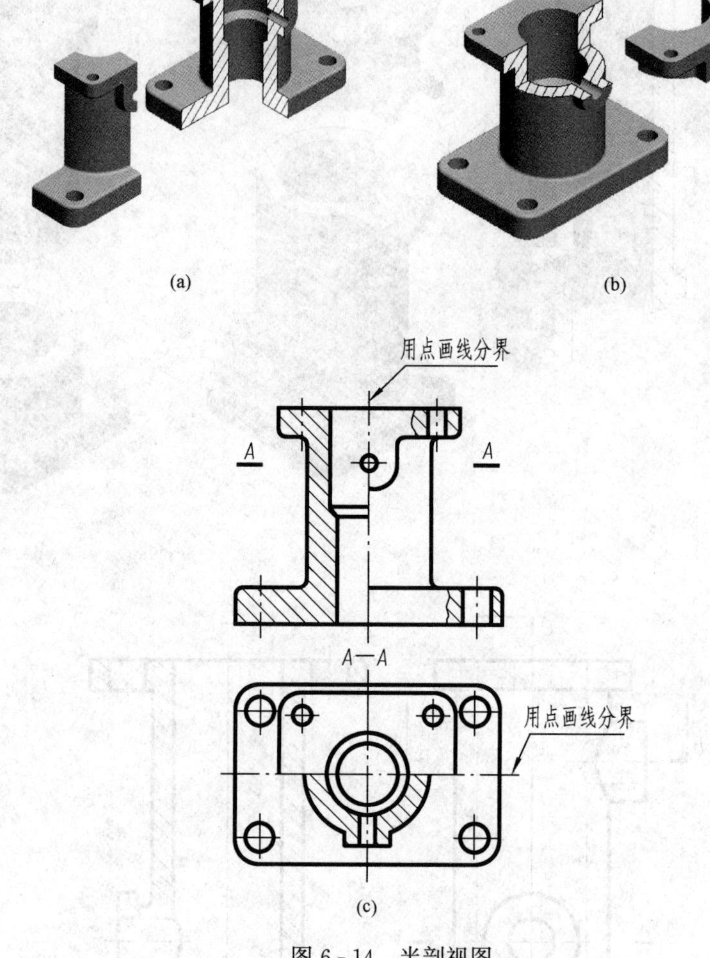

(a)　(b)

(c)

图 6 - 14　半剖视图

画半剖视图时应注意：

(1) 视图与剖视的分界线是点画线；

(2) 半剖视图的图形对称，因此表示外形的视图中的虚线不必画出，但孔、槽应画出中心线位置，如图 6 - 15 所示。

(3) 如果机件的内外轮廓线与图形的对称线重合，则避免使用半剖视图，如图 6 - 16 所示。

3. 局部剖视图

用剖切面局部地剖开机件所得的剖视图，称为局部剖视图，如图 6 - 17 所示。

局部剖视图既能表达机件的外形，又能表达机件的内部结构，不受机件是否对称限制，剖切位置及剖切范围可根据机件的结构形状灵活选定，应用较广泛，常用于以下几种情况：

(1) 不对称的机件内外形状都较复杂，既要表达外形，又要表达内形时，如图 6 - 17 所示。

(2) 机件上需表达局部内形，但不必或不宜采用全剖视图，如图 6 - 18 所示。

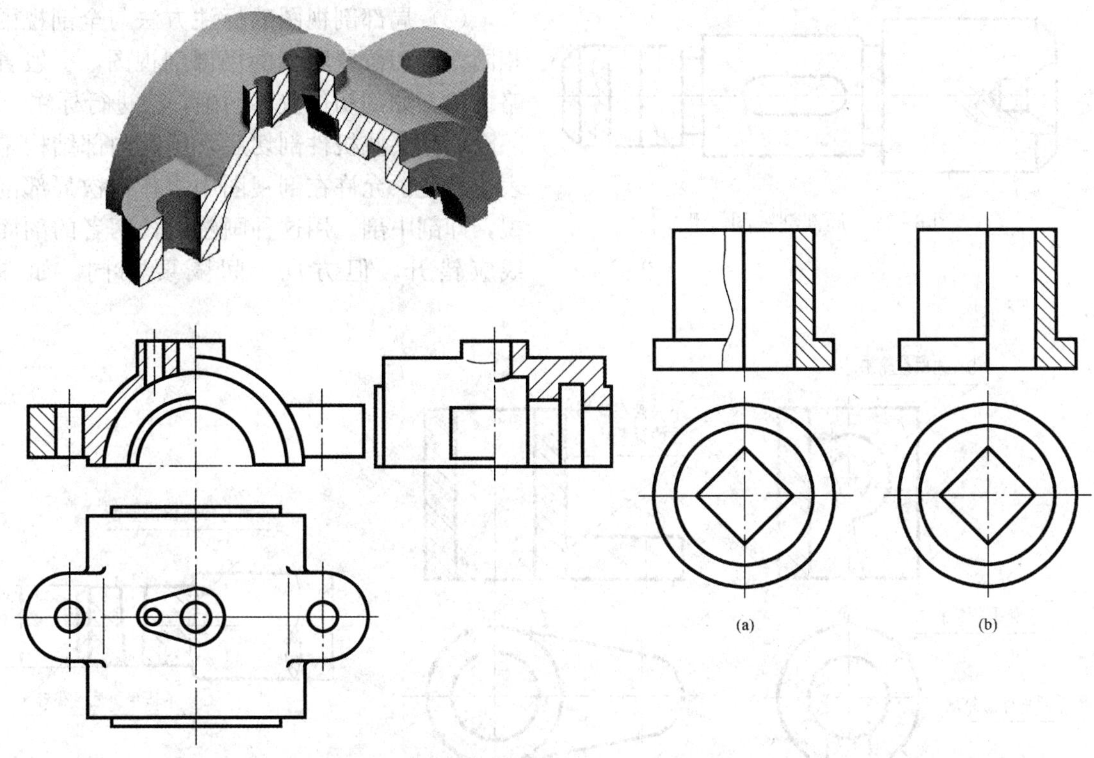

图 6-15　用半剖视图表达基本对称的机件

图 6-16　用局部剖视代替半剖视
(a) 正确；(b) 错误

(3) 对称机件内外形轮廓线和对称中心线重合，不宜采用半剖视图时，如图 6-16 所示。

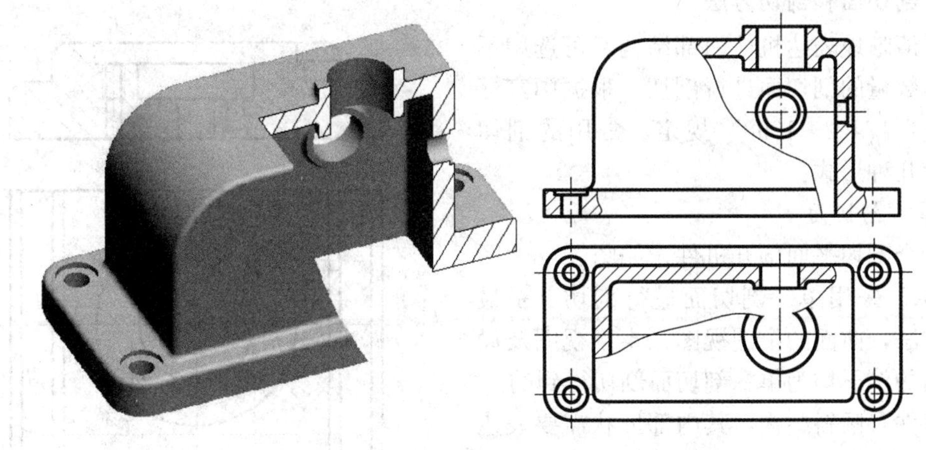

图 6-17　局部剖视图（Ⅰ）

画局部剖视图应注意：

(1) 局部剖视与视图以波浪线分界，波浪线表示断裂边界的投影，只能画在机件的实体上，通孔、槽上不应画波浪线，且波浪线也不应超出机件的外形轮廓线。波浪线不要和图样上其他图线重合，也不应画在其他图线的延长线上，如图 6-19 所示。

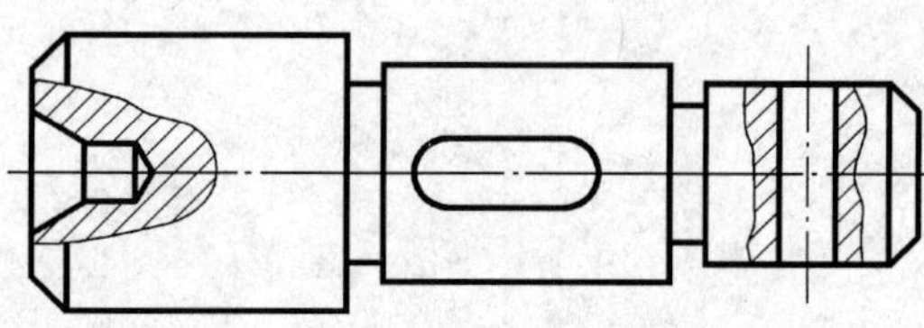

图 6-18　局部剖视图（Ⅱ）

（2）局部剖视图的标注方法与全剖视图相同。剖切位置明显的局部剖视图，一般省略标注，如剖切位置不明确，应进行标注。

（3）某些机件剖切后，仍有内部结构未表达清楚，允许在剖视图中再作一次局部剖视，即剖中剖。用这种画法时，两者的剖面线应错开，但方向、间隔要相同，如图6-20所示。

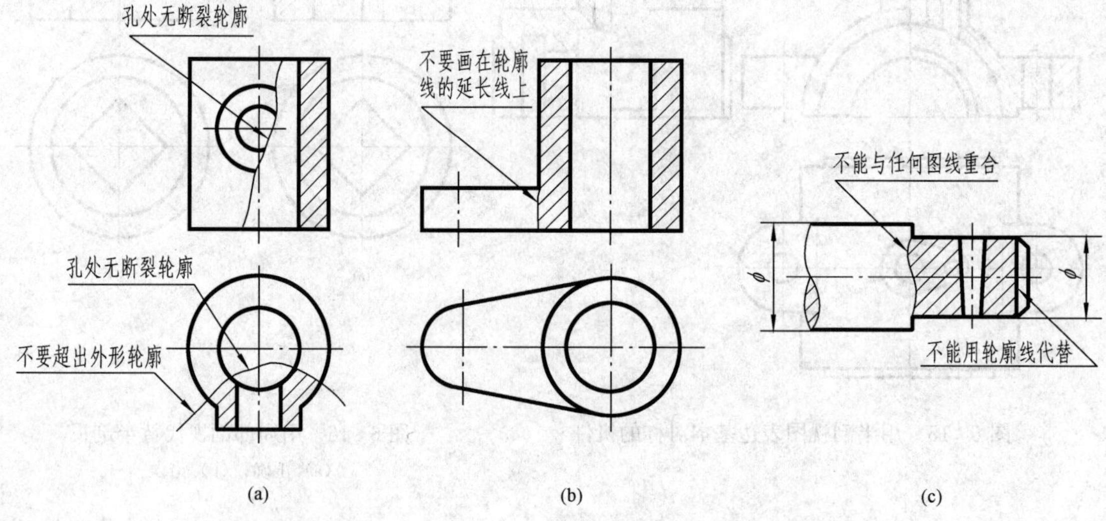

图 6-19　波浪线的画法

四、剖切面和剖切方法

为了清晰地表达机件内部结构，可选用不同位置和数量的剖切面进行剖切，根据国家标准（GB/T 17452—1998）规定，常用的剖切面有以下几种形式：

1. 单一剖切面

用一个剖切平面剖开机件，如图 6-8、图 6-13所示。采用单一剖切面进行剖切，是最普遍的方法，前面的全剖视图、半剖视图及局部剖视图的例子均为单一剖切面剖切得到的。

当机件有倾斜结构，其内部形状需要表达时，可用一个如图 6-21 所示的单一剖切平面剖切，必要时允许将图形转正，并加注旋转符号。

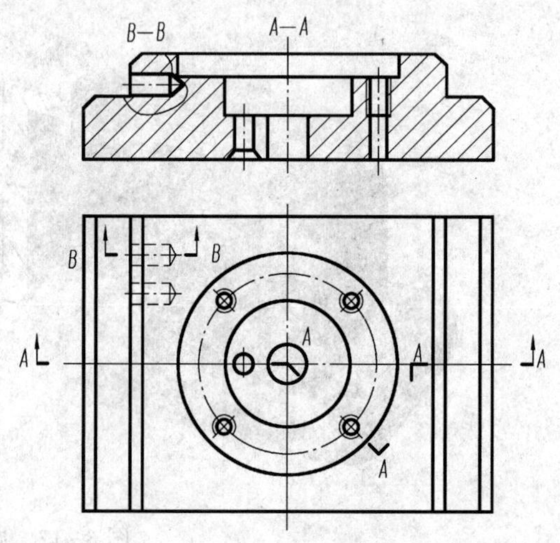

图 6-20　剖视图上的剖中剖

2. 几个平行的剖切平面

当机件上有几种不同的结构（如孔、槽等），且它们的中心线排列在相互平行的平面上时，可采用几个平行的剖切面剖切。如图 6 - 22（a）所示，采用两个互相平行的剖切平面沿不同孔的轴线剖切，这样在同一个剖视图中表示了不同平面上孔的结构图。这种剖视图应按图 6 - 22（b）所示标注。

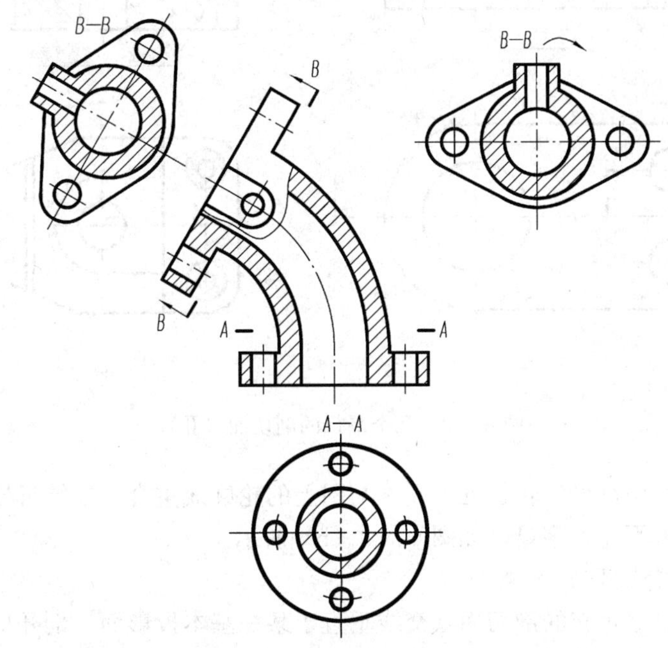

图 6 - 21　单一剖切面表达弯管剖视图

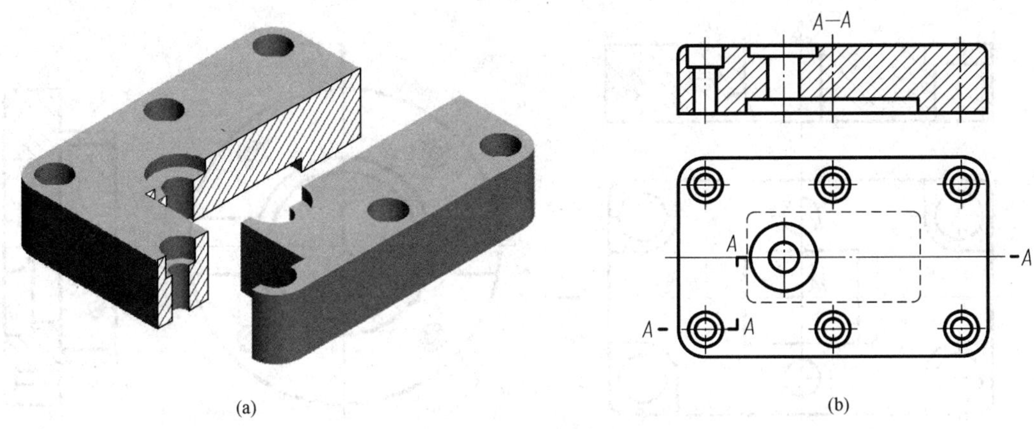

图 6 - 22　几个平行的剖切面（Ⅰ）

采用这种剖切平面画剖视图时应注意：

（1）因为剖切是一个假想的过程，所以剖视图上不应画出剖切平面转折处的分界线，如图 6 - 23（a）所示。

（2）剖视图中不应出现不完整的结构要素，如图 6 - 23（b）所示。当不同的孔、槽在剖视图中具有共同的对称中心或轴线时，允许剖切平面在孔、槽中心线处转折，如图 6 - 24 所示。

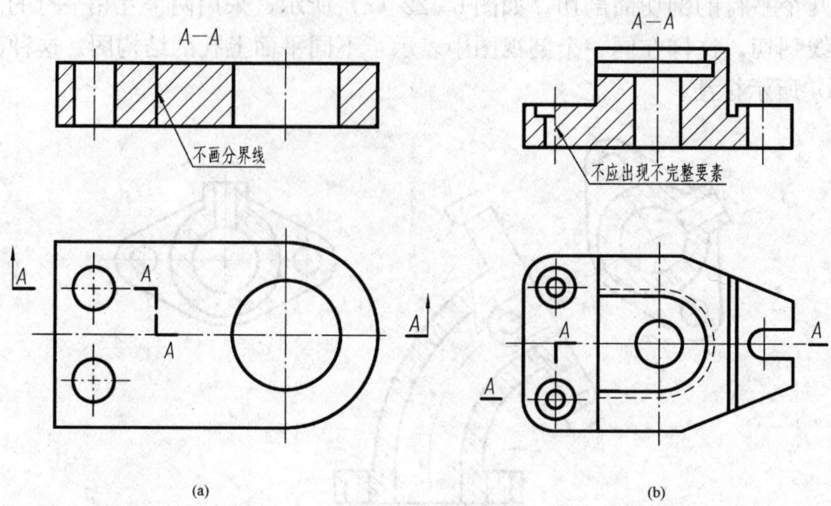

图 6-23 几个平行的剖切面（Ⅱ）

（3）剖视图中剖切符号的转折处不允许与图上的轮廓线重合；在转折处若位置有限，且不致引起误解时，可不注写字母，如图 6-23（b）所示。

3. 几个相交的剖切平面

用两个或两个以上相交的剖切面（交线垂直于某一基本投影面）剖开机件，并将与投影面倾斜的剖切面剖开的结构及有关部分旋转到与投影面平行后再向投影面进行投射，如图 6-25所示。

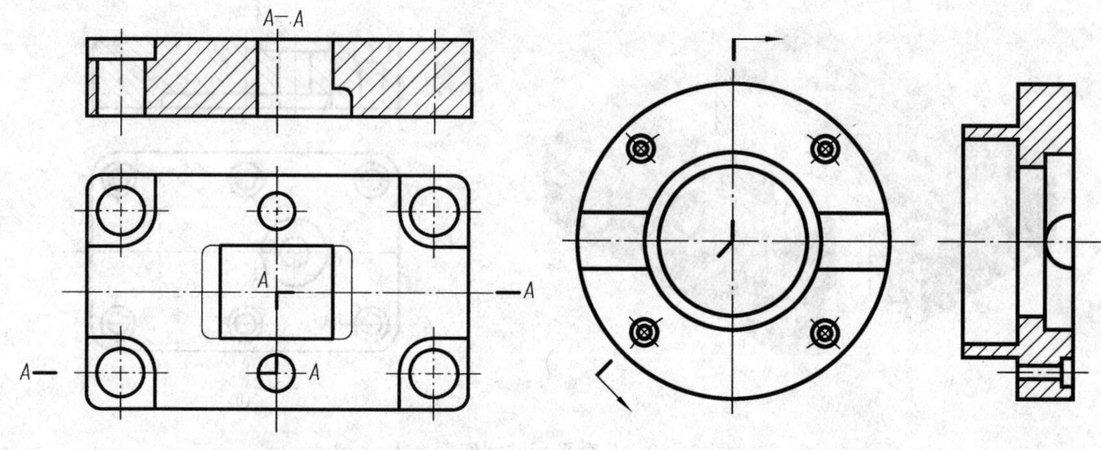

图 6-24 几个平行的剖切面（Ⅲ）　　图 6-25 两个相交的剖切平面（Ⅰ）

采用这种剖切面画剖视图时应注意：

（1）几个相交的剖切平面的交线必须垂直于某一投影面；

（2）应按先剖切后旋转的方法绘制剖视图，使剖开的结构及有关部分旋转至某一选定的投影面平行后再投射，采用这种画法时旋转部分的某些结构与原图不再保持投影关系，在剖切面后面的结构，应按原来的位置画出其投影，如图 6-25 所示。

（3）采用这种方法画出的剖视图应按图 6-25、图 6-26 方法进行标注。

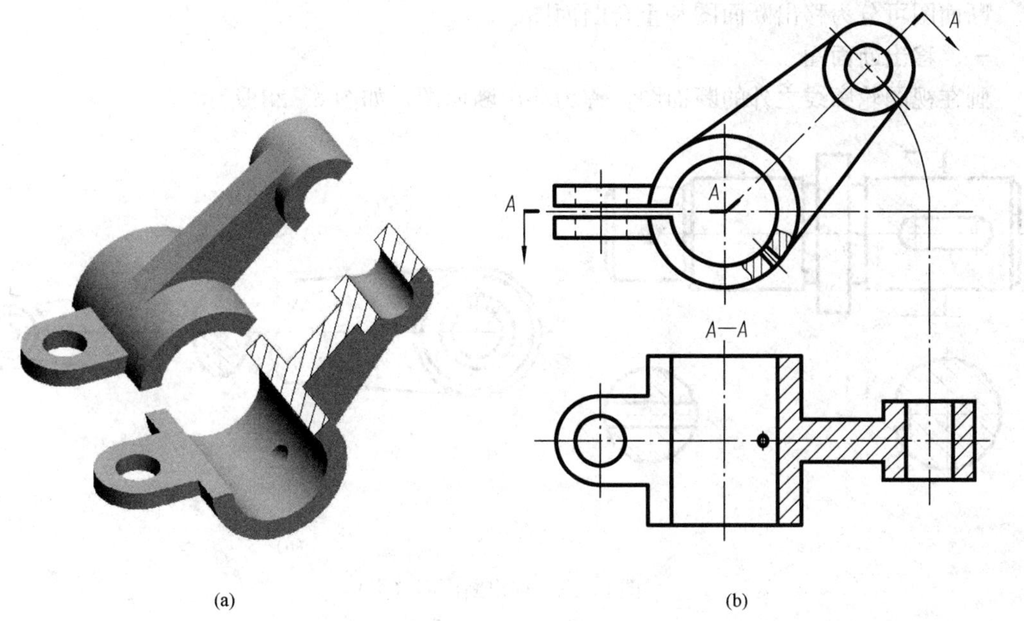

图 6-26 两个相交的剖切平面（Ⅱ）

第三节 断 面 图

假想用剖切面将机件的某处切断，如图 6-27（a）所示，仅画出该剖切面与机件接触部分的图形，这种图形称为断面图，简称断面，如图 6-27（b）所示。

画断面图时，要注意断面图与剖视图的区别。断面图只画出物体被切处的断面形状，而剖视图除了画出其断面形状之外，还必须画出断面之后所有可见的轮廓线，如图 6-27（c）所示。

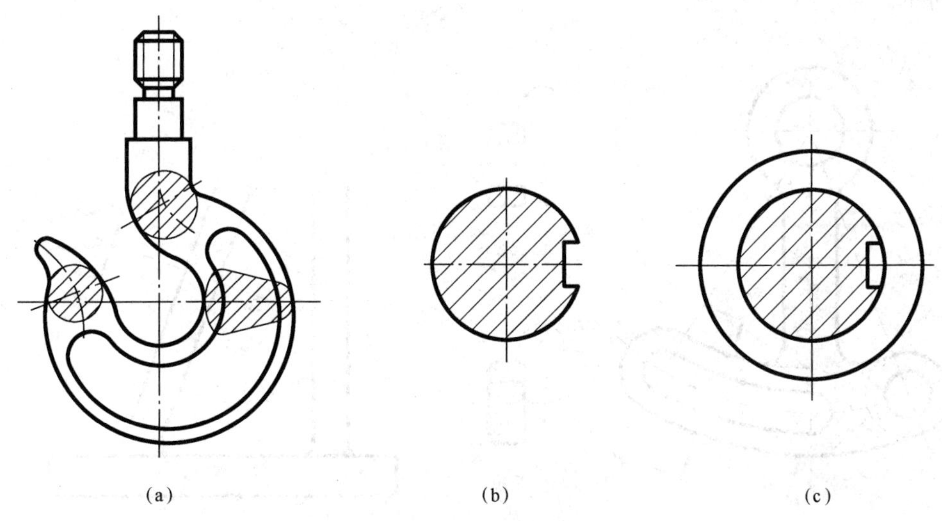

图 6-27 断面图与剖视图的区别
（a）机件图；（b）断面图；（c）剖视图

断面图可分为移出断面图和重合断面图。

一、移出断面图

画在视图轮廓线之外的断面图，称为移出断面图，如图 6-28 所示。

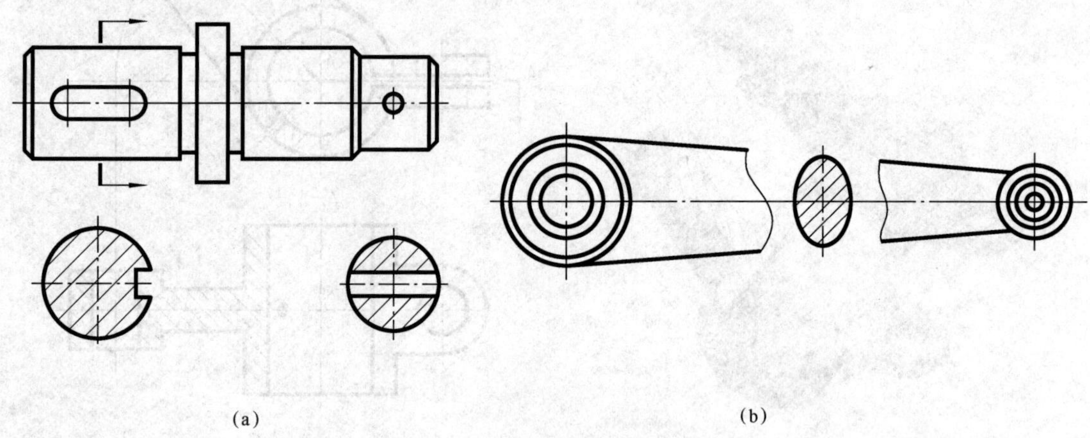

(a)　　(b)

图 6-28　移出断面图（Ⅰ）

移出断面图的轮廓线用粗实线绘制。在一般情况下，移出断面图尽可能画在剖切线的延长线上，如图 6-28（a）所示。必要时可画在其他适当位置。对称的移出断面图也可画在视图的中断处，如图 6-28（b）所示。

画移出断面图时应注意：

（1）当剖切平面通过由回转面形成的孔或凹坑的轴线时，这些结构应按剖视绘制，如图 6-28（a）中通孔处的断面图；

（2）当剖切平面通过非圆孔，会导致出现完全分离的两个断面时，这些结构也按剖视绘制，如图 6-29（a）所示；

（3）由两个或多个相交的剖切平面剖切得出的移出断面图，中间应断开，如图 6-29（b）所示。

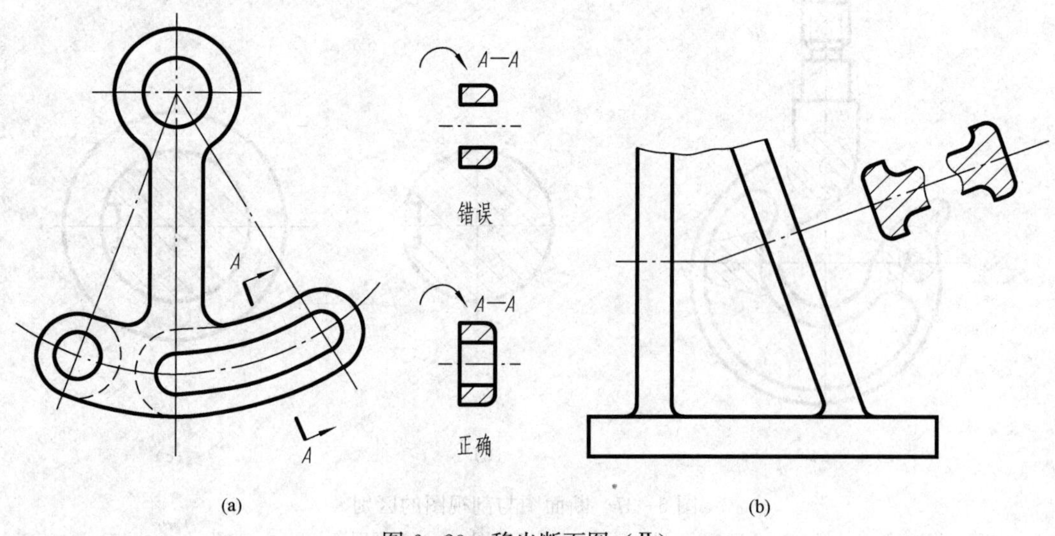

(a)　　(b)

图 6-29　移出断面图（Ⅱ）

标注移出断面图时应注意：

（1）当断面图画在剖切符号的延长线上时，若断面图是对称图形，可完全省略标注，如图 6-28（a）中通孔处的断面图；若断面图不是对称图形，则必须用剖切符号表示剖切位置和投影方向，如图 6-28（a）中的键槽处的断面图。

（2）当断面图按投影关系配置时，无论断面图是否对称，均不必标注箭头，如图 6-30（a）所示。

（3）当断面图不是画在剖切符号的延长线上，而且断面图形不对称时，应标注出剖切符号和投影方向，并用大写字母标注断面图名称，如图 6-30（b）所示，当断面图形对称时，可省略箭头。如图 6-30（c）所示。

（4）配置在视图中断处的对称断面图，不必标注，如图 6-28（b）所示。

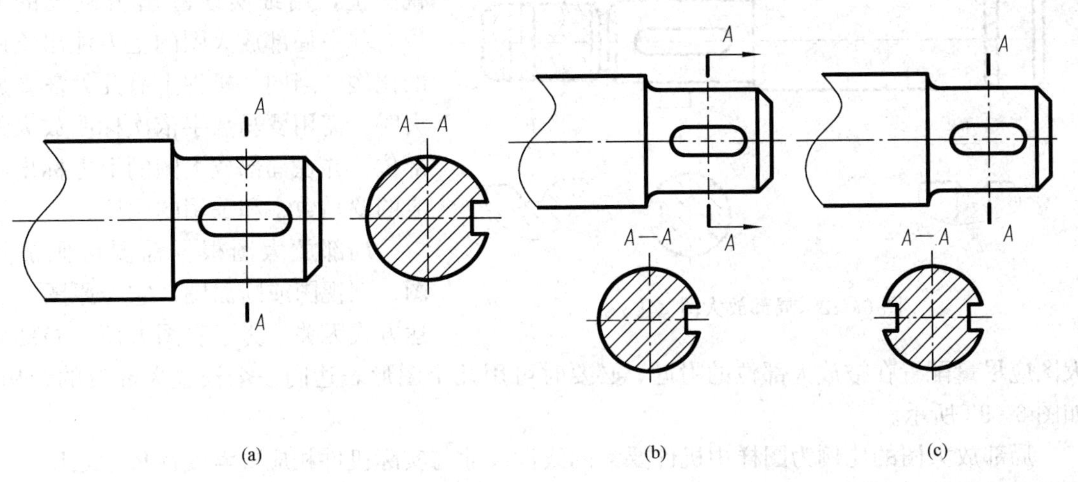

图 6-30 移出断面图（Ⅲ）

二、重合断面图

画在视图轮廓线之内的断面图称为重合断面图，如图 6-31 所示。

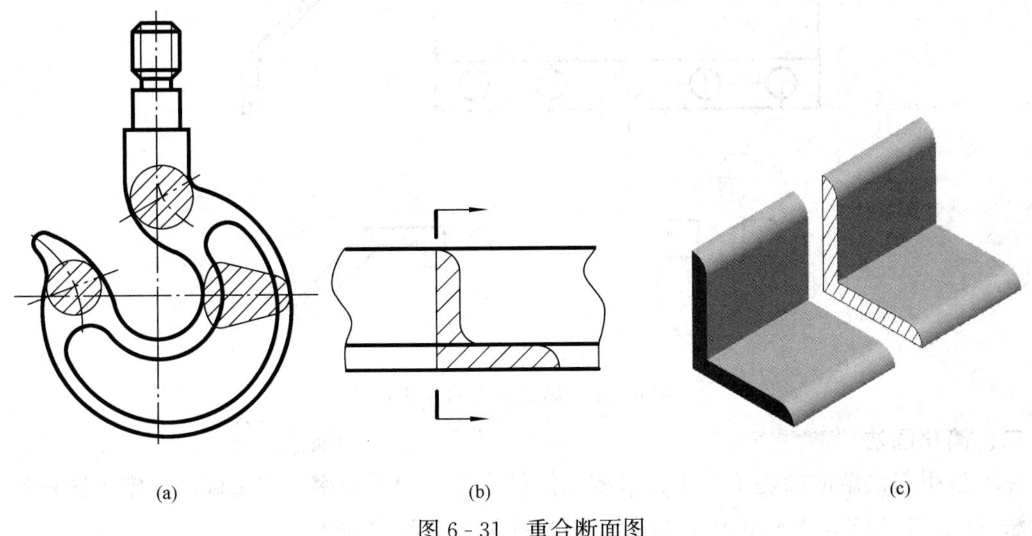

图 6-31 重合断面图

重合断面图的轮廓线用细实线绘制，当视图中的轮廓线与重合断面图重叠时，视图中的轮廓线仍应连续画出。对称的重合断面图不必标注，如图 6-31（a）所示；不对称的重合断面图，必须标出剖切符号和投影方向（不致引起误解时可省略标注），如图 6-31（b）所示。

第四节　局部放大图和简化画法

一、局部放大图

机件上有些细小结构，在视图中表达不清楚或不便于标注尺寸时，可将这些结构用大于原图所采用的比例画出，这种图形称为局部放大图，如图 6-32 所示。在视图上，用细实线圈出被放大的部位，并在局部放大图的上方注出绘图的比例。当同一机件上有几处需要放大时，需用罗马数字依次标明放大的部位，并在局部放大图的上方标出相应的罗马数字和采用的比例。

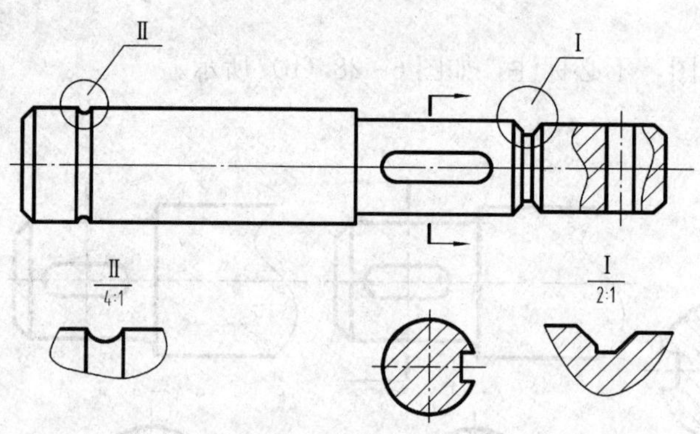

图 6-32　局部放大图（Ⅰ）

局部放大图根据需要可画成视图、剖视图或断面图，它与原图的表达方式无关。为了看图方便，局部放大图应尽量配置在被放大部位的附近。必要时可用几个图形表达同一个被放大部位的结构，如图 6-33 所示。

局部放大图的比例为图样中机件要素的线性尺寸与实际机件相应要素线性尺寸之比，与原图所采用的比例无关。

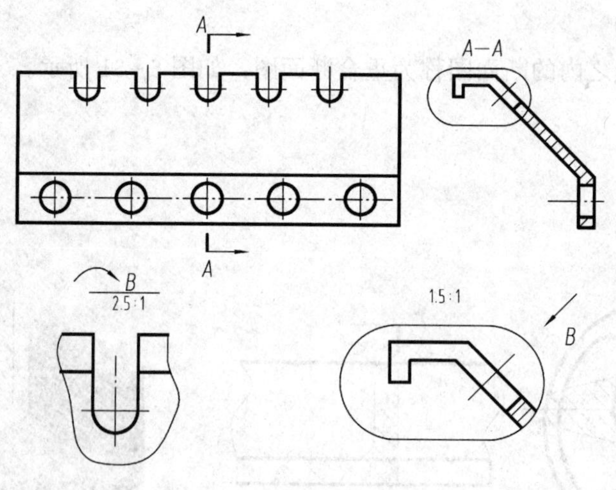

图 6-33　局部放大图（Ⅱ）

二、简化画法

在不致引起误解的前提下，为力求制图简便，提高绘图效率，国家标准规定了图样简化表示法（GB/T 16675.1—1996），以下介绍几种常见的简化画法。

（1）对于机件的肋板、轮辐及薄壁等，当沿纵向剖切时，这些结构均不画剖面符号，而用粗实线将它与邻接部分分开，但横向剖切时，仍应画出剖面符号，如图 6-34 所示。

（2）当回旋体机件上均匀分布的肋、轮辐、孔等结构不处于剖切平面上时，可将这些结构旋转到剖切平面上，然后按对称形式画出，而其分布情况由垂直于回旋轴方向的视图表达，如图 6-35 所示。

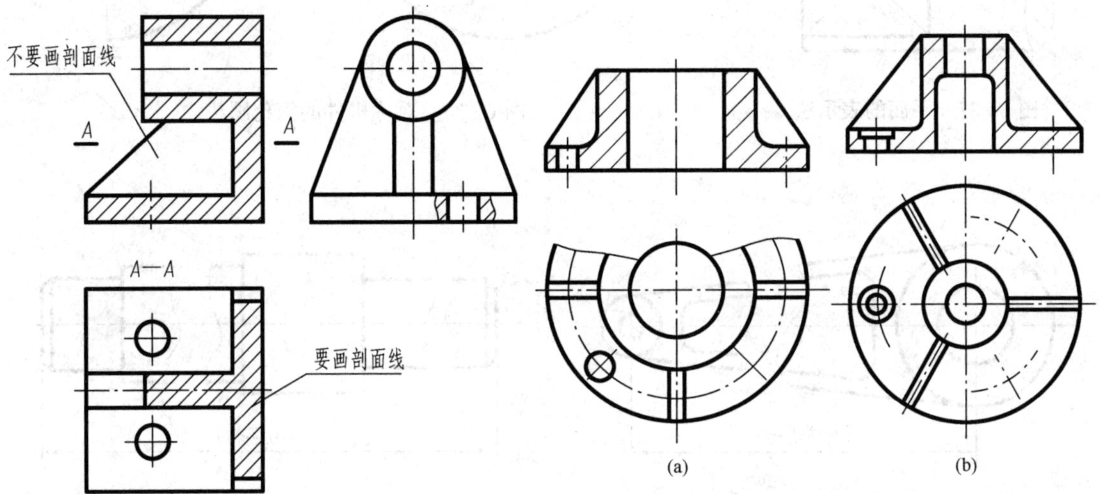

图 6-34 肋板剖切的画法　　图 6-35 机件上肋、孔等结构的简化画法

（3）当机件具有若干相同结构（齿、槽等），并按一定规律分布时，只需画出几个完整的结构，其余用细实线连接或画出它们的中心线，但在图中必须注明该结构的总数，如图 6-36所示。

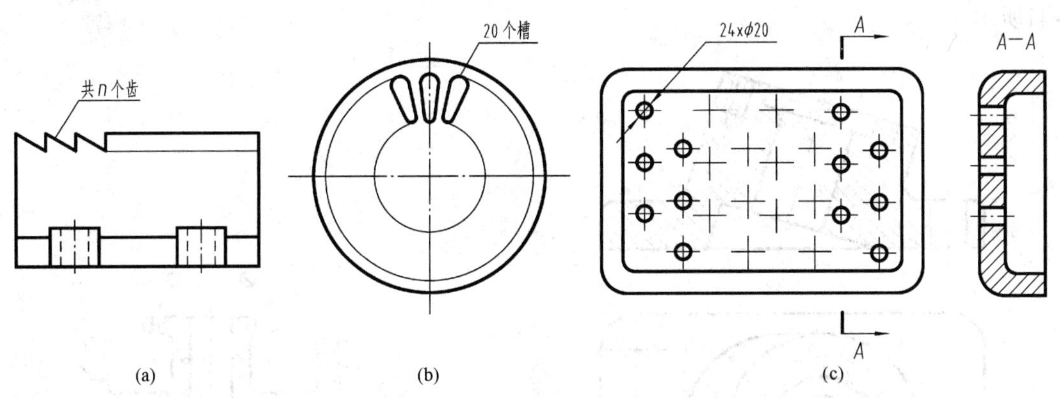

图 6-36 相同结构要素的简化画法

（4）当图形不能充分表达平面时，可用平面符号（相交的两细实线）表示，如图 6-37 所示。

（5）在不引起误解时，对称机件的视图可以只画一半或四分之一，并在对称中心线的两端画出两条与其垂直的平行细实线，如图 6-35 所示。

（6）较长的机件（轴、杆、型材、连杆等）沿长度方向的形状一致或按一定规律变化时，可断开后缩短绘制，但尺寸仍按原尺寸标注，如图 6 - 39 所示。

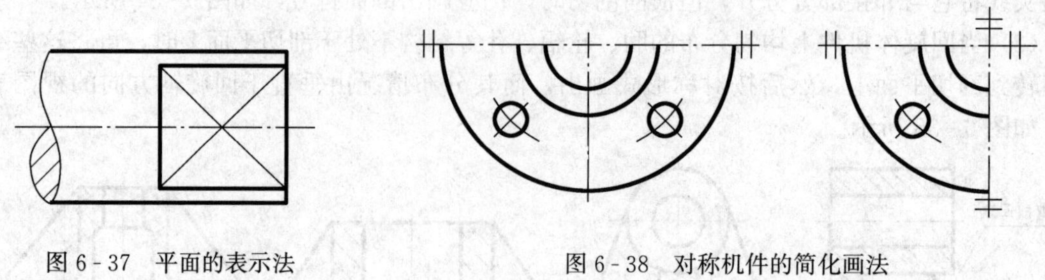

图 6 - 37　平面的表示法　　　　图 6 - 38　对称机件的简化画法

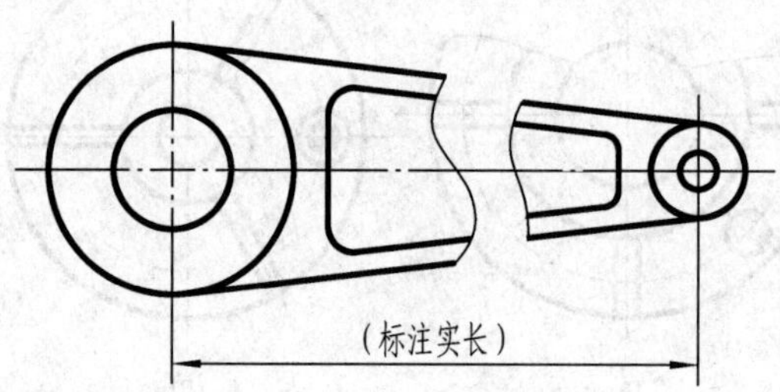

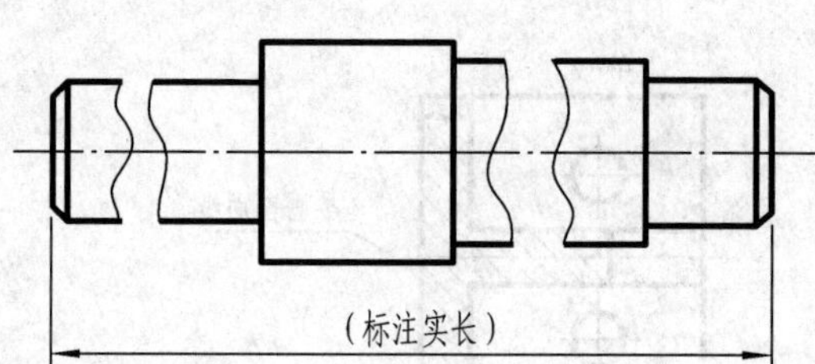

图 6 - 39　较长机件的断开画法

（7）与投影面倾斜角度小于或等于 30°的圆弧，其投影可用圆或圆弧代替，如图 6 - 40 所示。

（8）圆柱形法兰和类似零件上均匀分布的孔可用在点画线上画圆的方法表示，如图 6 - 41所示。

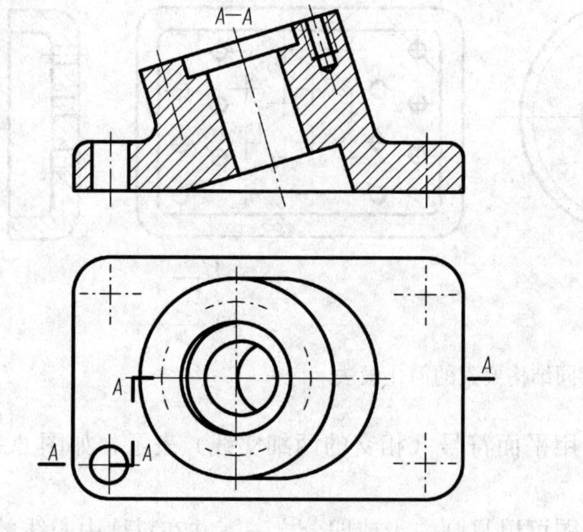

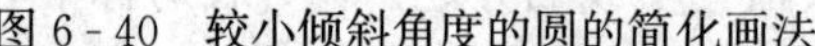

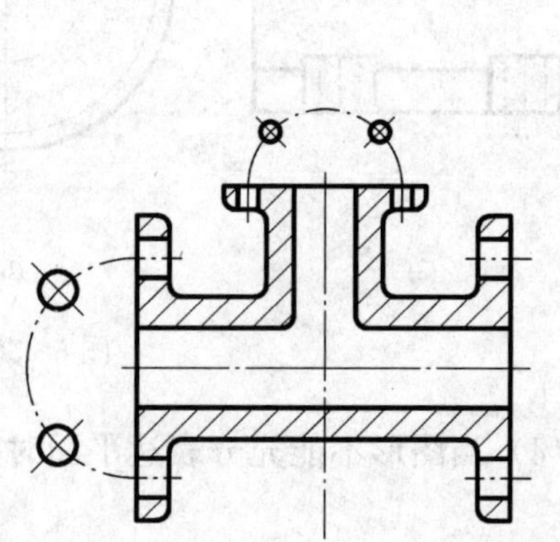

图 6 - 40　较小倾斜角度的圆的简化画法　　　　图 6 - 41　法兰和类似零件上匀布孔的画法

（9）在不引起误解时，过渡线、相贯线允许简化，可用圆弧或直线代替非圆曲线，并可采用模糊画法表示相贯线，如图 6-42 所示。

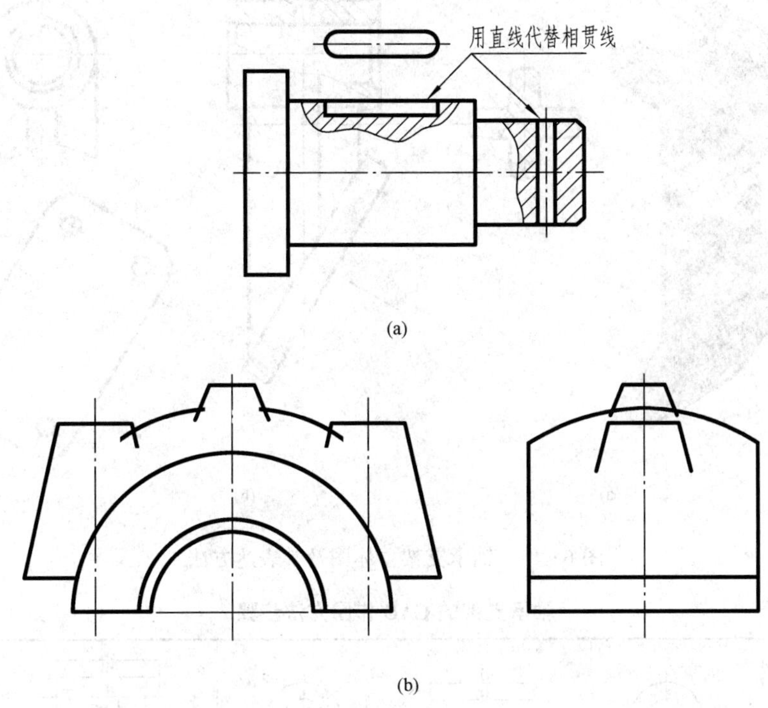

图 6-42 相贯线的简化画法

第五节 表达方法综合应用

正确运用视图、剖视图、断面图以及简化画法等各种表示法，才能将机件的内外结构形状表达清楚。在表达机件时，应首先考虑看图方便，根据机件结构特点，灵活选用各种表示法，把机件的内外结构形状完整清晰地表达出来。在将机件内外结构表达清楚的前提下，还应力求制图简便，以提高绘图工作效率。以图 6-43（a）所示轴承支架为例来分析。

1. 轴承支架表达方法分析

轴承支架视图分析：主视图反映支架在机器中的安装位置，并采用局部剖视，以表示轴承孔和加油孔；左视图为局部视图，表示轴承圆柱与十字形肋板的连接相对位置，移出断面表示十字形肋板的断面实形；主视图上的倾斜底板采用局部剖视，表示其通孔；*A* 向斜视图，表示倾斜底板的实形以及其上各孔的分布位置及数量，如图 6-43（b）所示。因此，轴承支架用了四个视图，把结构和形状表达清楚，达到视图清晰完整、作图简单的要求。

2. 利用 AutoCAD 作图

利用 CAD 作图方法来表达机件，在对表达方案进行分析之后，确定了合适的表示法，即可开始画图。画图之前一样要先设置绘图环境，设定图幅、图层、线型等，或直接调用定义好的样板图。具体作图方法步骤见表 6-2。

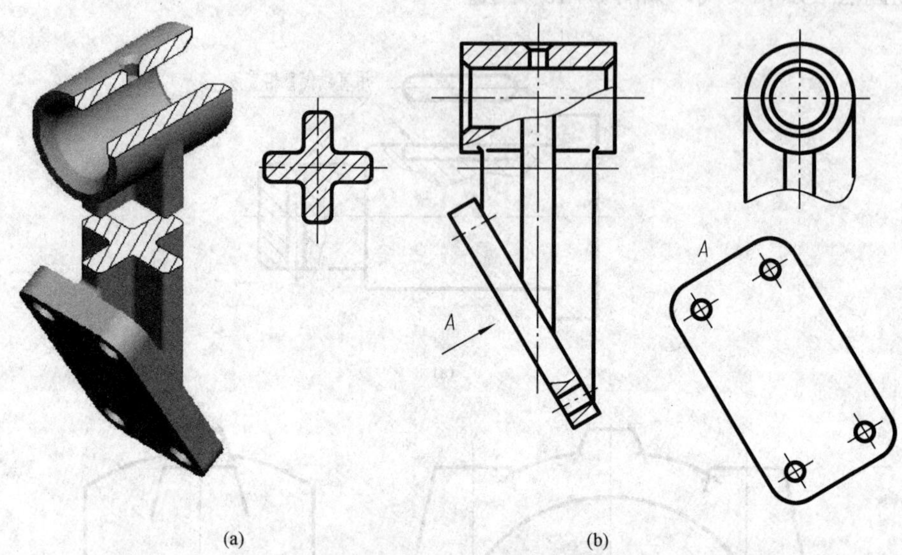

图 6-43　轴承支架立体图及其表达方法

表 6-2　　**轴承支架的 CAD 作图方法步骤**

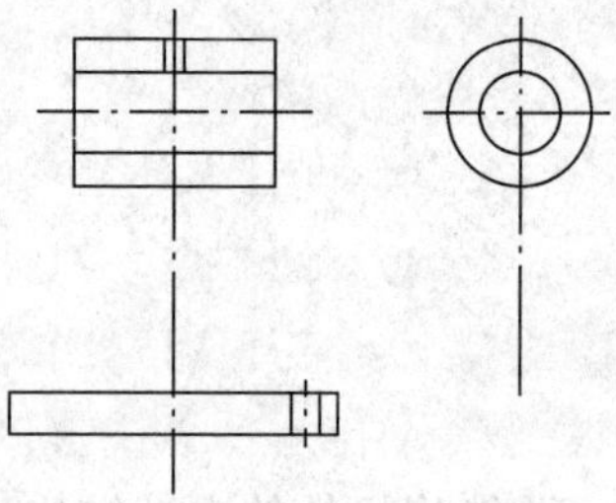	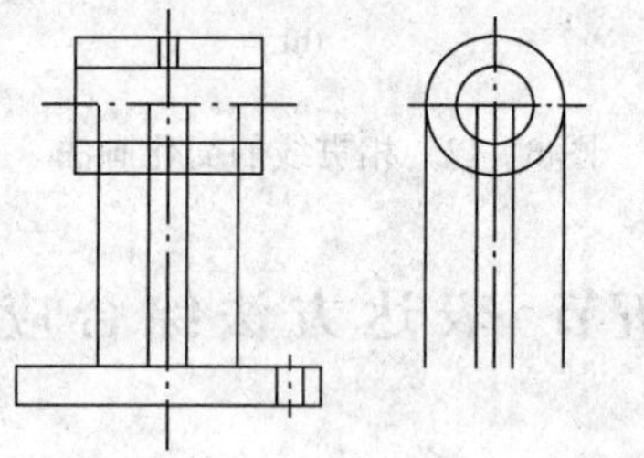	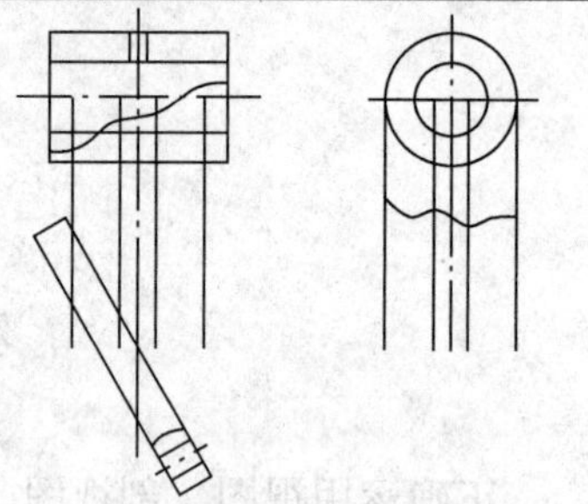
（1）利用“直线”命令画出中心线。（2）利用“矩形”命令画出底板及圆筒主视图。（3）利用“圆”命令画圆筒左视图。（4）利用“直线”命令画出表示孔的直线	（1）利用“直线”命令画出主视图上十字肋板的直线。（2）利用“复制”命令将主视图的四条直线复制到左视图	（1）利用“旋转”命令将表示底板的矩形旋转至要求的角度。（2）利用“样条曲线”命令画出波浪线
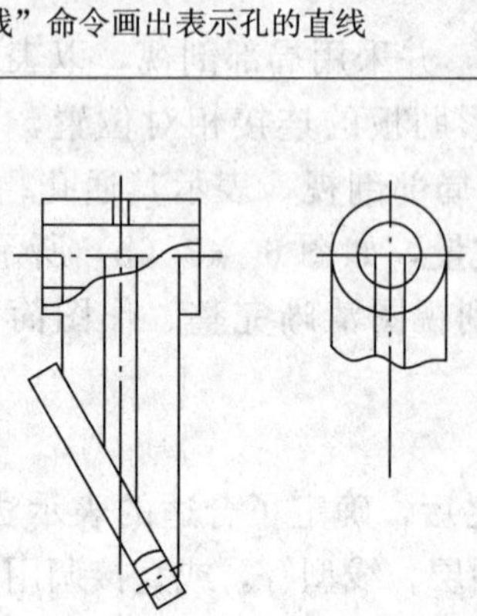	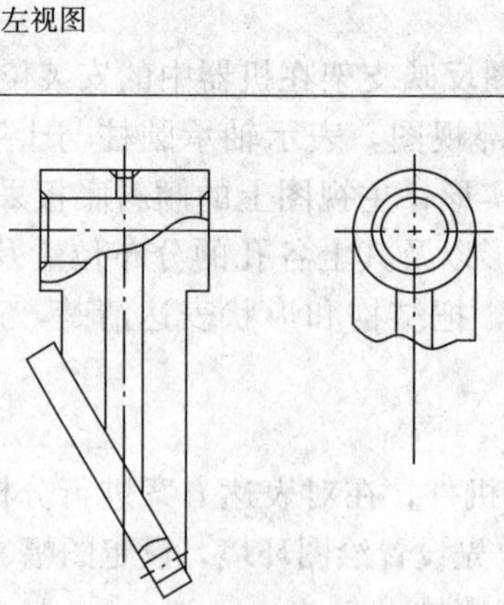	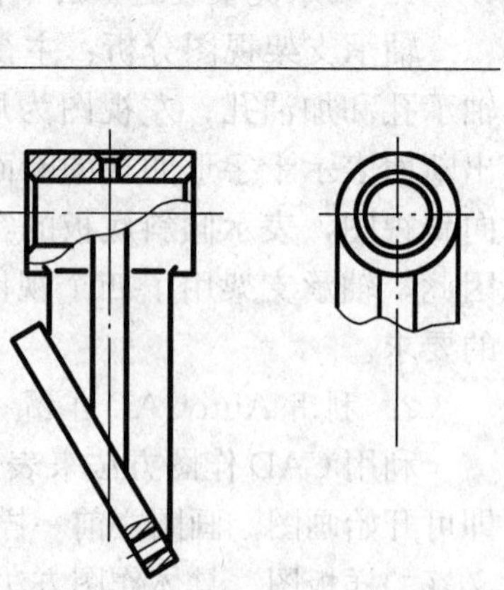

续表

利用“修剪”命令剪去多余的线条，同时将主视图中肋板的直线延长至与底板相交	（1）利用“倒角”命令作圆孔的倒角，注意将修剪模式设置为“不修剪”。（2）利用“圆”命令画出左视图中的倒角圆	（1）利用“修剪”命令剪去倒角中多余的线条。（2）利用“图案填充”命令填充剖面线
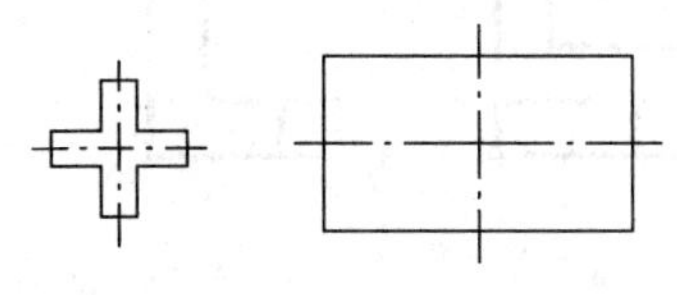	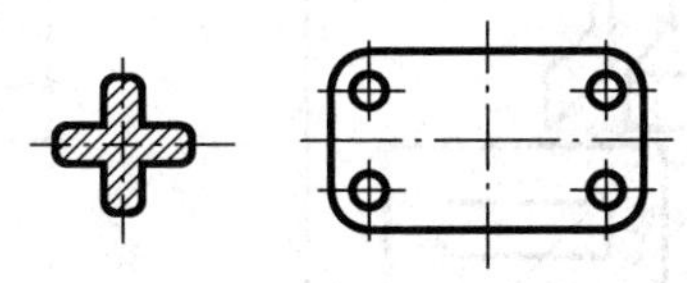	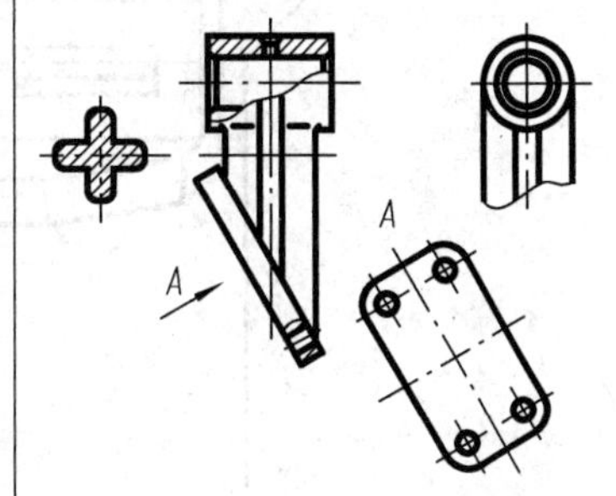
（1）利用“直线”命令画出中心线。（2）利用直线命令画出肋板的断面图形。（3）利用“矩形”命令画底板的矩形	（1）利用“圆角”命令作断面图形及底板矩形的圆角。（2）画出底板的四个圆孔。（3）利用“图案填充”命令填充剖面线	（1）利用“旋转”命令将表示底板的矩形旋转到要求的角度。（2）利用“移动”命令分别将断面图及斜视图移到适当位置。（3）标箭头和字母

第六节　第三角画法简介

国家标准规定，技术图样采用正投影法绘制，并优先采用第一角画法，必要时允许采用第三角画法。在国际上，有一些国家和地区采用第三角画法，如美国、日本等国家及港、澳、台等地区。随着国际间技术交流和国际贸易日益增长，应该了解第三角画法。本节对第三角画法作简单介绍。

如图 6-44 所示，三个投影面垂直相交，把空间分成八个部分，称为八个分角，分别用Ⅰ、Ⅱ、Ⅲ、Ⅳ、Ⅴ、Ⅵ、Ⅶ、Ⅷ表示。第一角画法和第三角画法都采用正投影法，但机件放置的位置不同，将机件放在第一分角内而得到的投影为第一角画法，将机件放在第三分角内而得到的投影为第三角画法。

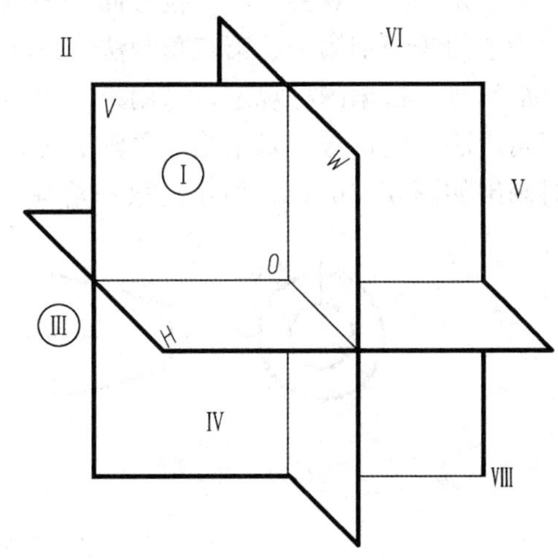

图 6-44　八角分角

采用第三角画法时，投影面处于观察者与物体之间，在 V 面形成主视图；在 H 面上形成俯视图；在 W 面上形成右视图，如图 6-45（a）所示。令 V 面保持正立位置不动，把 H 面绕与 V 面的交线向上旋转 90°、W 面绕与 V 面的交线向右旋转 90°，使这三个面展成同一个平面，即得机件的三视图，如图 6-45（b）所示。采用第三角画法的三视图应符合正投影的投影规律：主、俯视图长对正，主、右视图高平齐，俯、右视图宽相等。

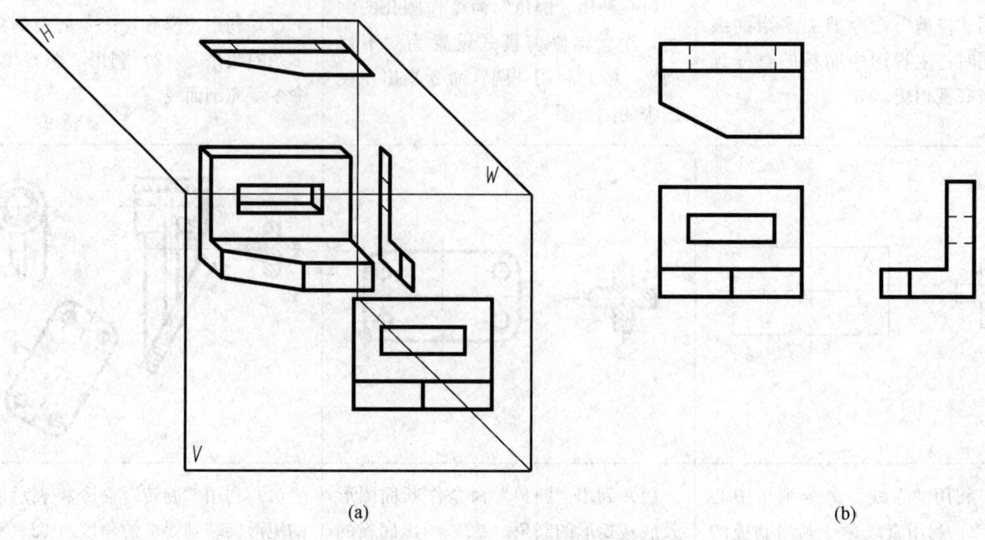

图 6-45　第三角画法的三视图

第一角画法与第三角画法的主要区别是：

(1) 由于三个投影面展开摊平时的转动方向不同，故第三角画法各视图间的位置与第一角画法不同。

(2) 在第三角画法的俯视图和右视图中，靠近主视图的一方是机件的前面，远离主视图的一方为机件的后面，这与第一角画法中俯、左视图相对于主视图的方位相反。

(3) 第三角画法的视图与观察者在机件的同一侧，而第一角画法的视图与观察者分别在机件的两侧。

两种画法中，观察者、投影面和机件三者的相对位置：

第一角画法：观察者——机件——投影面；

第三角画法：观察者——投影面——机件。

为了便于识别第一、第三角画法，ISO 国际标准建议以正圆锥台的两个视图作为区别性的特征符号。根据国标规定，采用第三角画法时，必须在图样中画出如图 6-46 (a) 所示的第三角画法识别符号；采用第一角画法时，在图样中一般不画出第一角画法的识别符号，必要时画出如图 6-46 (b) 所示的第一角画法的识别符号。

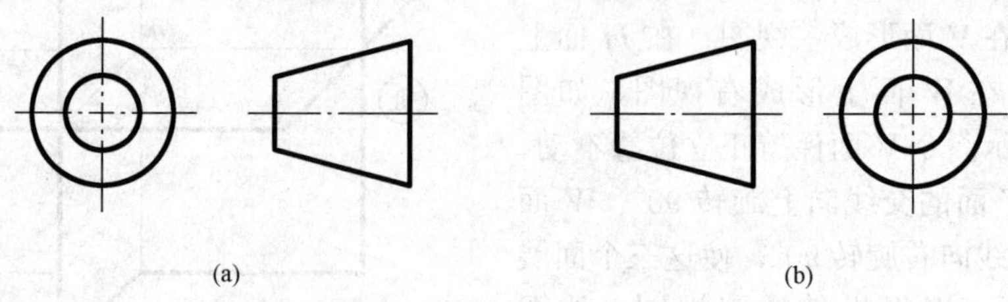

图 6-46　第三角和第一角画法的识别符号

(a) 第三角画法；(b) 第一角画法

第七章

常用机件及结构要素的表示法

常用机件是指设备及工程安装中广泛使用的机器零件。其中如螺栓、螺母、垫圈、键、销等零件，国家标准对这些零件的结构、尺寸和表示法都制定了统一的标准，该类零件称为标准件；齿轮等零件的部分结构要素也制定了统一的标准，这些零件称为常用件。

第一节 螺纹及螺纹紧固件

一、螺纹

1. 螺纹的形成

螺纹是在圆柱或圆锥表面上，经过机械加工而形成的具有规定牙型的螺旋线凸起和沟槽。在圆柱或圆锥外表面形成的螺纹称为外螺纹，如图 7-1 所示，在圆柱或圆锥内表面形成的螺纹称为内螺纹，如图 7-2 所示。

图 7-1 在车床上加工外螺纹

图 7-2 在车床上加工内螺纹

螺纹是根据螺旋线原理加工而成的，有多种方法可以加工螺纹，图 7-1 所示为在车床上加工外螺纹，图 7-2 所示为在车床上加工内螺纹。对于直径较小的内螺纹，可先用钻头钻孔，再用丝锥加工出内螺纹。如图 7-3 所示标准麻花钻钻头的顶角为 118°，画图时孔的底部按 120°简化画出。

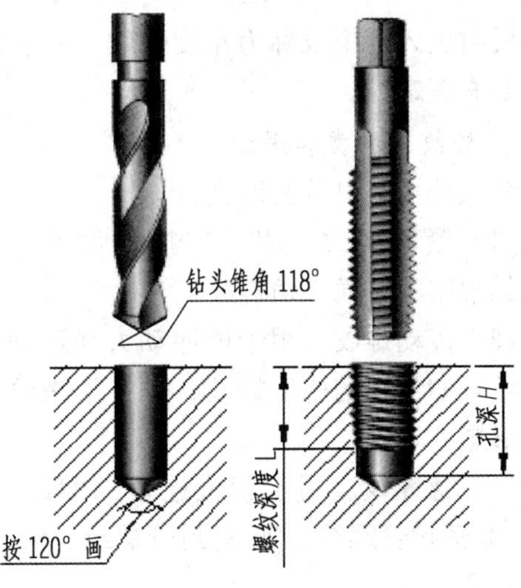

图 7-3 用丝锥加工较小直径内螺纹

2. 螺纹的基本要素

（1）牙型。在通过螺纹轴线的剖面上，螺纹的轮廓形状称为牙型。常见的螺纹牙型有三角形、梯形、锯齿形和矩形。其中三角形、梯形、锯齿形螺纹的牙型均已标准化，称为标准螺纹，而矩形螺纹尚未标准化，称为非标准螺纹。

（2）直径。螺纹的直径有大径、小径和中径，如图 7-4 所示。

大径是指与外螺纹牙顶或内螺纹牙底相切的假想圆柱或圆锥的直径。内、外螺纹的大径分别用 D 和 d 表示。

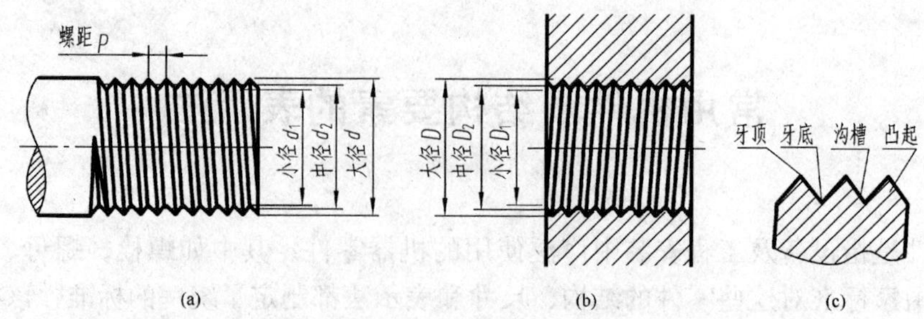

图 7-4 螺纹的直径

小径是指与外螺纹牙底或内螺纹牙顶相切的假想圆柱或圆锥的直径。内、外螺纹的小径分别用 D_1 和 d_1 表示。

中径是指母线通过牙型上沟槽和凸起宽度相等处的假想圆柱或圆锥的直径。内、外螺纹的中径分别用 D_2 和 d_2 表示。

代表螺纹尺寸的直径称为螺纹的公称直径。普通螺纹的公称直径是指螺纹的大径。

(3) 线数 (n)。形成螺纹的螺旋线条数称为线数。螺纹有单线螺纹和多线螺纹之分。沿一条螺旋线形成的螺纹称为单线螺纹，如图 7-5 (a) 所示；沿两条或两条以上的螺旋线形成的螺纹称为双线螺纹或多线螺纹，如图 7-5 (b) 所示。

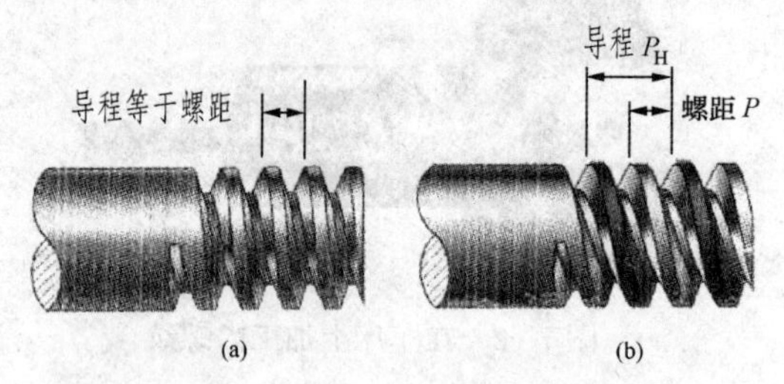

图 7-5 螺纹的线数、导程和螺距

(a) 单线螺纹；(b) 双线螺纹

(4) 螺距 (P) 和导程 (P_{H})。螺纹上相邻两牙在中径线上对应两点间的轴向距离称为螺距 (P)。沿同一条螺旋线形成的螺纹，相邻两牙在中径线上对应两点间的轴向距离称为导程 (P_{H})，如图 7-5 所示。对于单线螺纹，$R_{\mathrm{H}}=P$；对于线数为 n 的多线螺纹，$P_{\mathrm{H}}=nP$。

(5) 旋向。螺纹有左旋和右旋两种，顺时针旋转时旋入的螺纹称为右旋螺纹，逆时针旋转时旋入的螺纹称为左旋螺纹。左右旋螺纹也可按如图 7-6 所示方法判别。工程上常用的是右旋螺纹。

3. 螺纹的种类和用途

螺纹按用途可分为四类：

(1) 紧固螺纹。用于连接零件的螺纹，如常用的普通三角螺纹。

(2) 传动螺纹。用于传递动力和运动的螺纹，如常用的梯形螺纹、锯齿形螺纹和矩形螺纹等。

(3) 管螺纹。用于管道连接的螺纹。如 55°非密封管螺纹、55°密封管螺纹、60°密封管螺纹等。

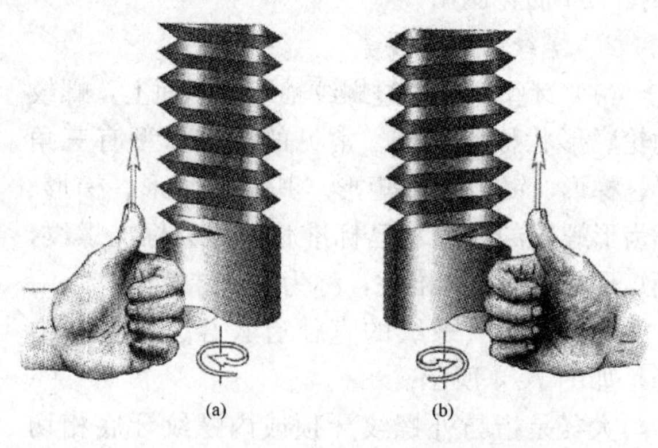

图 7-6 螺纹的旋向

(a) 左旋螺纹；(b) 右旋螺纹

(4) 专用螺纹。专门用途的螺纹，如

自攻螺钉用螺纹、气瓶专用螺纹等。

4. 螺纹的规定画法

（1）外螺纹的画法。螺纹的大径和螺纹终止线用粗实线表示，小径用细实线表示；小径可按大径的 0.85 倍画出，并画入倒角或倒圆内，在投影为圆的视图中，表示螺纹小径的细实线圆只画约 3/4 圈，螺纹倒角圆按规定不画。在螺纹的剖视图或断面图中，剖面线应画至粗实线。如图 7-7 所示。

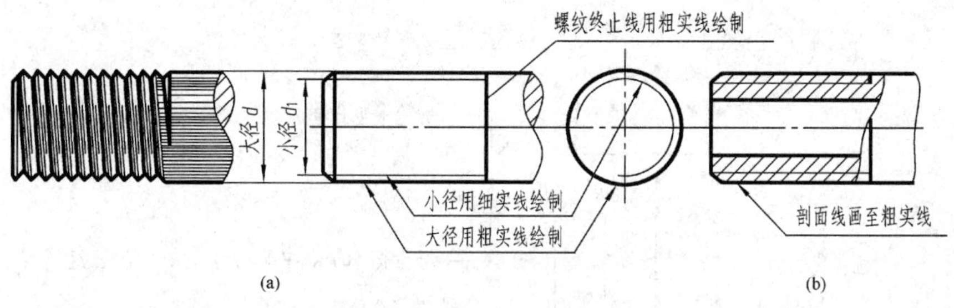

图 7-7　外螺纹的画法

（2）内螺纹的画法。内螺纹一般用剖视图表示。在剖视图中，螺纹的小径及螺纹终止线用粗实线表示，大径用细实线表示，剖面线画到粗实线处。在投影为圆的视图中，表示小径的细实线圆只画 3/4 圈，倒角圆省略不画，如图 7-8（a）所示。对于不通的螺纹盲孔，一般应将钻孔深度和螺纹深度分别画出，钻孔深度比螺纹深度深 0.3～0.5D（D 为螺纹大径），钻孔底部的锥顶角按 120°画，如图 7-8（b）所示。

当按视图画法时，内螺纹为不可见，则所有图线均用虚线画出。

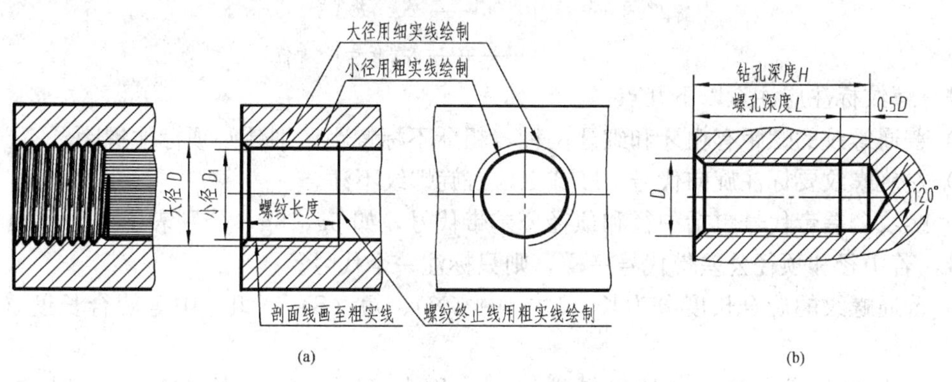

图 7-8　内螺纹的画法

（3）螺纹连接画法。内外螺纹连接一般用剖视图表示，如图 7-9 所示。内外螺纹旋合后，旋合部分规定按外螺纹画，其余各部分仍按各自的画法表示。应特别注意的是，一对互相旋合的内外螺纹，其牙型、螺距等参数应一致，因此在图中表示大小径的粗实线和细实线应分别对齐。

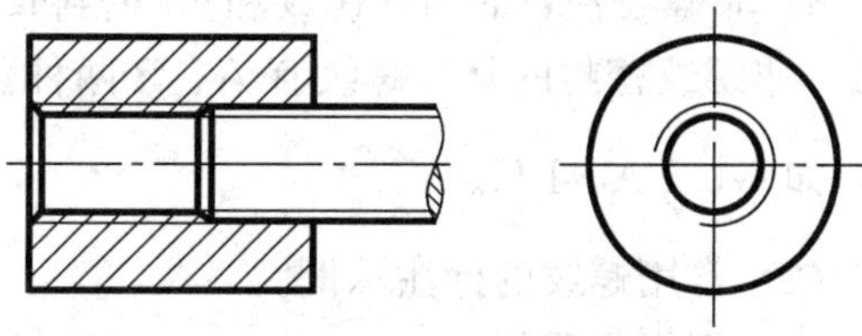

图 7-9　螺纹连接画法

5. 螺纹的标注

由于螺纹采用了统一的规定画法，在图上不能反映出它的牙型、螺距、线数和旋向等结构要素，必须按规定的标记在图上进行标注。

(1) 螺纹的标记规定。普通螺纹、梯形螺纹和锯齿形螺纹的螺纹标记应按如下格式：

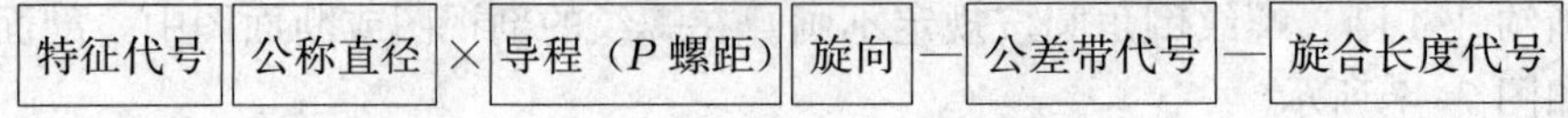

例如：

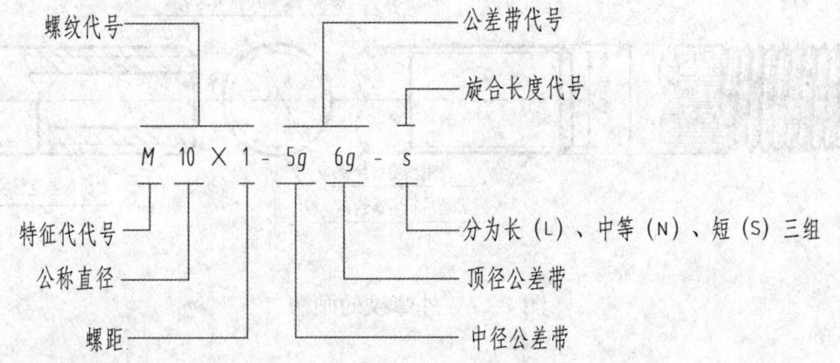

管螺纹的标记格式：

例如：

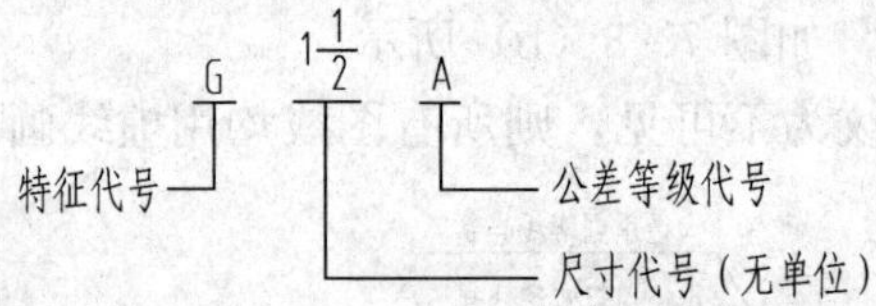

进行螺纹标注应注意以下几点：

1) 普通螺纹的螺距有粗牙和细牙两种，粗牙不标螺距，细牙必须标注螺距。

2) 左旋螺纹要标注旋向代号 LH 或 L，右旋螺纹不注。

3) 螺纹公差带代号包括中径和顶径公差带代号，如 5g、6g，分别表示中径和顶径公差带代号，若中径和顶径公差带代号一样，则只标注一个代号。

4) 普通螺纹的旋合长度分为长（L）、中（N）、短（S）三组，中等旋合长度（N）不必标注。

5) 常用的中等公差精度的普通螺纹（公称直径≤1.4mm 的 5H、6h，公称直径≥1.6mm 的 6H、6g），可不标注公差带代号。

6) 非螺纹密封的内管螺纹和55°密封管螺纹仅一种公差等级，公差带代号省略不注，如 R_C1。非螺纹密封的外管螺纹有 A、B 两种公差等级，螺纹公差等级代号标注在尺寸代号之后，如 G1 $\frac{1}{2}$A－LH。

(2) 常用螺纹的标注示例。

二、螺纹紧固件

1. 常用螺纹紧固件种类及标记

常用的紧固件有螺栓、螺柱、螺母、垫圈和螺钉等，如图 7-10 所示。它们的结构、尺寸都已标准化。表 7 - 2 所列为常用螺纹紧固件及其标记示例，使用时可根据其标记从相应的标准中查得所需尺寸。

表 7 - 1　　常用螺纹的种类和标记

螺纹种类		牙型放大图	特征代号	标记示例		说　　明
连接螺纹	普通螺纹	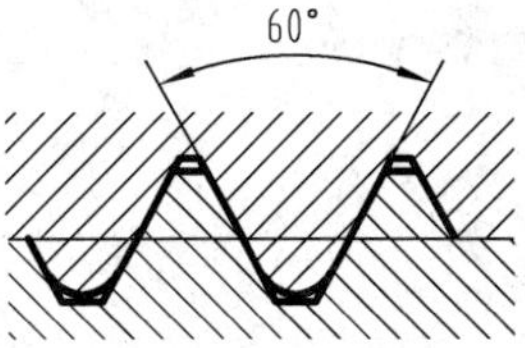 60°	M	粗牙	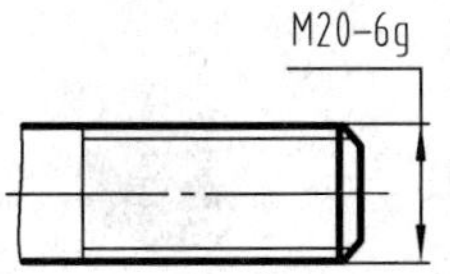 M20-6g	粗牙普通螺纹，公称直径 20mm，右旋。螺纹公差带：中径、大径均为 6g。旋合长度属中等（不标注 N）的一组（按规定 6g 不标注）
				细牙	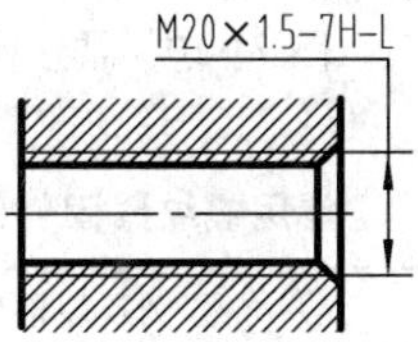 M20×1.5-7H-L	细牙普通螺纹，公称直径 20mm，螺距为 1.5mm，右旋。螺纹公差带：中径、小径均为 7H。旋合长度属长的一组
	管螺纹	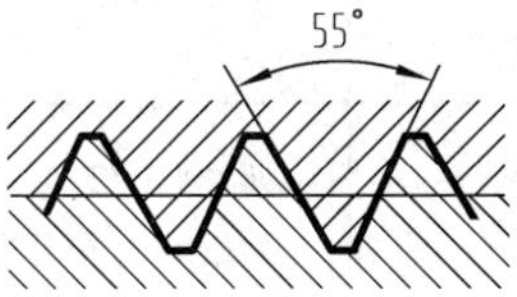 55°	G	55°非密封管螺纹	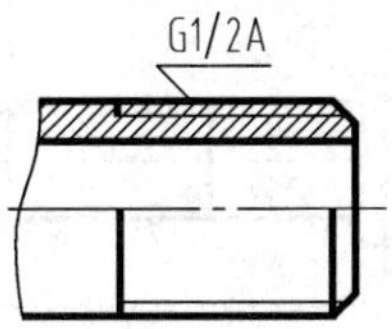 G1/2A	55°非密封圆柱外螺纹，尺寸代号为 1/2，公差等级为 A 级，右旋。用引出标注
			R_P R_1 R_C R_2	55°密封管螺纹	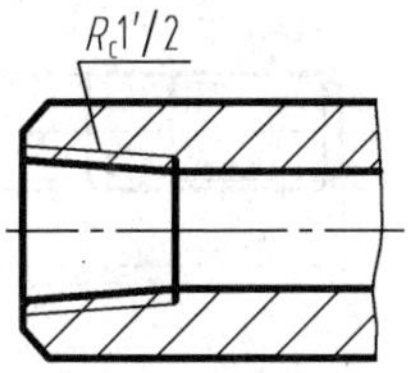 $R_C1\frac{1}{2}$	55°密封的与圆锥管螺纹旋合的圆锥内螺纹，尺寸代号 $1\frac{1}{2}$，右旋，用引出标注。 与圆锥内螺纹旋合的圆锥外螺纹的特征代号为 R_2 圆柱内螺纹与圆锥外螺纹旋合时，前者和后者的特征代号分别为 R_P 和 R_1
传动螺纹	梯形螺纹	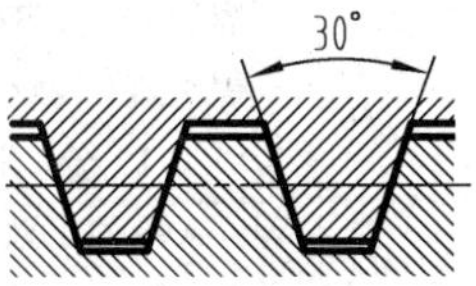 30°	Tr	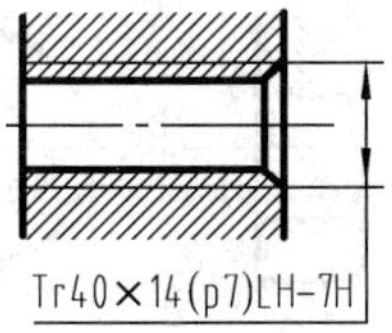 Tr40×14(p7)LH-7H		梯形螺纹，公称直径 40mm，双线螺纹，导程 14mm，螺距 7mm，左旋。螺纹公差带：中径为 7H。旋合长度属中等的一组
	锯齿形螺纹	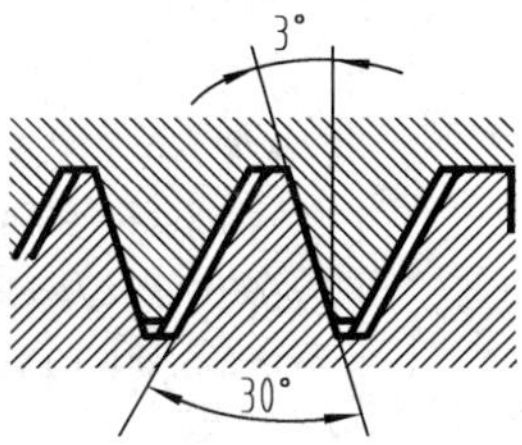 3° 30°	B	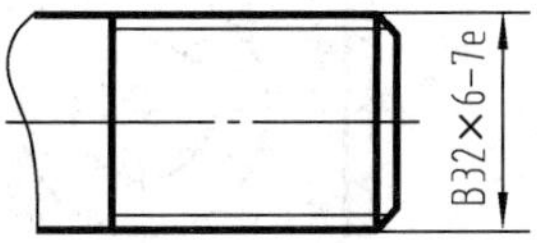 B32×6-7e		锯齿形螺纹，公称直径 32mm，单线螺纹，螺距 6mm，右旋。螺纹公差带：中径为 7e。旋合长度属中等的一组

图 7-10　常用螺纹紧固件

表 7-2　　常用螺纹紧固件的标记示例

名称及标准号	图例及规格尺寸	标记示例
六角头螺栓—A 级和 B 级 GB/T 5782—2000	d　L	螺栓 GB/T 5782 M8×40 螺纹规格 d＝M8，公称长度 L＝40mm、性能等级为 8.8 级、表面氧化 A 级的六角头螺栓
双头螺柱—A 级和 B 级 GB/T 897—1988 GB/T 898—1988 GB/T 899—1988 GB/T 900—1988	d　b_m　L	螺柱 GB/T 898 M8×50 两端均为粗牙普通螺纹、d＝M8、L＝50、性能的等级为 4.8 级，不经表面处理的 B 型 b_m＝1.25d 的双头螺柱
Ⅰ型六角螺母—A 级和 B 级 GB/T 6170—2000	D	螺母 GB/T 6170 M8 螺纹规格 D＝M8、性能等级为 10 级、不经表面处理、A 级的Ⅰ型六角螺母
平垫圈—A 级 GB/T 97.1—2000	d_1	垫圈 GB/T 97.18 140HV 标准系列、公称尺寸 d＝8、硬度等级为 140HV 级、不经表面处理的平垫圈

续表

名称及标准号	图例及规格尺寸	标记示例
标准弹簧垫圈 GB/T 93—1987		垫圈 GB/T 93—1987 规格为 8、材料为 65Mn、表面氧化的标准型弹簧垫圈
开槽沉头螺钉 GB/T 68—2000		螺钉 GB/T 68 M8×30 螺纹规格 d=M8、公称尺寸 L=30、性能等级为 4.8 级、不经表面处理的开槽沉头螺钉

2. 螺纹紧固件的连接画法

常用的螺纹紧固件的连接方式有螺栓连接、螺柱连接和螺钉连接等，如图 7-11。

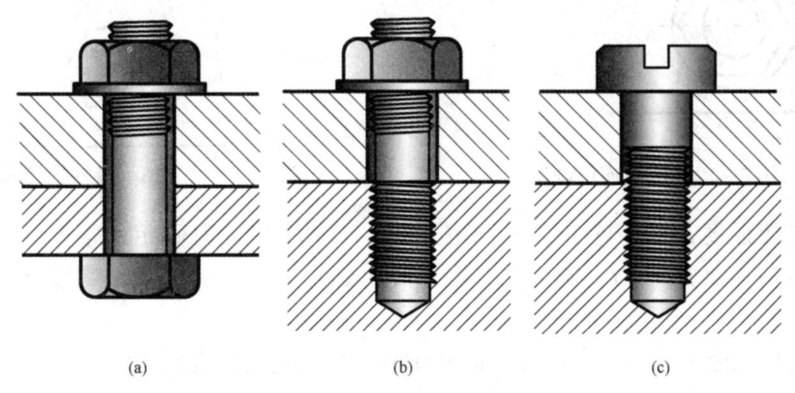

(a)　(b)　(c)

图 7-11　常用螺纹紧固件连接

(a) 螺栓连接；(b) 螺柱连接；(c) 螺钉连接

画螺纹紧固件的装配图时，应遵守以下规定：

(a) 两零件的接触表面只画一条线，不接触表面必须画两条线。

(b) 在剖视图中，相邻两零件的剖面线方向应相反；而同一零件在各个剖视图中的剖面线方向和间隔应一致。

(c) 当剖切平面通过螺纹紧固件的轴线时，紧固件均按未剖切绘制，即只画其外形。

在装配图中，螺纹紧固件一般采用比例画法绘制，所谓比例画法就是图形中各部分尺寸以公称尺寸为基准，按一定的比例关系绘制。

(1) 螺栓连接。当两个零件被紧固处的厚度较小且可穿通时，一般采用螺栓连接。连接时，将螺栓穿过两个被连接零件的光孔，装上垫圈，旋紧螺母。

螺栓的公称长度 $l \geqslant \delta_1 + \delta_2 + h + m + a$（查表计算后取接近的标准长度）

图 7 - 12 为采用比例画法的螺栓连接图，其中

$B = 2d, h = 0.15d, m = 0.8d, a = 0.3d, k = 0.7d, e = 2d, d_2 = 2.2d, d_0 = 1.1d$。

（2）螺柱连接。当被连接零件之一较厚，不允许或不可能钻成通孔时，一般采用双头螺柱连接。连接前，先在较厚的零件上加工出螺孔，另一零件上加工出通孔，将螺柱的一端（称为旋入端）全部旋入螺孔内，在另一端（称为紧固端）套上制出通孔的零件，再套上弹簧垫圈、拧紧螺母，即完成了螺柱连接。采用比例画法的螺柱连接图如图 7 - 13 所示。

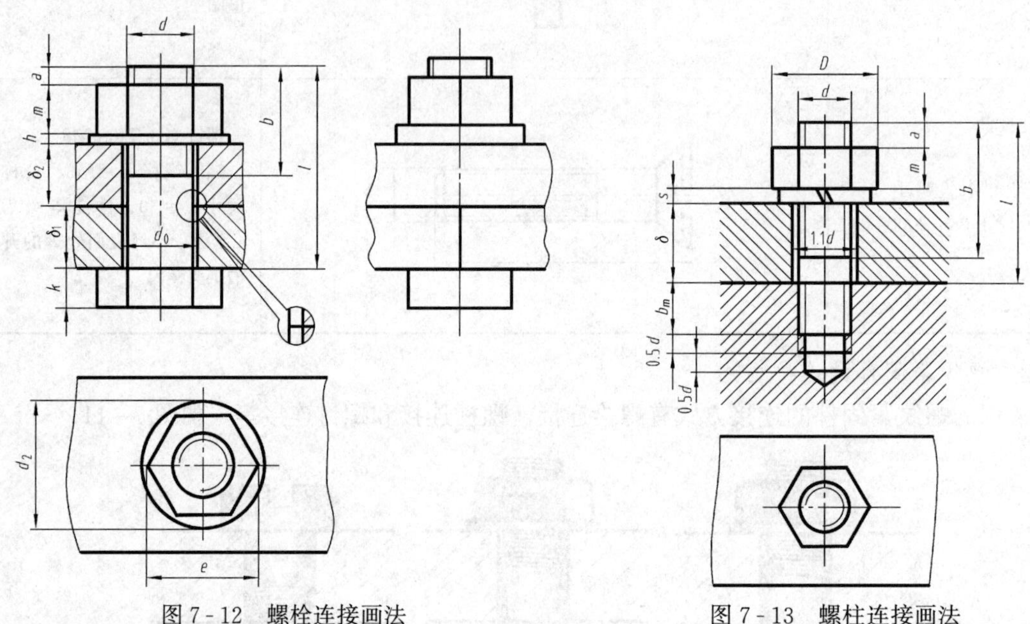

图 7 - 12　螺栓连接画法　　　　图 7 - 13　螺柱连接画法

为保证连接强度，旋入端长度 b_m 根据被旋入零件的材料确定：钢 $b_m = d$；铸铁或铜 $b_m = 1.25 \sim 1.5d$；铝 $b_m = 2d$。旋入端应全部旋入螺孔内，因此旋入端螺纹终止线应与结合面平齐。

螺柱的公称长度 $l = \delta + s + m + a$（查表计算后取接近的标准长度）

弹簧垫圈具有防松的作用，其开槽的方向为阻止螺母松动的方向，右旋螺纹与接触面左上倾斜 60°。按比例作图时，$s = 0.2d$，$D = 1.5d$。

（3）螺钉连接。螺钉连接按用途可分为连接螺钉和紧定螺钉两种。

1）连接螺钉。连接螺钉多用于受力不大和经常拆卸的零件之间的连接。被连接零件中一个为通孔，另一个一般为不通的螺纹孔。装配时将螺钉穿过被连接零件的通孔，再拧入另一被连接零件的螺孔中，靠螺钉头部压紧被连接零件。

采用比例画法的螺钉连接图如图 7 - 14 所示。

螺钉的公称长度 $l = b_{m+}\delta$（查表计算后取接近的标准长度）。

画螺钉连接图应注意：

（a）沉头螺钉以锥面作为定位面。

（b）螺钉的螺纹终止线应高出螺孔的端面，或在螺杆全长上都有螺纹。

（c）在投影为圆的视图上，一字槽或十字槽投影应画成倾斜 45°，如图 7 - 14（a）所示。

（d）槽宽小于 2mm 时，一字槽或十字槽投影可以涂黑表示，线宽为粗实线线宽的两

倍。如图 7－14（c）所示。

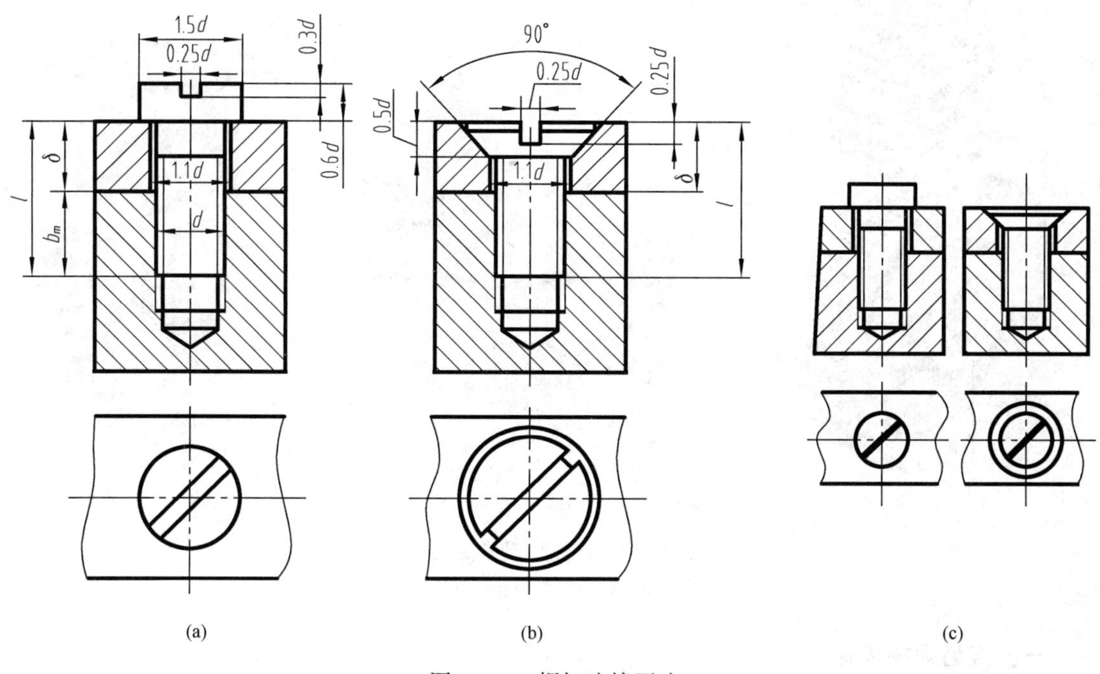

图 7－14　螺钉连接画法

2）紧钉螺钉。紧钉螺钉常用于固定两个零件的相对位置，使它们不产生相对运动。螺钉连接图如图 7－15 所示。

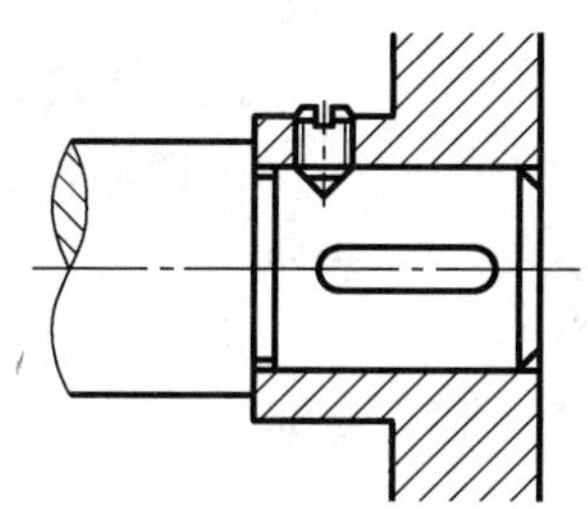

图 7－15　紧钉螺钉连接画法

第二节　齿　　轮

齿轮被广泛地应用于机器和部件中，其作用是传递动力或改变转速和旋转方向。常见的齿轮传动形式有：

圆柱齿轮：用于两平行轴之间的传动，如图 7－16（a）所示。

锥齿轮：用于两相交轴之间的传动，如图 7－16（b）所示。

蜗轮蜗杆：用于两垂直交叉轴之间的传动，如图 7－16（c）所示。

齿轮的齿廓形状有多种，最常用的是渐开线。圆柱齿轮按其轮齿的方向分成直齿圆柱齿轮和斜齿圆柱齿轮两种。本节主要介绍齿廓为渐开线的标准圆柱齿轮的几何要素及其画法，对锥齿轮和蜗轮蜗杆只作简要介绍。

(a)

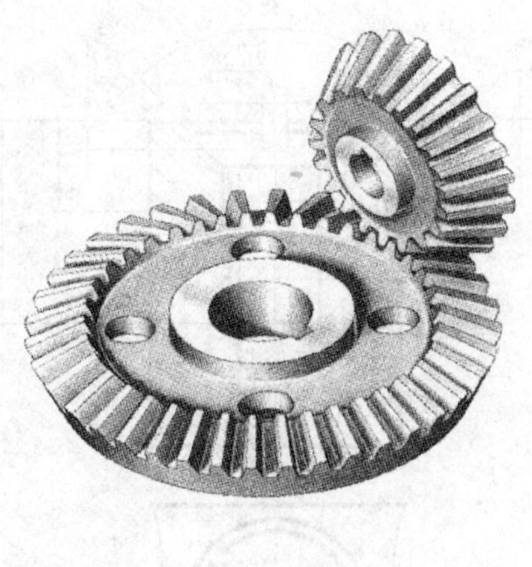

(b)

(c)

图 7-16　齿轮传动常见类型

(a) 圆柱齿轮；(b) 圆锥齿轮；(c) 蜗杆蜗轮

一、直齿圆柱齿轮

1. 直齿圆柱齿轮各部分的名称及参数

齿轮的几何要素见图 7-17。

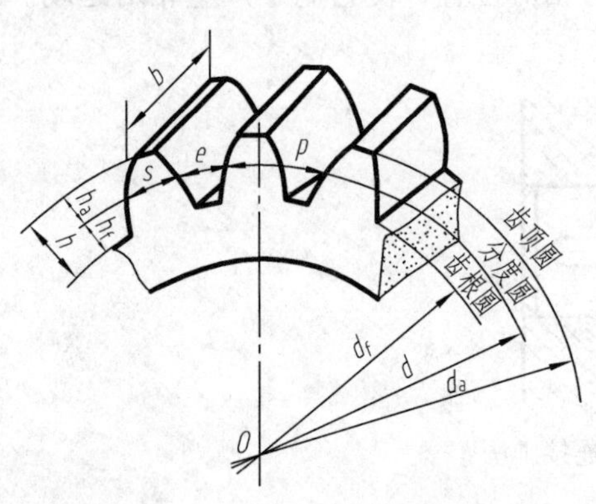

图 7-17　齿轮的几何要素

(1) 齿数：一个齿轮上轮齿的总数，用 z 表示。

(2) 直齿轮上的三个圆：

齿顶圆：通过轮齿顶部的圆，其直径用 d_a 表示。

齿根圆：通过轮齿根部的圆，其直径用 d_f 表示。

分度圆：一个约定的假想圆，在该圆上，齿厚 s 等于齿槽宽 e（e 和 s 均指弧长）。分度圆直径用 d 表示。

(3) 齿距：分度圆上相邻两齿廓对应点之间的弧长，用 p 表示。

(4) 齿高：轮齿在齿顶圆和齿根圆之间的径向距离，用 h 表示。

齿顶高：齿顶圆与分度圆之间的径向距离用 h_a 表示。

齿根高：齿根圆与分度圆之间的径向距离用 h_f 表示。

全齿高：$h=h_a+h_f$。

(5) 模数 z：由于齿轮分度圆周长 $\pi d=zp$，则 $d=\frac{p}{\pi}z$，令 $\frac{p}{\pi}=m$，则 $d=mz$。所以模数是齿距 p 与圆周率 π 的比值，即 $m=\frac{p}{\pi}$，单位为 mm。

模数是设计、制造齿轮的基本参数，模数越大，轮齿就越大，齿轮的承载能力也就越大。一对互相啮合的齿轮，其模数应相等。为了便于齿轮的设计制造，国家标准规定了模数的标准数值，见表 7-3。

表 7-3　渐开线圆柱齿轮的模数系列（GB/T 1357—1987）

第一系列	1　1.25　1.5　2　2.5　3　4　5　6　8　10　12　16　20　25　32　40　50
第二系列	1.75　2.25　2.75　(3.25)　3.5　(3.75)　4.5　5.5　(6.5)　7　9　(11)　14　18　22　28　36　45

（6）齿形角 α：通过齿廓曲线上与分度圆交点所作的切线与径向所夹的锐角，如图 7-18 所示。我国采用的标准齿形角为 20°。

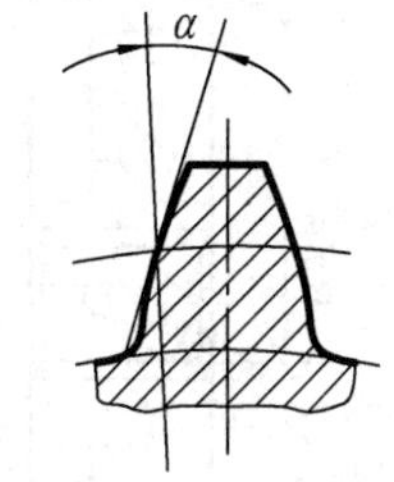

图 7-18　齿轮的齿形角

（7）中心距：两啮合齿轮轴线之间的距离，用 a 表示。

两标准直齿圆柱齿轮正确啮合传动的条件是模数和齿形角分别相等。

2. 直齿圆柱齿轮各部分尺寸的计算公式

齿数、模数及齿形角齿顶高系数 h_a^*、径向间隙系数 C^* 是齿轮的基本参数，齿轮的基本参数确定后，可按表 7-4 计算齿轮各部分尺寸。

表 7-4　渐开线圆柱齿轮各部分尺寸计算公式

名　称	代　号	计算公式	名　称	代　号	计算公式
齿顶高	h_a	$h_a=m$	齿顶圆直径	d_a	$d_a=m(z+2)$
齿根高	h_f	$h_f=1.25m$	齿根圆直径	D_f	$D_f=m(z-2.5)$
齿高	h	$h=2.25m$	中心距	a	$a=\frac{1}{2}(d_1+d_2)$ $=\frac{1}{2}(z_1+z_2)$
分度圆直径	d	$d=mz$			

3. 直齿圆柱齿轮的规定画法

（1）单个圆柱齿轮的画法。

由于齿轮的轮齿部分结构形状尺寸已经标准化，国家标准 GB/T 4459.2—2003 对齿轮的画法作了规定，如图 7-19 所示。

1）齿顶圆和齿顶线用粗实线绘制；分度圆和分度线用细点画线绘制；齿根圆和齿根线用细实线绘制，也可省略不画。

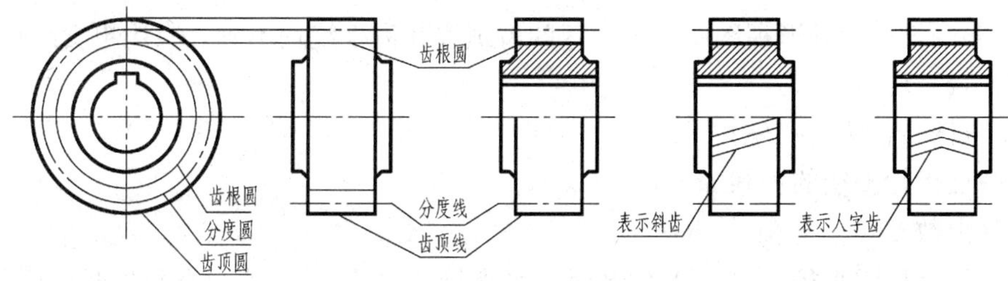

图 7-19　单个圆柱齿轮的画法

2）在剖视图中，齿根线用粗实线绘制，轮齿部分不画剖面线。

3）对于斜齿或人字齿的圆柱齿轮，可用三条细实线表示轮齿的方向。齿轮的其他结构按投影画出。

图 7 - 20 为直齿圆柱齿轮零件图。

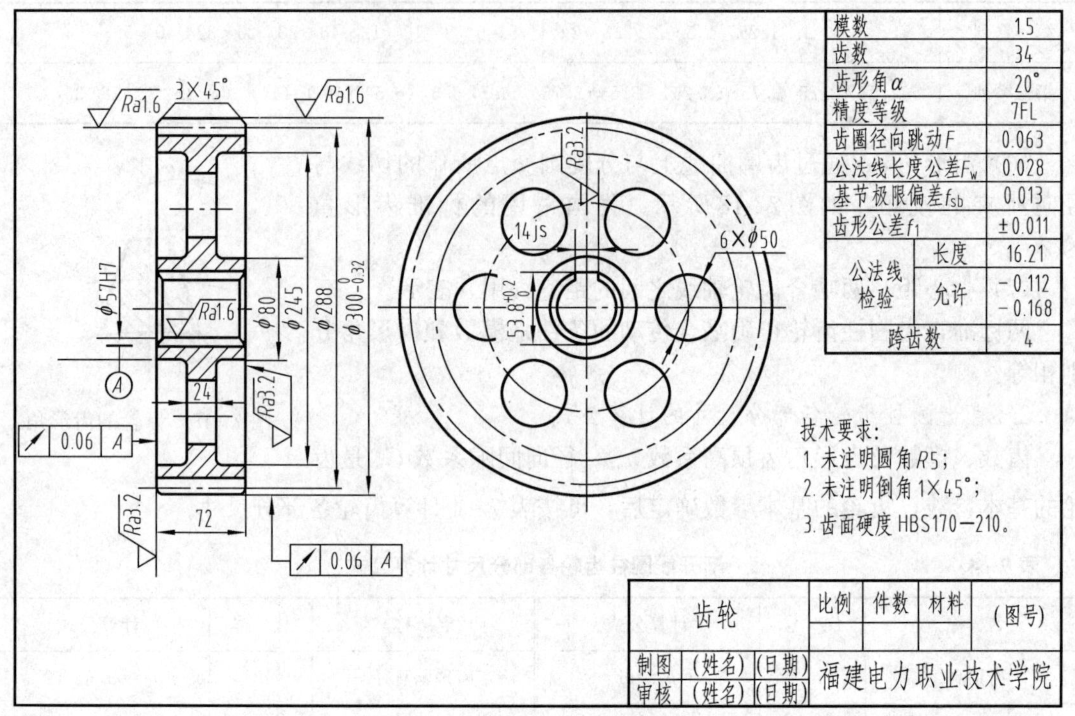

模数		1.5
齿数		34
齿形角 α		20°
精度等级		7FL
齿圈径向跳动 F		0.063
公法线长度公差 F_w		0.028
基节极限偏差 f_{sb}		0.013
齿形公差 f_1		±0.011
公法线检验	长度	16.21
	允许	-0.112 -0.168
跨齿数		4

图 7 - 20　直齿圆柱齿轮零件图

（2）两圆柱齿轮啮合的画法。

两标准齿轮互相啮合时，两齿轮的分度圆相切，此时的分度圆又称为节圆。两齿轮啮合的画法，啮合部分按以下规定绘制，其他部分仍按单个齿轮的画法规定绘制。

1）在投影为圆的视图中，两齿轮的节圆相切，啮合区内的齿顶圆用粗实线绘制如图 7 - 21（b）所示，也可以省略不画，如图 7 - 21（c）所示；

2）在非圆投影的剖视图中，两齿轮的节线重合，用细点画线绘制，齿根线用粗实线绘制；一个齿轮的齿顶线用粗实线绘出，另一个齿轮按被遮挡处理，齿顶线用虚线绘制，或省略不画，如图 7 - 21（a）、（b）所示。

3）在非圆投影的外形视图中，啮合区的齿顶线和齿根线均不画，只用粗实线画出节线。如图 7 - 21（c）所示。

4. 直齿圆柱齿轮的测绘

直齿圆柱齿轮测绘的步骤如下：

（1）数齿数 z。

（2）测量齿顶圆直径 d'_a 齿数为偶数时，可直接测量出 d'_a，若为奇数齿时，可通过测量 d_1、H 计算出 $d'_a=d_1+2H$，如图 7 - 22 所示。

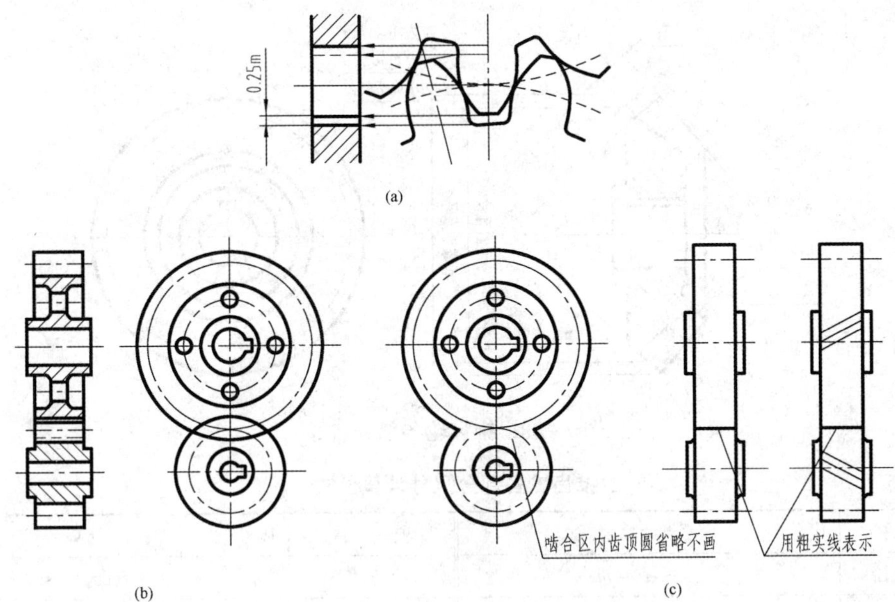

图 7-21 圆柱齿轮的啮合画法

(3) 确定模数 m：$m=\dfrac{d'_a}{z+2}$（取标准值）。

(4) 按表 7-4 中的公式计算 d、h、h_a、h_f、d_a、d_f等。

(5) 测量出齿轮其他各部分尺寸。

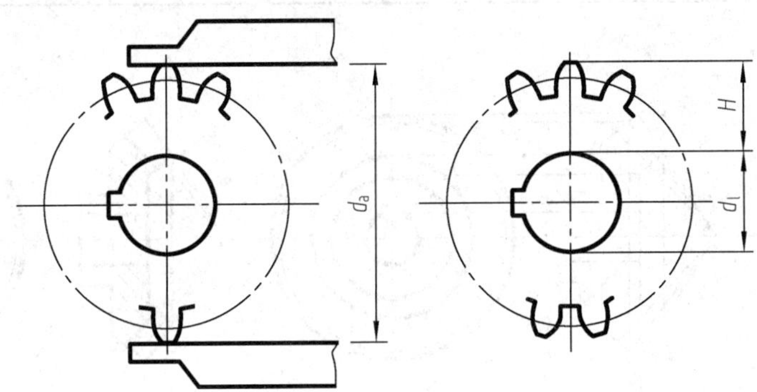

图 7-22 直齿圆柱齿轮齿顶圆的测量

二、直齿锥齿轮

1. 直齿锥齿轮各部分尺寸关系

锥齿轮的轮齿是在圆锥面上制出的，因此一端大，一端小。为了计算和制造方便，规定锥齿轮大端的模数为标准模数。锥齿轮各部分名称如图 7-23 所示，其各部分的尺寸关系见表 7-5。

2. 直齿锥齿轮的规定画法

(1) 单个锥齿轮画法。锥齿轮主视图常按剖视画，轮齿按不剖画。在左视图中用粗实线表示大端和小端的齿顶圆，用点画线表示大端的分度圆。大、小端齿根圆及小端分度圆均不画，其余部分按投影关系绘制。如图 7-24 所示。

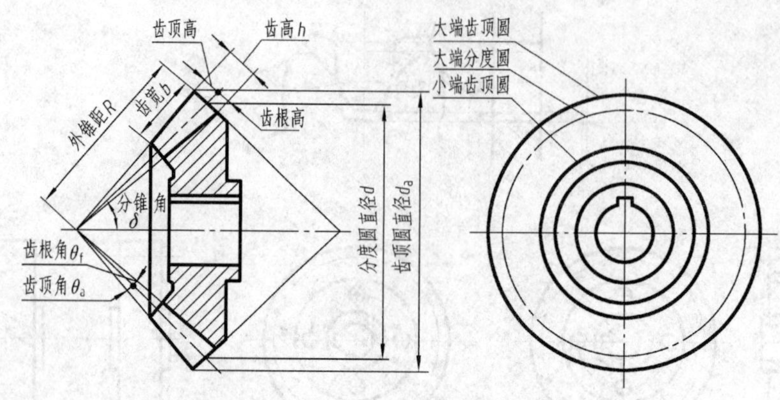

图 7-23　锥齿轮各部分名称

表 7-5　**锥齿轮各部分尺寸计算公式**

项　目	代号	计算公式	项　目	代号	计算公式
分度圆直径	d	$d = mz$	齿顶角	θ_a	$\tan\theta_a = 2\sin\delta/z$
分度圆锥角	δ	$\tan\delta_1 = z_1/z_2 \quad \tan\delta_2 = z_2/z_1$	齿根角	θ_f	$\tan\theta_f = 2.4\sin\delta/z$
齿顶高	h_a	$h_a = m$	齿锥角	δ_a	$\delta_a = \delta + \theta_a$
齿根高	h_f	$h_f = 1.2m$	根锥角（背锥角）	δ_f	$\delta_f = \delta - \theta_f$
齿　高	h	$h = h_a + h_f$	外锥距	R	$R = mz/2\sin\delta$
齿顶圆直径	d_a	$d_a = m(z + 2\cos\delta)$	齿　宽	b	$b = (0.2 \sim 0.35)R$
齿根圆直径	d_f	$d_f = m(z - 2.4\cos\delta)$			

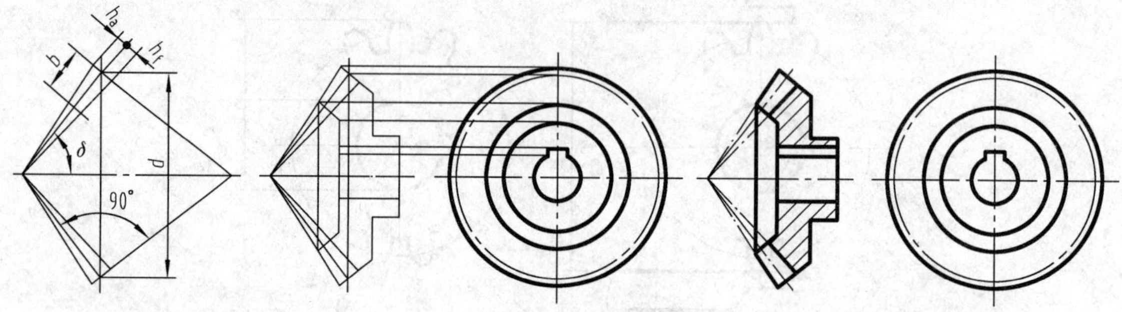

图 7-24　单个锥齿轮的画法

（2）锥齿轮啮合画法。锥齿轮啮合画法如图 7-25 所示。

三、蜗轮蜗杆简介

蜗轮蜗杆常用于垂直交错的两轴之间的传动。蜗轮和蜗杆的齿向是螺旋形，蜗轮的轮齿顶面制成圆环面。工作时蜗杆是主动件，蜗轮是从动件，采用蜗轮蜗杆传动可以得到较大的传动比。

蜗轮和蜗杆各部分几何要素的代号和规定画法，如图 7-26 所示。其画法与圆柱齿轮基本相同，但在蜗轮投影为圆的视图中，只画出分度圆和最外圆，不画齿顶圆和齿根圆。

蜗轮蜗杆的啮合画法如图 7-27 所示。在蜗杆投影为圆的视图上，啮合区只画蜗杆，蜗

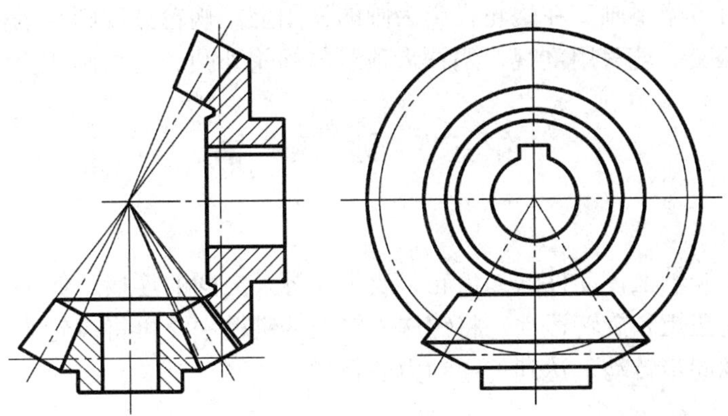

图 7-25　锥齿轮的啮合画法

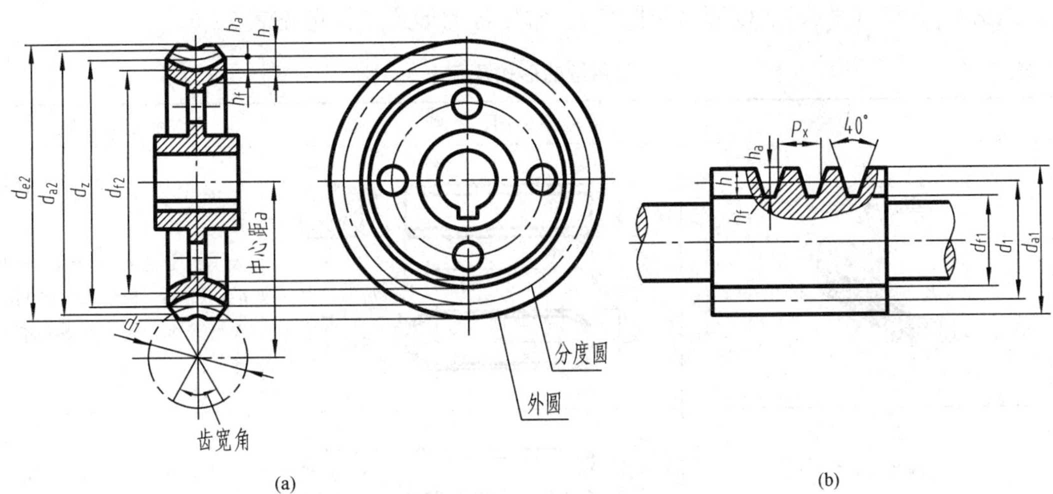

(a)　(b)

图 7-26　蜗轮和蜗杆几何要素的代号和画法

(a) 蜗轮；(b) 蜗杆

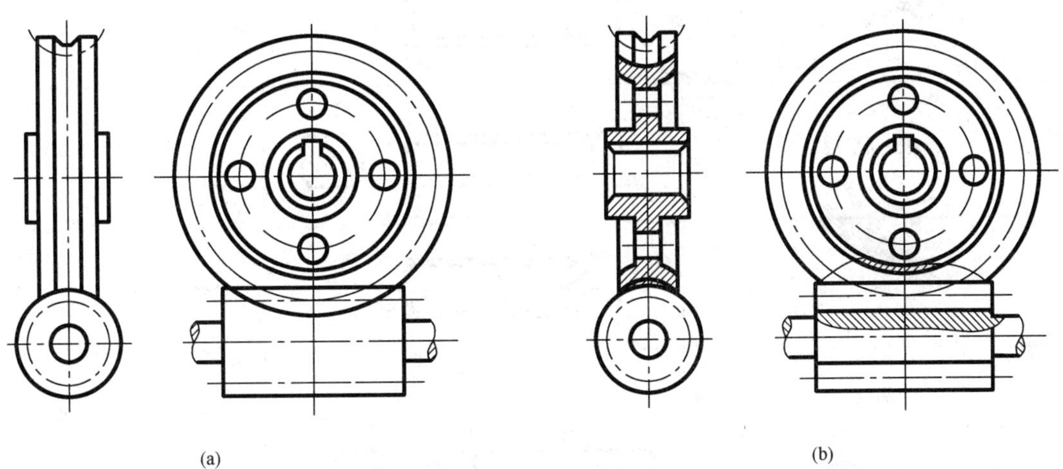

(a)　(b)

图 7-27　蜗轮和蜗杆啮合画法

(a) 外形图；(b) 剖视图

轮被遮挡的部分可省略不画。在蜗轮投影为圆的视图上，蜗轮分度圆与蜗杆节线相切，蜗轮外圆与蜗杆顶线相交。若采用剖视，蜗杆齿顶线与蜗轮外圆、齿顶圆相交的部分均不画出。

第三节　键　和　销

一、键连接

键主要用于轴和轴上传动件（如齿轮、皮带轮等）之间的连接，使轴和轴上零件不产生相对转动，以传递扭矩和旋转运动。将键嵌入轴上的键槽中，再将齿轮装在轴上，通过键的连接，齿轮将和轴同步转动，达到传递动力的目的。

1. 键的形式及标记

键有普通平键、半圆键和楔键等，最常用的是普通平键。普通平键有三种结构形式：A型（圆头）、B型（平头）、C型（单圆头）。常用键的形式及标记见表 7-6。

表 7-6　　常用键的形式及标记

形　式	图　例	标记示例
A 型普通平键	h　L　b/2　b	键 16 × 10 × 100 GB/T 1096—2003 表示：宽度 b=16mm、高度 h=10mm、长度 L=100mm A 型普通平键（A 型省略不注）
B 型普通平键	h　L　b	键 B16 × 10 × 100 GB/T 1096—2003 表示：宽度 b=16mm、高度 h=10mm、长度 L=100mm B 型普通平键
C 型普通平键	h　L　b/2　b	键 B16 × 10 × 100 GB/T 1096—2003 表示：宽度 b=16mm、高度 h=10mm、长度 L=100mm C 型普通平键
半圆键	L　d_1　h　b	键 6×25 GB/T 1099.1—2003 表示：b = 6，d_1 = 25 的半圆键

续表

形　式	图　例	标记示例
钩头楔键	45°　h　1:100　h　h　h₁　b　b　L	键 18×100 GB/T 1565—2003 表示：b=18 L=100 的钩头楔键

2. 普通平键的连接画法

当采用普通平键连接时，键的长度 L 和宽度 b 要根据轴的直径 d 和传递的扭矩大小从标准中选取适当值，一般键的长度 L 小于或等于轮毂的宽度。键两侧面与轴和轮毂上键槽侧面是配合面，所以键槽宽度 b 即为键的宽度 b。轴上槽深 t_1 及轮毂上槽深 t_2 应从键的标准中查得。轴和轮毂上键槽的表达方法及尺寸标注如图 7 - 28 所示。轴上的键槽若在前面，局部视图可以省略不画，键槽在上面时，键槽和外圆柱面产生的截交线可用柱面的转向轮廓线代替。

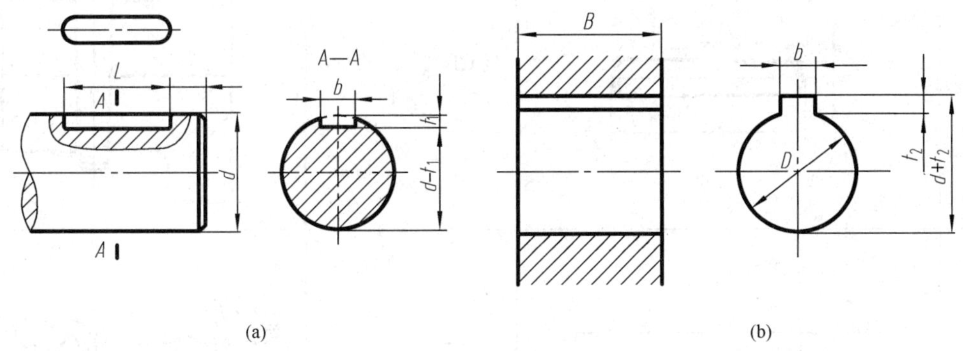

图 7 - 28　键槽的画法及尺寸标注

(a) 轴上键槽；(b) 轮毂上键槽

在装配图中，键连接的画法如图 7 - 29 所示。标准规定，纵向剖切时键按不剖绘制，而

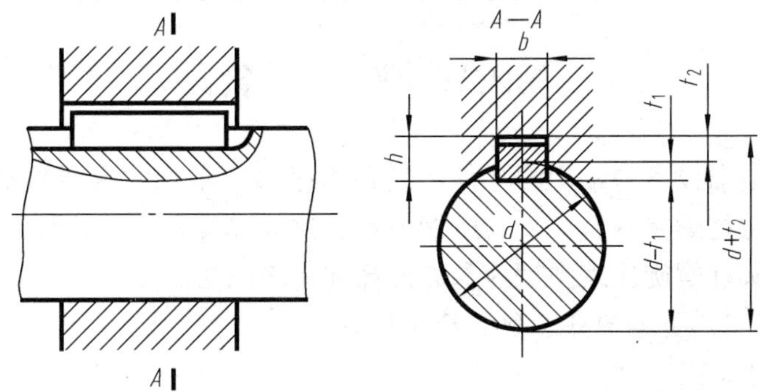

图 7 - 29　普通平键的连接画法

横向剖切时，键接剖视绘制。键与键槽侧面、键与轴上键槽底面为接触面，画一条线；键的上表面和轮毂上键槽的底面为非接触面，所以应画两条线。轮、轴和键的剖面线方向应遵守装配图中剖面线的规定画法。

二、销连接

销主要用于机器零件之间的连接和定位。常用的销有圆柱销、圆锥销、开口销等。常用销的种类、尺寸、标记及连接画法见表 7-7。

表 7-7　　常用销的形式标记及连接画法

形　式	图　例	标　记	连接画法
圆柱销	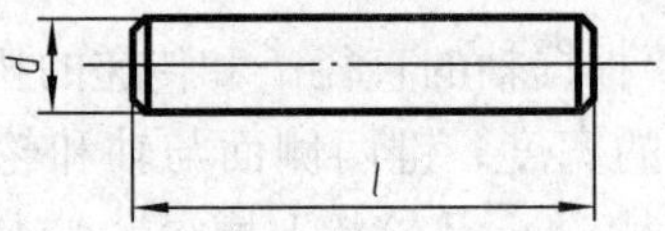 d, l	销 GB/T 119.1—2000 $d\times1$	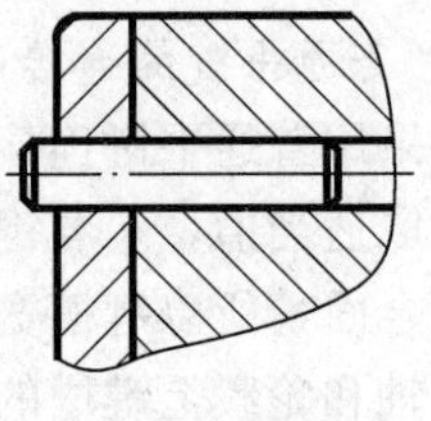
圆锥销	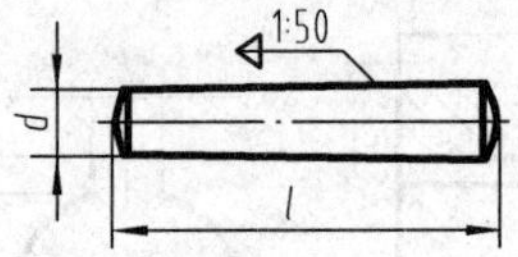 1:50, d, l	销 GB/T 117—2000 $d\times1$	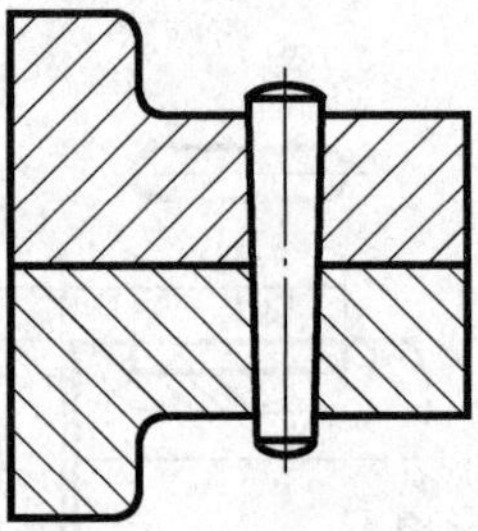
开口销	 h, l, L_1, D, d	销 GB/T 91—2000 3×20	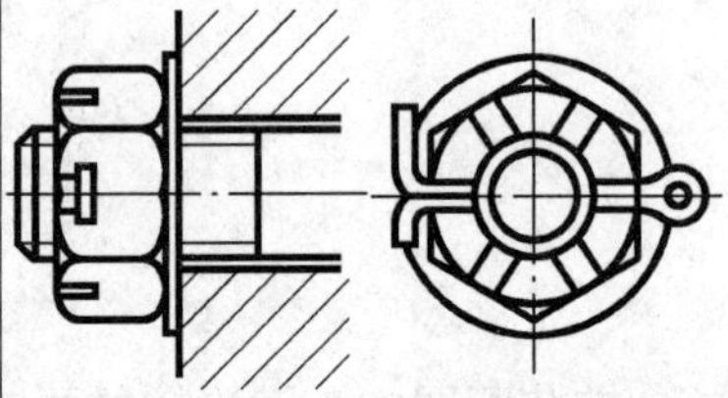

第四节　弹　　簧

弹簧是机械、电器设备中常用的零件，其种类很多，常见的有圆柱螺旋弹簧、板弹簧、平面蜗卷弹簧等。圆柱螺旋弹簧又分为压缩弹簧、拉伸弹簧和扭转弹簧，如图 7-30 所示。

本节主要介绍圆柱螺旋压缩弹簧的参数计算和规定画法。

1. 圆柱螺旋压缩弹簧各部分名称及尺寸计算

(1) 线径 d：弹簧钢丝直径。

(2) 弹簧外径 D：弹簧最大直径。

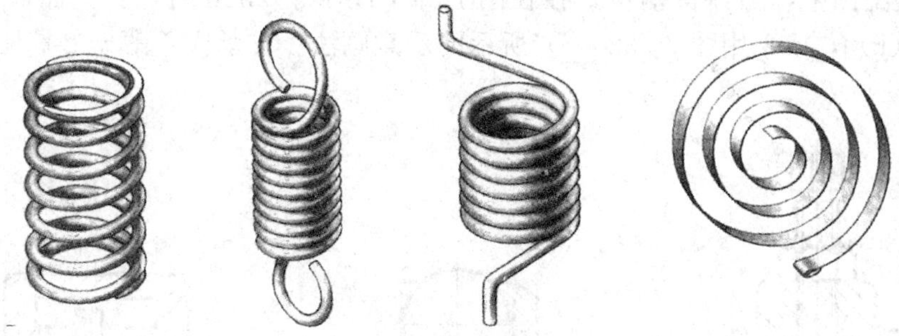

图 7-30　常见弹簧种类

（3）弹簧内径 D_1：弹簧最小直径。

（4）弹簧中径 D_2：弹簧的平均直径，$D_2=\dfrac{D+D_1}{2}=D_1+d=D-d$。

（5）节距 t：除支承圈外，相邻两个有效圈上对应点之间的轴向距离。

（6）支承圈数 n_0：为使弹簧工作平衡，端面受力均匀，制造时将弹簧两端的$\frac{3}{4}\sim1\frac{1}{4}$圈压紧靠实，并磨出支承平面。这些圈只起支承作用而不参与工作，称为支承圈。支承圈数表示两端支承圈数的总和，一般为 1.5、2、2.5 圈。

（7）有效圈数 n：保持相等节距且参与工作的圈数。

（8）总圈数 n_1：有效圈数和支承圈数的总和。即 $n_1=n+n_0$ 。

（9）自由高度 H_0：未受载荷作用时的弹簧高度（或长度），$H_0=nt+(n_2-0.5)d$

（10）展开长度 L：制造弹簧时坯料的长度。按螺旋线展开可算出 $L\approx n_1\sqrt{(\pi D)^2+t^2}$。

2. 圆柱螺旋压缩弹簧的画法

（1）在平行于弹簧轴线的投影面的视图中，各圈的轮廓用直线来代替螺旋线的投影。

（2）螺旋弹簧均可画成右旋，但左旋弹簧不论画成左旋或右旋，一律要加注旋向“左”字。在有特定的右旋要求时也应注明“右旋”。

（3）有效圈数在四圈以上的螺旋弹簧，可以两端只画1～2圈（不包括支承圈），中间只需用通过簧丝断面中心的细点画线连起来，其余省略不画。省略后，允许适当缩短图形的长度，但应注明弹簧设计要求的自由高度，如图 7-31 所示。

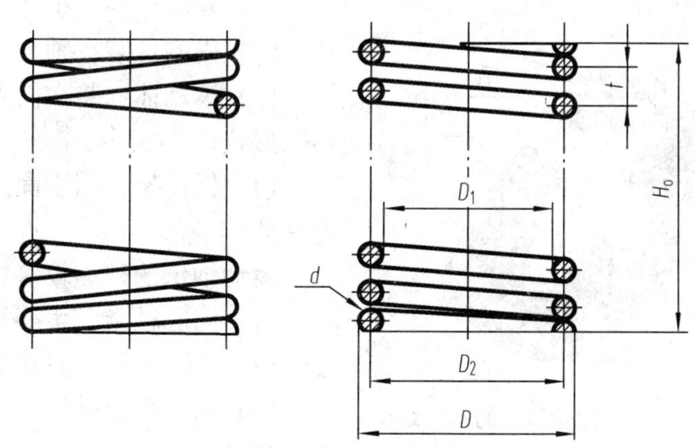

图 7-31　圆柱螺旋压缩弹簧

（4）在装配图中，螺旋弹簧被剖切后，不论中间各圈是否省略，被弹簧挡住的结构一般不画，其可见部分应从弹簧的外轮廓线或弹簧钢丝剖面的中心线画起，如图 7-32(a) 所示。

(5) 在装配图中，当弹簧钢丝直径在图上等于或小于 2mm 时，其断面可以涂黑表示[见图 7-32 (b)]，或采用图 7-32 (c) 所示的示意画法。支承圈不等于 2.5 圈时可按 2.5 圈画。

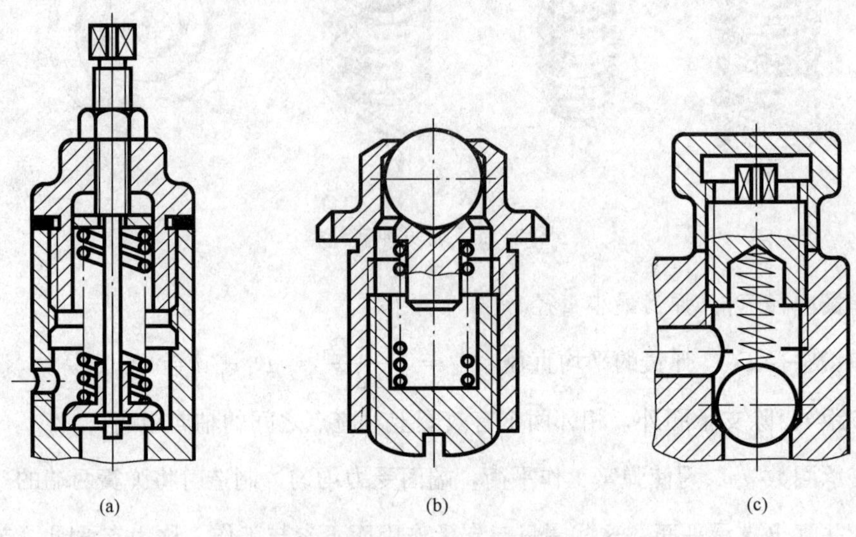

图 7-32 装配图中弹簧的画法

第五节 滚 动 轴 承

滚动轴承是支承轴的标准组件，它的优点是摩擦力小，机械效率高，结构紧凑，在工程上得到了广泛的应用。滚动轴承的结构型式和尺寸规格已全部标准化。

1. 滚动轴承的结构和类型

滚动轴承的结构一般由四部分组成，如图 7-33 所示。

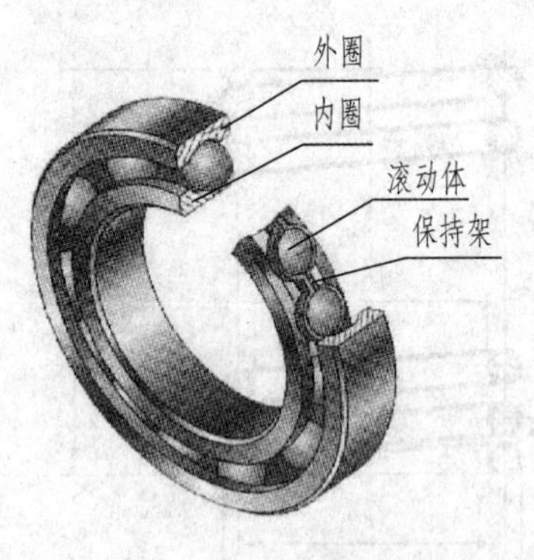

图 7-33 滚动轴承的基本结构

(1) 外圈：装在机体或轴承座内，一般固定不动；

(2) 内圈：装在轴上，与轴紧配合，并与轴一起转动；

(3) 滚动体：装在内外圈的滚道中，有滚珠、滚柱、滚锥等形式；

(4) 保持架：用于固定和隔离滚动体，防止滚动体之间的摩擦。

滚动轴承的种类较多，按其受力方向可分为三类：

(1) 向心轴承，主要承受径向载荷，如深沟球轴承；

(2) 推力轴承，只承受轴向载荷，如推力球轴承；

(3) 向心推力轴承，同时承受轴向和径向载荷，如圆锥滚子轴承。

2. 滚动轴承的表示法

滚动轴承是标准组件，不必画出其各组成部分的零件图。GB/T 4459.7—1998 对滚动轴承的画法作了统一规定，有简化画法和规定画法之分。简化画法又有通用画法和特征画法两种。在同一图样中，一般只采用一种画法。

表 7-8　　常用滚动轴承的表示法

<table>
<tr><td rowspan="2">轴承类型</td><td rowspan="2">结构形式</td><td>通用画法</td><td>特征画法</td><td>规定画法</td><td rowspan="2">承载特征</td></tr>
<tr><td colspan="3">均指滚动轴承在所属装配图的剖视图中的画法</td></tr>
<tr><td>深沟球轴承
(GB/T 276—1994)
6000 型</td><td></td><td rowspan="3">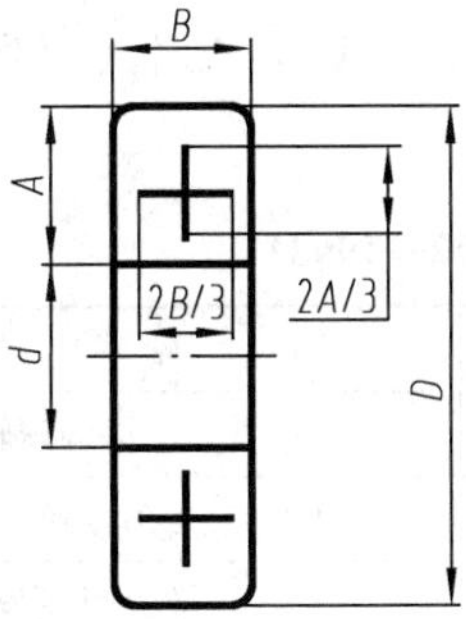</td><td>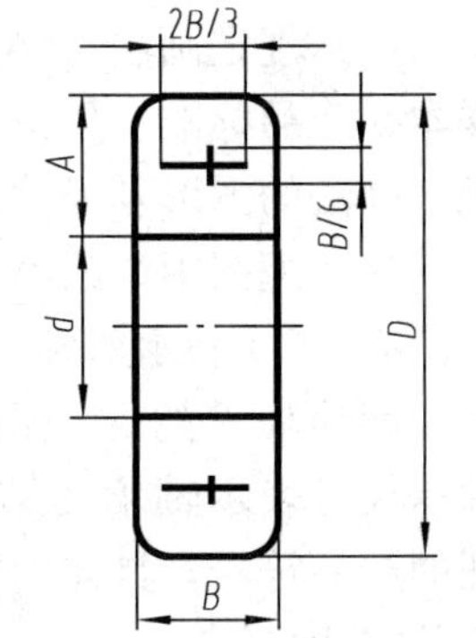</td><td>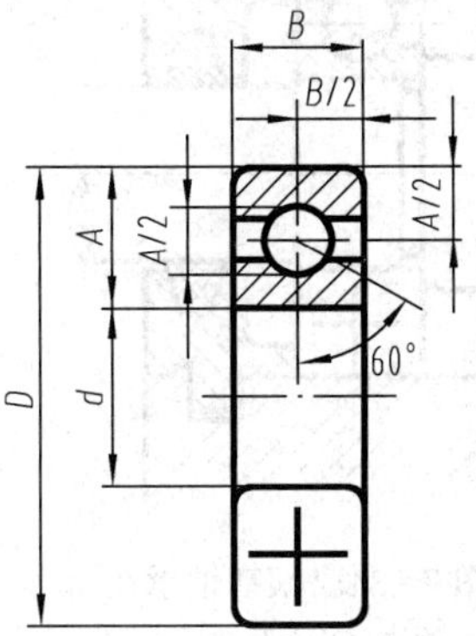</td><td>主要承受径向载荷</td></tr>
<tr><td>圆锥滚子轴承
(GB/T 297—1994)
30000 型</td><td></td><td>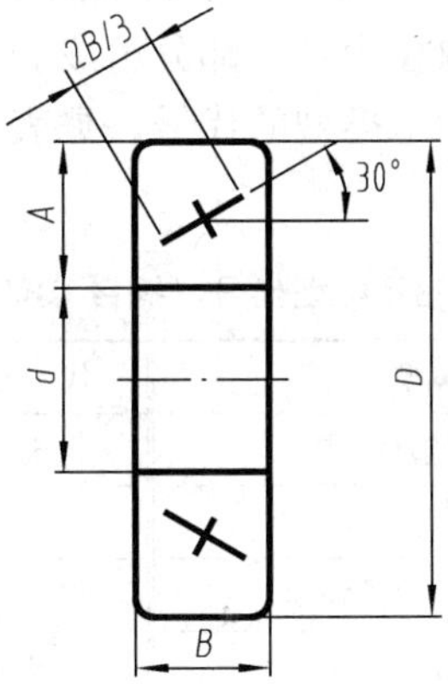</td><td>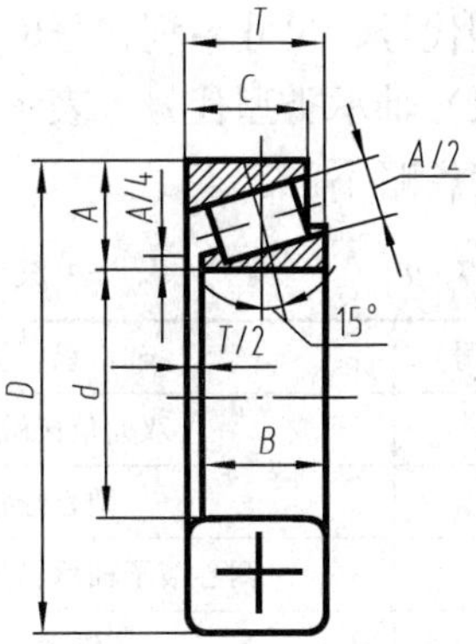</td><td>可同时承受径向和轴向载荷</td></tr>
<tr><td>推力球轴承
(GB/T 301—1995)
51000 型</td><td></td><td>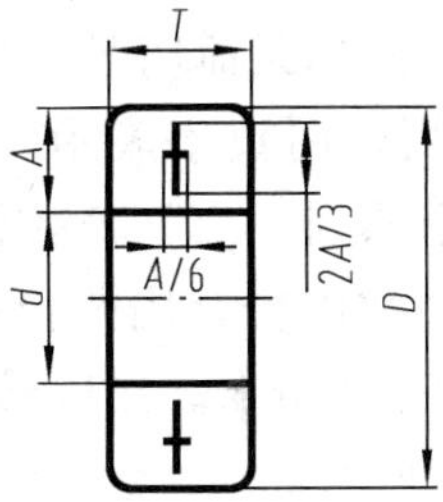</td><td>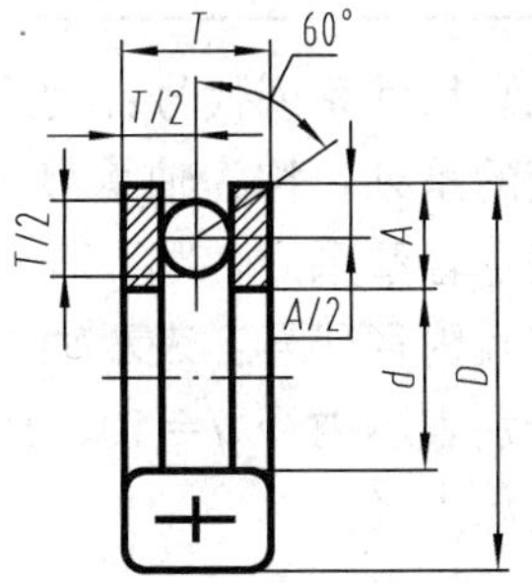</td><td>承受方向的轴向载荷</td></tr>
<tr><td colspan="2">三种画法的选中场合</td><td>当不需要确切地表示滚动轴承的外形轮廓、承载特性和结构特征时采用</td><td>当需要较形象地表示滚动轴承的结构特征时采用</td><td>滚动轴承的产品图样、产品样本、产品标准和产品使用说明书中采用</td><td></td></tr>
</table>

（1）通用画法：在剖视图中，当不需要确切地表示滚动轴承的外形轮廓、载荷特性、结构特征时，常采用通用画法。通用画法的图形及尺寸比例见表 7-8。

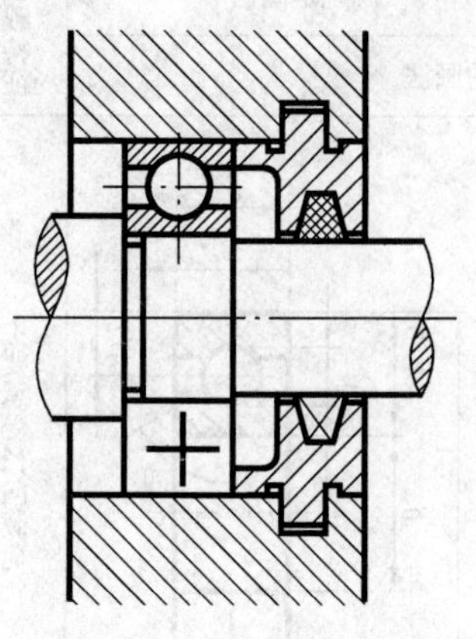

图 7-34　滚动轴承在装配图中的画法

（2）特征画法：在剖视图中，如需较形象地表示滚动轴承的结构特征时，常采用特征画法。特征画法的图形及尺寸比例见表 7-8。

（3）规定画法：必要时，在滚动轴承的产品图样、产品样本、产品标准、用户手册和使用说明书中可采用规定画法。规定画法的图形及尺寸比例见表 7-8。

在装配图中，滚动轴承的画法如图 7-34 所示。

3. 滚动轴承的标记

滚动轴承的标记由名称、代号、标准编号三部分组成。轴承代号表示轴承的结构、尺寸、公差等级和技术性能等特征的产品符号，具体内容可查阅 GB/T 272—1993，这里只介绍基本代号。

基本代号表示滚动轴承的基本类型、结构尺寸，它由轴承类型代号、尺寸系列代号、内径代号三部分组成。

（1）轴承类型代号：表示轴承类型的代号，见表 7-9。代号“0”（双列角接触球轴承）按规定省略不注。

表 7-9　　滚动轴承类型代号（摘自 GB/T 272—1993）

代　号	轴　承　类　型	代　号	轴　承　类　型
0	双列角接触球轴承	6	深沟球轴承
1	调心球轴承	7	角接触球轴承
2	调心滚子轴承和推力滚子轴承	8	推力圆柱滚子轴承
3	圆锥滚子轴承	N	圆柱滚子轴承（双列或多列用字母 NN 表示）
4	双列深沟球轴承	U	外球面球轴承
5	推力球轴承	QJ	四点接触球轴承

（2）尺寸系列代号：为适应不同的载荷情况，相同的内径有不同的外径和宽度，它们构成一定的系列，称为轴承尺寸系列，用数字表示。例如数字“1”和“7”表示特轻系列，“2”表示轻窄系列，“3”表示中窄系列，“4”表示重窄系列。

（3）内径代号：表示轴承的公称内径，用两位数表示。当代号为数字 00、01、02、03 时，分别表示内径 d＝10、12、15、17mm；当代号为数字 04～99 时，代号数字乘以“5”，即为轴承内径。

标记示例：

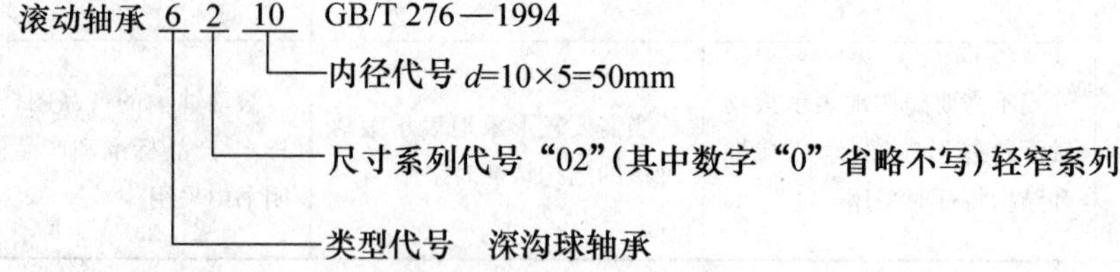

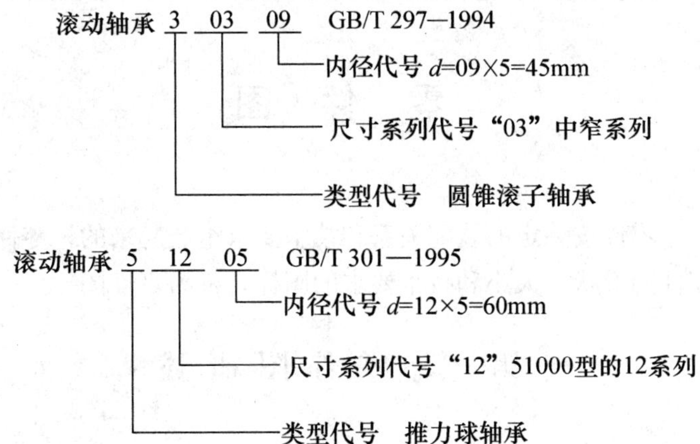
滚动轴承 3 03 09 GB/T 297—1994
内径代号 d=09×5=45mm
尺寸系列代号“03”中窄系列
类型代号　圆锥滚子轴承
滚动轴承 5 12 05 GB/T 301—1995
内径代号 d=12×5=60mm
尺寸系列代号“12”51000型的12系列
类型代号　推力球轴承

第八章

零 件 图

机器是由若干个零件按一定的装配关系和技术要求组装起来的，零件是组成机器的基本单元。表达一个零件的形状、大小和技术要求的图样，称为零件图。

第一节 零件图概述

1. 零件图的作用

零件图全面表达了对零件加工制造的要求，是制造零件和检验零件的依据，是技术交流的重要资料。

2. 零件图的内容

零件图要准确反映设计思想并提出相应的零件质量要求，如图 8-1 为一级圆柱齿轮减速器从动轴的零件图。一张完整的零件图应包括下列基本内容：

(1) 一组图形。根据零件的结构特点，恰当运用机件的各种表示法，用最简明的表达方案，正确、完整、清晰地将零件的形状、结构表达出来。

(2) 全部尺寸。正确、齐全、合理地标注出制造和检验零件所必需的全部尺寸。

(3) 技术要求。用规定的符号、代号、标记和文字注解等，说明零件在使用、制造和检

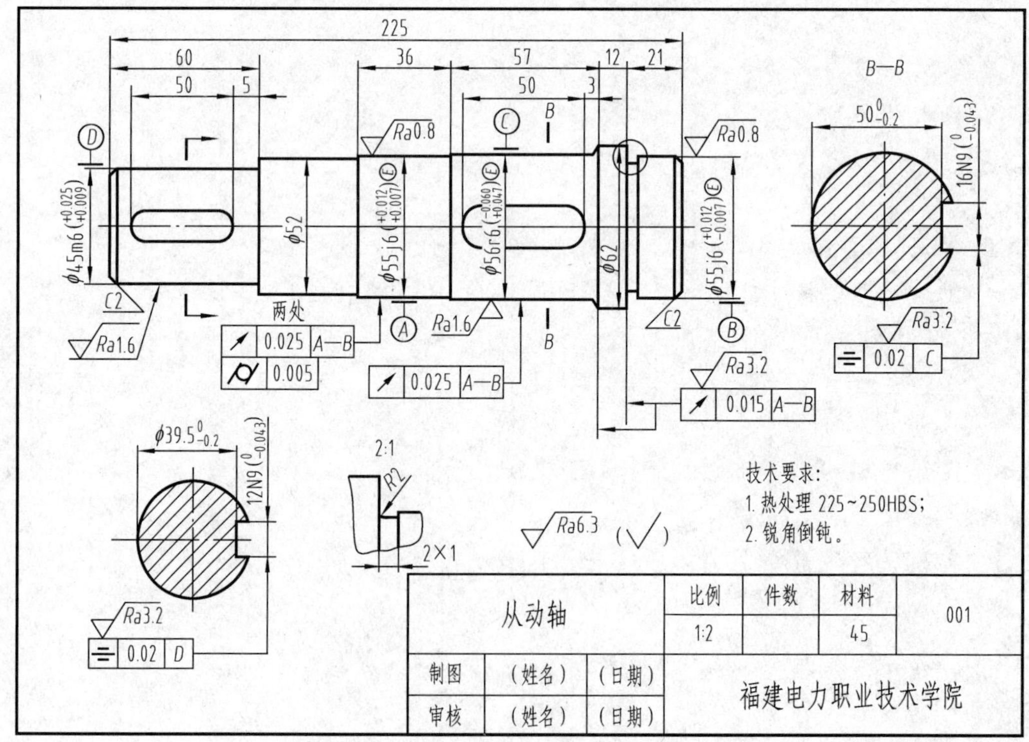

图 8-1 从动轴零件图

验时应达到的技术指标。如表面粗糙度、尺寸公差、形状和位置公差、热处理等。

（4）标题栏。标题栏应尽量采用国家标准推荐的格式绘制。标题栏的内容一般包括零件的名称、数量、材料、绘图比例、图号及设计、绘图、审核人员的责任签名等。

第二节　零件表达方案的确定

零件的表达方案，是指运用机件的各种表达方法（视图、剖视图、断面图等），用一组图形正确、完整、清晰地将零件的内、外结构形状表达出来。同一个零件有多种表达方案，通过下面的方法，可以比较合理的确定零件的表达方案。

一、零件的分析

通过分析了解零件的结构形状特征、功用、装配关系以及制造加工方法，分清主要部分和次要部分。

二、选择主视图

主视图是零件图中的核心，主视图选择直接影响整个表达方案的合理性，影响其他视图的选择，关系到画图、读图是否简便。选择主视图应考虑以下几个原则：

1. 形状特征原则

选择最能反映零件形状、结构特征以及各形体之间的相互位置关系的视图作为主视图。

2. 加工位置原则

按照零件在主要加工工序中的装夹位置选取主视图，这样便于加工者看图。

3. 工作位置原则

按照零件装配在机器或部件中工作时的位置选取主视图，这样有利于零件图和装配图对照，便于看图和画图，同时容易了解零件在机器中的工作情况。

一个零件的主视图，并不一定能完全符合上面三条原则，有时零件的加工工序较多、加工位置多变，有时零件在工作时是运动件，工作位置不固定或倾斜，这种情况可考虑将零件按自然安放位置画主视图。在选择主视图时，应根据不同零件的特征，突出重点，灵活运用以上原则。

三、选择其他视图

对于结构形状比较复杂的零件，当用主视图不能完全表达出其结构形状时，必须选用其他视图表达。其他视图的选择应考虑以下原则：

（1）在完整、清晰表达出零件结构形状的前提下，尽量减少视图数量，以方便看图、作图。

（2）零件的主要结构形状优先选用基本视图，或在基本视图上剖视；次要结构、细节、局部形状等可以采用局部视图、局部放大图、断面图等表示。

（3）每个视图都有明确的表达重点，各个视图互相配合、互相补充，表达内容尽量不重复。

第三节　典型零件的表达分析

零件的结构形状千变万化，按照零件结构形状的特点及其功用，可以将其大致分为轴套类、盘盖类、叉架类、箱体类零件。每类零件都具有一些共同特点，通过对典型零件表达方法的分析，可从中找出规律，做到举一反三。

一、轴、套类零件

分析：轴一般用于支承齿轮等传动零件并传递运动和动力，其主要结构是同轴线的回转体，键槽、退刀槽、越程槽、中心孔等结构是次要结构，加工的主要工序是车削、磨削。

主视图选择：主视图按加工位置原则选择，轴线水平放置，实心轴采用基本视图，空心轴则采用全剖视图，主视图同时反映其主要形状特征。

其他视图选择：轴上的键槽、退刀槽、砂轮越程槽、中心孔等次要结构根据具体情况采用断面图、局部放大图、局部剖视图等方法表达。

如图 8-1 所示是减速器从动轴零件图。按加工位置，轴线水平放置的基本视图作为主视图，表达了各轴段的形状及相互位置关系，用断面图表示键槽结构，局部放大图表示砂轮越程槽结构。

二、轮、盘、盖类零件

分析：轮、盘、盖类零件的主要结构一般为多个同轴回转体或回转体与平盖板组成，还有键槽、均布孔、轮辐等结构，一般通过键、螺栓与其他零件连接，加工以车削为主，平盖板类用刨削、铣削加工。

主视图选择：以车削加工为主的零件按加工位置原则选择主视图，轴线水平放置，由于有空心结构一般采用全剖或半剖视图。不以车削加工为主的零件按工作位置原则选择主视图。

其他视图选择：选择另一个基本视图表达端面形状及连接螺栓孔、肋、轮辐的形状及分布，细小结构可采用局部放大图表示。

如图 8-2 所示为法兰盘零件图。主视图按加工位置、轴线水平放置选择，采用全剖视图表达方法，表达了法兰盘轴向内、外部结构形状及其轴向尺寸（包括沉头孔深度），选择左视图表达端面结构形状及 3×ϕ11 沉头孔的分布，R30 缺口位置形状。

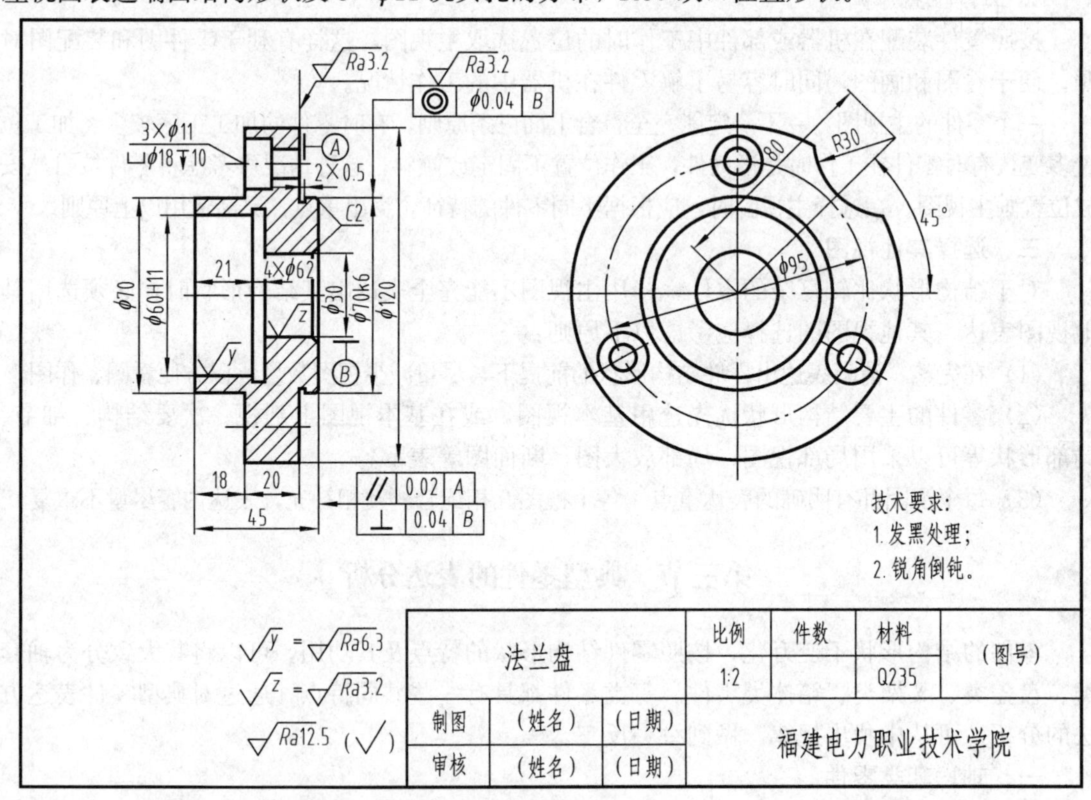

图 8-2　法兰盘零件图

三、叉、架类零件

分析：叉、架类零件的结构形状比较复杂，一般由工作部分、支承（安装）部分和连接部分组成，上面有孔、肋、槽等结构，要在多种机床上进行加工。

主视图选择：一般按形状特征原则兼顾工作位置选择主视图。

其他视图选择：选用其他基本视图与主视图一起表达外形结构及其连接关系。对于零件上的孔、槽结构一般在基本视图上采用局部剖视表达，肋板采用断面图表达，倾斜部分采用斜视图表达。

如图 8 - 3 所示支架零件图。主视图按形状特征原则及工作位置选择，采用基本视图局部剖视的表达方法。主视图反映了支架的主要结构特征：左上工作部分由圆筒及开槽凸缘构成与下面 L 形安装板通过中间 T 形肋板连接，其左上方局部剖视表达开槽凸缘上孔、螺孔及槽的轴向结构，下面的局部剖视表达安装板及沉孔的结构；左视图采用基本视图，其上方的局部剖视反映圆筒宽度及通孔的形状，下部表示安装板形状及沉孔的分布情况；采用局部视图表达凸缘的外形；采用断面图表示肋板的断面形状。

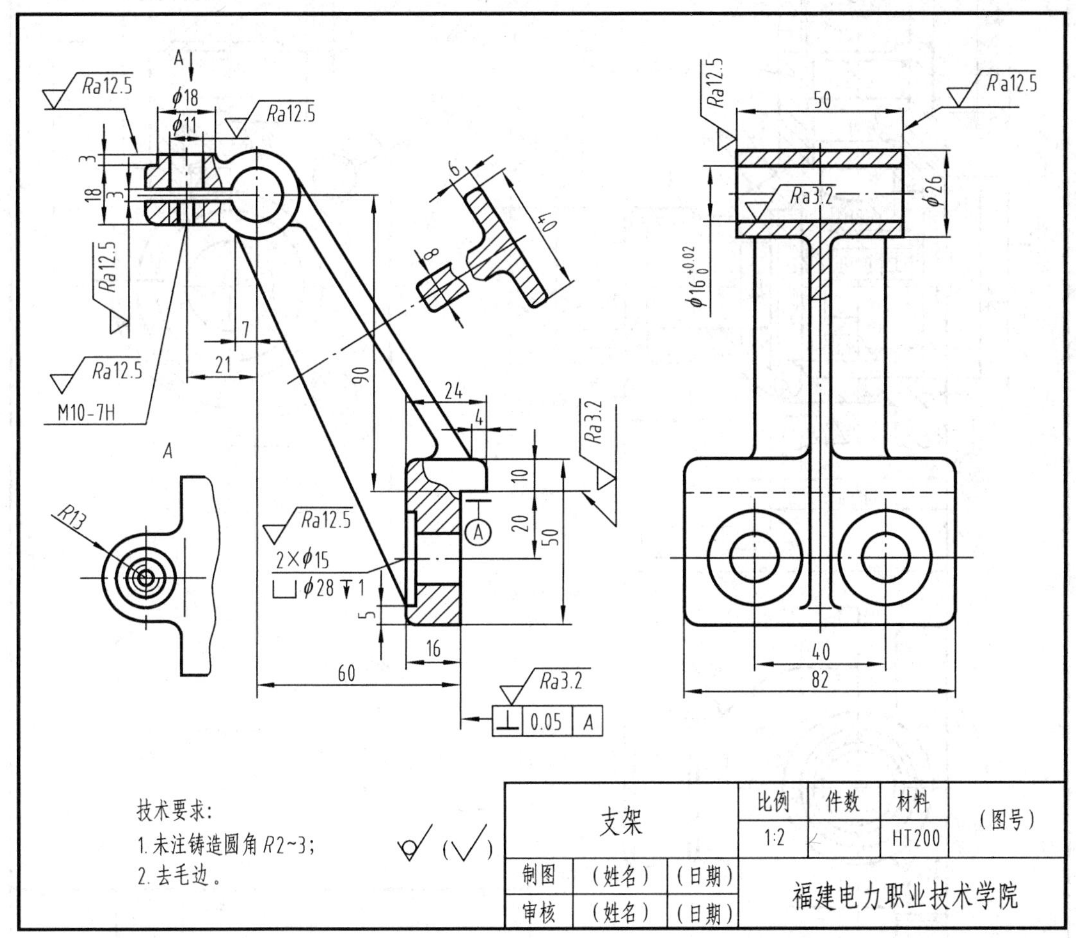

图 8 - 3　支架零件图

四、箱体类零件

分析：箱体的结构形状比较复杂，主要起支承、包容其他零件的作用，箱体上有内腔以及各种形状、大小不一的孔、凸台、肋板、安装连接板等结构，要在多种机床、多个方向进行加工。

主视图选择：一般按形状特征和工作位置选择主视图，采用基本视图、局部剖视或全剖视图表达。

其他视图选择：采用多个基本视图表达，通常以通过主要支承孔轴线的剖视图表达其内部形状结构，一些内、外局部结构可采用斜视图、局部视图、局部剖视图和断面图表示。

如图 8-4 所示为阀体零件图。主视图按工作位置和形状特征选择，采用全剖视图表达。主要表达各孔的内部结构及相对位置关系，同时还表示垂直方向圆柱体及水平方向圆柱体的外形；俯视图为基本视图，主要表达阀体外部形状，同时表达了方形安装板、垂直圆柱体、

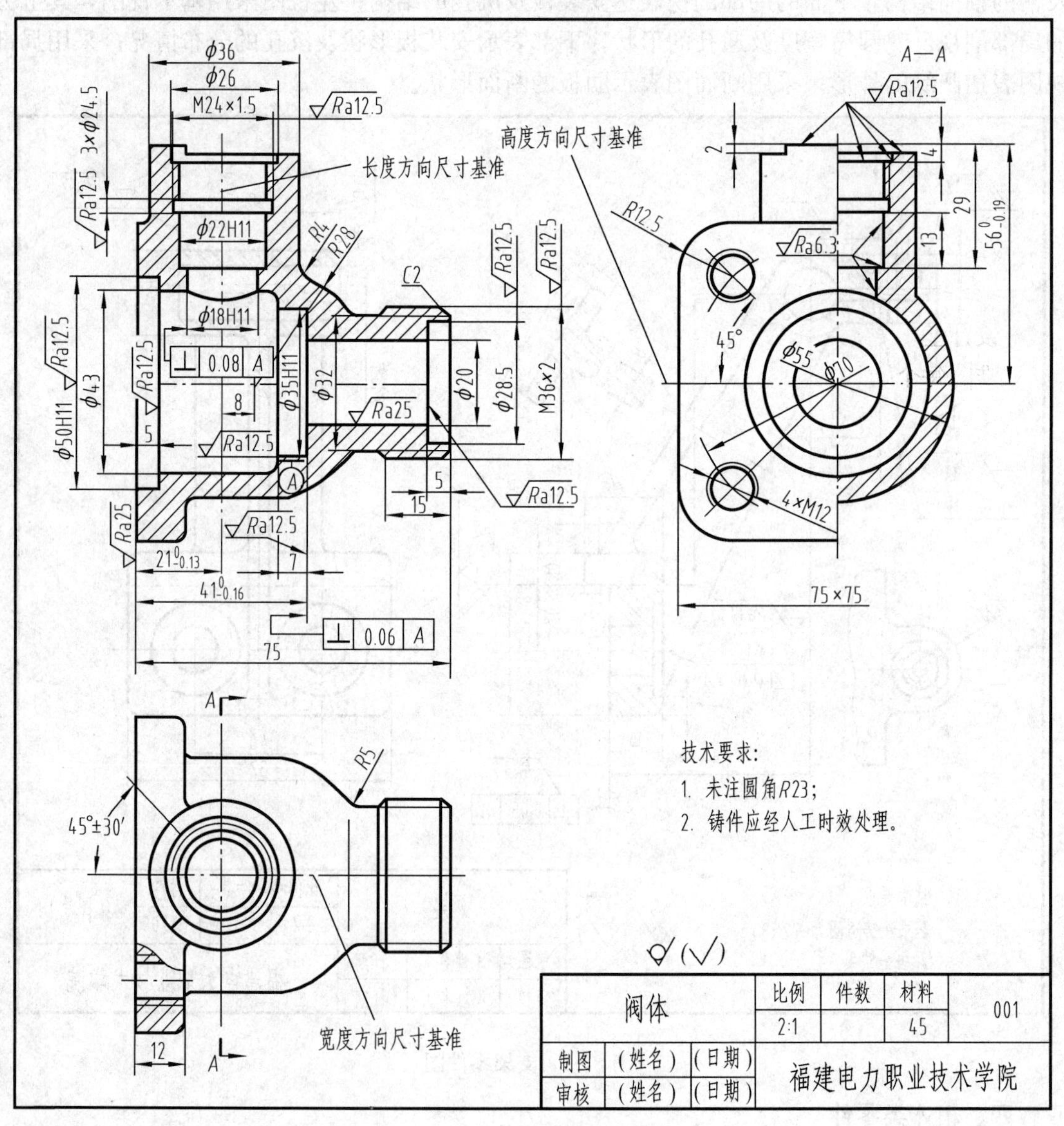

图 8-4 阀体零件图

水平圆柱体以及主阀体的相互位置及连接关系，局部剖视表达安装螺纹孔的结构；左视图采用半剖视图，剖视的一半表达了垂直圆柱体内、外结构及其与主阀体的连接关系，另一半视图表达方形安装板的外形及连接螺纹孔的位置。

第四节　零件图的尺寸标注

零件各部分的大小及其相互位置尺寸由标注的尺寸决定，零件图上的尺寸是加工、检验零件的重要依据。零件图上的尺寸标注应做到正确、完整、清晰、合理。有关尺寸标注的正确、完整、清晰，在平面图形和组合体尺寸标注中已经讨论过了，本节将讨论尺寸标注的合理性问题。所谓尺寸标注的合理，就是指标注的尺寸既要符合零件的设计要求，又要满足加工工艺要求，便于零件的加工和检验。下面介绍一些合理标注尺寸的基本知识。

一、尺寸基准的选择

零件在设计、制造和检验时度量尺寸的起点，称为尺寸基准。在选择尺寸基准时，必须考虑零件在机器或部件中的位置、作用、零件之间的装配关系以及零件在加工过程中的定位和测量要求。

1. 设计基准和工艺基准

根据基准的作用不同，把基准分为设计基准和工艺基准。

设计基准　在零件设计时，用以确定零件在机器中的位置所选定的点、线、面，称为设计基准。每个零件的长、宽、高三个方向都各有一个唯一的设计基准。

工艺基准　零件在加工过程中，用以装夹定位或用于测量所依据的点、线、面，称为工艺基准。工艺基准又分为定位基准和测量基准。

(1) 定位基准。零件加工过程中装夹定位所依据的点、线、面。

(2) 测量基准。测量、检验零件已加工表面尺寸的起点。

2. 主要基准和辅助基准

在零件的加工、测量过程中，长、宽、高三个方向都至少有一个工艺尺寸基准，同一方向上可以有多个工艺基准，其中最重要的一个称为主要基准，其余的称为辅助基准。辅助基准与主要基准之间必须有直接的尺寸联系。

尺寸基准的选择原则是：尽量使主要基准与设计基准和工艺基准重合，工艺基准与设计基准重合，这个原则称为“基准重合原则”。当工艺基准和设计基准不能重合时，首先满足设计要求，即主要尺寸基准与设计基准重合，重要的设计尺寸从设计基准直接标注，次要尺寸可从工艺基准注起。

图 8-5 是销轴的各种基准。图 8-5 (a) 中销轴通过 A 面与其他零件接触定位确定其沿轴线方向（长度方向）的位置，所以其长度方向的设计基准是 A 面，宽度和高度方向的设计基准是ϕ15 轴段的中心线；图 8-5 (b) 表示销轴的加工工艺，其装夹定位的基准是圆棒料的外圆柱面，为了测量方便，其长度方向的测量工艺基准为右端面，由于工艺基准与设计基准不重合，在两基准之间标注一个联系尺寸 52。

二、尺寸标注的形式

根据尺寸基准选择的不同，零件尺寸标注的形式也会发生相应变化。通常零件尺寸的标

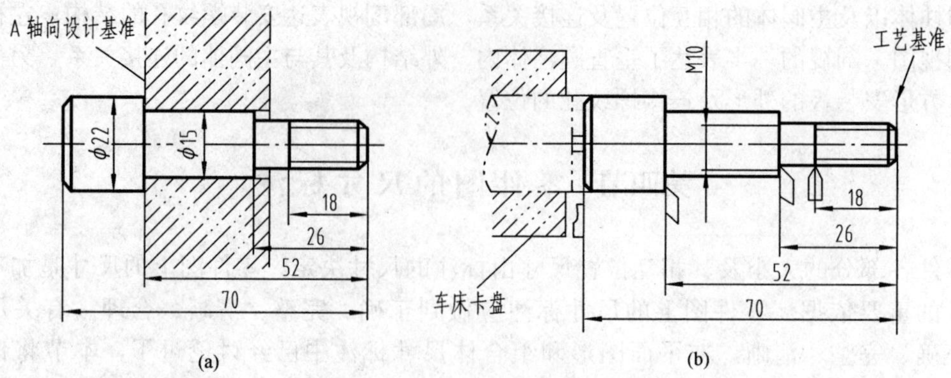

图 8-5　销轴的基准

（a）阶梯轴；（b）阶梯轴加工过程

注形式有基准型、连续型、综合型三种。

1. 基准型尺寸标注

如图 8-6（a）所示，同一方向尺寸从同一基准出发标注，其特点是加工后各个尺寸的误差互不影响，但不能保证两孔间的加工精度。

2. 连续型尺寸标注

如图 8-6（b）所示，同一方向尺寸逐段连续标注成链状，其特点是加工后各个尺寸误差互不影响，但总体长度误差是所有误差的累积。

3. 综合型尺寸标注

如图 8-6（c）所示，是上述两种尺寸标注的综合。其特点是加工后各个尺寸误差都累积到空出不注的一个尺寸上。

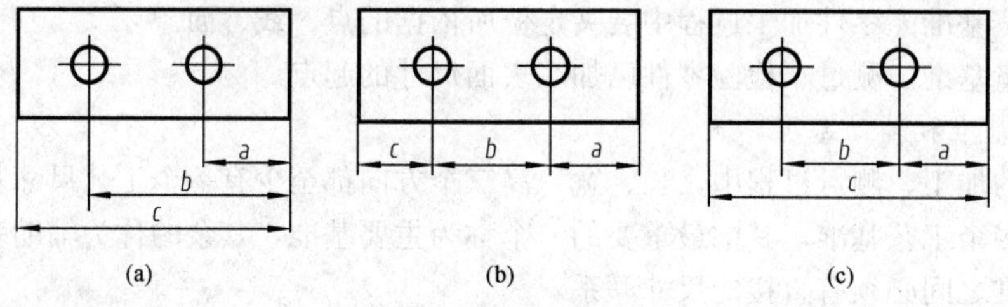

图 8-6　尺寸标注形式

三、合理标注零件尺寸

合理标注零件的尺寸，除了正确选择尺寸基准外，还要遵循以下几个原则。

1. 重要尺寸必须直接注出

影响机器或部件使用性能和装配质量的尺寸称为重要尺寸。如机器或部件的规格性能尺寸、安装尺寸，零件之间有装配关系的配合尺寸、连接尺寸等。因为加工好的零件尺寸存在误差，为了使零件重要尺寸不受其他尺寸误差的影响，在零件图中重要尺寸必须直接注出。如图 8-7 所示轴承座，轴承孔的中心到安装底面的高度 h 是重要尺寸，必须直接标注，如图 8-7（a）所示；在图 8-7（b）中，中心高由尺寸 b 和 c 相加，加工后的误差等于 b 和 c 误差之和，不合理。同样，两安装孔中心距应直接标注 l。

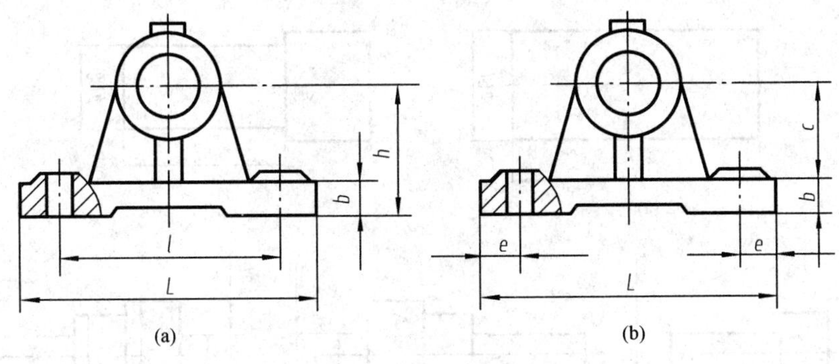

图 8-7　重要尺寸直接标注
(a) 正确；(b) 错误

2. 不能注成封闭尺寸链

同一方向头尾相连，形成一个封闭圈的一组尺寸，称为封闭尺寸链，如图 8-8 (a) 所示的尺寸 A、B 和 C。封闭尺寸链中各个尺寸的加工误差会相互影响，造成加工难度增加，甚至达不到设计要求。因此，在实际标注尺寸时，在尺寸链中选取一个不重要的尺寸不标注，如图 8-8 (b) 所示。

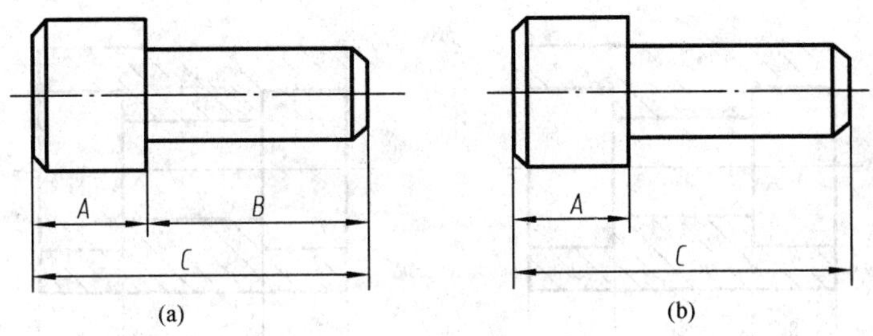

图 8-8　不能注成封闭尺寸链
(a) 错误；(b) 正确

3. 符合加工顺序

按零件的加工顺序标注尺寸，便于加工和测量。如图 8-9 所示。

4. 考虑测量方便

如图 8-10 (a) 所示标注，测量方便，较合理，图 8-10 (b) 所示标注，测量不方便，不合理。

5. 符合工艺要求

如图 8-11 (a) 所示轴承盖孔的尺寸标注，因为轴承盖上的半圆孔是和轴承座配合在一起加工的，所以要标注直径。如图 8-11 (b) 所示半圆键的键槽也要标注直径，以便于选择铣刀。

6. 毛坯面的尺寸标注

对于铸造、锻造零件，同一方向上的加工面与非加工面，应各选一个基准分别标注各自的尺寸，并且两个基准之间只允许有一个联系尺寸。这是因为毛坯面制造误差较大，如果有多个毛坯面以加工面为统一基准，则加工该基准时，往往不能同时保证达到这些尺寸的要求。如图 8-12 (a) 所示零件，加工面以底面为基准标注尺寸 L_1 和 L_2，而毛坯面则以底部凸缘的上平面为基准标注尺寸 M_1、M_2、M_3 及 M_4，两个基准之间的高度尺寸由尺寸 A 相联系，标注合理。而图 8-12 (b) 中的毛坯面尺寸标注不合理。

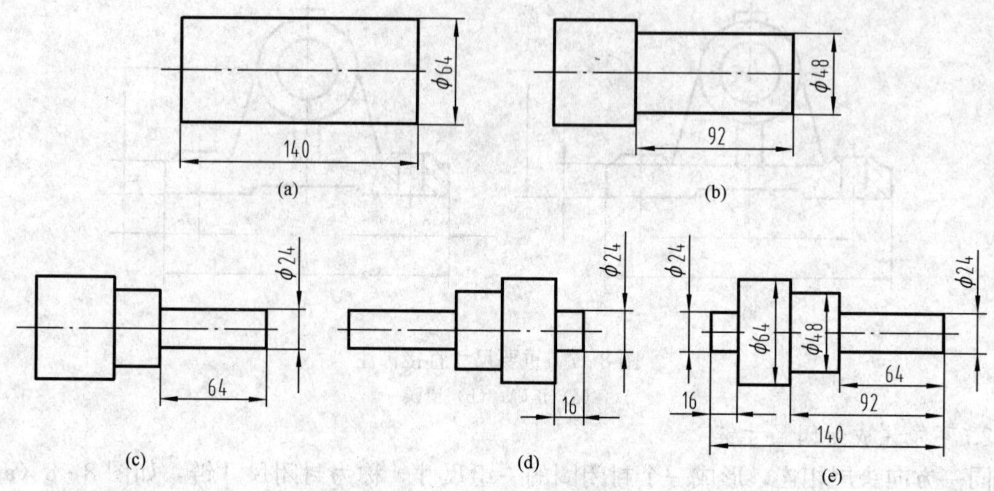

图 8-9　按加工顺序标注尺寸

（a）平端面，定 140；（b）车ϕ48，定 92；（c）车ϕ24，定 64；
（d）掉头车ϕ24，长 16；（e）按加工顺序标注尺寸

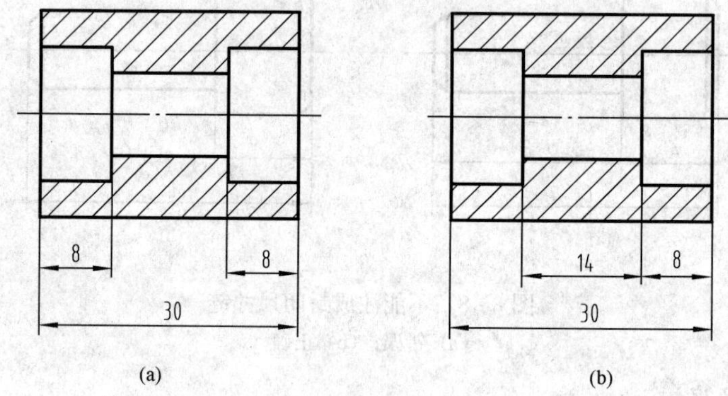

图 8-10　尺寸标注应考虑测量方便

（a）测量方便；（b）测量不方便

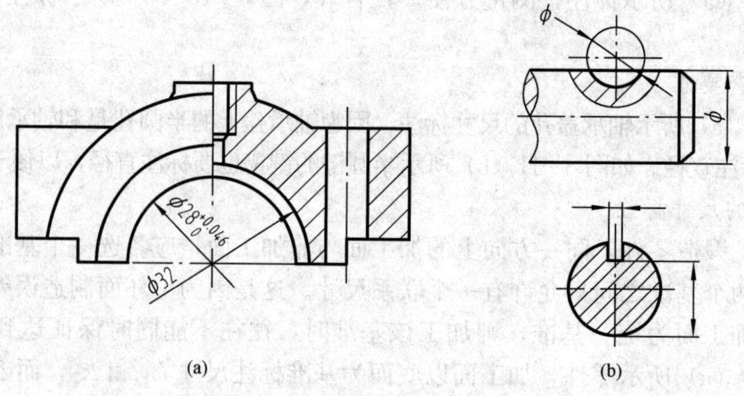

图 8-11　尺寸标注要符合工艺要求

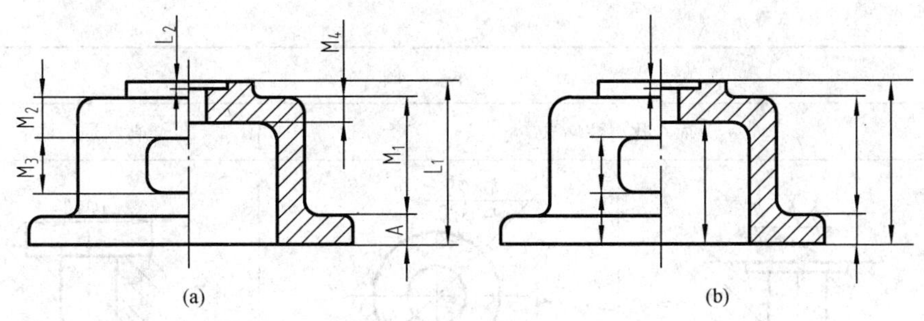

图 8-12　毛坯面的尺寸标注

(a) 合理；(b) 不合理

四、零件上常见孔类结构的尺寸标注

零件上常见孔类结构的尺寸标注见表 8-1。

表 8-1　　零件上常见孔类结构的尺寸标注

结构类型	示例		
	简化注法		普通注法
螺孔	3×M6-7H	3×M6-7H	3×M6-7H
螺孔	3×M6-7H ↧10	3×M6-7H ↧10	3×M6-7H 10
螺孔	3×M6-7H ↧10 ↧13	3×M6-7H ↧10 ↧13	3×M6-7H ↧10 ↧13 10 13
沉孔	6×φ7 ⌵φ13×90°	6×φ7 ⌵φ13×90°	90° φ13
沉孔	4×φ6.4 ⌴φ12 ↧4.5	4×φ 6.4 ⌴φ 12 ↧4.5	φ12 4.5 4×φ6.4

续表

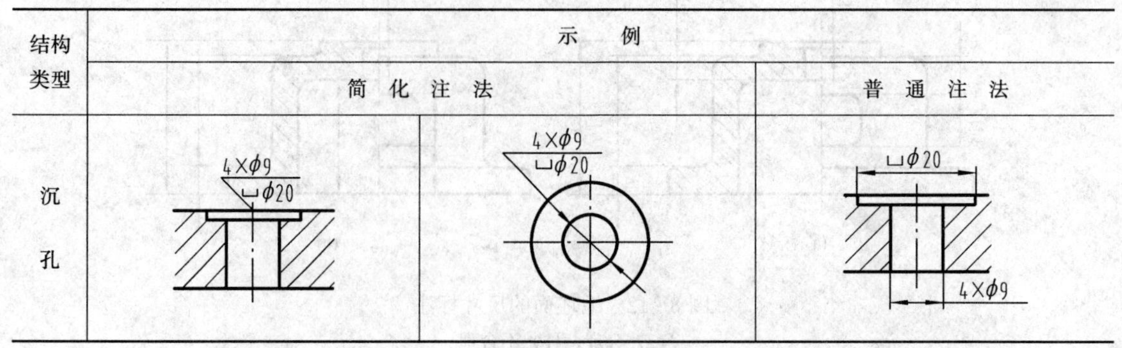

结构类型	示例		
	简化注法		普通注法
沉孔	4×φ9 ⌴φ20	4×φ9 ⌴φ20	⌴φ20 4×φ9

第五节　零件图中的技术要求

零件图中的技术要求是指零件在使用、制造及检验过程中应达到的技术指标。主要包括尺寸公差、形状和位置公差、表面粗糙度以及表面处理、热处理等。

一、极限与配合

1. 互换性

从一批规格相同的零件中任取一件，不经修配就能装配到机器或部件上，并能满足设计和使用性能要求，零件的这种在尺寸和功能上可以互相代替的性质称为互换性。现代化制造业要求零件具有互换性，极限与配合是为了实现零件的互换性要求而制定的国家标准。

2. 极限与配合的基本术语

（1）尺寸公差

在零件的制造过程中，不可避免地会存在各种误差。为了保证零件具有互换性，同时减少零件的制造难度以提高经济性，规定零件加工后的实际尺寸可以有一个合理的变动量，这个允许的尺寸变动量称为尺寸公差，简称公差。以图 8-13 为例，说明有关公差的术语。

1）基本尺寸。设计时选定的尺寸，如ϕ25。

2）实际尺寸。零件制成后，通过测量所得的尺寸。

3）极限尺寸。允许实际尺寸变化的两个极限值，其中实际尺寸的最大允许值称为最大极限尺寸，最小允许值称为最小极限尺寸。如图 8-13 中，孔的最大极限尺寸为ϕ25.033，最小极限尺寸为ϕ25；轴的最大极限尺寸为ϕ24.993，最小极限尺寸为ϕ24.972。

4）极限偏差。极限偏差包括上偏差和下偏差。最大极限尺寸减去基本尺寸所得的代数差称为上偏差；最小极限尺寸减去基本尺寸所得的代数差称为下偏差。国家标准规定：孔的上、下偏差代号分别用 ES 和 EI 表示；轴的上、下偏差代号分别用 es 和 ei 表示；在标注尺寸偏差时，除零外的偏差值应标上相应的“+”号或“-”号。本例中，孔的上偏差为：ES=25.033-25=+0.033，下偏差为：EI=25-25=0；轴的上偏差为 es=24.993-25=-0.007，下偏差为 ei=24.972-25=-0.028。

5）实际偏差。零件实际尺寸减去基本尺寸的代数差。

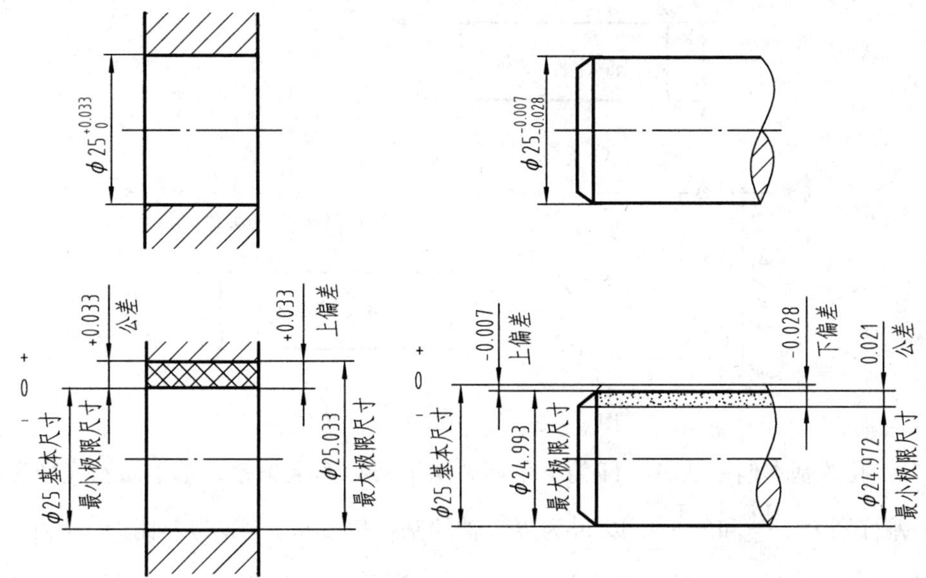

图 8-13　尺寸公差术语

6）尺寸公差。允许的尺寸变动量称为尺寸公差，简称公差。尺寸公差等于最大极限尺寸减去最小极限尺寸，或上偏差减去下偏差。尺寸公差总是大于零的正数，图 8-13 中孔的尺寸公差为 0.033，轴的尺寸公差为 0.021。

（2）公差带及公差带图

为了便于分析尺寸公差，将尺寸公差及其与基本尺寸的关系，用简图的形式表示出来，称为公差带图。简图中代表上、下偏差的两条直线所限定的区域表示公差的大小，称为公差带；代表基本尺寸的直线，称为零线。零线通常沿水平方向绘制，正偏差位于零线上方，负偏差位于零线下方。如图 8-14 所示。

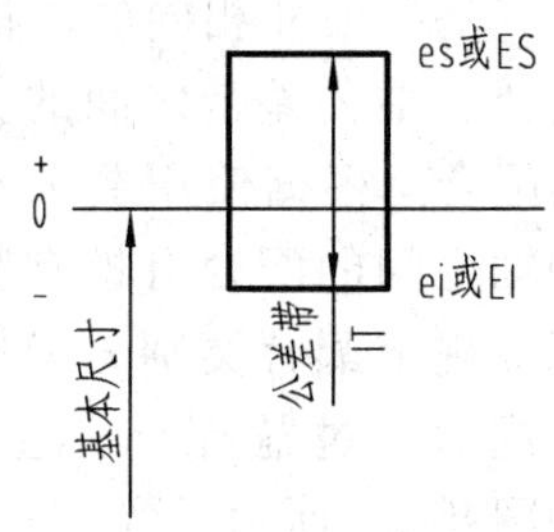

图 8-14　公差带图

（3）标准公差与基本偏差

国家标准 GB/T1800.2—1998 中规定，公差带由标准公差和基本偏差组成，标准公差决定公差带的大小，基本偏差决定公差带的位置。

1）标准公差。标准公差是由国家标准规定的公差值，其大小由基本尺寸和公差等级两个因素确定。国家标准将公差分为 20 个等级，即：IT01、IT0、IT1、IT2、…、IT18，其中“IT”表示标准公差，阿拉伯数字表示公差等级，IT01 精度最高，IT18 精度最低。基本尺寸相同时，公差等级越高（数值越小），标准公差值越小；公差等级相同时，基本尺寸越小，标准公差值越小。标准公差值见附表 14。

2）基本偏差。基本偏差是用以确定公差带相对于零线位置的极限偏差，一般指靠近零线的极限偏差，如图 8-15 所示。当公差带在零线上方时，基本偏差为下偏差；当公差带在零线下方时，基本偏差为上偏差；当零线穿过公差带时，离零线近的偏差为基本偏差。

国家标准规定，孔和轴的基本偏差代号各有 28 种，用拉丁字母表示，孔用大写字母，轴用小写字母。如图8-16所示，基本偏差代号为 JS 的孔上、下偏差分别为$+\frac{IT}{2}$和$-\frac{IT}{2}$，

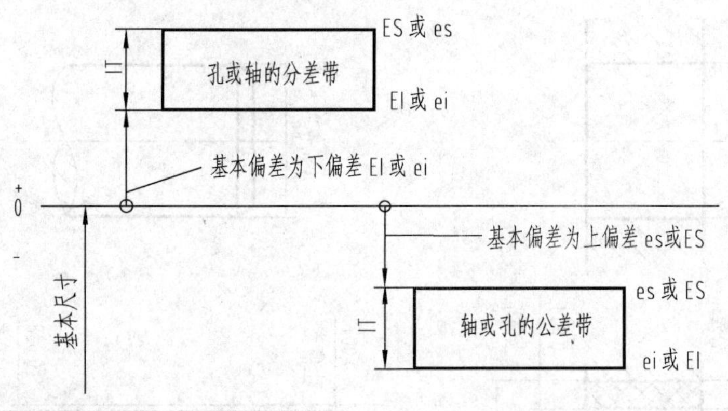

图 8 - 15　孔、轴的基本偏差

以 JS 为界，孔的基本偏差从 A～H 为下偏差，从 J～ZC 为上偏差；基本偏差代号为 js 的轴上、下偏差分别为 $+\frac{IT}{2}$ 和 $-\frac{IT}{2}$，以 js 为界，轴的基本偏差从 a～h 为上偏差，从 j～zc 为下偏差；图中公差带不封口，因为基本偏差只决定公差带的位置而不能决定其大小。

3）孔、轴的公差带代号。孔、轴的尺寸公差可以用公差带代号表示。公差带代号由基本偏差代号和标准公差等级代号组成。如 ϕ25H8 和 ϕ25g7，ϕ25 是基本尺寸，H 是孔的基本偏差代号，公差等级 IT8；g 是轴的基本偏差代号，公差等级 IT7。

（4）配合

基本尺寸相同的，相互装配的孔和轴公差带之间的关系，称为配合。根据使用要求不同，孔和轴之间的配合有松有紧，国家标准规定配合类别分为三类：间隙配合、过盈配合、过渡配合。如图 8 - 17 所示。

1）间隙配合。孔的实际尺寸总是比轴的实际尺寸大，装配后总是存在间隙（包括间隙等于零）的配合。此时孔的公差带在轴的公差带之上，见图 8 - 17（a）。

2）过盈配合。孔的实际尺寸总是比轴的实际尺寸小，装配后总是存在过盈（包括间隙等于零）的配合。此时孔的公差带在轴的公差带之下，见图 8 - 17（b）。

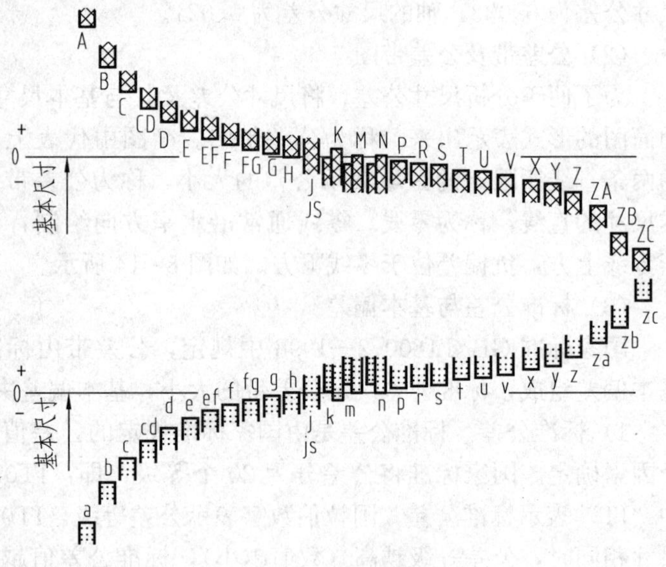

图 8 - 16　基本偏差系列

3）过渡配合。孔的实际尺寸比轴的实际尺寸有时大，有时小，装配后可能具有间隙或过盈的配合。此时孔的公差带和轴的公差带相互交叠，见图 8 - 17（c）。

（5）配合基准制

为了便于选择配合，减少零件加工的专用刀具和量具，在制造相互配合的零件时，使其中一种零件的基本偏差固定，作为基准件，通过改变另一种零件的基本偏差来获

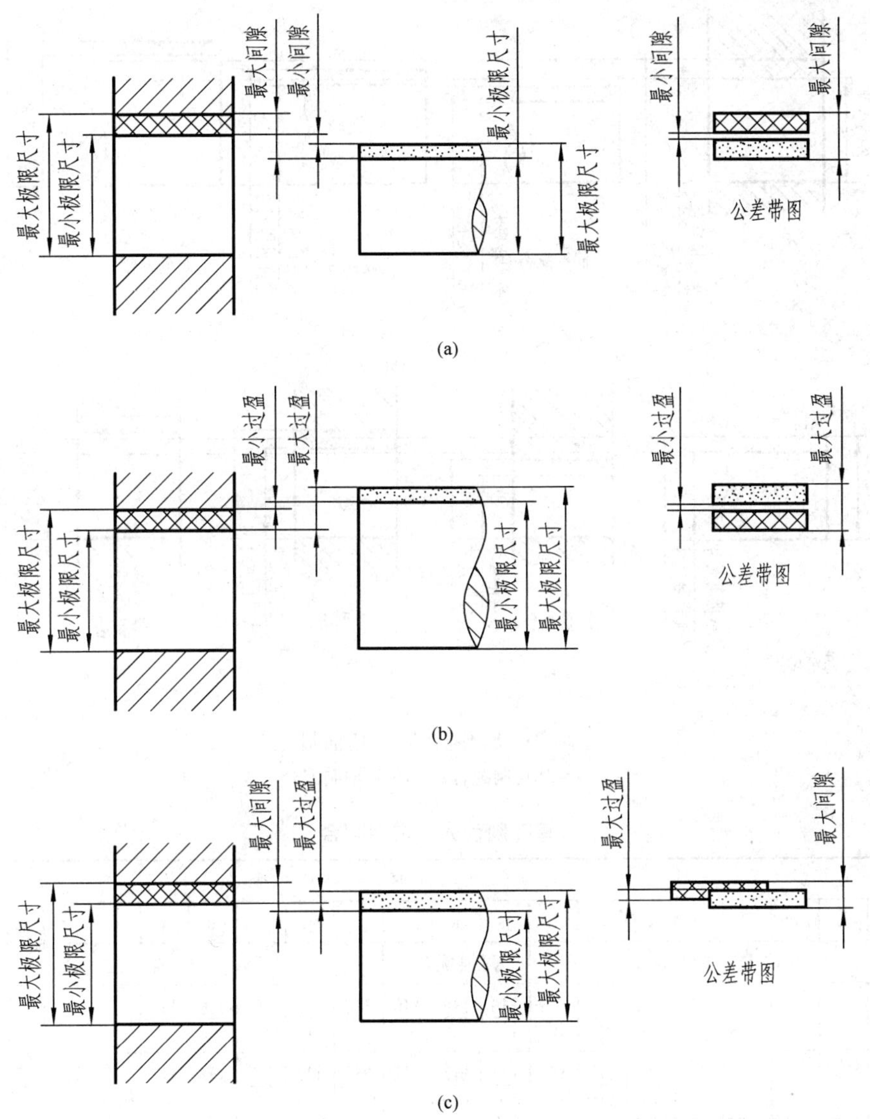

图 8-17　配合类别

(a) 间隙配合；(b) 过盈配合；(c) 过渡配合

得各种不同配合性质的制度，称为配合基准制。国家标准规定了两种配合制。如图8-18所示。

1）基孔制配合。基本偏差为一定的孔的公差带，与各种不同基本偏差的轴的公差带形成各种配合的一种制度。基孔制配合的孔称为基准孔，基本偏差代号为 H，下偏差为零。

2）基轴制配合。基本偏差为一定的轴的公差带，与各种不同基本偏差的孔的公差带形成各种配合的一种制度。基轴制配合的轴称为基准轴，基本偏差代号为 h，上偏差为零。

（6）常用配合和优先配合

国家标准规定的 20 个标准公差等级和 28 个基本偏差可以组成近 30 万种配合。为了便于统一应用，减少零件加工的专用刀具和量具，国家标准规定了优先、常用配合。基孔制和基轴制优先、常用配合见表 8-2 和表 8-3。

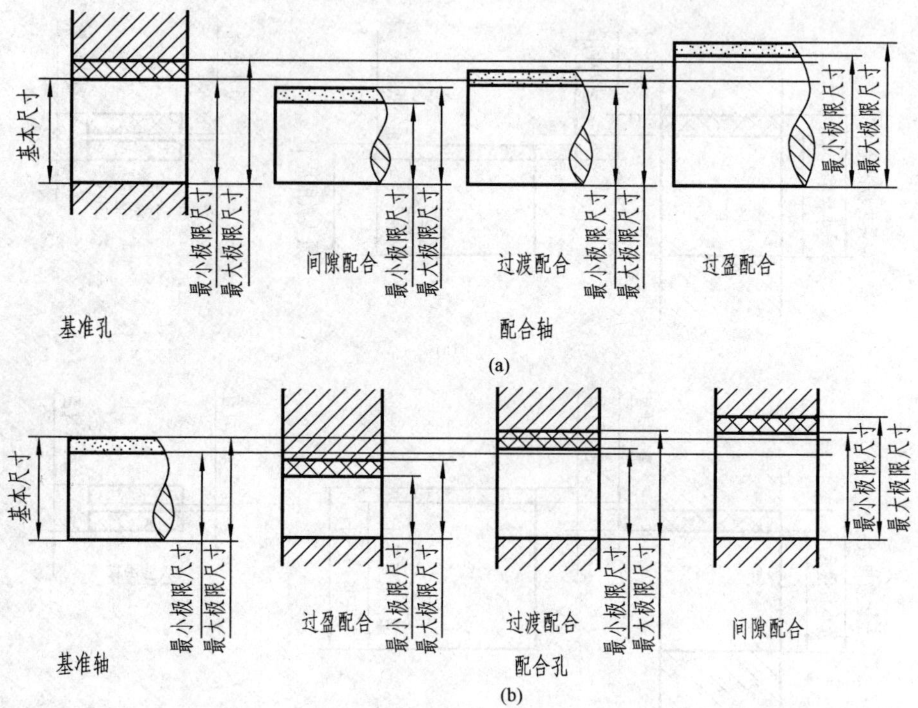

图 8-18 基孔制和基轴制

(a) 基孔制配合；(b) 基轴制配合

表 8-2 **基孔制优先、常用配合**

基准孔	轴																				
	a	b	c	d	e	f	g	h	js	k	m	n	p	r	s	t	u	v	x	y	z
	间隙配合								过渡配合			过盈配合									
H6						$\frac{H6}{f5}$	$\frac{H6}{g5}$	$\frac{H6}{h5}$	$\frac{H6}{js5}$	$\frac{H6}{k5}$	$\frac{H6}{m5}$	$\frac{H6}{n5}$	$\frac{H6}{p5}$	$\frac{H6}{r5}$	$\frac{H6}{s5}$	$\frac{H6}{t5}$					
H7						$\frac{H7}{f6}$	$\frac{H7}{g6}$▼	$\frac{H7}{h6}$▼	$\frac{H7}{js6}$	$\frac{H7}{k6}$▼	$\frac{H7}{m6}$	$\frac{H7}{n6}$▼	$\frac{H7}{p6}$▼	$\frac{H7}{r6}$	$\frac{H7}{s6}$▼	$\frac{H7}{t6}$	$\frac{H7}{u6}$▼	$\frac{H7}{v6}$	$\frac{H7}{x6}$	$\frac{H7}{y6}$	$\frac{H7}{z6}$
H8					$\frac{H8}{e7}$	$\frac{H8}{f7}$▼	$\frac{H8}{g7}$	$\frac{H8}{h7}$▼	$\frac{H8}{js7}$	$\frac{H8}{k7}$	$\frac{H8}{m7}$	$\frac{H8}{n7}$	$\frac{H8}{p7}$	$\frac{H8}{r7}$	$\frac{H8}{s7}$	$\frac{H8}{t7}$	$\frac{H8}{u7}$				
				$\frac{H8}{d8}$	$\frac{H8}{e8}$	$\frac{H8}{f8}$		$\frac{H8}{h8}$													
H9			$\frac{H9}{c9}$	$\frac{H9}{d9}$▼	$\frac{H9}{e9}$	$\frac{H9}{f9}$		$\frac{H9}{h9}$▼													
H10			$\frac{H10}{c10}$	$\frac{H10}{d10}$				$\frac{H10}{h10}$													
H11	$\frac{H11}{a11}$	$\frac{H11}{b11}$	$\frac{H11}{c11}$▼	$\frac{H11}{d11}$				$\frac{H11}{h11}$▼													
H12		$\frac{H12}{b12}$						$\frac{H12}{h12}$													

注 1. $\frac{H6}{n5}$、$\frac{H7}{p6}$在基本尺寸小于或等于 3mm 和$\frac{H8}{r7}$在小于或等于 100mm 时，为过渡配合。

2. 注有符号▼的配合为优先配合。

表 8-3 **基轴制优先、常用配合**

基准轴	轴																				
	A	B	C	D	E	F	G	H	JS	K	M	N	P	R	S	T	U	V	X	Y	Z
	间隙配合								过渡配合			过盈配合									
h5						F6/h5	G6/h5	H6/h5	JS6/h5	K6/h5	M6/h5	N6/h5	P6/h5	R6/h5	S6/h5	T6/h5					
h6						F7/h6	G7/h6▼	H7/h6▼	JS7/h6	K7/h6▼	M7/h6	N7/h6▼	P7/h6▼	R7/h6	S7/h6▼	T7/h6	U7/h6▼				
h7					E8/h7	F8/h7▼		H8/h7▼	JS8/h7	K8/h7	M8/h7	N8/h7									
h8				D8/h8	E8/h8	F8/h8		H8/h8													
h9				D9/h9▼	E9/h9	F9/h9		H9/h9▼													
h10				D10/h10				H10/h10													
h11	A11/h11	B11/h11	C11/h11▼	D11/h11				H11/h11▼													
h12		B12/h12						H12/h12													

注 注有▼符号的配合为优先配合。

（7）极限与配合的选择

正确、合理地选择极限与配合，对产品的使用性能和制造成本将产生直接影响。极限与配合的选择主要包括基准制、公差等级和配合种类的选择。

1）基准制选择。一般优先选用基孔制，由于加工、装配等有特殊要求时，选用基轴制，个别情况可以采用非基准制。

2）公差等级选择。选择公差等级的基本原则是，在满足使用要求的前提下，尽可能选择较大公差。一般采用类比法，从生产实践中总结出来的经验资料，进行比较选择。

3）配合类别选择。根据使用要求，装配后有相对运动要求的，选用间隙配合；装配后需要靠过盈传递载荷的，选用过盈配合；装配后有定位精度要求的，选用过渡配合。

3. 极限与配合的标注

（1）极限与配合在零件图中的标注

在零件图中的标注形式有三种，如图 8-19 所示。

1）在基本尺寸后只标注公差带代号，如图 8-19（a）所示。

2）在基本尺寸后只标注上、下偏差数值，如图 8-19（b）所示。偏差数值字号比基本尺寸数字小一号，下偏差与基本尺寸数字在同一底线上；偏差应标出相应的正、负号，上、下偏差的小数点应对齐，小数位数必须相同，当偏差为“零”时，用数字“0”标出。

3）在基本尺寸后同时标注公差带代号和上、下偏差数值，如图 8-19（c）所示。偏差值必须加括号。

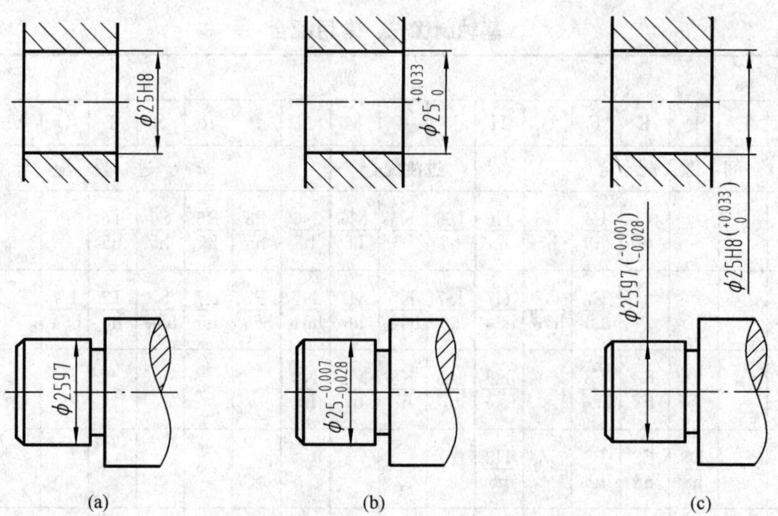

图 8-19　零件图中尺寸公差的标注

（2）极限与配合在装配图中的标注

在装配图中一般只标注配合代号。配合代号用分数形式表示，分子为孔的公差带代号，分母为轴的公差带代号，如图 8-20 所示。对于与轴承等标准件配合的孔或轴，则只标注非标准件的公差带代号。

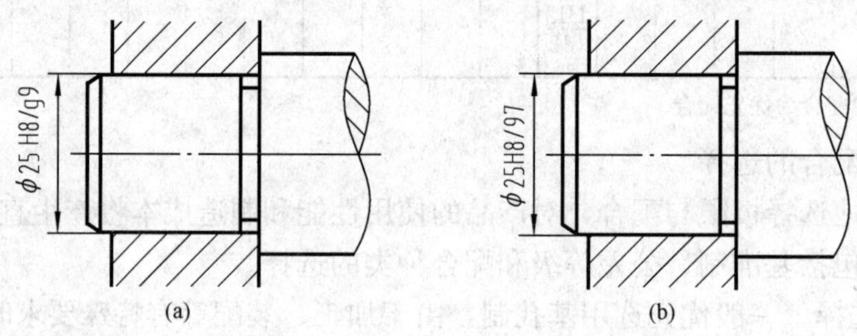

图 8-20　装配图中配合代号标注

（3）极限与配合查表示例

【例 8-1】　查表确定ϕ25H8/g7 中孔和轴的极限偏差，画出公差带图并判别配合类别。

1）ϕ25H8/g7 为ϕ25H8 孔和ϕ25g7 轴配合，分别确定孔和轴的极限偏差。查附表 17《孔的极限偏差》，在表中由基本尺寸＞24～30 的行和公差带 H8 的列汇交处查得 $^{+33}_{0}$ μm，这就是孔的上、下偏差，单位换算成 mm 后标注为 $\phi25^{+0.033}_{0}$；查附表 16《轴的极限偏差》，在表中由基本尺寸＞24～30 的行和公差带 g7 的列汇交处查得 $^{-7}_{-28}$ μm，这就是孔的上、下偏差，单位换算成 mm 后标注为 $\phi25^{-0.007}_{-0.028}$。

2）根据所查得的孔和轴的极限偏差，按比例分别画出孔、轴的公差带图，如图 8-21 所示。由图可见，孔公差带在轴公差带上面，该配合为基孔制间隙配合。

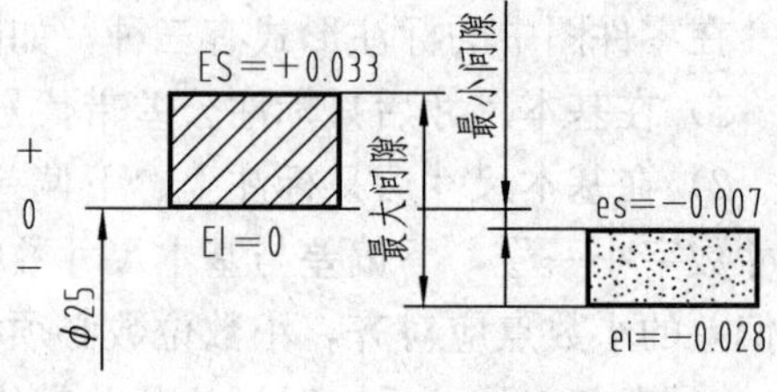

图 8-21　公差带图

4. 极限与配合在 CAD 图中的标注

公差的标注有多种方法，可在标注时直接通过“多行文字”选项输入公差代号或偏差值。也可先按一般基本尺寸的标注方法标注完尺寸后，再通过编辑尺寸文本进行修改标注。

(1) 直接标注尺寸公差

如标注图 8-19 的尺寸公差时，操作步骤如下：

激活“线性”标注命令，命令行提示：

命令：_dimlinear

指定第一条尺寸界线原点或〈选择对象〉：

指定第二条尺寸界线原点：

分别捕捉到孔的直线端点作为尺寸界线的端点后，命令行提示：

指定尺寸线位置或

[多行文字(M)/文字(T)/角度(A)/水平(H)/垂直(V)/旋转(R)]：

此时如果直接单击鼠标，指定尺寸线的位置，则只能进行普通的基本尺寸标注。为了标注公差尺寸，在此提示下应输入“多行文字”选项标识符“M”，系统将弹出多行文字编辑器，在文字编辑区内输入需要标注的直径符号和公差代号，直径符号可通过输入“%%c”，或右键单击文字编辑区，在弹出的快捷菜单中选择［符号（S）］/［直径（I）］，如图 8-22 所示，图中的“25”是系统自动生成的尺寸，必要时也可重新输入。单击“确定”按钮，即完成基本尺寸及其公差ϕ25H8 的标注。

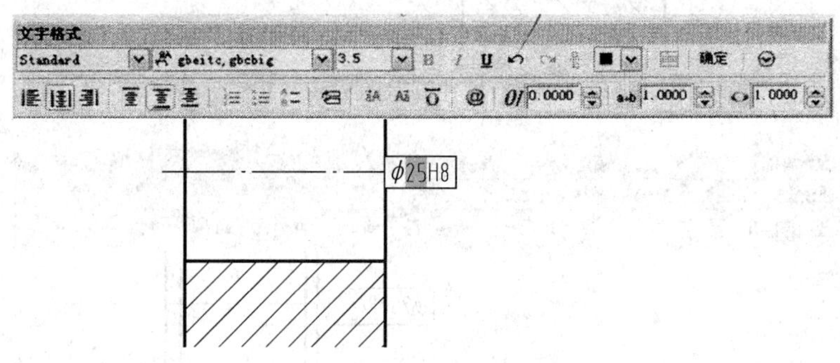

图 8-22　尺寸公差代号的标注

若要标注偏差数值，先在文字编辑区内输入需要标注的上、下偏差数值，应注意在上下偏差数值之间输入符号“^”，为了保证上下偏差数值的小数点对齐，当偏差值为“0”时，应在“0”之前输入一个空格，如图 8-23 所示。偏差数值输入之后，选中上下偏差数值，单击控制栏上的“堆叠”分式按钮 a/b，所标的尺寸就变成了极限偏差的形式，见图 8-24。应注意堆叠分式按钮只有当选中符合格式要求的上下偏差数值后才可选，否则为灰色不可选。最后单击“确定”按钮即完成偏差数值的标注。

若要标注图 8-20 中装配图上的公差，方法同上，先在文字编辑区内输入需要标注公差代号 H8/g7，如图 8-25 所示，如果直接单击“确定”按钮，则标注形式如图 8-20（b）所示；如果要标注成图 8-20（a）所示的分数形式，应先在文字编辑区中选中 H8/g7，再单击控制栏上的“堆叠”分式按钮 a/b，则标注变成图 8-26 所示的分数形式，最后单击“确定”

按钮完成公差标注。

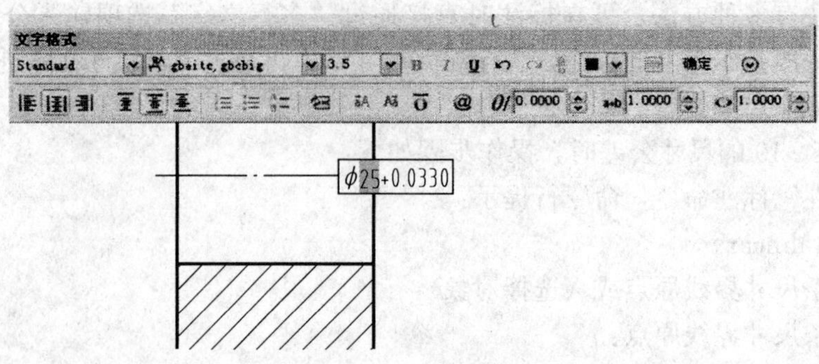

图 8-23　尺寸偏差的标注（Ⅰ）

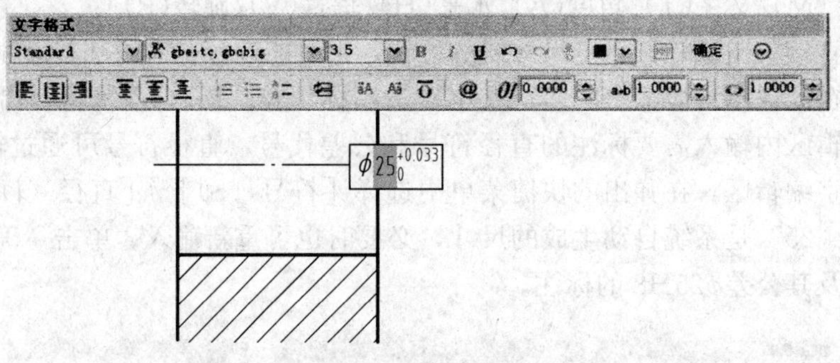

图 8-24　尺寸偏差的标注（Ⅱ）

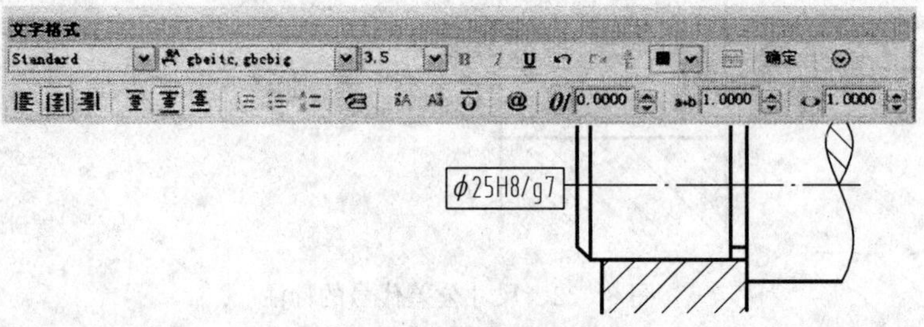

图 8-25　装配图中公差的标注（Ⅰ）

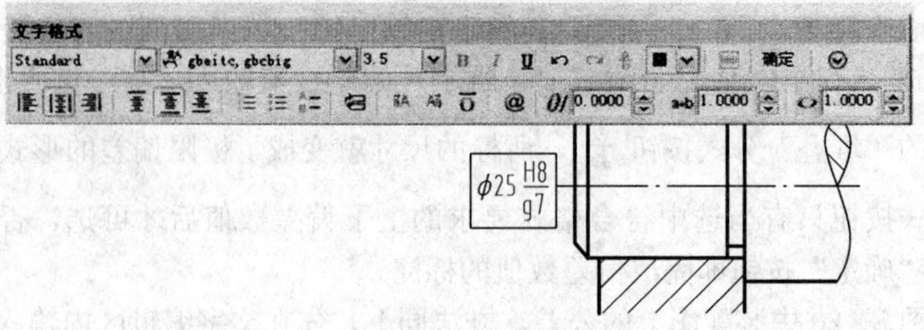

图 8-26　装配图中公差的标注（Ⅱ）

(2) 通过编辑尺寸修改或标注尺寸公差

在标注尺寸时，如果漏标尺寸公差或标注有误时，可通过“编辑文字”修改。可通过以下方法激活“编辑文字”命令：

➢ 文字工具栏图标

➢ 下拉菜单操作：[修改]/[对象]/[文字]/[编辑]

➢ 命令行操作：ddedit

执行命令后 AutoCAD 提示：

命令：_ddedit

选择注释对象或 [放弃（U)]：

在此提示下，选择要修改的尺寸，系统弹出多行文字编辑器，即可按上述公差标注方法进行公差代号或数值的注写。

二、形状和位置公差

零件加工后，不仅会产生尺寸误差和表面粗糙度，也会产生形状和位置误差。形状误差是指实际要素和理想几何要素的差异，如图 8-27（a）所示的销轴轴线有直线度要求；位置误差是指相关联的两个几何要素的实际位置相对于理想位置的差异，如图 8-27（b）所示，箱体上两个安装锥齿轮的孔要求互相垂直，如果两孔轴线歪斜太大，会影响锥齿轮的啮合传动。所以，对机器中某些精确度较高的零件，不仅要保证其尺寸公差，而且还要求保证其形状和位置公差（简称形位公差）。

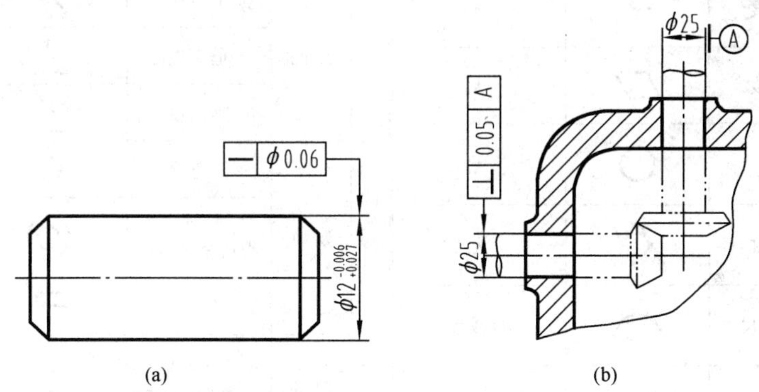

图 8-27　形状和位置公差概念

1. 形位公差的基本概念

1）几何要素。构成零件几何特征的点、线、面。

2）被测要素。零件上给出形状和位置公差要求的要素，是检测的对象。

3）基准要素。用来确定被测要素方向和位置的要素。

4）形状公差。被测零件实际要素的几何形状相对于理想要素的几何形状所允许的变动量，如图 8-27（a）所示为圆柱轴线的直线度。

5）位置公差。被测零件实际要素的位置相对于基准要素的位置所允许的变动量，如图 8-27（b）所示为水平孔轴线相对于铅垂孔轴线的垂直度。

2. 形位公差代号和基准代号

在零件图中，形状和位置公差用代号标注。当无法用代号标注时，允许在技术要求中用文字说明。

1）形位公差代号由形位公差特征项目符号、框格、公差值、指引线、基准符号（字母）

和其他有关符号组成，在零件图中标注时的画法如图 8-28（a）所示，其中形位公差特征项目的名称及符号见表 8-4。

2）基准代号由基准符号、圆圈、连线和大写拉丁字母组成，在零件图中标注时的画法如图 8-28（b）所示，其中字母应水平书写。

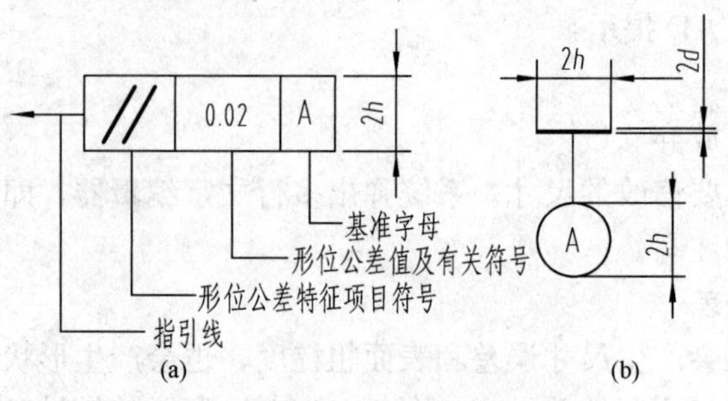

图 8-28　形位公差代号及基准代号

表 8-4　　形状和位置公差特征项目的名称及符号

公 差		特 征	符 号	有或无基准要求	公 差		特 征	符 号	有或无基准要求
形状	形状	直线度	—	无	位置	定向	平行度	//	有
		平面度	▱	无			垂直度	⊥	有
		圆度	○	无			倾斜度	∠	有
		圆柱度	⌭	无		定位	位置度	⌖	有或无
形状或位置	轮廓	线轮廓度	⌒	有或无			同轴（同心）度	◎	有
		面轮廓度	⌓	有或无			对称度	⌯	有
						跳动	圆跳动	↗	有
							全跳动	⌰	有

3. 形位公差的标注方法

（1）形位公差带的定义及标注

公差带是指限制实际要素变动的区域。公差带的形状由被测要素的理想形状和公差特征项目确定，公差带的大小由公差值确定。常用形状公差的公差带定义和标注见表 8-5；常用位置公差的公差带定义和标注见表 8-6。

（2）形位公差标注的一般说明

1）被测要素或基准要素为轮廓线、素线或表面时，连接框格和被测要素的指引线箭头应垂直指向视图中被测要素的轮廓线或其延长线；基准符号应靠近基准要素的轮廓线或其延长线；箭头或基准符号与尺寸线明显错开，如图 8-29 所示。

2）被测要素或基准要素为轴线、对称中心面或球心时，指引线箭头或基准符号上的连线与该结构要素的尺寸线对齐，如图 8-30 所示。

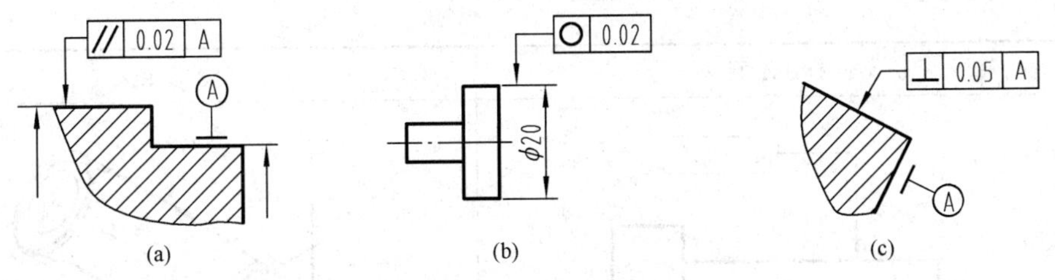

图 8-29　被测要素或基准要素为轮廓表面

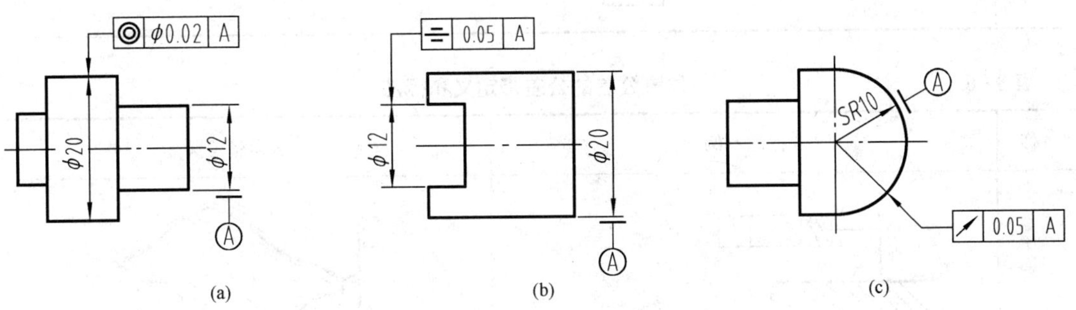

图 8-30　被测要素或基准要素为中心要素

表 8-5　　**形状公差的公差带定义和标注**

名称	标注示例	公差带定义
直线度	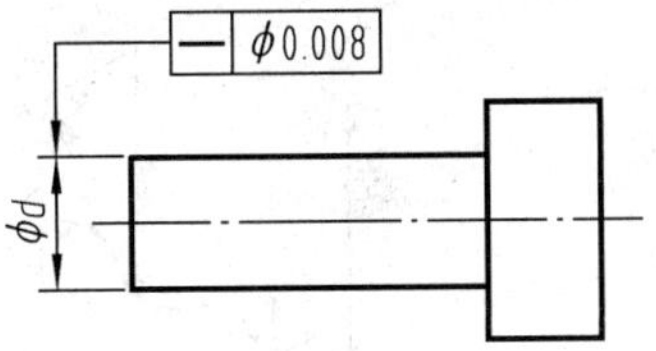	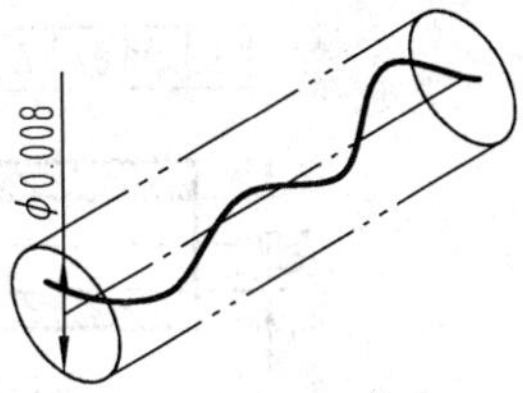
平面度	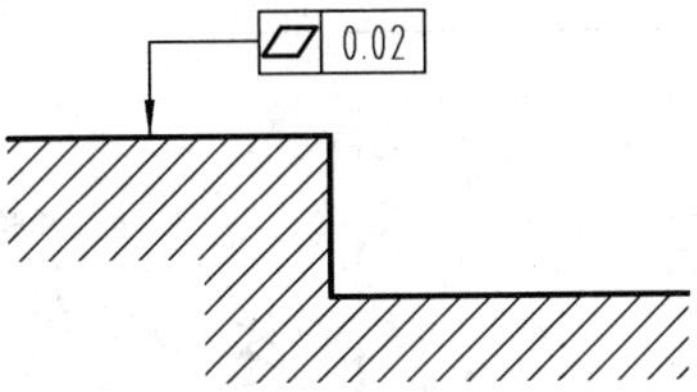	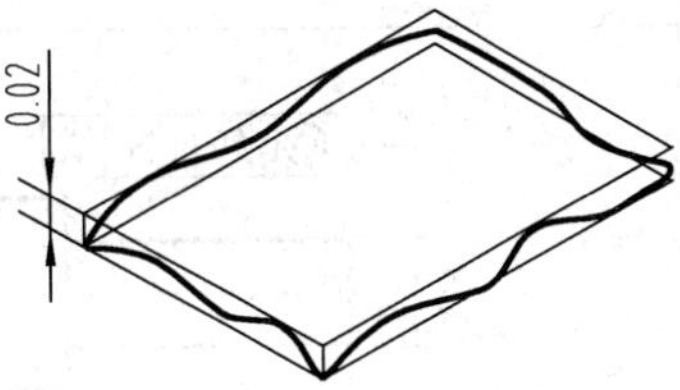
圆度	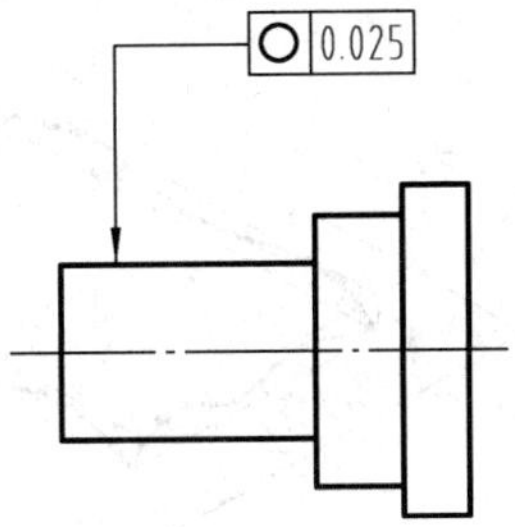	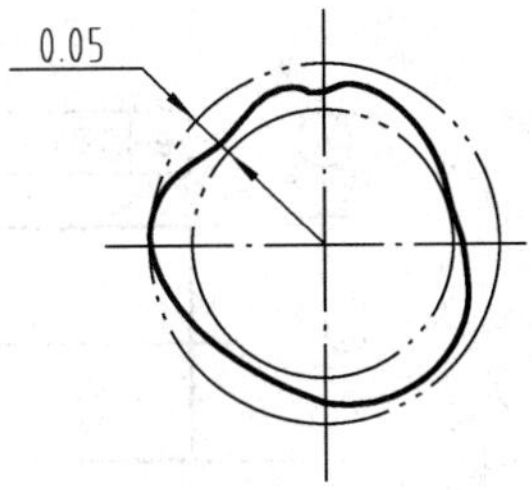

续表

名称	标注示例	公差带定义
圆柱度	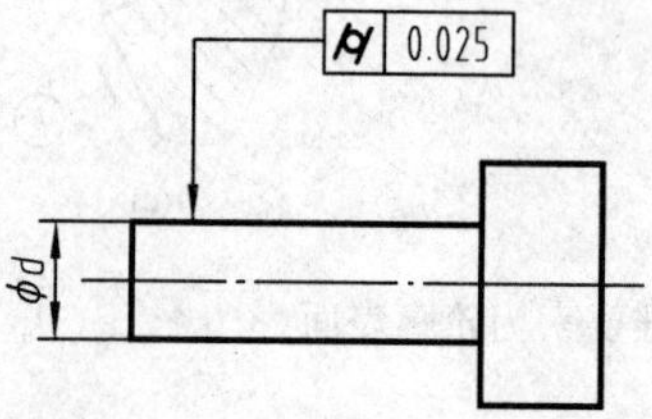	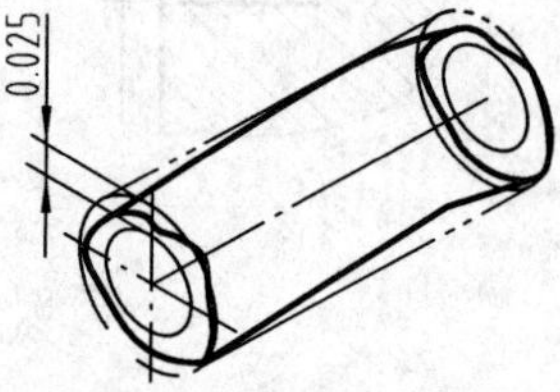

表 8-6　　　　位置公差的公差带定义和标注

名称	标注示例	公差带定义
平行度	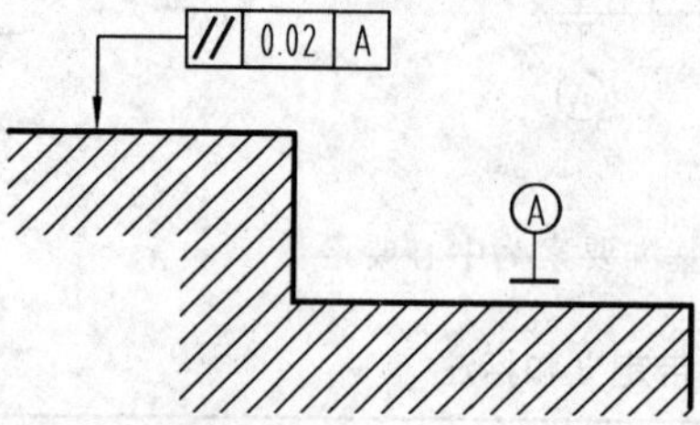	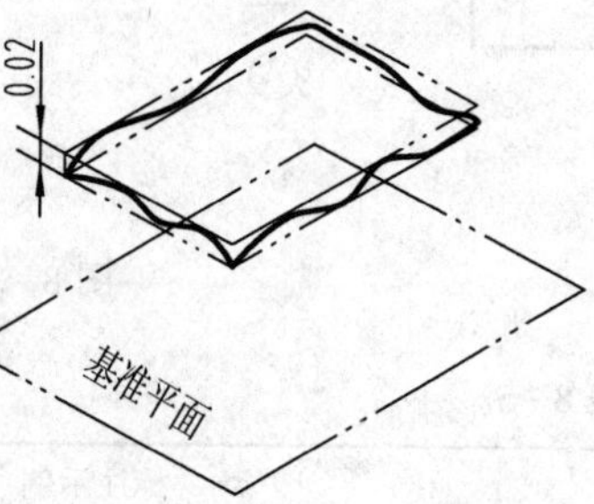
垂直度	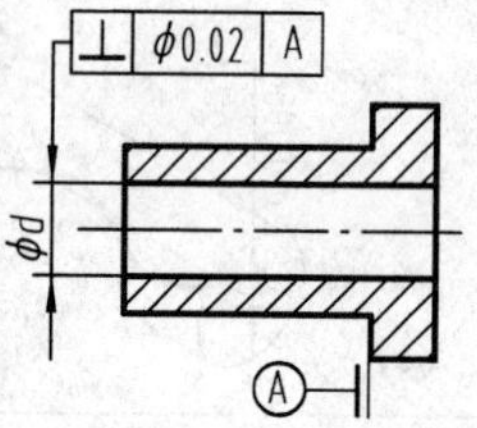	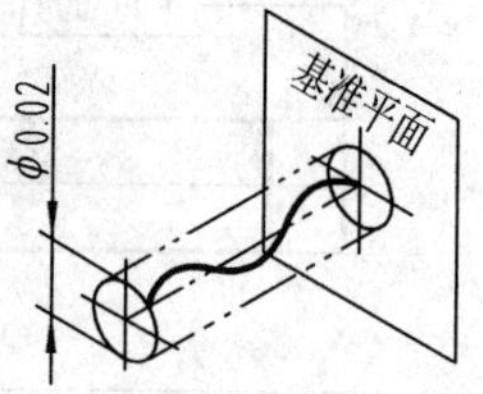
同轴度	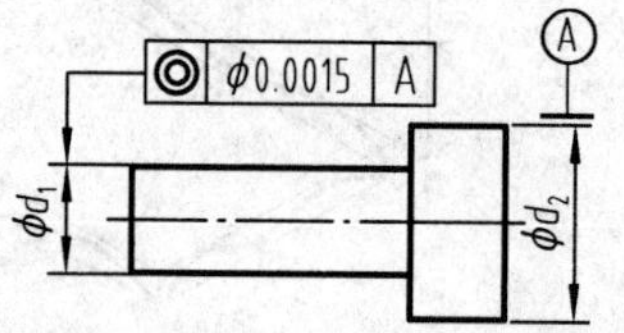	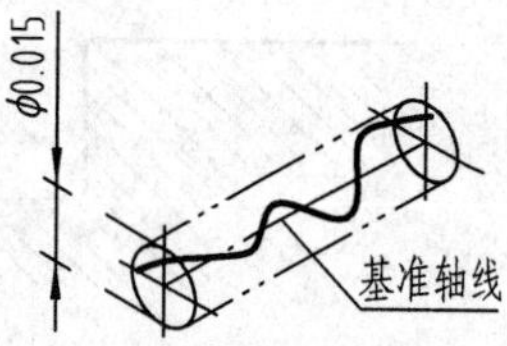
对称度	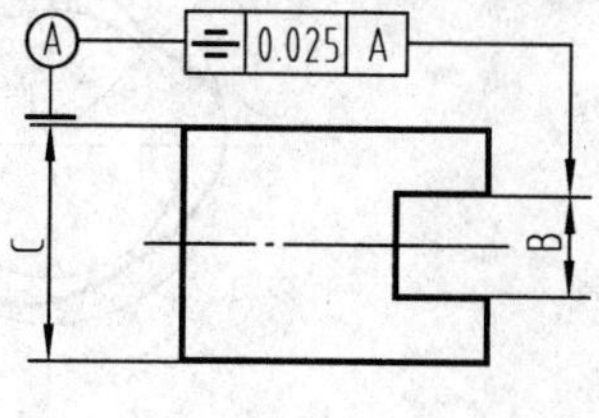	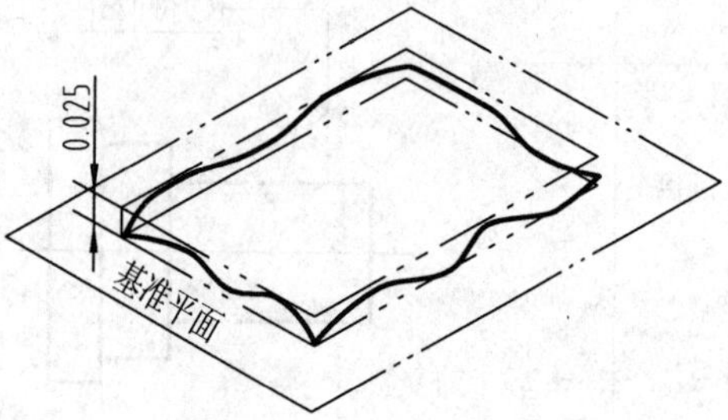

续表

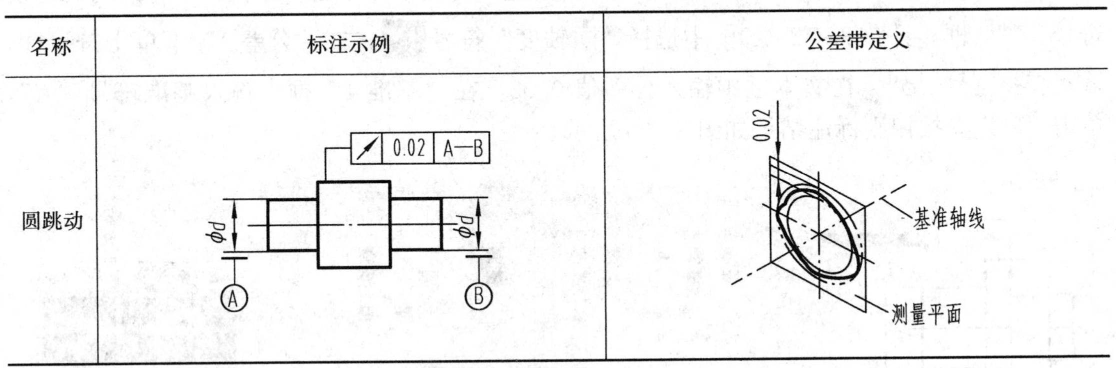

名称	标注示例	公差带定义
圆跳动		

4. 形位公差的识读

【例 8-2】 解释图 8-1 所示的减速器从动轴零件图上形位公差的含义。

1）两处φ55j6 轴颈表面对该两处轴颈轴线的圆跳动公差为 0.025mm；该两处轴颈的圆柱度公差为 0.005mm。

2）φ56r6 轴段表面对两处φ55j6 轴颈轴线的径向圆跳动公差为 0.025mm。

3）φ62 轴段两端面对两处φ55j6 轴颈轴线的端面圆跳动公差为 0.015mm。

4）φ45m6 轴段上 12N9 键槽对该轴段轴线的对称度公差为 0.02mm。

5）φ56r6 轴段上 16N9 键槽对该轴段轴线的对称度公差为 0.02mm。

5. 形位公差在 CAD 图中的标注

(1) 形位公差代号的标注

AutoCAD 中提供了标注形位公差的工具，当定义了文字样式及标注样式后，AutoCAD 自动按相应格式设定形位公差的框格格式。形位公差的标注常和引线标注结合使用。以标注图 8-30 (a) 的形位公差为例，操作步骤如下：

首先通过以下方式激活“快速引线”命令，并将指引线的注释设置为公差。

- ➢ 文字工具栏图标
- ➢ 下拉菜单操作：[标注] / [引线]
- ➢ 命令行操作：qleader

执行命令后 AutoCAD 提示：

命令：_qleader

指定第一个引线点或[设置(S)]〈设置〉：

在此提示下按回车键，弹出引线设置对话框，如图 8-31 所示，在“注释”选项卡的“注释类型”设置区中，选择“公差”，单击“确定”按钮。

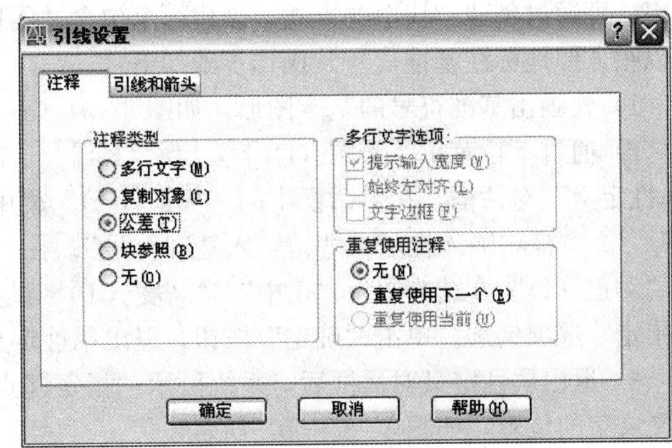

图 8-31　“引线设置”对话框

通过拾取点确定引线起始点、方向及公差框格的位置，如图 8-32 (a)

所示分别拾取点1、2、3后，系统弹出“形位公差”对话框，单击符号框，在打开的“特征符号”对话框［见图8-32（c）］中选择“同轴度”符号◎，在“公差1”框单击符号框，输入直径符号“ϕ”，在文本框中输入公差值0.02，在“基准1”框中输入基准符号“A”，单击“确定”按钮则标注结果如图8-33所示。

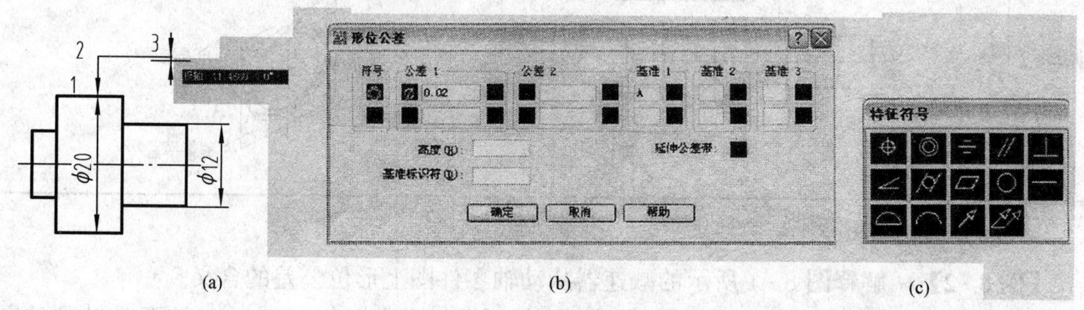

图8-32　形位公差标注（Ⅰ）

（2）基准符号的标注

基准符号可先按图8-28（b）所示尺寸，利用直线和画圆命令画出基本图形，注意将短横线设置为两倍粗线宽度（设置方法：选中该段直线，在“对象特性”工具栏中的“线宽控制”栏中选择所要求的线宽），其余用细实线画，如图8-34（a）所示，再用单行文字或多行文字工具在圆中标出字母，如图8-34（b）所示。

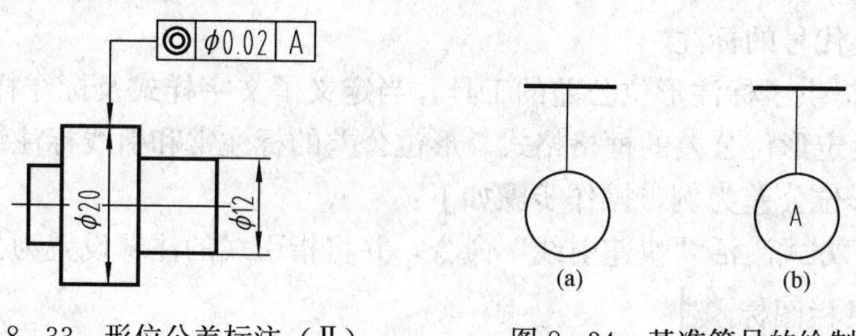

图8-33　形位公差标注（Ⅱ）　　图8-34　基准符号的绘制

基准代号在零件图中经常用到，有时在同一张图纸中就有多处需要标注，为了提高绘图效率，可通过创建“块”的方式，创建一个包含“属性定义”的图块，使用时通过插入图块可以很方便地标注基准代号。操作步骤如下：

1）先画出基准符号的基本图形，如图8-34（a）所示。

2）通过下拉菜单［绘图（D）］/［块（K）］/［定义属性（D）］，弹出如图8-35所示“属性定义”对话框，在对话框中的“标记（T）”栏中输入属性文字的标记“A”；在“提示（M）”文本框中输入提示语“请输入基准符号”；在“值（L）”文本框中输入默认值“A”；将“对正（J）”方式选择为“正中”，“高度（T）”设为3.5；并将“插入点”栏中“在屏幕上指定”选项钩选。单击“确定”按钮，退出属性定义对话框。

3）退出属性定义对话框后，系统提示“指定起点:”，通过鼠标捕捉到圆心，确定属性定义文字的位置，如图8-35（b）所示。

4）通过下拉菜单［绘图（D）］/［块（K）］/［创建（M）］，弹出如图8-36所示“块定义”对话框，在对话框中的“名称（A）”栏中输入块的名称“基准代号”；单击“拾取点

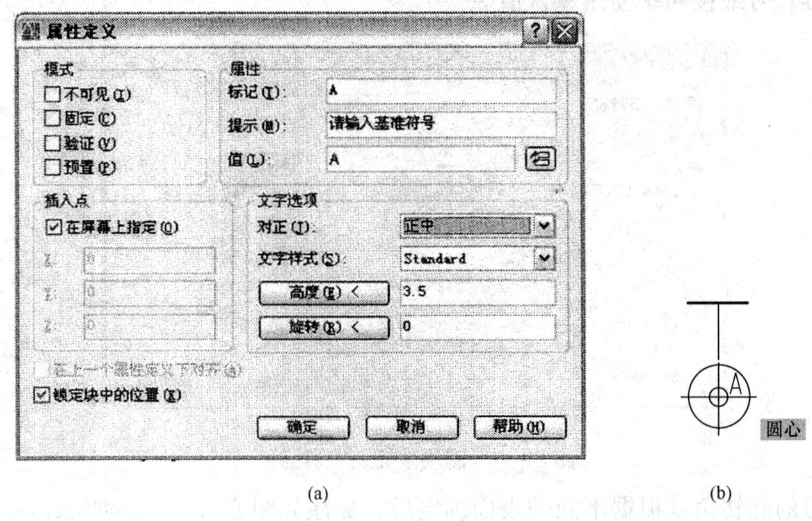

(a)　　(b)

图 8-35　基准代号图块的“属性定义”对话框

(K)”按钮，通过鼠标捕捉粗短线的中点偏上约1.5mm作为插入点，单击“选择对象(T)”按钮，通过鼠标选择基准代号图形及属性定义的字母，单击“确定”按钮，弹出“编辑属性”对话框，单击“确定”按钮即完成块的创建。

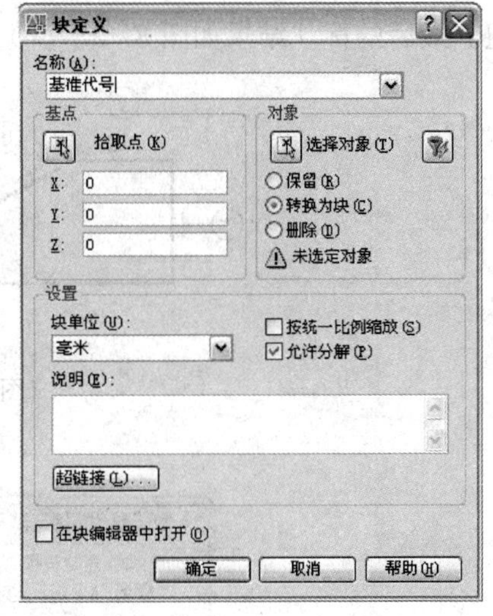

图 8-36　基准代号图块的“块定义”对话框

当需要标注基准符号时，可通过插入图块的方式进行操作，“插入块”的命令可通过以下方式激活：

➢ 工具栏图标：

➢ 下拉菜单[插入(I)]/[块(B)]

➢ 命令行输入：insert

激活命令后，系统弹出如图 8-37 所示的“插入”对话框，在“名称(N)”栏中选择已定义好的“基准符号”，将“插入点”一栏中的“在屏幕上指定”钩选，“缩放比例”一栏不钩选，采用默认值 1，“旋转”一栏中可将“在屏幕上指定”钩选，在指定插入点后指定旋转角度，如不钩选，则需在角度栏中输入角度值。单击“确定”按钮后，系统提示：

命令：_insert

指定插入点或[基点(B)/比例(S)/X/Y/Z/旋转(R)/预览比例(PS)/PX/PY/PZ/预览旋转(PR)]：

通过鼠标捕捉到基准代号的插入点后提示：

指定旋转角度〈0〉：

指定旋转角度，若在对话框中已指定角度，则不出现此提示，直接提示：

输入属性值

请输入基准代号〈A〉：

输入基准代号或按回车使用默认值 A。

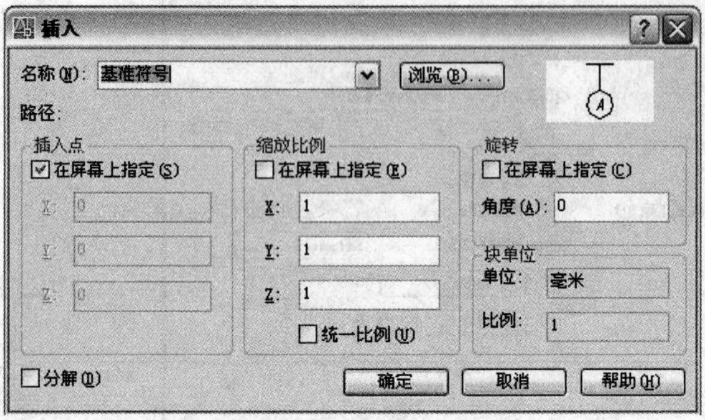

图 8 - 37　图块“插入”对话框

基准代号的旋转角度根据不同的表面确定后，标注如图 8 - 38（a）所示，图中字母的方向不符合国家标准要求，分别双击各基准代号，在弹出的“增强属性编辑器”对话框的“文字选项”卡中，将“旋转”文本框中的角度值更改为 0，如图 8 - 39 所示，单击“确定”按钮。最后的标注结果如图 8 - 38（b）所示。

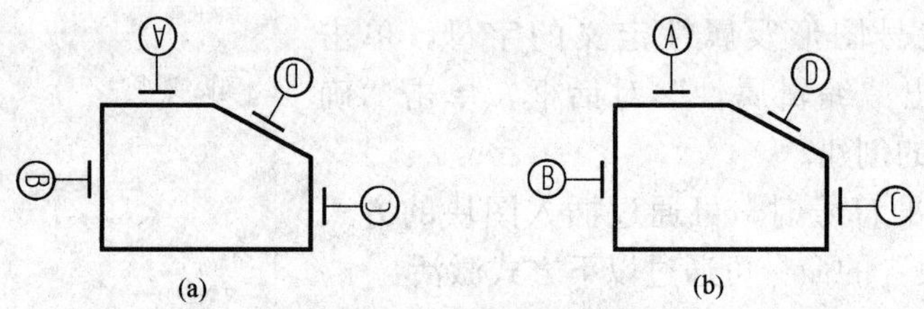

图 8 - 38　基准代号的标注

（a）字母方向错；（b）字母方向正确

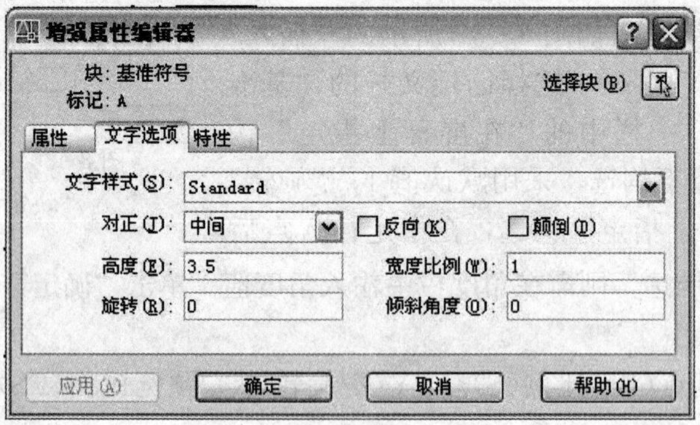

图 8 - 39　调整字母方向

三、表面结构要求

零件加工后表面总会存在几何形状误差。几何形状误差一般按波距的大小分为宏观几何形状误差（即形状公差）、表面波纹度和微观几何形状误差（即表面粗糙度），如图 8 - 40 所示。其中表面波纹度、表面粗糙度等表示零件的表面结构状况，在技术产品文件中的表示法相同，统称为表面结构表示法。下面介绍表面结构的表示法及其在图样中的标注方法。同时介绍与表面粗糙度有关的概念。

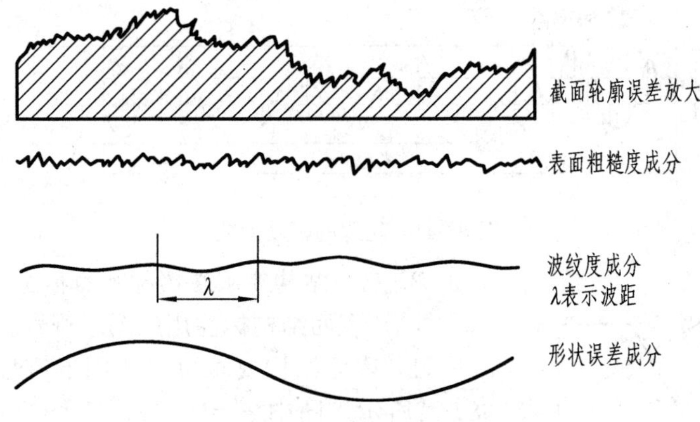

图 8-40　零件的截面轮廓形状误差

1. 表面粗糙度的概念

零件在加工过程中，由于切削变形、机床震动等原因，使零件加工表面存在着具有较小间距与峰谷所组成的微观几何形状特性，称为表面粗糙度，如图 8-40 所示。表面粗糙度是评定零件表面质量的技术指标之一，影响零件的配合、耐磨性、抗腐蚀性及疲劳强度等。

2. 表面结构的评定参数

表面结构的评定参数包括：轮廓参数（GB/T 3505—2000）、图形参数（GB/T 18618—2002）和支承率曲线参数（GB/T 18778.2—2003 和 GB/T 18778.3—2006）三大类，其中轮廓参数是我国机械图样中最常用的评定参数。在轮廓参数中又分为 *R* 轮廓参数（粗糙度参数）、*W* 轮廓参数（波纹度参数）和 *P* 轮廓参数（原始轮廓参数）三类。下面介绍两种常用的粗糙度轮廓（*R* 轮廓）评定参数。

1）轮廓算术平均偏差 *Ra*。在一个取样长度内，纵坐标 $Z(x)$ 绝对值的算术平均值，如图 8-41 所示。*Ra* 是最常用的粗糙度评定参数，表 8-7 列出了国家标准推荐的 *Ra* 系列。

表 8-7　　轮廓算术平均偏差 *Ra* 值

基本系列	补充系列	基本系列	补充系列	基本系列	补充系列	基本系列	补充系列
	0.008						
	0.010						
0.012			0.125		1.25	12.5	
	0.016		0.160	1.60			16.0
	0.020	0.20			2.0		20
0.025			0.25		2.5	25	
	0.032		0.32	3.2			32
	0.040	0.40			4.0		40
0.050			0.50		5.0	50	
	0.063		0.63	6.3			63
	0.080	0.80			8.0		80
0.100			1.00		10.0	100	

2）轮廓的最大高度 R_z。在一个取样长度内，最大轮廓峰高和最大轮廓谷深之和的高度，如图 8 - 41 所示。

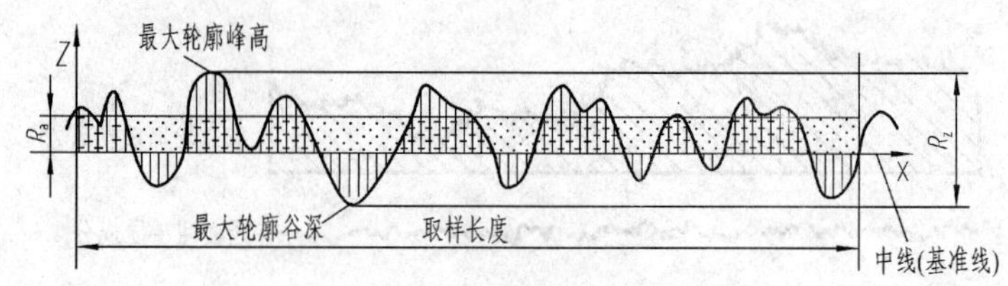

图 8 - 41　轮廓的幅度参数

3. 表面结构要求在图样上的标注

（1）表面结构标注用的图形符号。

1）表面结构要求可以用图形符号表示，画法如图 8 - 42所示。图中 $d'=h/10$、$H_1\approx1.4h$、$H_2\approx2.1H_1$，H_2 必要时可以加大，h 为数字和字母的高度。

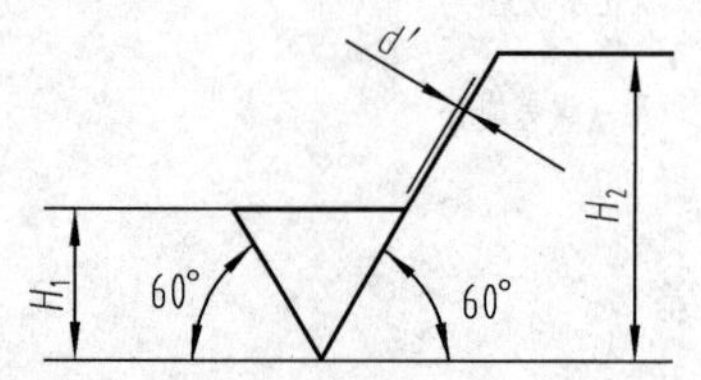

图 8 - 42　表面结构图形符号的画法

2）表面结构要求图形符号的种类、名称、含义如表 8 - 8 所示。

表 8 - 8　　表面结构图形符号

符号名称	符　号	含　义
基本图形符号		表示表面可以用任何成型工艺方法获得。仅适用于简化代号标注，没有补充说明时不能单独使用
扩展图形符号		表示指定表面是用去除材料的方法获得
		表示指定表面是用不去除材料的方法获得，或者是用于保持原供应状况的表面（包括上道工序的状况）
完整图形符号		在以上各种符号的长边加横线，用于标注表面结构特征的补充要求
特殊图形符号		当投影视图上封闭的轮廓线所标示的各表面有相同的表面结构要求时，可在完整符号上加一小圆表示

注　特殊图形符号是带有补充注释的符号，不止一种。

（2）表面结构完整图形符号的组成。

为了明确表面结构要求，除了标注表面结构评定参数（如 Ra、R_z、W_a、W_z 等）和数值外，必要时应标注有关补充要求，补充要求包括传输带、取样长度、加工工艺、表面纹理及方向、加工余量等。表面结构要求在符号中注写的位置如图 8 - 43 所示。

说明：位置 a、b 表面结构要求标注的内容从左到右依次为：（上限或下限符号 U 或 L）+（滤波器类型）+（传输带或取样长度，用数字表示）+“/”+（表面结构参数代号，

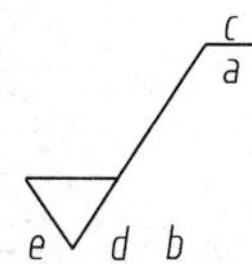

位置 a　　注写表面结构的单一要求；

位置 a 和 b　注写两个或多个表面结构要求；

位置 c　　注写加工方法等；

位置 d　　注写表面纹理和方向等；

位置 e　　注写加工余量。

图 8-43　表面结构要求在符号中注写的位置

如 Ra）+（评定长度）+（空格）+（极限判断规则）+（极限值）。这些参数在表面结构代号中一般都需要标注。为了简化表面结构要求的标注，定义了一系列默认值，表面结构代号中没有直接标注出来的即认为是默认值。

例如：表面结构要求标注 0.008－0.8/Ra3.2 的含义是：单向上限值（默认），传输带 0.008－0.8，R 轮廓，评定长度为 5 个取样长度（默认），“16%规则”（默认），算术平均偏差 3.2μm。

（3）表面结构要求在图样上的标注。

1）图样中标注的表面结构要求一般表示完工零件的表面要求，同一图样中每一表面只标注一次，并尽可能注在尺寸及其公差的同一视图上。

2）表面结构要求的注写与读取方向和尺寸的注写与读取方向一致，如图 8-44（a）所示。

3）表面结构要求一般注写在可见轮廓线、尺寸界线、引出线或它们的延长线上，符号的尖端必须从材料外指向表面，如图 8-44（a）所示。必要时可用带箭头或黑点的指引线引出标注，如图 8-44（b）所示。

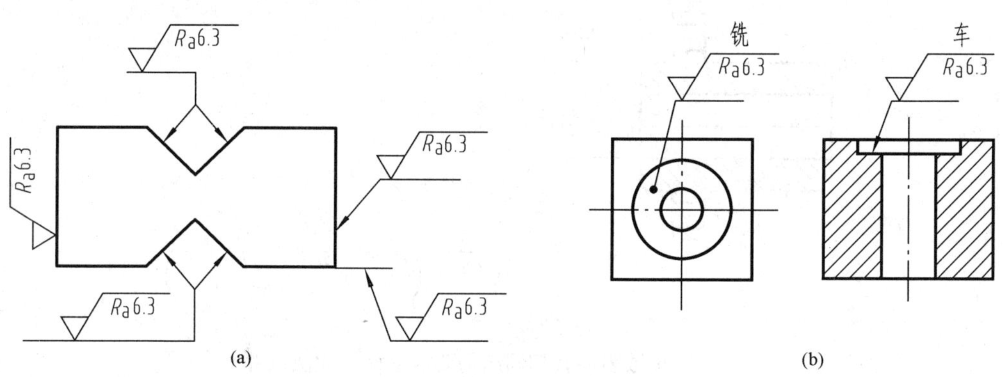

图 8-44　表面结构要求标注位置（Ⅰ）

4）在不致引起误解时，表面结构要求可以标注在给定的尺寸线上，如图 8-45（a）所示。

5）表面结构要求可以标注在形位公差框格的上方，如图 8-45（b）所示。

6）在工件的多数（包括全部）表面有相同的粗糙度要求时，可统一标注在图样的标题栏附近。统一标注的方法有两种：一种是表面结构要求代号加上圆括号内给出无任何其他标注的基本符号，如图 8-46 所示；另一种是表面结构要求代号加上圆括号内给出所有不同的

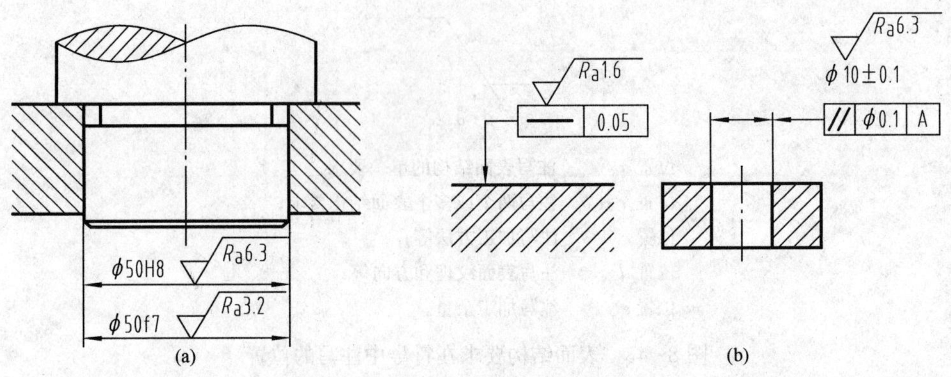

图 8-45 表面结构要求标注位置（Ⅱ）

表面结构要求，如图 8-47 所示。不论采用哪种统一标注方法，不同的表面结构要求应直接标注在图形中。

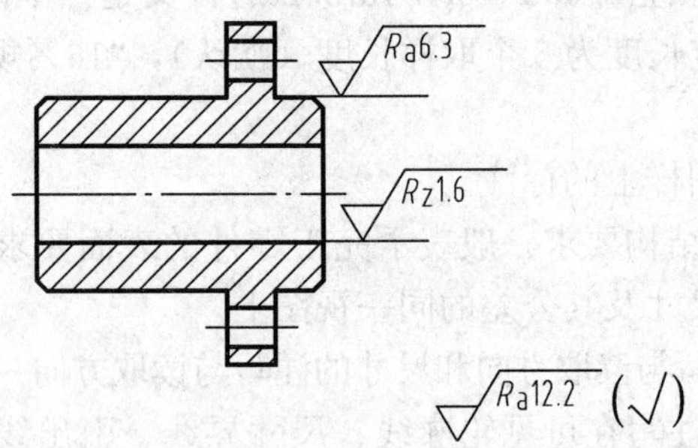

图 8-46 多数表面有相同结构要求的简化注法（Ⅰ）

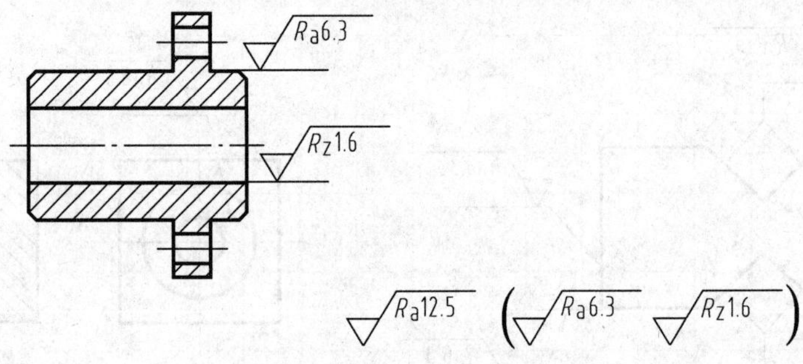

图 8-47 多数表面有相同结构要求的简化注法（Ⅱ）

4. 表面粗糙度的选择

表面粗糙度是表面结构要求的主要评定参数之一，其选择包括评定参数的选择和参数值的选择。

（1）评定参数一般选择 Ra 或 R_z 就可满足要求。

（2）表面粗糙度参数值的选择通常采用类比法。原则是：在满足使用要求的前提下，尽量选择较大的表面粗糙度参数值，以减小加工困难，降低生产成本。在具体选择时应注意以下几点：

1）同一零件工作表面比非工作表面参数值小。

2）摩擦表面比非摩擦表面、滑动摩擦表面比滚动摩擦表面的粗糙度参数值小，且运动速度越快，参数值越小。

3）配合精度越高，参数值越小；配合性质相同时，尺寸越小，参数值越小。

4）要求密封、耐腐蚀或具有装饰性的表面，参数值越小。

5. 表面结构要求图形符号在 CAD 图中的标注

在零件图中，表面结构要求的基本符号是固定的，但参数值往往要求不同。为了更快捷地进行标注，可将表面结构要求图形符号创建为带有属性定义的图块，使用时按要求输入相应的参数值。以创建带表面粗糙度属性定义的图块为例，操作步骤如下：

1）按图 8-42 的尺寸要求画出基本符号，如图 8-48 (a)所示。

2）通过下拉菜单［绘图（D)］/［块（K)］/［定义属性（D)］，弹出如图 8-49 所示“属性定义”对话框，在对话框中的“标记（T)”栏中输入属性文字的标记“R”；在“提示（M)”文本框中输入提示语“请输入粗糙度参数值”；在“值（L)”文本框中输入默认值“*Ra*6.3”；将“对正（J)”方式选择为“正中”，“高度（T)”设为 3.5；并将“插入点”栏中“在屏幕上指定”选项钩选。单击“确定”按钮，退出属性定义对话框。

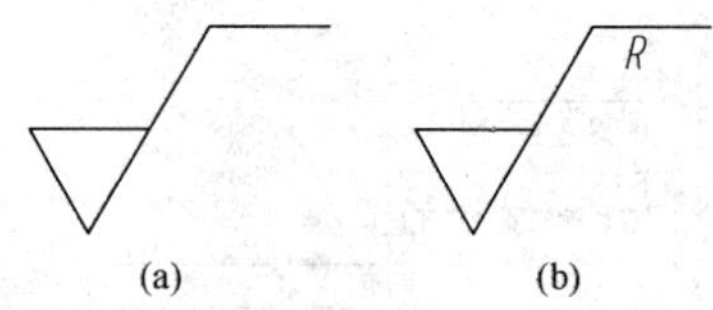

图 8-48　表面结构要求图形符号

图 8-49　“属性定义”对话框

3）退出属性定义对话框后，系统提示“指定起点”，通过鼠标指定属性定义文字的位置，如图 8-48（b）所示。

4）通过下拉菜单［绘图（D)］/［块（K)］/［创建（M)］，弹出如图 8-50 所示“块定义”对话框，在对话框中的“名称（A)”栏中输入块的名称“粗糙度”；单击“拾取点（K)”按钮，通过鼠标拾取粗糙度的顶尖点作为插入点，单击“选择对象（T)”按钮，通过鼠标选择粗糙度图形及属性定义的文字，单击“确定”按钮，弹出“编辑属性”对话框，单击“确定”按钮即完成块的创建。

当需要标注粗糙度时，可通过“插入块”的命令，弹出“插入”块对话框，在“名称”一栏中选择已经定义好的“粗糙度”图块，并根据粗糙度标注的角度要求指定相应的旋转

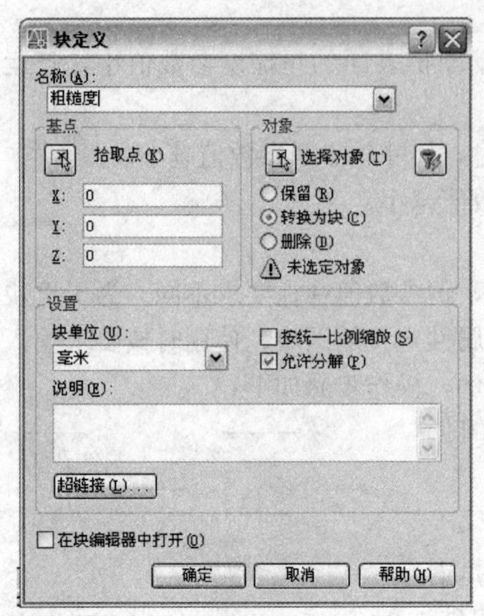

图 8-50 “块定义”对话框

角度。

采用以上方法创建的块，保存于当前的图形文件中，为了使所创建的块成为公共块，供其他图形文件插入和引用，可使用“WBLOCK”命令创建外部块，即以单独的图形文件（*.DWG）的形式保存在指定目录，在插入块时只要找到相应的目录和文件名即可插入块。创建外部块的方法步骤：

1）执行“WBLOCK”命令，系统弹出如图 8-51（a)所示“写块”对话框，在“源”选项组中，用于选择要生成外部块的对象，可以是内部块或实体。如果选择“对象”单选按钮，则利用“基点”和“对象”选项组定义外部块（与前面创建块的方法相同)；如果选择“块”单选按钮，则在右侧的下拉列表框中选择已定义的块，如“粗糙度”，如图 8-51（b）所示。

2）在“目标”选项组中，指定目标文件的名称、路径、图形单位，如图 8-51（b）所示。

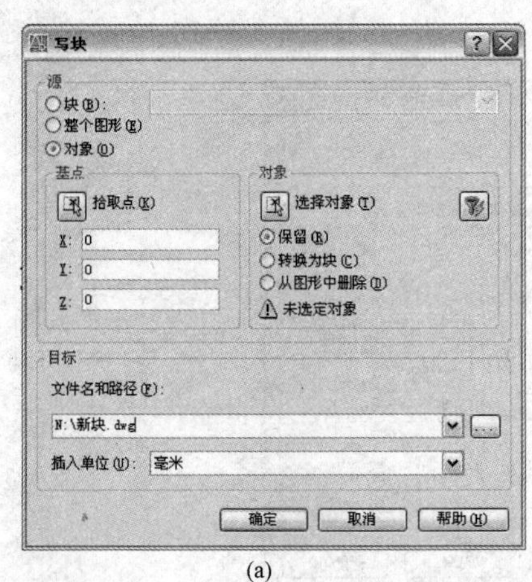

(a)

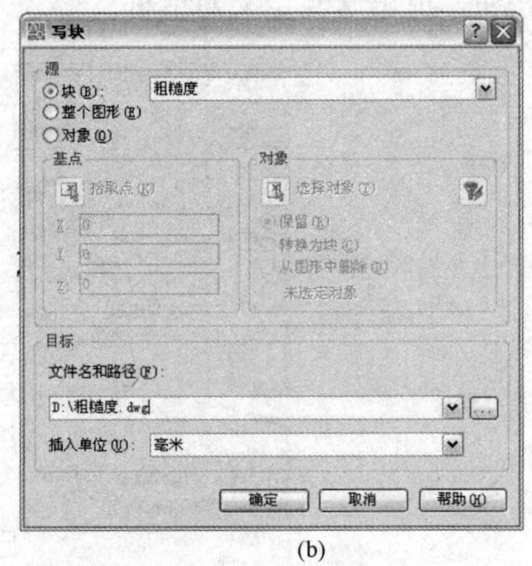

(b)

图 8-51 “写块”对话框

3）单击“确定”按钮即完成写块的操作。

四、零件材料

机械零件一般采用金属材料制造。在选择材料时应考虑使用性、工艺性和经济性三原则，即在满足使用要求的前提下，易于加工制造且具有良好的经济性。

第六节 零件的工艺结构

零件的结构形状设计，除了应满足使用要求外，还必须考虑制造工艺的要求。零件在机械加工、铸造、锻造、焊接及热处理等方面都有工艺结构要求。下面简单介绍铸造及机械加工对零件的工艺结构要求。

一、铸造工艺结构

1. 铸件壁厚

铸件的壁厚应该合理、均匀。壁厚不能太小，否则会产生冷隔、浇不足等缺陷；壁厚也不能太大，否则会产生晶粒粗大、缩孔等缺陷，对于壁厚太大的铸件，可以用加强肋代替，使壁厚减小；若铸件壁厚不均匀，则会产生缩孔、裂纹等缺陷，应尽可能使铸件壁厚均匀或逐渐过渡。如图 8-52 所示。

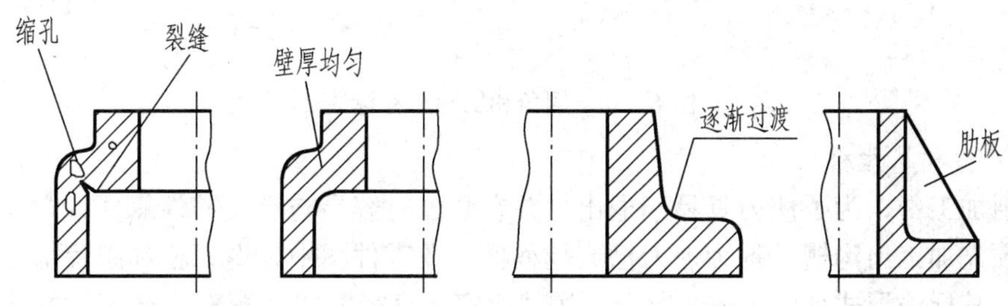

图 8-52　铸件壁厚

2. 起模斜度

为了在造型时能将模样顺利拔出，铸件沿起模方向应设计一定的斜度，这个斜度叫起模斜度，如图 8-53 所示。对于斜度不大的结构，如在一视图中已表达清楚，其他视图可以按小端画出。铸件的起模斜度在图样中也可以不画出、不标注，但要在技术要求中加以说明。

3. 铸造圆角

铸件上两表面相交处应设计过渡圆角，如图 8-54 所示。否则在浇注过程中铁水容易将转角处冲坏，在冷却时则会由于应力集中而产生裂纹。同一铸件上圆角半径的种类尽可能少，铸造圆角一般取 $R2 \sim R4$，在零件图中必须画出并作标注，标注可以集中标在右上角或在技术要求中加以说明。当有一个表面加工后圆角被切除，此时转角应画成尖角。

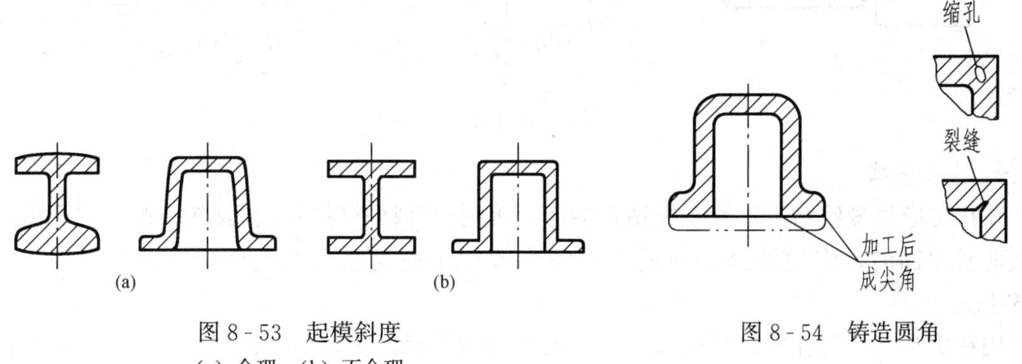

图 8-53　起模斜度
(a) 合理；(b) 不合理

图 8-54　铸造圆角

二、机械加工工艺结构

1. 倒角和倒圆

为了便于装配和操作安全，轴或孔的端部应加工成倒角；为了避免因应力集中而产生裂纹，阶梯轴或阶梯孔的轴肩转角处加工成圆角过渡，称为倒圆。在零件图中，倒角和倒圆必须画出并标注，其标注形式如图 8-55 所示。当图中倒角尺寸全部相同时，可在右上角统一标注；倒角尺寸无一定要求时，在技术要求中注明“锐边倒钝”。

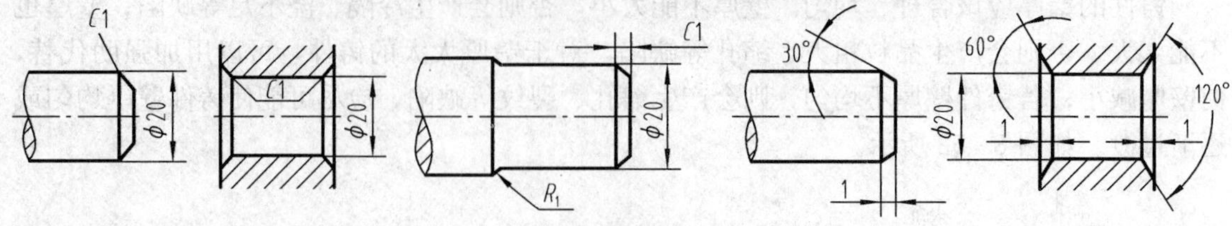

图 8-55　倒角和倒圆尺寸标注

2. 退刀槽和越程槽

在切削加工中，为了使刀具易于退出，并在装配时容易与有关零件靠紧，常在被加工表面的终端预先加工出沟槽，称为退刀槽或越程槽。在零件图中，退刀槽和越程槽必须画出并标注尺寸，其标注形式如图 8-56 所示，按“槽宽×直径”或“槽宽×槽深”标注。必要时可用局部放大图画出。

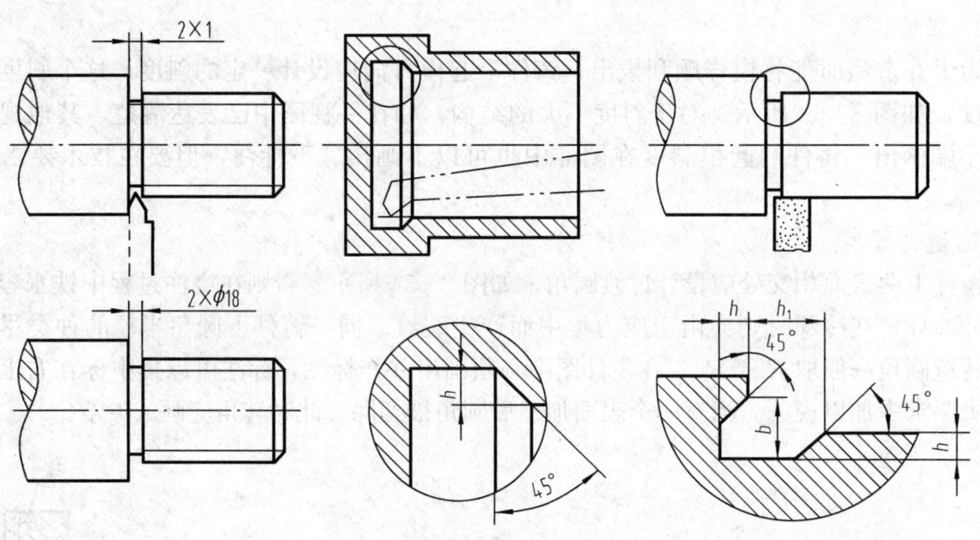

图 8-56　退刀槽和越程槽

3. 钻孔结构

钻孔时应尽量使钻头垂直于被钻孔端面，否则容易将孔钻偏或使钻头折断。当孔的端面是斜面或曲面时，应先把该表面铣平或制作成与孔轴线垂直的凸台、凹坑等结构，如图 8-57所示。

用钻头加工不通孔时，在底部有一个 120°的圆锥面；扩孔加工也将在直径不等的两圆柱面孔之间留下 120°的圆锥面。孔的深度不包括圆锥面深度。如图 8-57（d）所示。

4. 减少加工面的工艺结构

为了使配合面接触良好，减少加工量，常在两接触面处设计出凸台、凹坑、凹槽、凹腔等工艺结构，如图 8-58 所示。

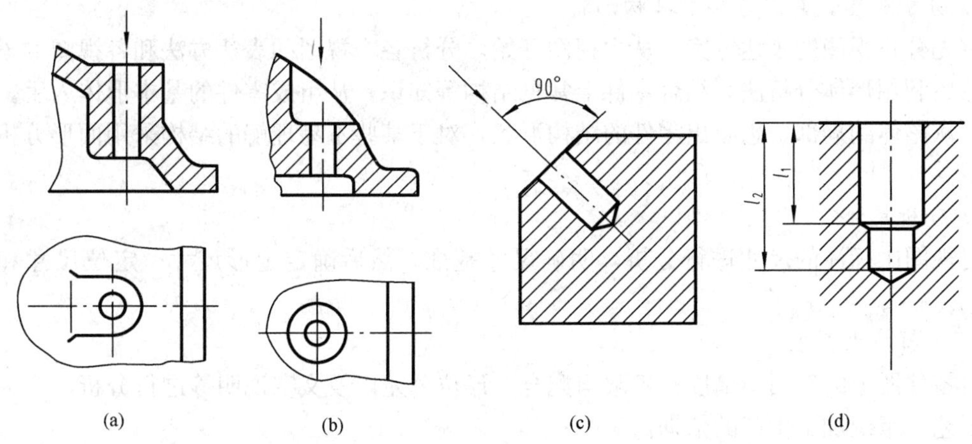

图 8-57　钻孔工艺结构

（a）凸台；（b）凹坑；（c）孔轴线与端面垂直；（d）孔的深度不包括圆锥面深度

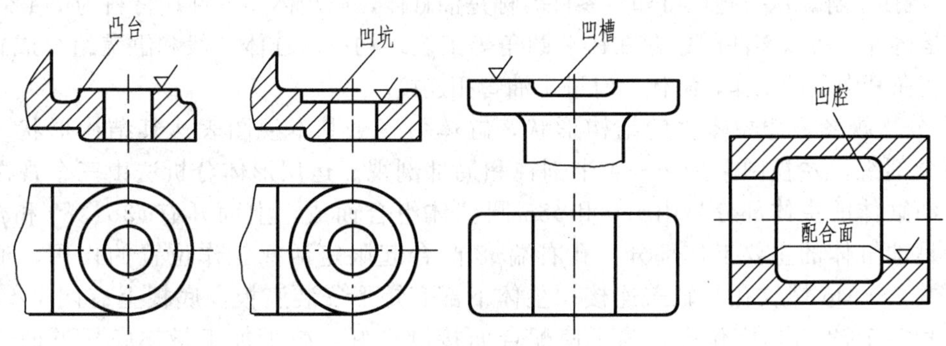

图 8-58　减少加工面的工艺结构

第七节　读　零　件　图

一、读零件图的基本要求

读零件图要做到看懂各个视图的投影关系和表达内容，想象出零件的结构形状；确定尺寸基准，理解各个定形和定位尺寸的含义，进而明确零件的大小及各形体的相对位置；理解图样上各种符号、代号的含义，即理解制造零件的技术要求，以便正确选择加工方法。

二、读零件图的方法和步骤

为了更好地读懂零件图，读图时应联系零件在机器或部件中的位置、作用以及和其他零件的关系，读图的方法和步骤如下：

1. 概括了解

先看标题栏，由零件名称可以初步判断零件是属于轴类、机架类或箱体类零件，由材料可以初步判断零件毛坯类型等，然后通过装配图或其他途径了解零件的作用和与其他零件的装配关系，对零件有个初步认识。

2. 分析视图，想象零件的结构形状

首先分析视图的表达方案。从主视图开始，分析各个视图的表达方法和各视图的投影关系。然后利用形体分析法，结合零件上常见结构等知识，从组成零件的基本形体入手，由大到小，从整体到局部，想象出零件的结构形状，对于某些不易理解的结构采用面形分析法辅助分析。

3. 分析尺寸

对视图中标注的尺寸进行分析，明确尺寸基准，然后确定定形尺寸、定位尺寸和总体尺寸。

4. 了解技术要求

对零件图上的表面粗糙度、极限与配合、形位公差以及文字说明等进行分析，作为制定加工工艺，组织加工生产的依据。

三、读零件图实例

【例 8-3】 读懂如图 8-59 所示油缸体零件图。

1）概括了解。从标题栏可知，零件名称是油缸体，属箱体类零件；材料为 HT200，零件毛坯是铸件，所以零件图中存在铸造圆角等工艺结构；油缸体一般和缸盖组合成封闭空间，活塞在其中运动工作，缸体上有进出油管相连接。

2）分析视图。想象零件的结构形状，缸体由三个基本视图表达其结构形状。主视图采用全剖视，左视图采用 *A—A* 半剖视和局部剖视。运用形体分析法由三个视图可以看出，油缸体的主体部分是由$\phi 70$和$\phi 55$圆柱体组合而成，上面开有$\phi 35^{+0.039}_{0}$和$\phi 40$阶梯孔，是油缸体的主要工作部分，孔右端$\phi 8$凸台起限定活塞工作位置的作用，油缸体通过左端 6－M6 螺纹孔与缸盖连接；主体下部有矩形安装底板，底板上有四个$\phi 9$沉头安装孔和两个$\phi 4$锥形定位孔，为了使配合面接触良好，减少加工量，底板下面开有工艺凹槽，底板与主体部分直接连接，连接方式在左视图上表达；主体上部左右各有一个工艺凸台，其外形在俯视图上表达，凸台上的螺纹孔是连接油管用的螺孔，其结构形状在主视图上表达。

3）分析尺寸。油缸体长度方向的主要基准是左端面，由此直接标注出左上部螺纹孔的定位尺寸 15，内腔$\phi 8$凸台的定位尺寸 80，其余结构的定位尺寸都由辅助基准标注，如右上部螺纹孔的定位尺寸 65 是以左上部螺纹孔轴线为辅助基准标注的，这里就不逐一分析了；宽度方向的主要基准是油缸体前后对称中心面，标注出底板上$\phi 9$沉头孔及$\phi 4$锥孔的定位尺寸 72；高度方向的主要基准是油缸体底面，标注出缸体中心定位尺寸 40。油缸体的主要定形尺寸包括：主体上的$\phi 35^{+0.039}_{0}$、$\phi 70$、$\phi 55$、30、95；底板上 95、60、12 和凸台上 2×M12 等。

4）了解技术要求。油缸体活塞孔$\phi 35^{+0.039}_{0}$与活塞是间隙配合，轴线相对于底面的平行度公差为 0.06mm，表面粗糙度上限值为 $Ra=0.8\mu m$；缸体左端面与$\phi 35^{+0.039}_{0}$轴线垂直度公差为 0.025mm，表面粗糙度上限值为 $Ra=3.2\mu m$；两个$\phi 4$锥销孔为定位面，应该与机架配作，表面粗糙度上限值为 $Ra=3.2\mu m$。因为油缸的工作介质是压力油，所以缸体铸件不得有缩孔、裂纹等缺陷，加工后还应进行油压试验。

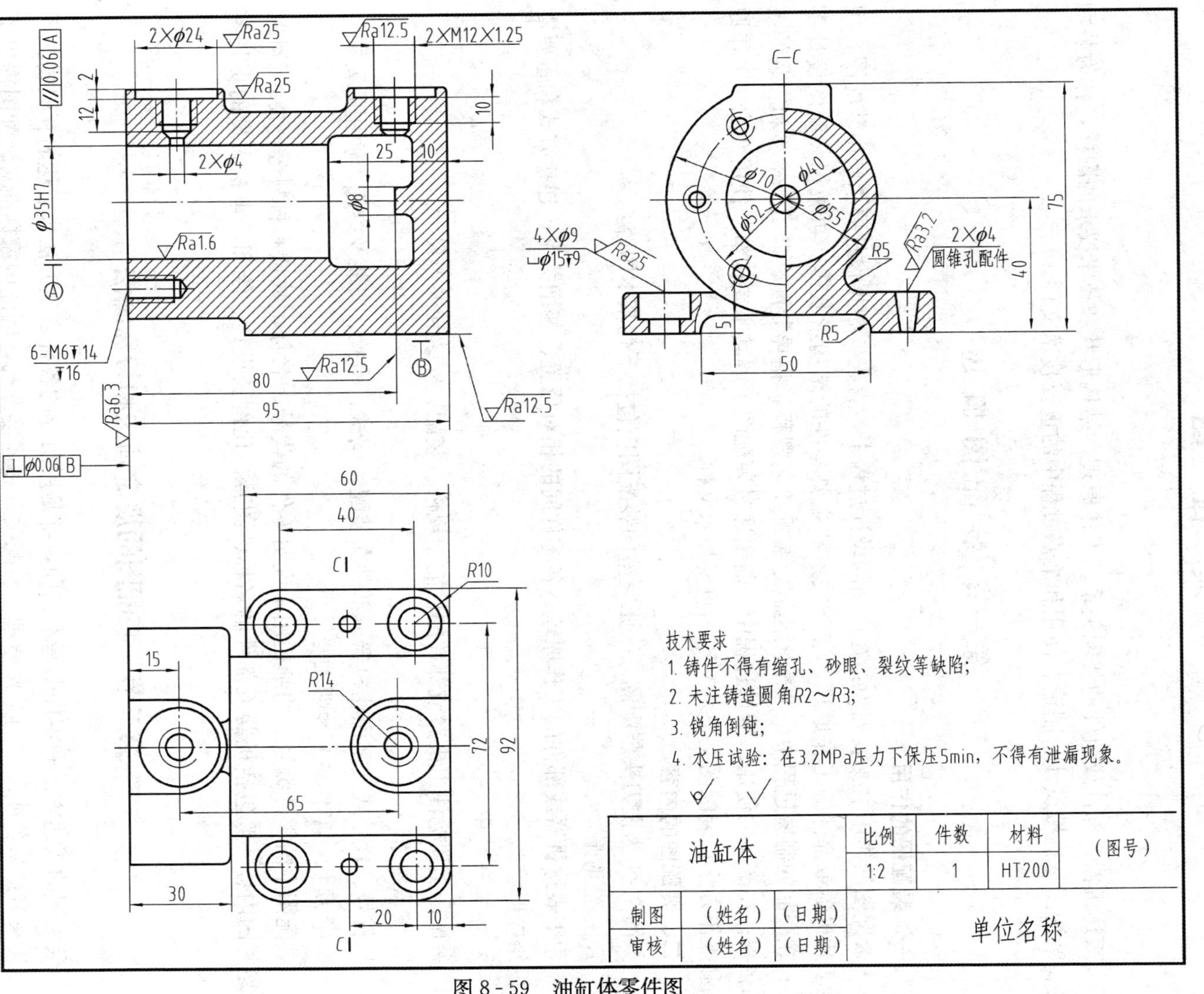
2×φ24
Ra25
Ra12.5
2×M12×1.25
// 0.06 A
2
12
10
25
10
2×φ4
φ8
φ35H7
Ra1.6
Ⓐ
6-M6↧14
↧16
Ra12.5
Ⓑ
80
95
Ra12.5
Ra6.3
⊥ φ0.06 B
C-C
φ70
φ40
φ52
φ55
4×φ9
⌴φ15↧9
Ra25
R5
Ra3.2
2×φ4
圆锥孔配件
40
75
5
R5
50
60
40
C1
R10
15
R14
72
92
65
30
20
10
C1
技术要求
1. 铸件不得有缩孔、砂眼、裂纹等缺陷；
2. 未注铸造圆角R2～R3；
3. 锐角倒钝；
4. 水压试验：在3.2MPa压力下保压5min，不得有泄漏现象。
油缸体
比例　件数　材料
1:2　1　HT200
（图号）
制图　（姓名）（日期）
审核　（姓名）（日期）
单位名称

图8-59　油缸体零件图

第九章

装 配 图

表达机器、部件或组件的装配关系、工作原理、结构形状和技术要求的图样，称为装配图。装配图是机械设计、制造、使用和维修过程中的重要技术文件。

第一节 装配图概述

一、装配图的作用

装配图的作用主要表现为：在产品的设计过程中，首先要根据设计要求画出装配图，用以表达机器或部件的工作原理、装配关系和主要零件的结构形状等，再根据装配图设计零件；在产品的制造过程中，装配图是制定装配工艺规程，指导装配、调试、检验和安装的技术依据；在产品的使用、维护过程中，需要通过装配图了解其主要构造、使用性能、工作原理和操作方法；装配图是技术交流的重要技术文件。

二、装配图的内容

如图 9-1 为铣刀头装配图。一张完整的装配图应包括下列基本内容：

1. 一组图形

用来表达机器或部件的工作原理、各零件间的相对位置、装配关系、连接方式和重要零件的结构形状。

2. 必要的尺寸

装配图上要标注出机器或部件的性能、规格、装配、安装和外形尺寸。

3. 技术要求

用符号、代号或文字说明机器或部件在装配、调试、检验、安装及维修、使用的要求。

4. 标题栏、零件序号和明细栏

装配图中的零件编号、明细栏用于说明零件的代号、名称、数量和材料等，便于读图。标题栏的内容一般包括机器或部件的名称、图号、比例及设计、绘图、审核人员的责任签名等。

第二节 装配图的规定画法和特殊画法

装配图的表达方法和零件图基本相同，都是用图样的各种表达方法来表达的。但装配图重点用来表达机器或部件的工作原理、装配关系和连接方式，因此国家标准对装配图提出了一些规定画法和特殊的表达方法。

一、装配图的规定画法

1. 实心零件和紧固件的画法

装配图中，对于紧固件以及实心的轴、连杆、球、键、销等零件，若剖切平面通过其对称平面或轴线时，这些零件按不剖绘制，如图 9-2 中的轴、螺帽、垫圈、平键等。如果需

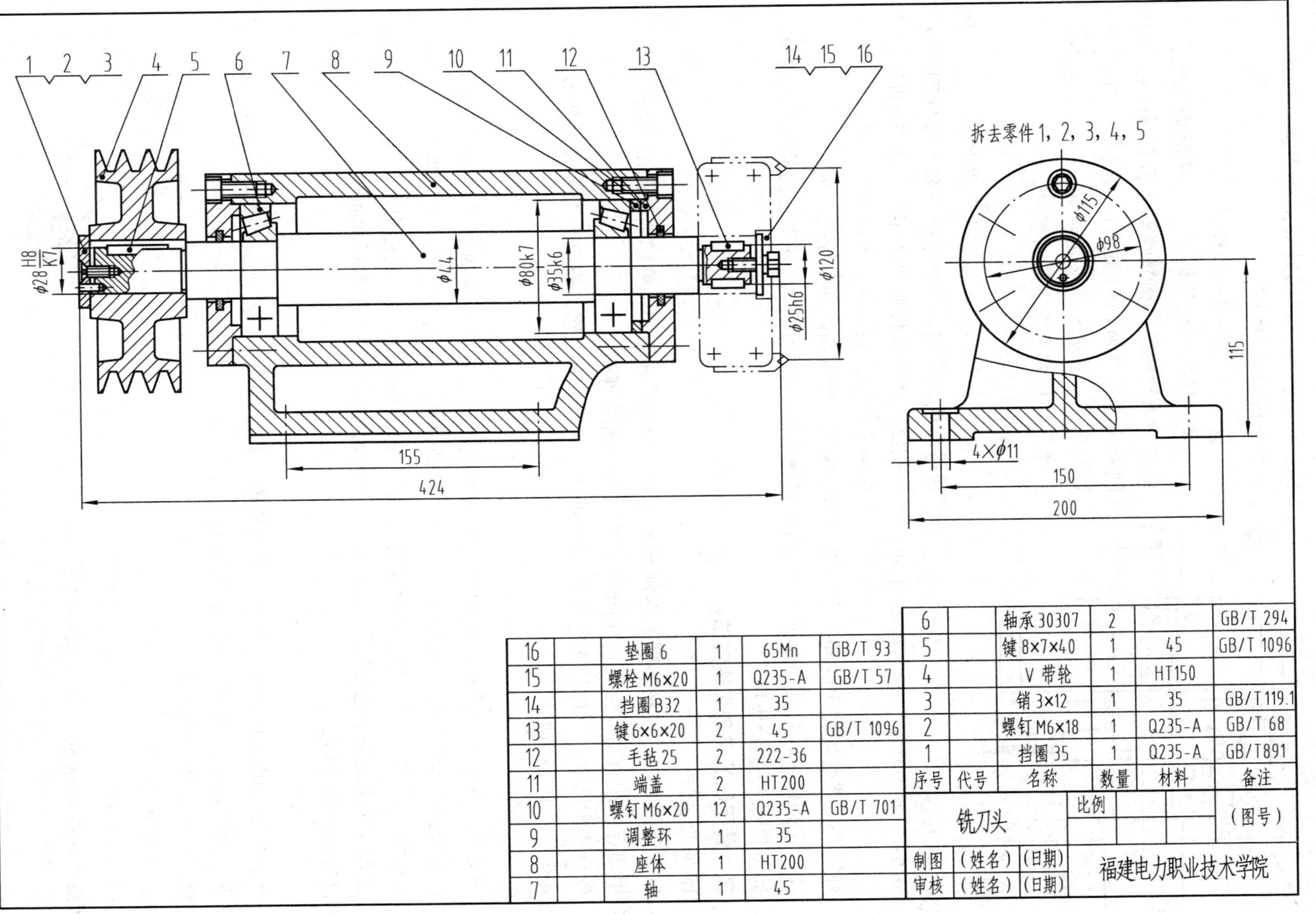

序号	代号	名称	数量	材料	备注
16		垫圈6	1	65Mn	GB/T 93
15		螺栓M6×20	1	Q235-A	GB/T 57
14		挡圈B32	1	35	
13		键6×6×20	2	45	GB/T 1096
12		毛毡25	2	222-36	
11		端盖	2	HT200	
10		螺钉M6×20	12	Q235-A	GB/T 701
9		调整环	1	35	
8		座体	1	HT200	
7		轴	1	45	
6		轴承30307	2		GB/T 294
5		键8×7×40	1	45	GB/T 1096
4		V带轮	1	HT150	
3		销3×12	1	35	GB/T 119.1
2		螺钉M6×18	1	Q235-A	GB/T 68
1		挡圈35	1	Q235-A	GB/T891

铣刀头		比例		（图号）
制图	（姓名）	（日期）	福建电力职业技术学院	
审核	（姓名）	（日期）		

图9-1 铣刀头装配图

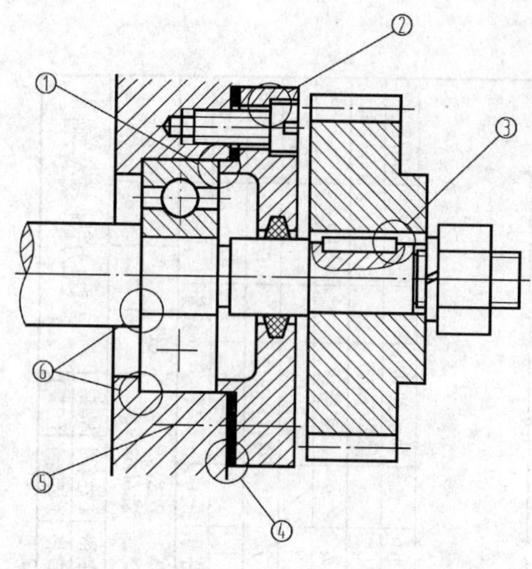

图 9-2　装配图的规定画法和简化画法

要特别表明这些零件上的局部构造，如键槽、销孔、中心孔等，则用局部剖视表达，如图 9-2 中③处键和轴的配合。

2. 相邻零件的轮廓线画法

装配图中，相邻两零件的接触面或配合面，只画一条轮廓线，相邻两零件表面不接触，即使间隙再小也要画成两条线，如图 9-2 中②处螺钉和压盖、③处平键和齿轮等。一般可通过基本尺寸是否相同来判别是否接触。

3. 剖面符号的画法

（1）装配图中，相邻两个或多个零件的剖面线应有明显区别，一般情况下两个零件剖面线方向相反，多个零件则要采用方向相反和间隔不等来表示区别，如图 9-2 中①处。

（2）同一张装配图中的同一个零件在多个视图中的剖面线必须完全相同。

（3）在图样中，宽度小于或等于 2mm 的狭小面积的剖面，允许将剖面涂黑来代替剖面线，如图 9-2 中④处垫片。

二、装配图的特殊表达方法

1. 简化画法

（1）装配图中，规格相同的零件或零件组，如螺栓连接等，可详细地画出一组，其余只需要用细点画线表示其位置，如图 9-2 中⑤处的螺钉连接。

（2）装配图中，零件的工艺结构如小圆角、倒角、退刀槽、拔模斜度等可不画出，如图 9-2 中⑥处省略退刀槽。

2. 拆卸画法

当某些零件遮住了需要表达的结构与装配关系，或在某一视图上不需要画出某些零件时，可拆去这些零件后再画出视图，如图 9-1 即为拆去带轮等零件后的左视图。拆卸画法一般应标注“拆去××”，且被拆除的零件的结构在其他视图已经表达出来。

表达内部装配关系也可以沿结合面剖切，此时零件的结合面不画剖面线，但被剖切的其他零件应该画剖面线。

3. 夸大画法

在装配图中的细小间隙、薄片、小的锥度及斜度等允许不按比例而适当地夸大画出，以明显表达这些结构。如图 9-2 中④处垫片的厚度、②处螺钉与螺钉孔之间的间隙。

4. 假想画法

（1）装配图中，为了表示运动零件的极限位置或运动范围，可用细双点画线画出该零件的极限位置图，如图 9-3 中车床尾架手柄的极限位置。

（2）装配图中，为了表示与本部件有关但又不属于本部件的相邻零件或部件时，可用细双点画线画出

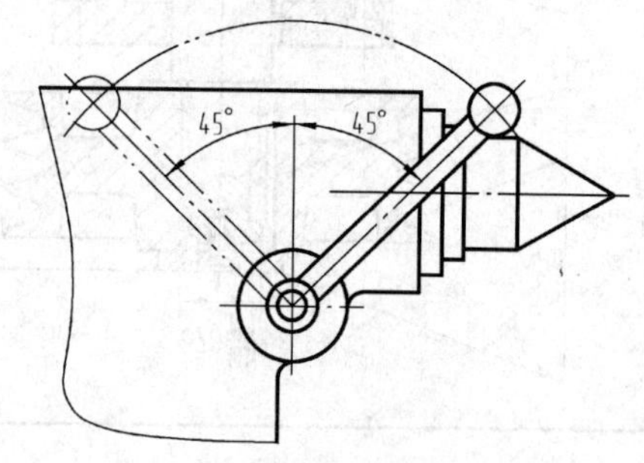

图 9-3　尾架

该零件（部件）的轮廓，如图 9-1 中的盘铣刀。

5. 展开画法

装配图中，为了表示具有空间轴系的传动机构各轴之间的装配关系和传动顺序，可以假想将空间轴系按其传动顺序展开在一个平面上，画出剖视图。

第三节　装配图上的尺寸标注及序号、明细栏

一、装配图的尺寸标注

由于装配图不是制造零件的直接依据，所以装配图中不必标注所有尺寸，只需标注下列几种必要的尺寸：

1. 规格、性能尺寸

表示该产品规格或性能的尺寸，是设计和选用产品的主要依据。如图 9-1 中铣刀盘的中心高尺寸 115 及刀盘直径 $\phi120$。

2. 装配尺寸

表示机器或部件内部零件之间装配关系的尺寸，主要包括配合尺寸、重要的相对位置尺寸、需要在装配过程中加工的尺寸等。如图 9-1 中的 $\phi28\frac{H8}{k7}$、$\phi35k6$、$\phi80k7$ 等。

3. 安装尺寸

表示将部件或机器安装到其他零部件或基础上所需要的尺寸。如图 9-1 中安装孔的直径 $4\times\phi11$ 及其定位尺寸 155 和 150。

4. 外形尺寸

机器或部件的总长、总宽和总高尺寸，反映了机器或部件的体积大小，为产品在包装、运输和安装过程中所占据的空间大小提供依据。如图 9-1 中的 424、200 等。

5. 其他重要尺寸

指除上述四类尺寸外，在装配或使用过程中必须说明的尺寸，如运动零件的极限位置尺寸等。

必须注意，在标注装配图中的尺寸时，必须明确每个尺寸的含义，对装配图没有意义的结构尺寸不需标注。

除标注必要的尺寸外，装配图中还要表明对机器或部件在装配、检验、使用和维护等方面的技术要求，一般以文字的形式注写在明细栏的上方。

二、装配图中的序号和明细栏

为了便于看图、管理图样、组织零件生产和机器装配，对装配图中各种零件、部件均应编号，并将其序号、名称、材料等内容填写在图中的明细栏内。

1. 零部件编号

国家标准 GB/T 4458.2—2003 规定了装配图中零部件序号及其编排方法。

（1）基本要求。

1）装配图中所有零部件均应编号。

2）装配图中一个部件可以只编写一个序号；同一装配图中相同的零部件用一个序号，一般只标注一次；多处出现的相同的零部件，必要时也可重复标注（序号相同）。

3）装配图中零部件的序号，应该与明细栏中的序号一致。

4）装配图中所用的指引线、基准线和字体应符合国家标准规定。

（2）序号的编排方法。装配图中零部件的序号由指引线、横线或圆圈、数字组成。指引线，横线或圆圈用细实线绘制。

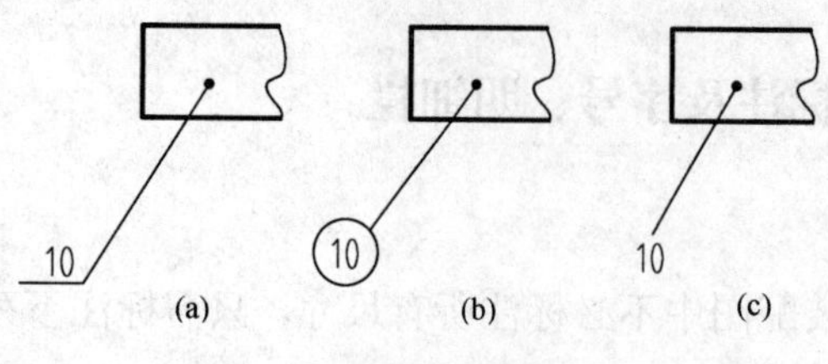

图 9-4　序号的标注形式

1）装配图中编写零部件序号的表示方法有三种：在水平横线上注写序号如图 9-4（a）所示；在圆圈内注写序号如图 9-4（b）所示；在指引线的非零件端附近注写序号如图 9-4（c）所示。序号字号比装配图中数字大一至两号，同一装配图中编排序号的形式应一致。

2）指引线应从所指部分的可见轮廓线内引出，并在末端画一圆点，若所指部分（很薄的零件或涂黑的剖面）内不便画圆点时，可在指引线的末端画出箭头，并指向该部分的轮廓；指引线不能相交；当指引线通过有剖面线的区域时，不应与剖面线平行；指引线可画成折线，但只可曲折一次；一组紧固件以及装配关系清楚的零件组，可采用公共指引线，如图 9-5 所示。

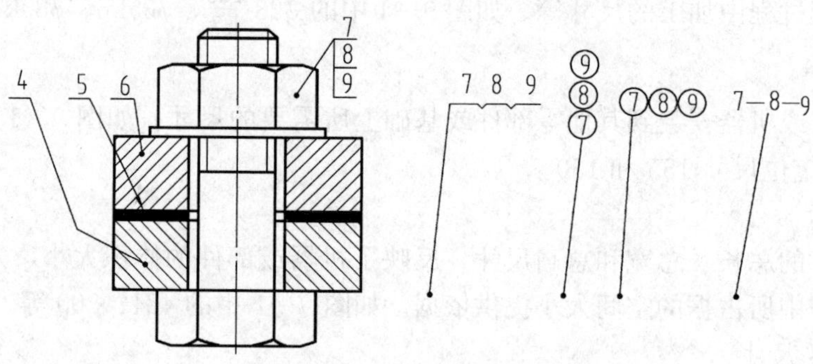

图 9-5　指引线标注

3）装配图中零部件的序号应按水平或竖直方向排列整齐，并按照顺时针或逆时针方向沿图形外围顺次编号。

2. CAD 图中零件序号的标注

CAD 图中零件序号的标注可采用快速引线“qleader”命令（工具栏图标），执行命令后 AutoCAD 提示：

命令：_qleader

指定第一个引线点或［设置（S）］〈设置〉：

在此提示下按回车键，弹出如图 9-6 所示引线设置对话框，在“注释”选项卡的“注释类型”设置区中，选择“多行文字”，见图 9-6（a）；在“引线和箭头”选项卡的“引线”设置区中选择“直线”单选项；在“箭头”下拉列表中选择“小点”选项，见图 9-6（b），当指引线端点不便画圆点而需画箭头时则选择“实心闭合”选项，见图 9-6（c）；在“附着”选项卡中选择“最后一行加下划线”选项，见图 9-6（d）；单击“确定”按钮，退出引线样式设置对话框，系统提示：

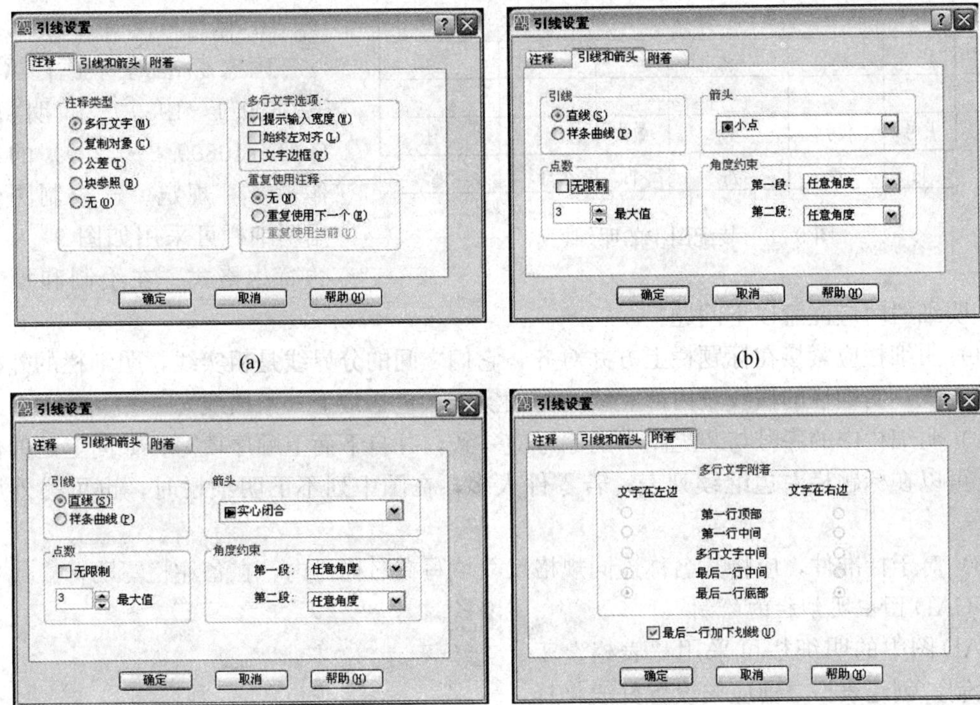

(a) (b)

(c) (d)

图 9-6 标注序号的引线样式设置

指定下一点：

通过拾取点确定引线起始点、方向及序号的位置，系统提示：

指定文字宽度〈0〉：

按回车键后，系统提示：

输入注释文字的第一行〈多行文字（M）〉：

按回车后弹出多行文字对话框，如图 9-7 所示，在多行文字编辑框中输入零件的序号，按回车键完成一个序号的标注。

当标完第一个序号后，直接按回车键可重复引线标注命令，从第二个序号开始无需再设定样式，激活引线命令后，直接拾取点进行引线标注。引线的起始点从零件轮廓线内部引出，第二点的拾取应利用对象捕捉追踪功能，以保证与上一个序号的第二点水平或垂直对齐。

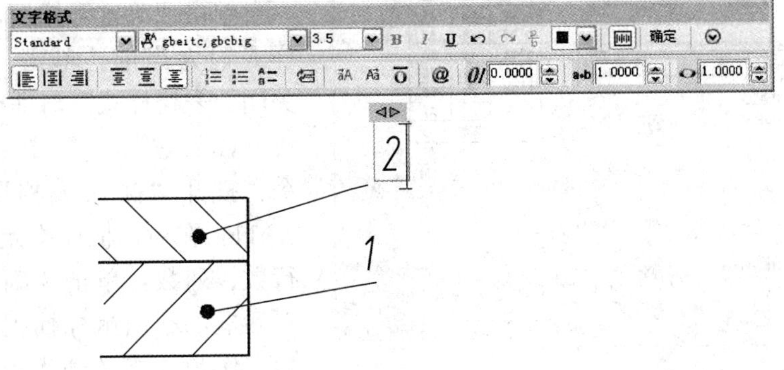

图 9-7 标注零件序号

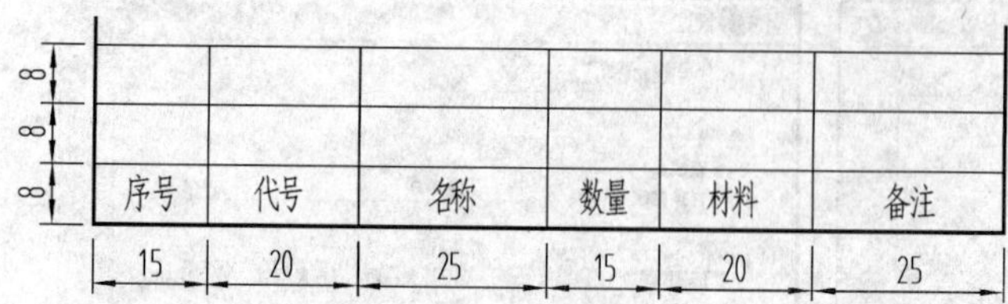

图 9-8 装配图中的明细栏

3. 标题栏及明细栏

国家标准对标题栏（GB/T10609.1—1989）和明细栏（GB/T10609.2—1989）的绘制作了统一规定。学校制图作业用明细栏可采用如图 9-8 所示的简化格式。在绘制和填写标题栏、明细栏时应注意以下问题：

(1) 明细栏应紧接在标题栏上方并对齐，它们之间的分界线是粗实线，明细栏的外框竖线是粗实线，明细栏的横线及内部竖线均为细实线（包括最上一条横线）。

(2) 明细栏中的序号与装配图中的序号应一致，并自下而上顺序填写；如向上延伸位置不够，可以在标题栏左边继续列表；若零件太多，在图中列不下明细栏时，也可另外用纸填写。

(3) 对于标准件，应将其名称连同规格尺寸填写在名称栏内，在备注栏写明标准代号。

4. CAD 图中明细栏的绘制

CAD 图中的明细栏可采用“表格”工具来绘制，创建表格之前应先设置好表格样式（可在定义样板图时就先定义好），明细栏的绘制方法步骤如下：

(1) 在下拉菜单［格式］/［表格样式］，打开“表格样式”对话框，单击“新建”按钮，打开“创建新的表格样式”对话框，在“新样式名”文本框中输入“明细栏”，如图 9-9 所示。

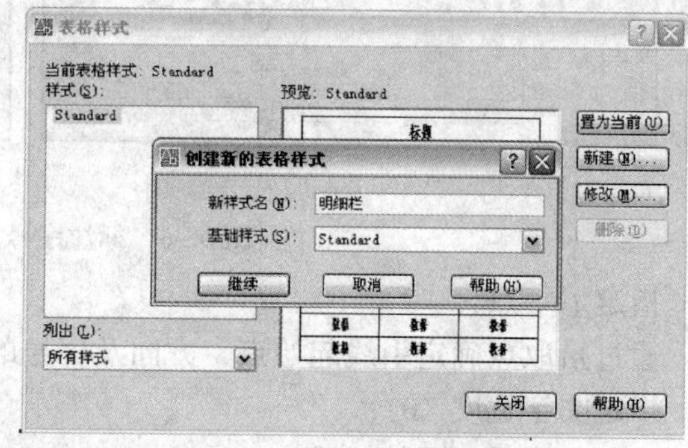

图 9-9 “创建新的表格样式”对话框

(2) 单击“继续”按钮，打开“新建表格样式：明细栏”对话框，设置“数据”选项卡中各选项，特别注意将“表格方向”设为“上”（图 9-10），并分别在“列标题”和“标题”选项卡中取消“包含页眉行”和“包含标题行”的复选框。

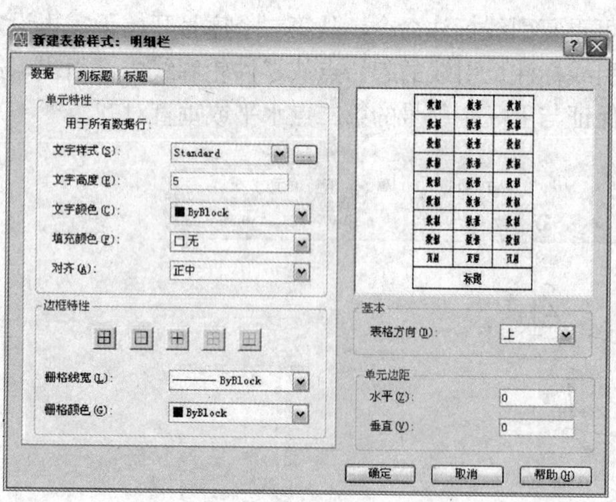

图 9-10 “新建表格样式”对话框

单击“确定”按钮，将“明细栏”样式置为当前。单击“关闭”按钮，关闭“表格样式”对话框。

(3) 选择［绘图］/［表格］命令，打开“插入表格”对话框见图 9-11，在对话框中批定要插入表格的行数、列数，单击“确定”按钮退出对话框，利用鼠标捕捉标题栏的左上角点作为表格的插入点，插入一个表格，如图 9-12 所示。

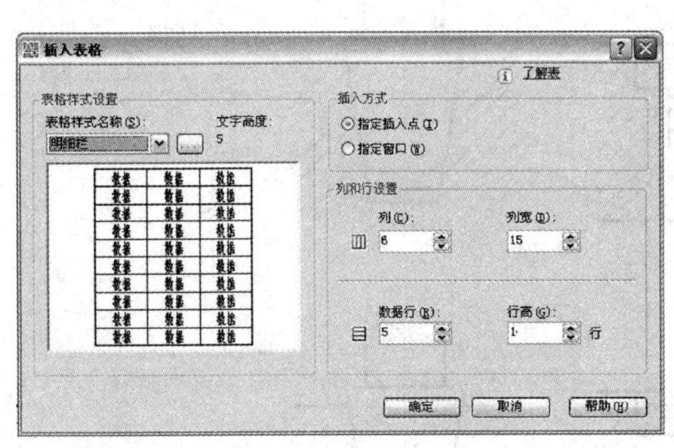

图 9-11 “插入表格”对话框

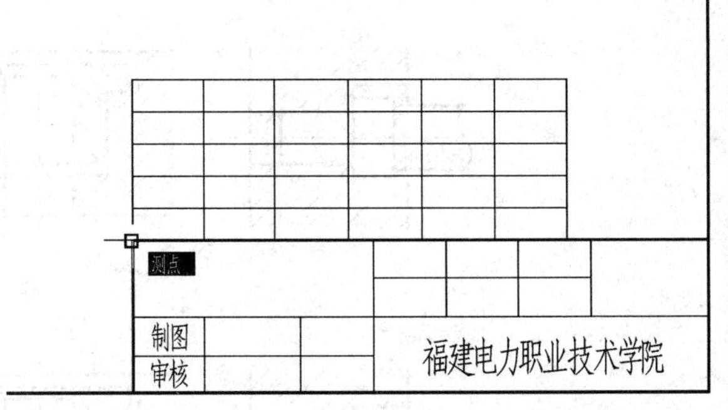

图 9-12 插入的表格

(4) 在表格中选中相应的行或列，单击鼠标右键，在弹出的快捷菜单中选择“特性”，在弹出的表格特性对话框中，按图 9-8 中的尺寸分别修改表格的行高和列宽数值，修改后的表格如图 9-13 所示。

(5) 分别双击各单元格，按要求输入各单元格的文字。按标准规定明细栏左外框线为粗实线，可在最后加画一条粗实线即可。如图 9-14 所示。

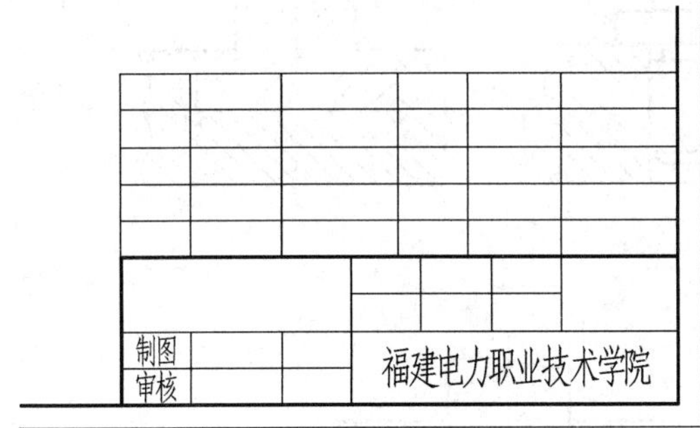

图 9-13 调整行高和列宽后的表格

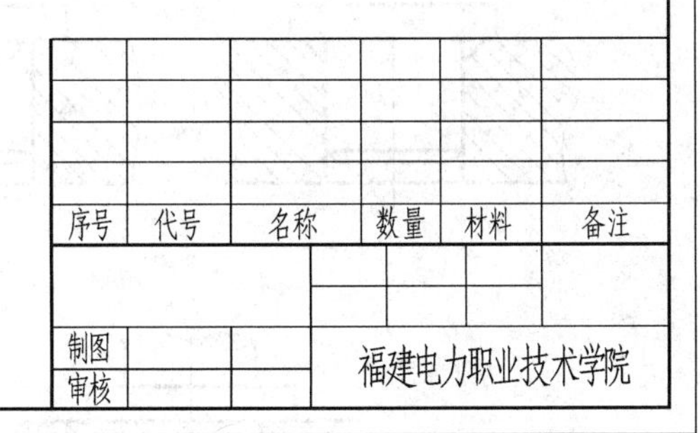

图 9-14 绘制好的明细栏

(6) 当需要增加表格行时，在要插入的位置选中任一单元格，单击鼠标右键，在弹出的快捷菜单中选择“插入行/上方（或下方）”，即可插入行。当需要删除表格行时，只要选中该行中任一单元格，单击鼠标右键，在弹出的快捷菜单中选择“删除行”，即可删除表格行。

第四节 装配体上的工艺结构

在产品的设计过程中，应考虑到装配结构的合理性，以保证机器和部件的性能，便于加工和装拆。

一、零件间的接触面

(1) 为了避免装配时表面互相发生干涉，并有利于加工制造，两零件在同一方向上只应有一对接触面，如图 9-15 所示。

(2) 当两零件有一对垂直相交的表面接触时，在转角处应设计倒角、圆角、凹槽等工艺结构，以保证表面接触良好，如图 9-16 所示。

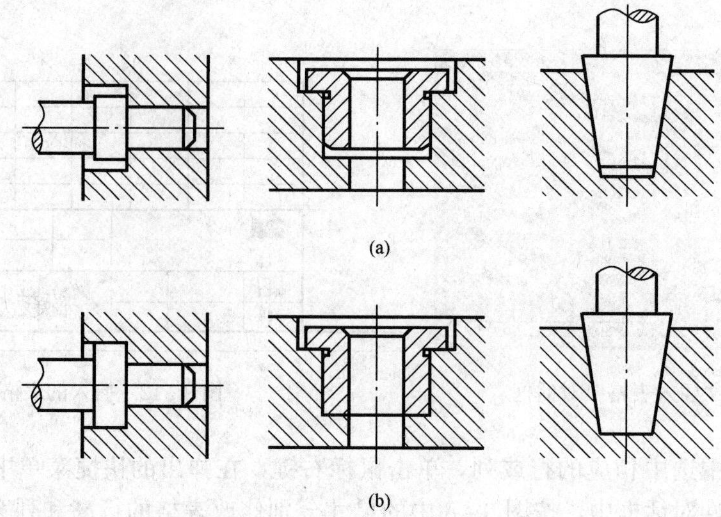

图 9-15　两零件同一方向只允许一对接触面

(a) 正确；(b) 不正确

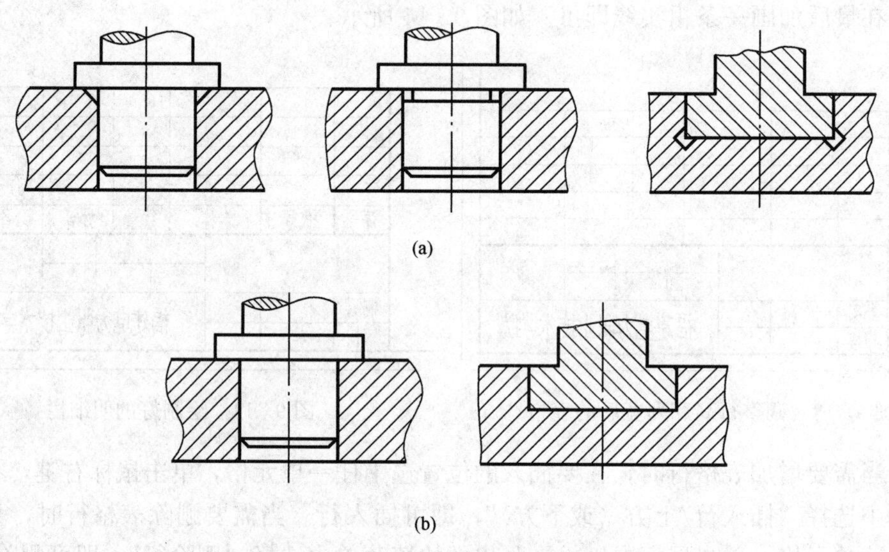

图 9-16　直角接触面的结构

(a) 正确；(b) 不正确

(3) 轴上零件应有可靠的定位装置，保证零件不作轴向移动；零件的宽度应大于装配轴段长度，以保证零件轴向并紧，不产生轴向窜动，如图 9-17 所示。

二、便于装拆的结构

(1) 零件的结构设计要考虑装拆的方便和可能，如图 9-18 所示。图 9-18 (a) 所示结构合理，左图考虑轴承装拆方便，使轴肩直径小于滚动轴承内圈的直径；中间图定位销孔做成通孔，便于取出；右图为便于取出套圈，在零件上加工工艺孔；图 9-18 (b) 所示结构不合理。

(2) 用螺纹连接的地方要留出足够的活动空间，如图 9-19 所示。

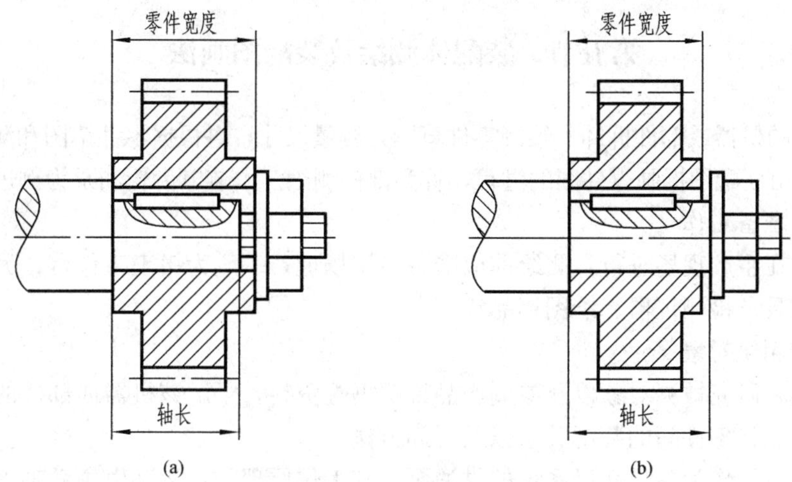

图 9-17　零件的可靠定位
(a) 合理；(b) 不合理

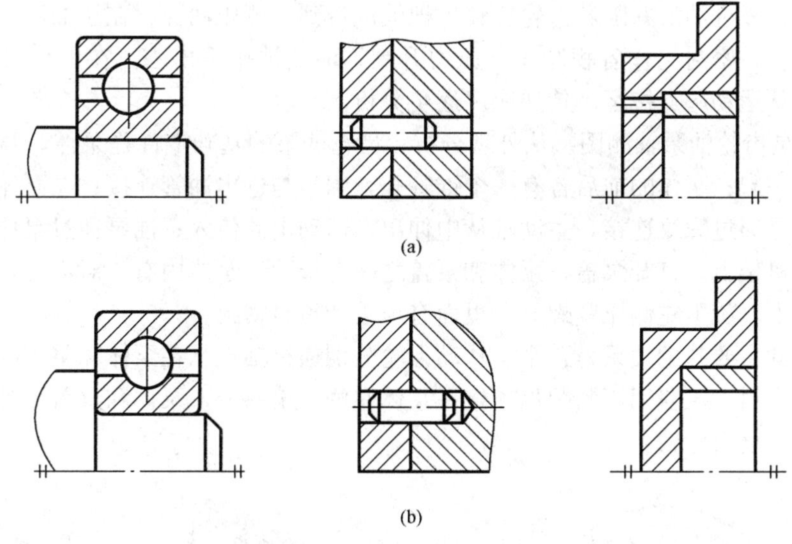

图 9-18　装配结构便于拆卸
(a) 合理；(b) 不合理

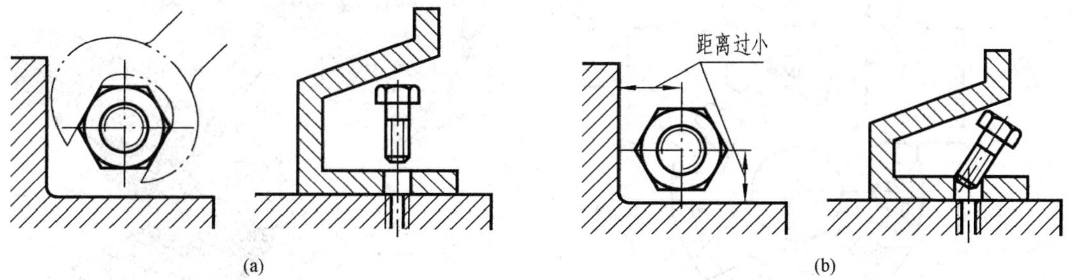

图 9-19　螺纹连接装配结构
(a) 合理；(b) 不合理

第五节　装配体测绘及装配图画法

根据已有的机器或部件拆卸、绘制零件草图，测量尺寸，再根据零件草图和测量的尺寸绘制装配图，再由装配图拆画零件图的过程，称为部件测绘。本节以齿轮油泵为例进行分析。

一、测绘准备工作

测绘一般在生产现场进行，测绘前应准备专用场地，一般为钳工工作台；另外，要准备拆卸工具、量具、检测仪器、绘图用品等。

二、研究测绘对象

通过观察和研究被测对象以及参阅产品说明书等资料，了解该机器或部件的用途、工作原理、结构特点、零件间的装配关系以及拆卸方法。

齿轮油泵一般作为各种润滑系统的供油泵，其工作原理是：运动由主动轴外伸端的传动零件（如带轮）通过键带动主动轴转动，从而使泵体内齿轮副啮合传动，当齿轮按图 9－20 所示方向旋转时，右侧吸油腔由于相互啮合的轮齿逐渐脱开，密封工作容积增大，压力降低产生局部真空，吸进油液并随着齿轮旋转，把油液带到左侧压油腔；在压油区一侧，由于轮齿逐渐进入啮合，密封工作容积减小，压力升高，油液被挤压出去。在分析机器工作原理时，一般可以从运动起点按运动传递顺序逐步分析。

图 9－21 是齿轮油泵轴测图。从外观分析，齿轮油泵的基础零件是泵体，与泵盖通过六个螺钉连接在一起；泵体的前后各有一个锥管孔，用于与进出油管连接；在泵体左侧有一凸台，与压紧螺母通过螺纹连接，主动轴从中伸出，运动由此传入；油泵通过泵体下部的底板用螺栓连接在机架上。打开泵盖，泵体和泵盖之间有垫片，泵体内有一对齿轮，通过轴支承在泵体和泵盖上，旋下左侧压紧螺母，里面有压盖和填料密封。

齿轮油泵的主要装配关系是：主、从动齿轮分别通过轴支承在泵体和泵盖的轴孔上，主动轴外伸端的填料、压盖用压紧螺母连接在泵体左侧突出部分，泵体和泵盖用螺钉连接。主要装配轴线是主动齿轮轴。

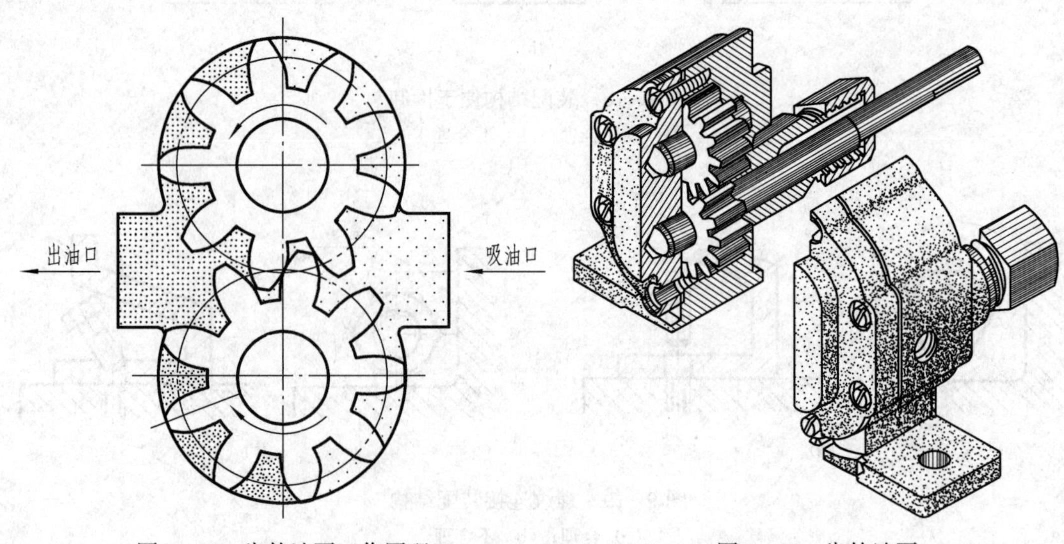

图 9－20　齿轮油泵工作原理　　　　图 9－21　齿轮油泵

三、绘制装配示意图和拆卸零件

1. 绘制装配示意图

在拆卸零件的过程中，应边拆边画装配示意图。装配示意图用来表示部件中各零件的相互位置、装配和连接关系及传动路线等，是部件拆卸后重新装配和画装配图的依据。

图 9-22 是齿轮油泵装配示意图。画装配示意图时应注意以下几点：

（1）装配示意图通常用简单的线条画出零件的大致轮廓，形状简单的零件如轴、螺钉等可以用单线表示，常用标准件可以参考机构运动简图符号画出。

（2）画装配示意图一般从主要的基础零件开始，依次按装配顺序把其他零件逐个画出。

（3）装配示意图一般只画一两个视图。画图时把零件看成是透明体，对零件的表达不受前后、上下等层次的限制；相邻两零件之间应留有间隙，以便区分不同零件。

（4）装配示意图应按顺序编写零件序号，并填写明细栏。也可以将零件名称注写在指引线的水平线上。

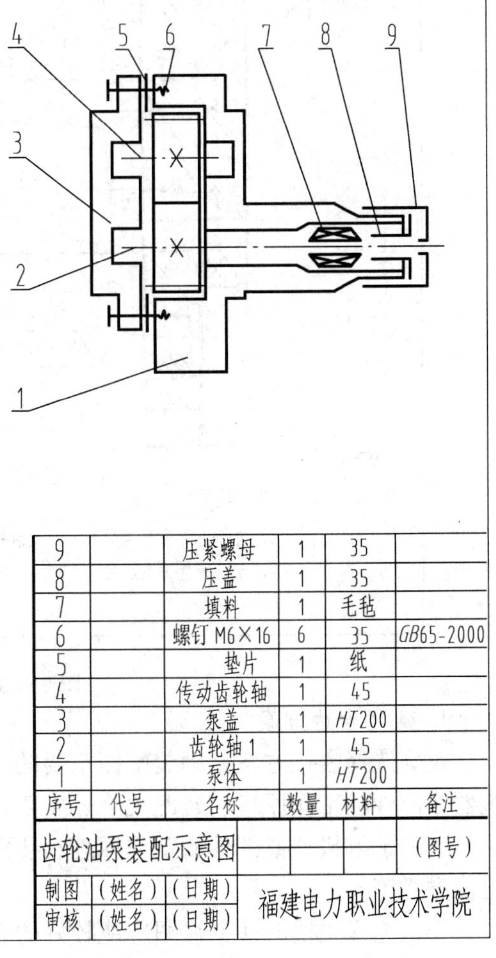

序号	代号	名称	数量	材料	备注
9		压紧螺母	1	35	
8		压盖	1	35	
7		填料	1	毛毡	
6		螺钉 M6×16	6	35	GB65-2000
5		垫片	1	纸	
4		传动齿轮轴	1	45	
3		泵盖	1	HT200	
2		齿轮轴 1	1	45	
1		泵体	1	HT200	

齿轮油泵装配示意图			（图号）
制图	（姓名）	（日期）	福建电力职业技术学院
审核	（姓名）	（日期）	

图 9-22 齿轮油泵装配示意图

2. 拆卸零件

拆卸零件必须按顺序进行。

拆卸零件时应注意：

（1）拆卸前要研究拆卸方法、顺序，对一些重要尺寸进行测量并记录，供部件装配复原时参考。

（2）拆卸时要选用合适的拆卸工具，对不可拆连接如铆接、焊接等不拆，不能采用破坏性方法拆卸。

（3）对拆下的零件要及时按顺序编号，加上号签并妥善保管，重要的、精度较高的零件要防止碰伤、变形、生锈。

四、画零件草图及测量尺寸

拆卸完成后即可按零件测绘的方法进行测绘，对所有的非标准零件均应画出零件草图和测量尺寸，最后完成的零件草图应包含零件图的所有内容。齿轮油泵的非标准件包括泵体、泵盖、齿轮轴、传动齿轮等。图 9-23 所示为泵盖零件草图。

五、画装配图

在所有零件测绘完成后，根据装配示意图和零件草图画出装配图。画装配图的一般方法和步骤如下：

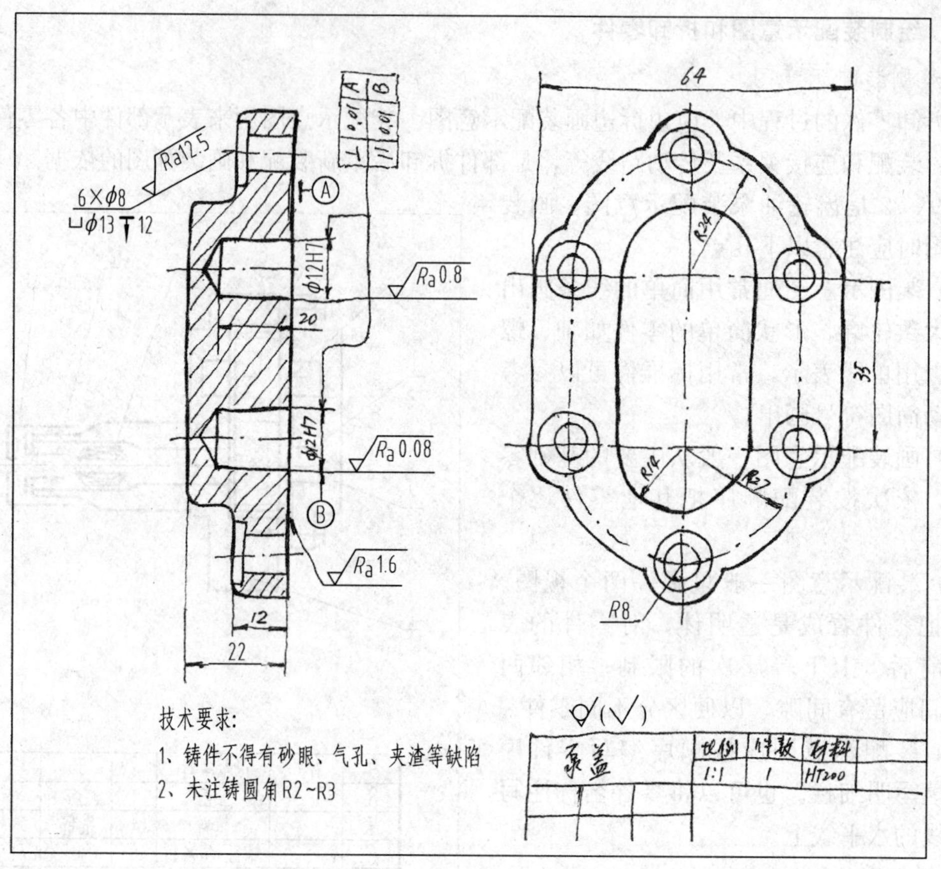

图 9-23　泵盖零件草图

1. 确定表达方案

正确选择表达方案是画装配图重要的一步，要达到以最少的视图，完整、清晰地表达出机器或部件的工作原理、装配关系、重要零件的结构形状。确定表达方案的一般步骤是：

（1）了解机器或部件的工作原理、装配关系及主要零件的形状、零件之间的相互位置、定位方式等。

（2）选择主视图。主视图应能较好的表达机器或部件的工作原理和主要装配关系。齿轮油泵是通过齿轮的啮合传动进行工作的，其主要装配关系在齿轮轴和传动齿轮轴上，所以选择通过两轴的全剖视图为主视图。

（3）选择其他视图。对主视图没有表达清楚的装配关系和零件间的相对位置，选用其他视图进行补充，以将所有的装配关系表达清楚。选用左视图，并采用半剖视和局部剖视，用以表达油泵工作原理、泵体内腔形状、泵体和泵盖连接方式、进出油口形状结构和安装孔形状。

2. 画装配图步骤

（1）选比例、定图幅、画标题栏及布图，画出作图基准线。根据部件的大小和视图数量，确定画图比例和图幅，布置画图位置，使各个视图之间的相对位置合理；确定图幅和画图位置时，要考虑标题栏、明细栏、尺寸和序号的标注的位置；画出各主要视图的作图基准线。齿轮油泵各视图的作图基准线如图 9-24 所示。

（2）画底稿。开始作图时应先用轻、细线画出底稿。画图顺序一般如下：

1）先画出基础零件的主要轮廓线。齿轮油泵的基础零件是泵体，如图 9-25 所示。

2）根据各零件的装配顺序，依次画出其余主要零件的轮廓线。齿轮油泵的主要零件有泵体、齿轮轴 1、齿轮、泵盖等，作图时应注意各个零件之间的定位位置，如齿轮与泵体定位位置是齿轮右端面与泵体内腔端面，如图 9-26 所示。

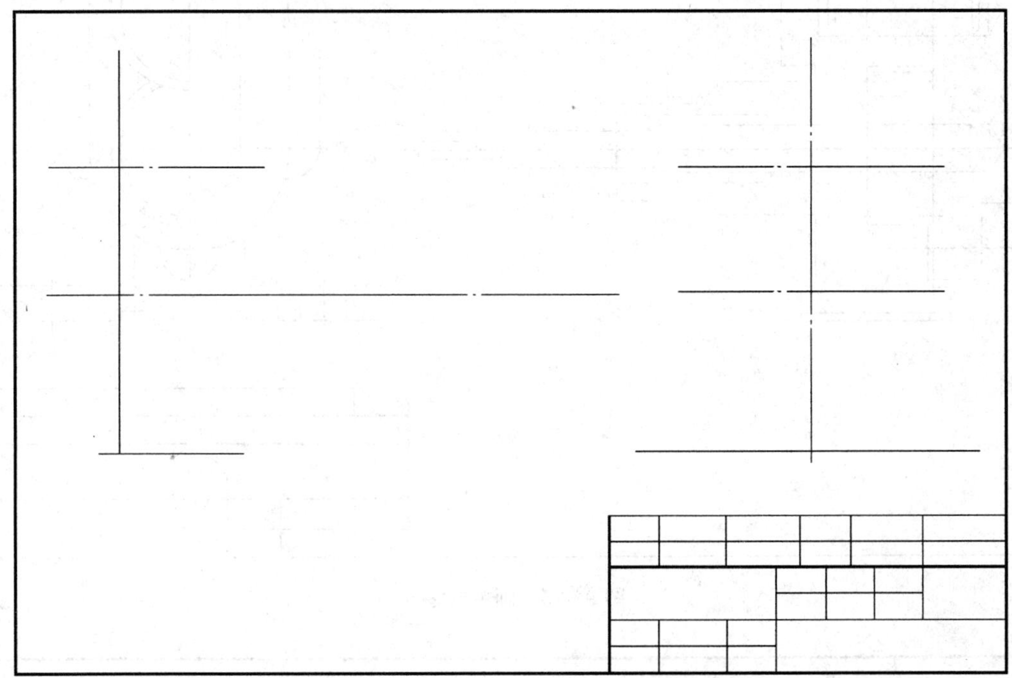

图 9-24 画作图基准线

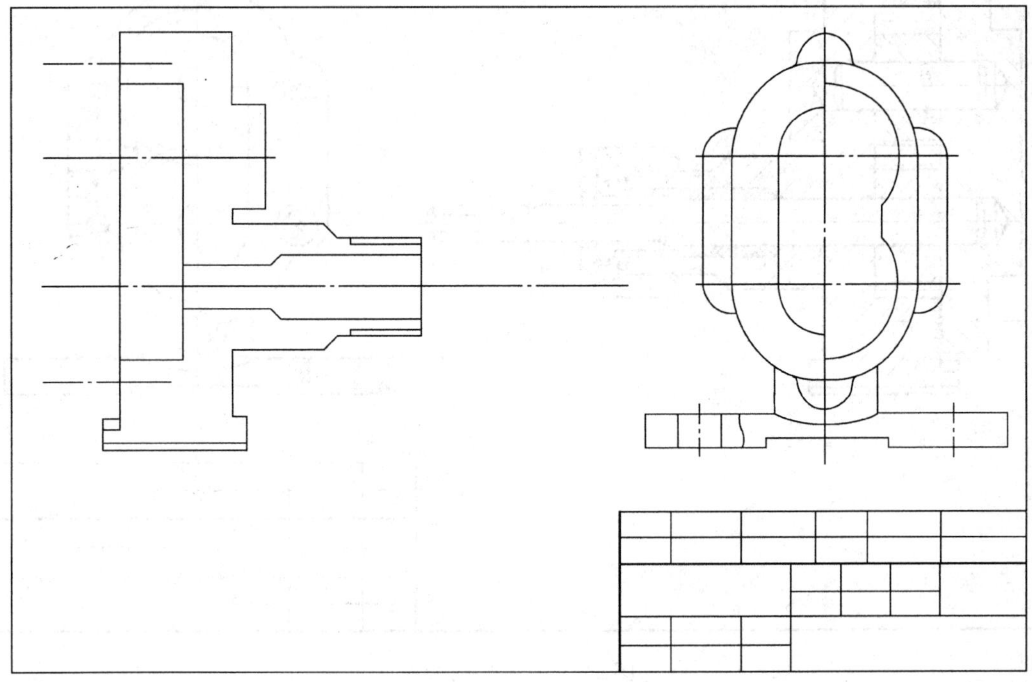

图 9-25 画基础零件轮廓线

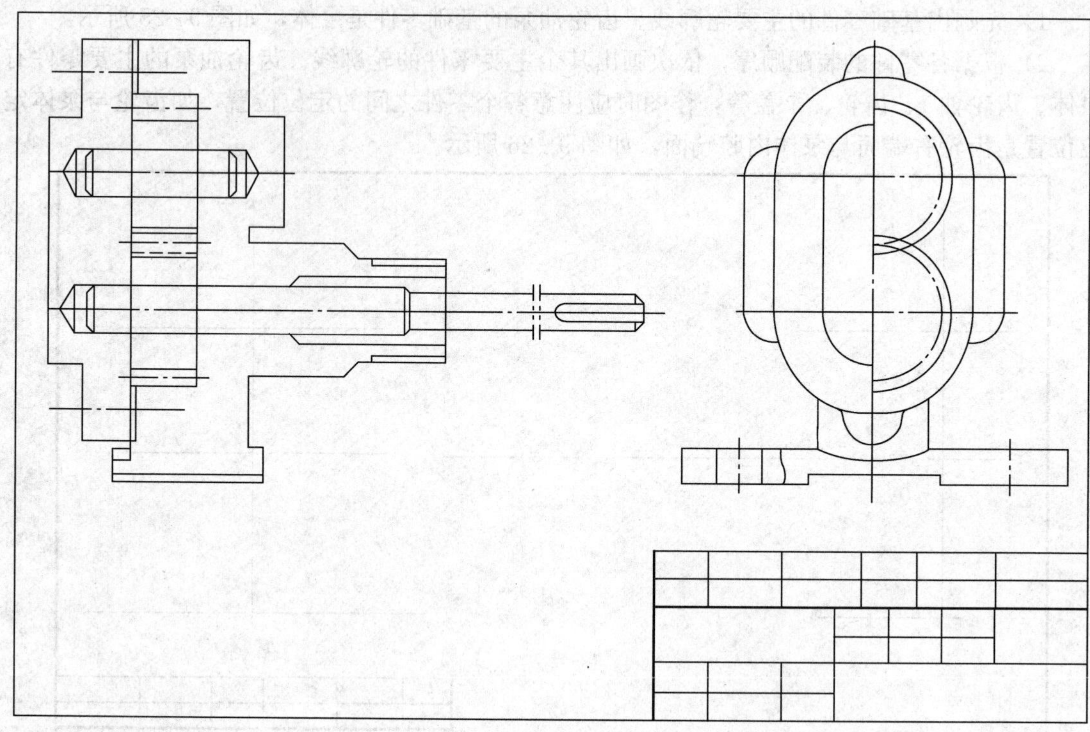

图 9-26　画主要零件

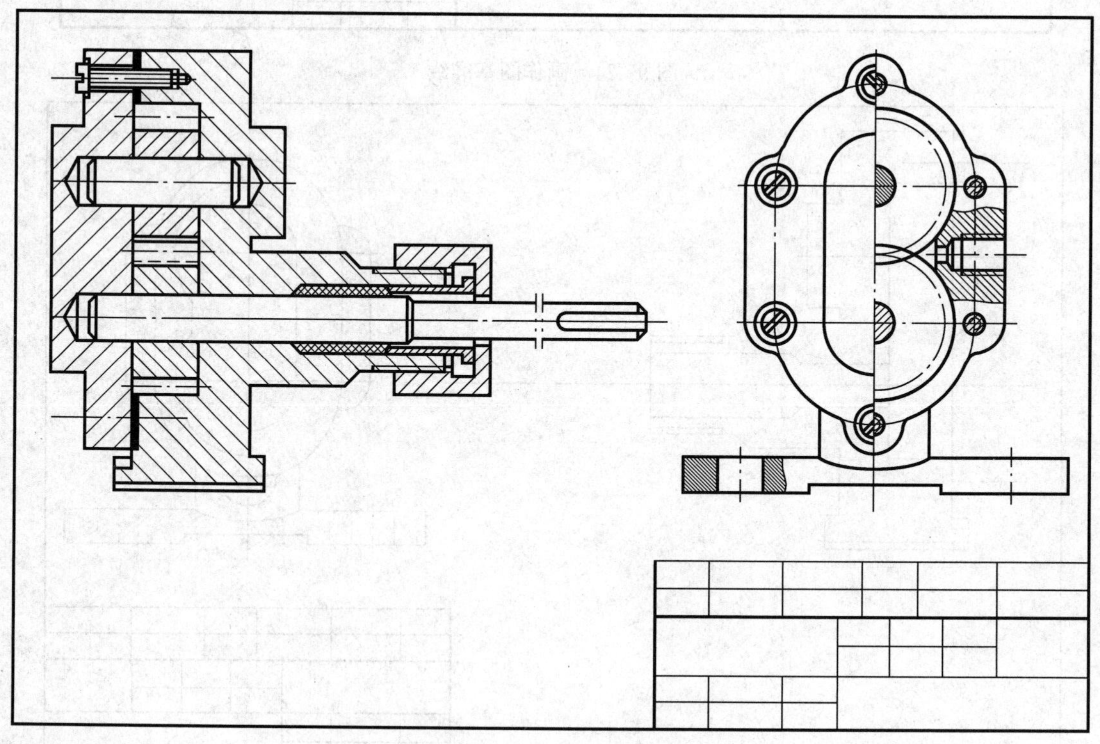

图 9-27　画次要零件

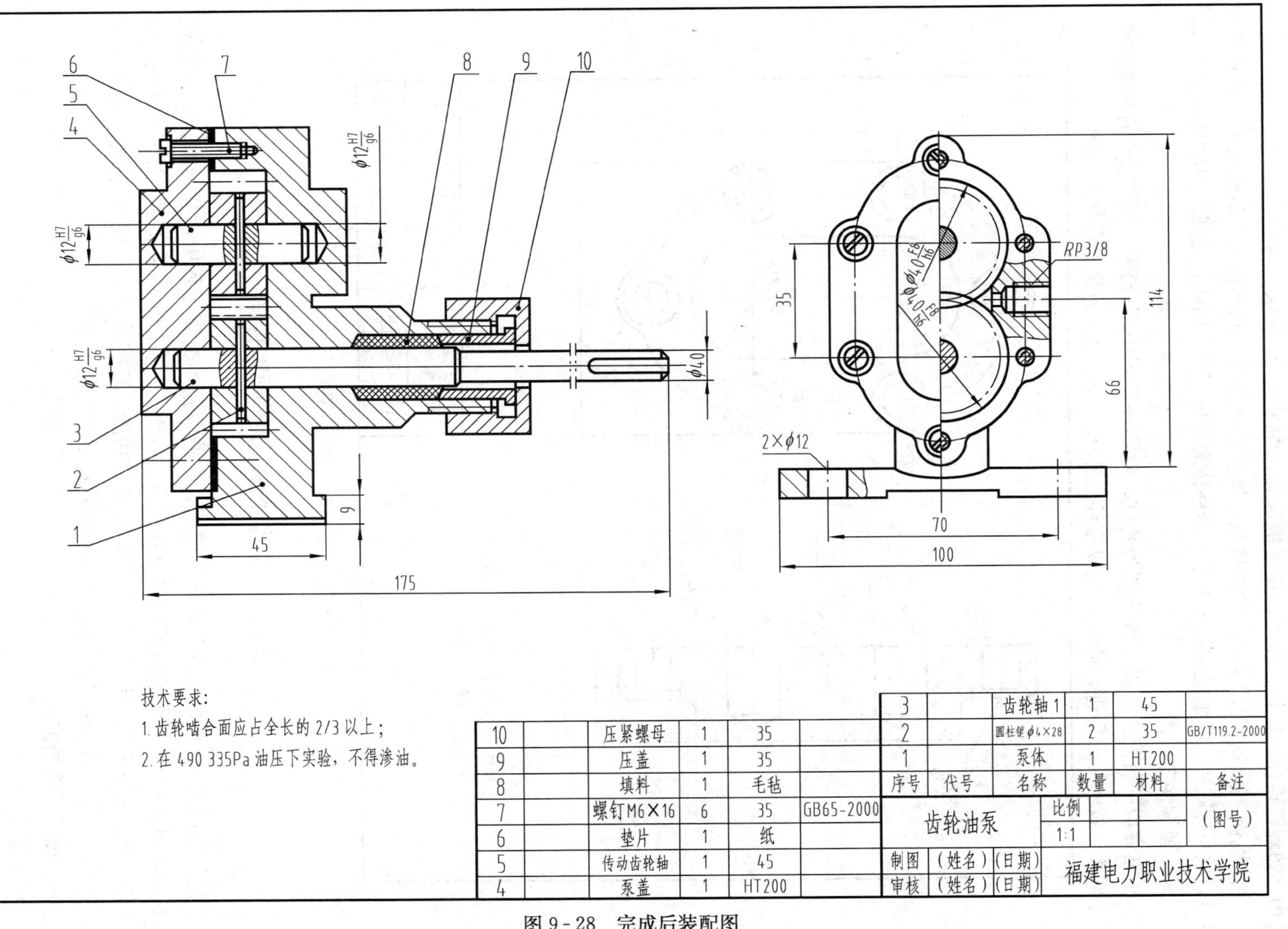
6
5
4
7
8
9
10
3
2
1
$\phi12\frac{H7}{g6}$
$\phi40$
45
6
175
RP3/8
35
114
66
$\phi40\frac{F8}{h6}$
2×ϕ12
70
100
技术要求：
1. 齿轮啮合面应占全长的 2/3 以上；
2. 在 490 335Pa 油压下实验，不得渗油。
10 压紧螺母 1 35
9 压盖 1 35
8 填料 1 毛毡
7 螺钉M6×16 6 35 GB65-2000
6 垫片 1 纸
5 传动齿轮轴 1 45
4 泵盖 1 HT200
3 齿轮轴1 1 45
2 圆柱销ϕ4×28 2 35 GB/T119.2-2000
1 泵体 1 HT200
序号 代号 名称 数量 材料 备注
齿轮油泵
比例 1:1
(图号)
制图 (姓名)(日期)
审核 (姓名)(日期)
福建电力职业技术学院
图 9-28 完成后装配图

3）画次要零件及局部结构。画完主要零件的基本轮廓线之后，再画出次要零件及局部结构，如螺钉连接、填料、压盖、压紧螺母等，如图 9-27 所示。

4）检查、描深、完成全图。检查底稿，擦去多余图线，画剖面线，标注尺寸，编排零件序号，填写标题栏、明细栏和技术要求，最后按规定描深各类图线，完成全图如图 9-28 所示。

六、画零件工作图

根据完成的装配图，以零件草图为基础，对零件草图中不合理、不够完善的表达方法、尺寸标注、技术要求等进行修正，完成零件工作图。图 9-29 为泵盖零件工作图。

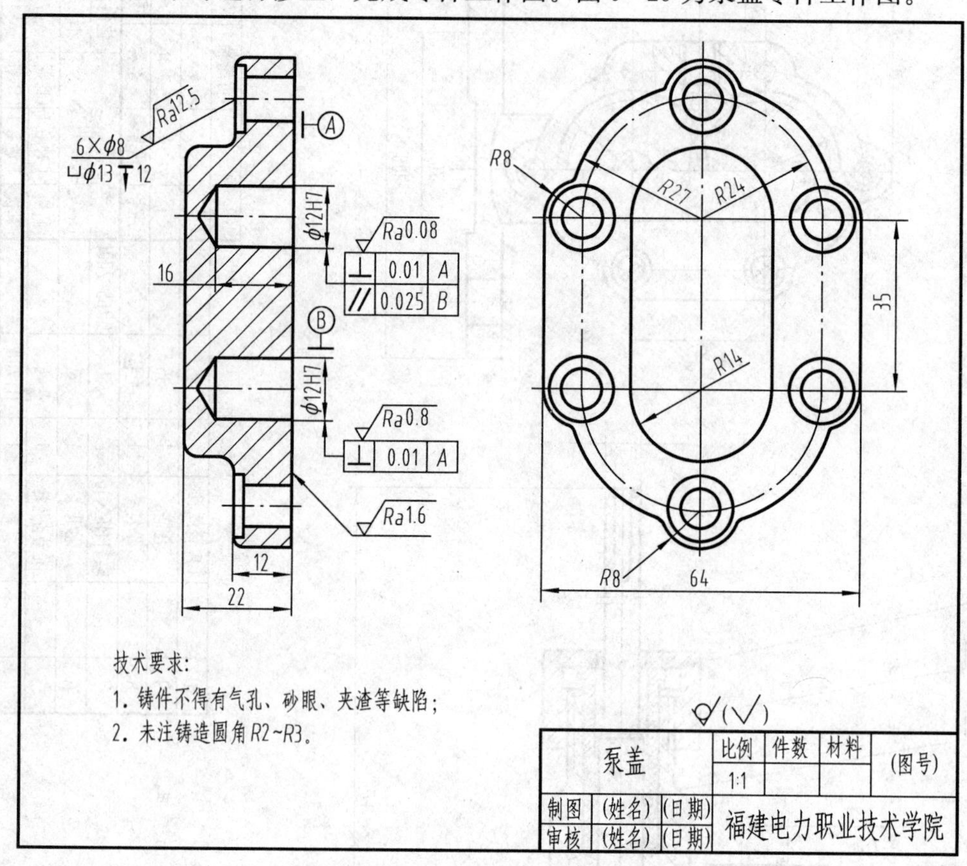

图 9-29　泵盖零件工作图

第六节　读装配图和拆画零件图

在产品的设计、装配、安装调试、使用、维修及技术交流过程中，都需要识读装配图。不同工作岗位的人员看图的目的和对内容有不同的要求。有的仅需要了解机器或部件的用途和工作原理；有的要进一步了解部件中各零件的功能、装配关系、连接方式和装拆顺序；拆画零件图则应进一步分析看懂零件的结构形状以及有关技术要求。

一、读装配图的方法

1. 概括了解

首先看标题栏（参考说明书），从部件或机器的名称大致了解其用途，根据画图比例和图上的总体尺寸可以确定机器或部件的大小；再看明细栏，结合图中的编号了解零件的数目，估计部件或机器的复杂程度。图 9-30 所示的液压阀，用于控制液压回路的通断，体积为 116×56×84，属于小型部件，由 7 种零件组成，结构简单。

2. 分析表达方案

分析表达方案，明确有几个视图，各视图的名称、表达方法、投影关系以及表达的主要内容；根据标记找到剖切位置和范围。如图 9-30 中液压阀装配图由 3 个基本视图及 1 个局部视图组成。主视图是全剖视图，剖切平面通过液压阀前后对称中心面，沿主要装配轴线剖切，主要表达了部件工作原理、零件之间的相对位置和装配关系，同时还表达出主要零件的内、外结构形状；俯视图采用 $A-A$ 全剖视，表达了阀体 3$A-A$ 断面、连接底板及安装孔 $\phi12$ 的形状、相对位置；左视图表达阀体 3 和管接头 6 的外部形状；B 向视图表达了塞子 2 的外形。

3. 分析尺寸

分析装配图上的尺寸，对明确部件的规格、性能、装配关系、安装及外形大小有重要作用。图 9-30 中液压阀中标注的 G1/2、$\phi11$、$\phi10$ 为规格性能尺寸，116×56×84 为外形尺寸，$\phi12$、G1/2、G3/4、48 为安装尺寸，M30×1.5、M16×1、$\phi10$H7/h6 为配合尺寸。

4. 分析工作原理和装配关系

对照视图分析工作原理和装配关系是看懂装配图的重要环节。分析工作原理一般从分析运动传递关系入手，从运动传入的零件开始，按传递路线逐步分析其传动方式、传动路线、作用原理；分析装配关系则可以由基础零件开始，根据零件之间的接触关系，逐步分析零件之间的支承、定位、调整、连接、密封等结构形式。图 9-21 中液压阀的工作原理从主视图看最清楚。当杆 1 受外力作用向左运动时，推动钢球 4 压缩弹簧 5 向左运动，阀门被打开接通液压回路，液体由 G1/2 孔经过 $\phi11$、$\phi10$ 孔之间的间隙流出，当去掉外力时，压缩弹簧推动钢球向右运动，关闭阀门。

阀的装配关系从主视图看最清楚。塞子 2 和管接头 6 通过 M30×1.5 螺纹连接在阀体 3 上，杆 1 通过 $\phi10$H7/h6 安装在塞子 2 上，利用轴肩作轴向定位；钢珠 4 通过弹簧 5 压紧在杆 1 左侧端面上，利用旋塞 7 调整压紧力，他们都装配在管接头 6 的孔中。杆 1 和管接头 6 内孔径向有 1mm 间隙，管路接通时，液体由此间隙流过。

5. 分析零件结构

为了更深入的理解零件在机器或部件中的功能及零件间的装配关系，拆画零件图时，必须进一步分析零件的结构。分析零件结构的主要方法是根据投影关系，采用形体分析法，必要时同时采用面形分析法进行。分析过程中要充分利用装配图的表达特点来区分不同零件，如利用装配图中不同零件的剖面线不同而同一个零件在各个视图中剖面线一致来分清零件的轮廓范围；标准件和常用结构有规定画法；利用零件的编号对照明细表，确定零件数量、材料、规格等。

二、由装配图拆画零件图

在设计机器时，首先要进行整体设计，画出装配图，然后再根据装配图拆画零件图，简称拆图。拆图过程也是进行零件设计的过程。方法如下：

1. 分离零件

在看懂装配图，理解零件结构的基础上，将要拆画的零件从装配图中分离出来。如要拆画液压阀中阀体 3 的零件图。首先将阀体 3 从装配图的主、俯、左视图中分离出来，然后利

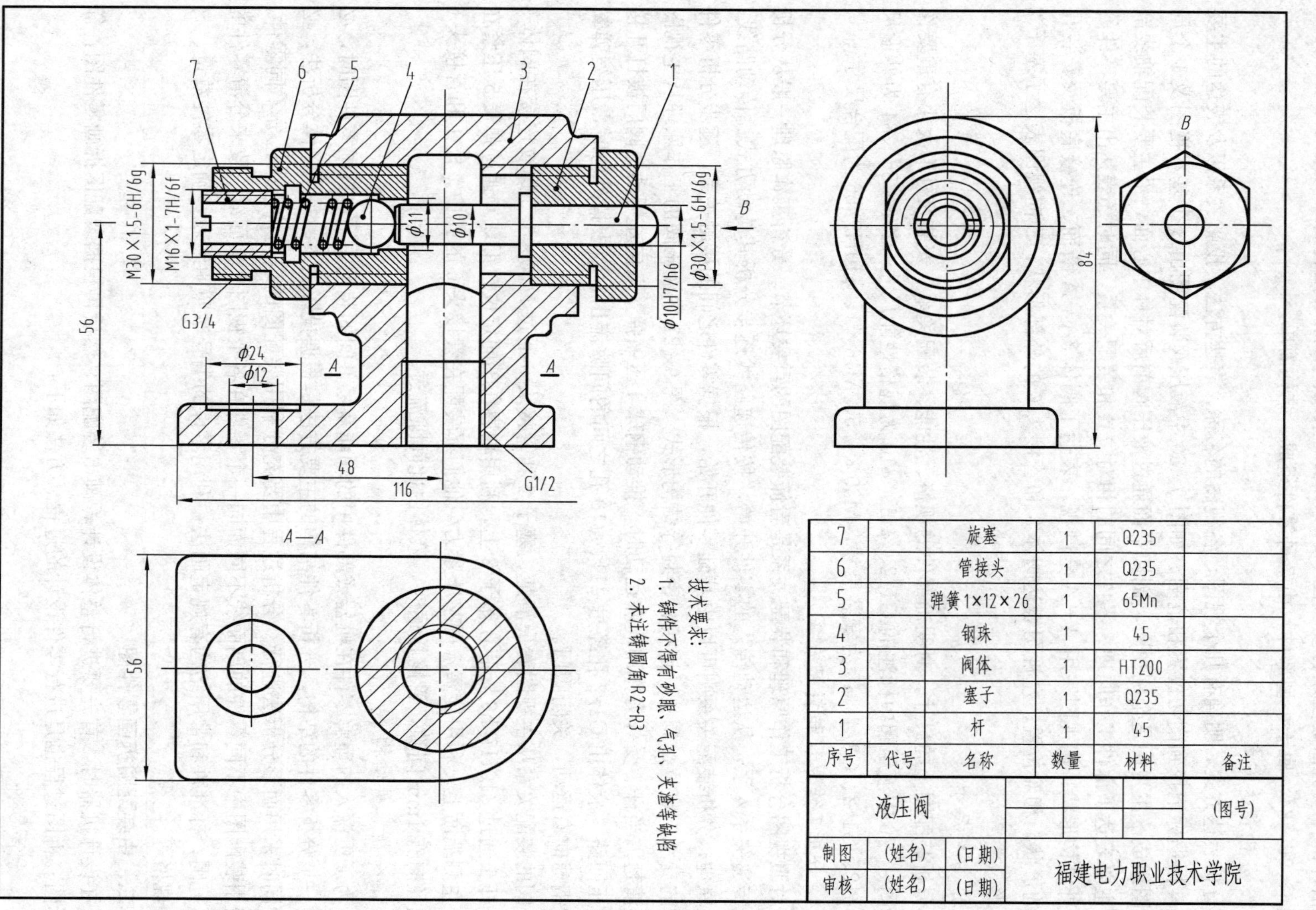
7
6
5
4
3
2
1
B
M30×1.5-6H/6g
M16×1-7H/6f
φ11
φ10
φ30×1.5-6H/6g
φ10H7/h6
G3/4
56
φ24
φ12
A
A
48
116
G1/2
84
B
A—A
56
技术要求:
1. 铸件不得有砂眼、气孔、夹渣等缺陷
2. 未注铸圆角R2~R3
7 旋塞 1 Q235
6 管接头 1 Q235
5 弹簧1×12×26 1 65Mn
4 钢珠 1 45
3 阀体 1 HT200
2 塞子 1 Q235
1 杆 1 45
序号 代号 名称 数量 材料 备注
液压阀
(图号)
制图 (姓名) (日期)
审核 (姓名) (日期)
福建电力职业技术学院

图 9-30 液压阀

用形体分析法想象其形状。阀体由底板、水平圆柱体通过垂直圆柱体连接，底板上有 ϕ12 螺栓孔及 G1/2 的螺纹孔，水平圆柱体左、右各有一个小台阶，沿轴线有 M30×1.5 螺纹孔，中间有一个环形槽，G1/2 螺纹孔和环形槽相通，如图 9-31 所示。

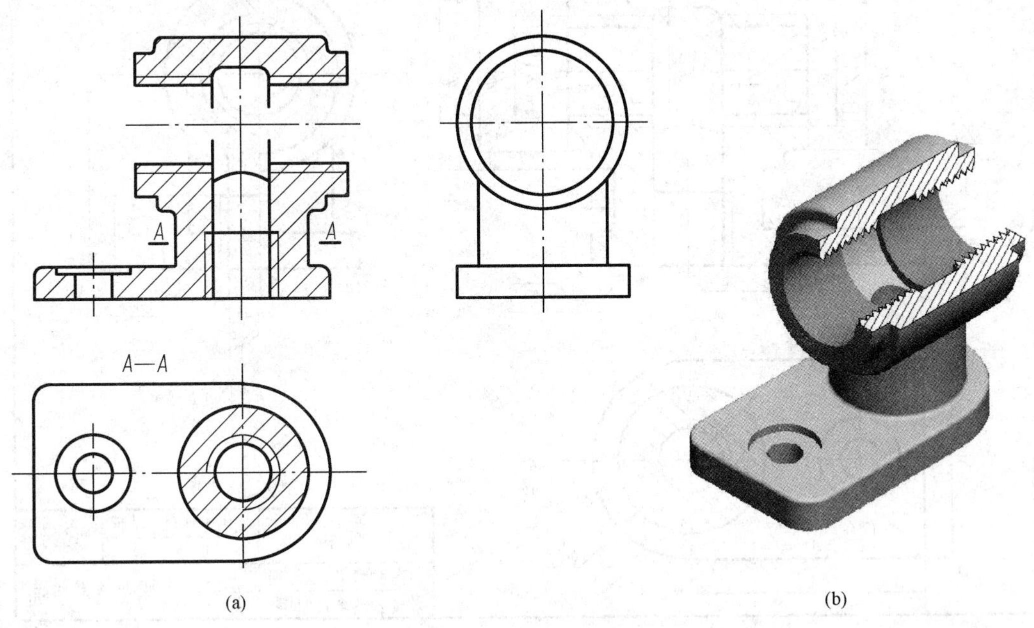

图 9-31　拆画零件图

2. 确定视图表达方案

看懂零件的形状后，根据零件的结构特点、零件的加工位置及零件在装配图中的工作位置，重新选择视图，确定表达方案。由于装配图重点表达装配关系和工作原理，所以在零件的表达方案只可参考，不能照搬装配图。如图 9-32 所示阀体的表达方法，主、俯视图与装配图相同，左视图采用半剖视，以表达环形槽形状。

3. 标注尺寸

零件图应标注出所有定形和定位尺寸。标注尺寸时应注意：

（1）装配图上已给出的尺寸都是重要尺寸，在零件图上直接注出。

（2）设计时计算的尺寸应按所得数据准确标注，对标准结构，如键槽、倒角、退刀槽等，应查阅有关标准来注。

（3）装配图中未注出的零件一般结构尺寸，可按比例从装配图上直接量取，并作适当调整。

4. 零件图的技术要求

零件的尺寸公差、形位公差和表面粗糙度等技术要求，应根据零件的功能及该零件与其他零件的装配关系确定。其他技术要求可用文字注写在标题栏附近。

三、读装配图举例

识读图 9-33 机用虎钳装配图。

1. 概括了解

从标题栏可知，部件的名称是机用虎钳，是机床上用于夹持工件的通用夹具；体积为 210×148×60，属于小型部件；由 11 种零件组成，结构简单。

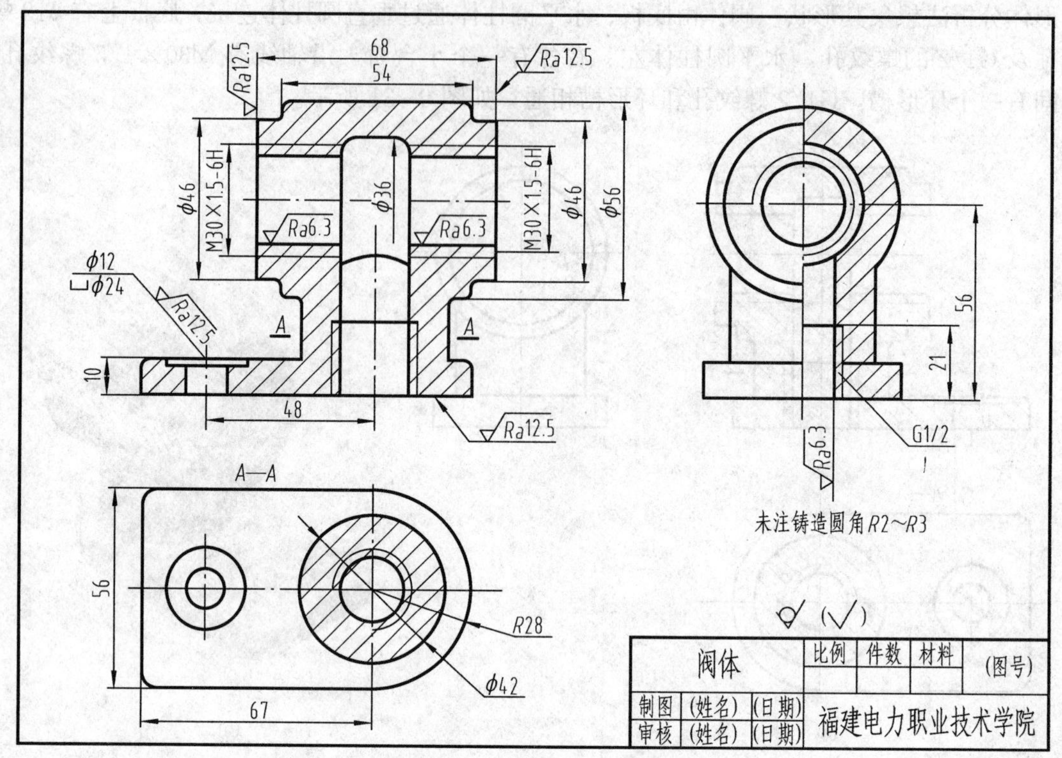

图 9-32　阀体零件图

2. 分析表达方案

图 9-33 中机用虎钳装配图由三个基本视图、一个局部视图、一个局部放大图和一个移出断面图组成。主视图按工作位置确定机件安放位置和投影方向，采用全剖视，剖切平面通过虎钳装配干线，主要表达了部件工作原理、各零件间的相对位置和装配关系，同时表达了主要零件固定钳身 1、活动钳身 4、阀杆 8、螺母 9 的内外结构；俯视图主要表达了固定钳身 1、活动钳身 4 的外部结构形状，同时采用局部剖视表达钳口板 2 与钳身 1 的连接关系；左视图采用 B—B 半剖视，表达固定钳身 1、螺母 9、活动钳身 4 及螺钉 3 的装配关系及钳身 1、3 及螺母 9 的结构形状；局部放大图表达螺杆 8 的牙形；断面图表达螺杆右端方头的结构形状；A 向视图表达钳口板 2 形状及连接螺钉位置。

3. 分析尺寸

虎钳装配图中 0～65 及钳口板宽 80 是规格性能尺寸，决定了虎钳夹持工件的大小，ϕ12H8/f8、ϕ16H8/f8、ϕ22H8/f8 是装配尺寸，116 及 2×ϕ10 是安装尺寸，外形尺寸为 210×148×60。

4. 分析工作原理和装配关系

机用虎钳的工作原理是：用方形扳手转动螺杆 8，经螺纹传动带动螺母 9，带动活动钳身 4 在固定钳身 1 上的导轨作左右移动，达到夹紧和松开工件的目的。

机用虎钳的主要装配线沿螺杆轴线，各零件间的装配关系是：螺杆 8 通过左、右端部的孔 ϕ12H8/f8、ϕ16H8/f8 的间隙配合安装在固定钳身 1 上，右端利用轴肩、左端用销 6 和环 7 作轴向定位，使螺杆只能转动而不能作轴向移动，垫圈 5、11 时用于调整轴向间隙和承受磨损，螺母 9 旋在螺杆 8 上，通过上部的 ϕ22H8/f8 圆柱部分与活动钳身 3 装配在一起，利

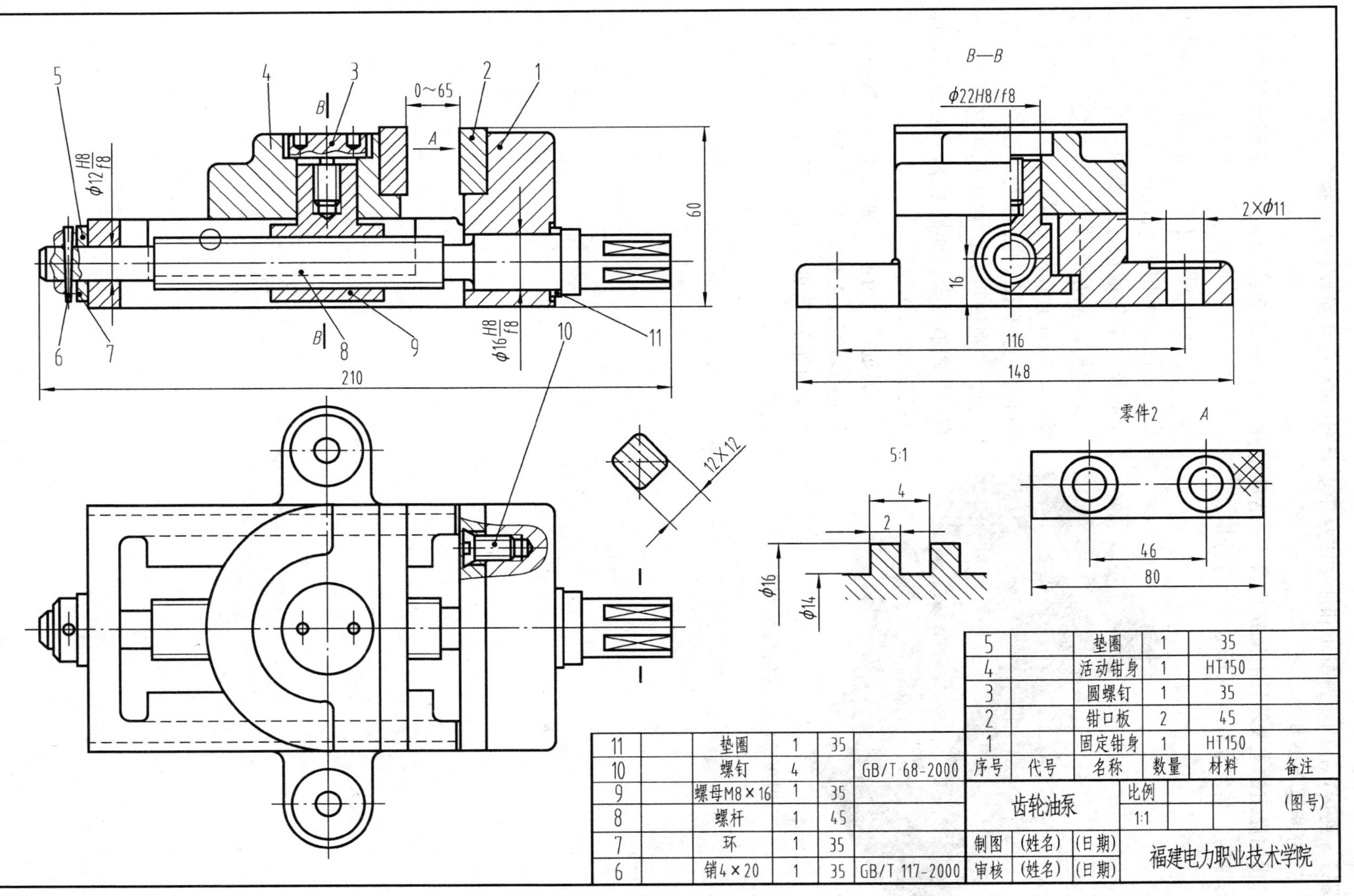

图9-33 机用虎钳装配图

用螺钉 3 连接，在固定钳身 1 和活动钳身 4 上分别用螺钉 10 安装有钳口板 2。

5. 分析零件结构

机用虎钳的主要零件有固定钳身 1、活动钳身 4、螺杆 8 和螺母 9 等。下面分析固定钳身的结构，其余零件结构请读者自行分析。

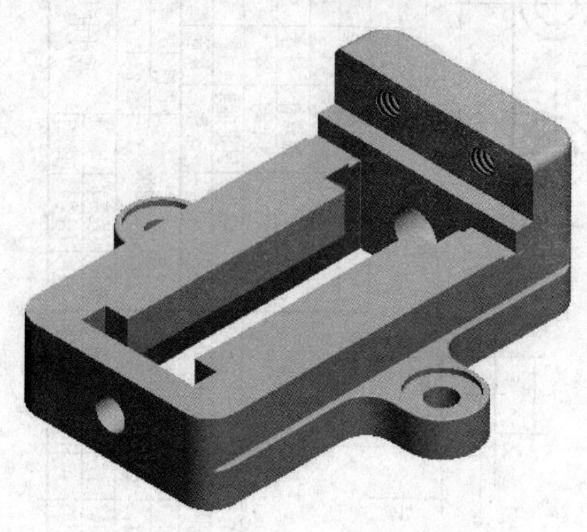

图 9-34　固定钳身立体图

对照主俯视图可知，固定钳身的基本形体是带有圆角的、右边凸起的长方形体，中间开有 T 形通槽，通槽的左右两端各有一退刀槽，长方形右边凸起部分有一矩形切口，切口上有两个螺钉孔，长方体左右侧面分别开有 ϕ12H8/f8、ϕ16H8/f8 孔；由俯、左视图可知，在活动钳身前、后各有一半圆形耳板，耳板上 ϕ10 孔是安装孔，如图 9-34 所示。

通过以上分析，加以综合、想象，对虎钳的功能、工作原理、装配关系、主要零件的结构等就有了全面的认识，完成读图。

附　　录

附表 1　　普通螺纹直径与螺距、基本尺寸（GB/T 193—2003 和 GB/T 196—2003）　　mm

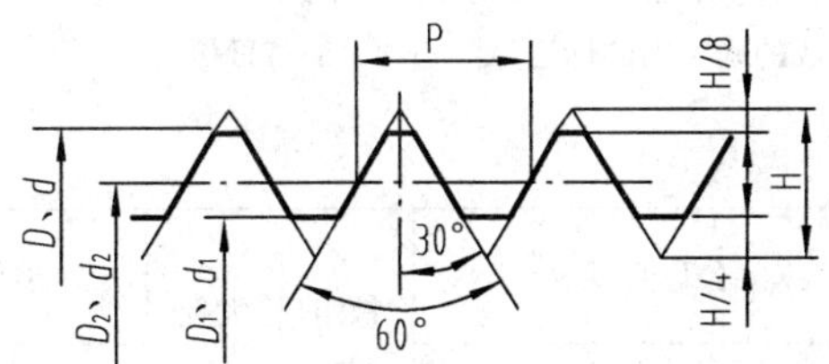

标记示例

公称直径 24mm，螺距 3mm，右旋粗牙普通螺纹，其标记为：M24。

公称直径 24mm，螺距 1.5mm，左旋细牙普通螺纹，公差带代号 7H，其标记为：M24×1.5—LH。

<table>
<tr><th colspan="2">公称直径 D、d</th><th colspan="2">螺距 P</th><th rowspan="2">粗牙小径 D_1、d_1</th><th colspan="2">公称直径 D、d</th><th colspan="2">螺距 P</th><th rowspan="2">粗牙小径 D_1、d_1</th></tr>
<tr><th>第一系列</th><th>第二系列</th><th>粗牙</th><th>细牙</th><th>第一系列</th><th>第二系列</th><th>粗牙</th><th>细牙</th></tr>
<tr><td>3</td><td></td><td>0.5</td><td>0.35</td><td>2.459</td><td>16</td><td></td><td>2</td><td>1.5，1</td><td>13.835</td></tr>
<tr><td>4</td><td></td><td>0.7</td><td rowspan="2">0.5</td><td>3.242</td><td></td><td>18</td><td rowspan="3">2.5</td><td rowspan="3">2，1.5，1</td><td>15.294</td></tr>
<tr><td>5</td><td></td><td>0.8</td><td>4.134</td><td>20</td><td></td><td>17.294</td></tr>
<tr><td>6</td><td></td><td>1</td><td>0.75</td><td>4.917</td><td></td><td>22</td><td>19.294</td></tr>
<tr><td>8</td><td></td><td>1.25</td><td>1，0.75</td><td>6.647</td><td>24</td><td></td><td>3</td><td>2，1.5，1</td><td>20.752</td></tr>
<tr><td>10</td><td></td><td>1.5</td><td>1.25，1，0.75</td><td>8.376</td><td>30</td><td></td><td>3.5</td><td>(3)，2，1.5，1</td><td>26.211</td></tr>
<tr><td>12</td><td></td><td>1.75</td><td>1.25，1</td><td>10.106</td><td>36</td><td></td><td rowspan="2">4</td><td rowspan="2">3，2，1.5</td><td>31.670</td></tr>
<tr><td></td><td>14</td><td>2</td><td>1.5，1.25*，1</td><td>11.835</td><td></td><td>39</td><td>34.670</td></tr>
</table>

注　应优先选用第一系列，括号内尺寸尽可能不用，带＊号仅用于火花塞。

附表 2　　梯形螺纹直径与螺距系列、基本尺寸

（GB/T 5796.2—2005、GB/T 5796.3—2005、GB/T 5796.4—2005）　　mm

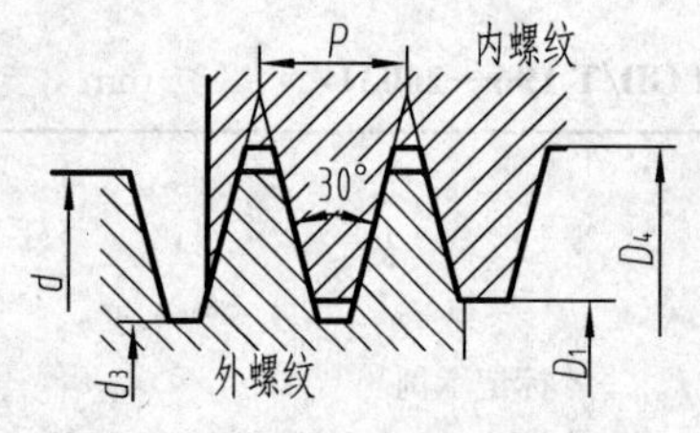

标记示例

公称直径 28mm、螺距 5mm、中径公差带代号为 7H 的单线右旋梯形内螺纹，其标记为：Tr28×5—7H。

公称直径 28mm，导程 10mm、螺距 5mm，中径公差带代号为 8e 的双线左旋梯形外螺纹，其标记为：Tr28×10（P5）LH—8e。

内外螺纹旋合所组成的螺纹副的标记为：Tr24×8—7H/8e。

公称直径 d		螺距	大径	小径		公称直径 d		螺距	大径	小径	
第一系列	第二系列	P	D_4	d_3	D_1	第一系列	第二系列	P	D_4	d_3	D_1
16		2	16.50	13.50	14.00	24		3	24.50	20.50	21.00
		4		11.50	12.00			5		18.50	19.00
20	18	2	18.50	15.50	16.00			8	25.00	15.00	16.00
		4		13.50	16.00		26	3	26.50	22.50	23.00
		2	20.50	17.50	18.00			5		20.50	21.00
		4		15.50	16.00			8	27.00	17.00	18.00
	22	3	22.50	18.50	19.00	28		3	28.50	24.50	25.00
		5		16.50	17.00			5		22.50	23.00
		8	23.0	13.00	14.00			8	29.00	19.00	20.00

注　螺纹公差带代号：外螺纹有 9*c*、8*c*、8*e*、7*e*；内螺纹有 9*H*、8*H*、7*H*。

附表 3　管螺纹尺寸代号及基本尺寸

55°非密封管螺纹（GB/T 7307—2001）

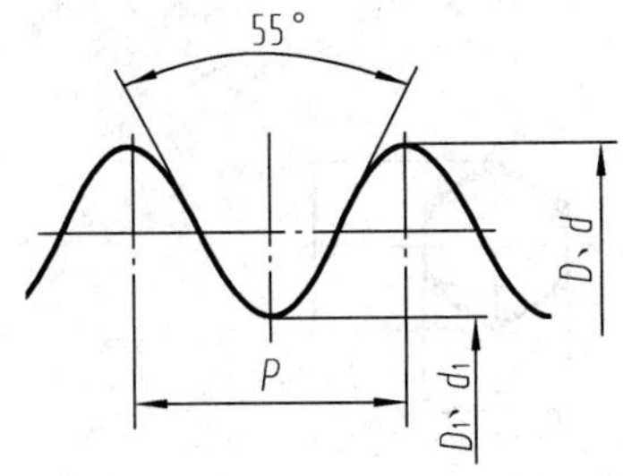

标记示例

尺寸代号为 1/2 的 A 级右旋外螺纹的标记为：G1/2A。

尺寸代号为 1/2 的 B 级左旋外螺纹的标记为：G1/2B—LH。

尺寸代号为 1/2 的右旋内螺纹的标记为：G1/2。

尺寸代号	每 25.4mm 内的牙数 n	螺距 P/mm	大径 $D=d$/mm	小径 $D_1=d_1$/mm	基准距离/mm
1/4	19	1.337	13.157	11.445	6
3/8	19	1.337	16.662	14.950	6.4
1/2	14	1.814	20.955	18.631	8.2
3/4	14	1.814	26.441	24.117	9.5
1	11	2.309	33.249	30.291	10.4
$1\frac{1}{4}$	11	2.309	41.910	38.952	12.7
$1\frac{1}{2}$	11	2.309	47.803	44.845	12.7
2	11	2.309	59.614	56.656	15.9

附表 4 **六 角 头 螺 栓** mm

六角头螺栓—A 和 B 级（GB/T 5782—2000）

六角头螺栓—全螺纹（GB/T 5783—2000）

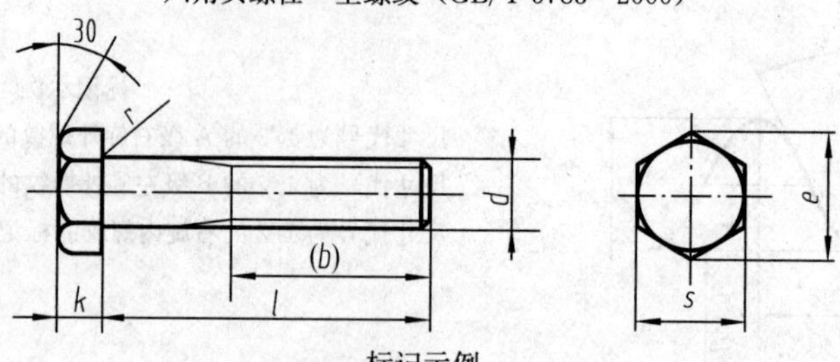

标记示例

螺纹规格 d=M12，公称长度 l=80mm，性能等级为 8.8 级，表面氧化，A 级的六角螺栓，其标记为：

螺栓 GB/T 5782 M12×80

螺纹规格 d		M3	M4	M5	M6	M8	M10	M12	M16	M20	M24	M30	M36
s		5.5	7	8	10	13	16	18	24	30	36	46	55
k		2	2.8	3.5	4	5.3	6.4	7.5	10	12.5	15	18.7	22.5
r		0.1	0.2	0.2	0.25	0.4	0.4	0.6	0.6	0.6	0.8	1	1
e	A	6.01	7.66	8.79	11.05	14.38	17.77	20.03	26.75	33.53	39.98	—	—
	B	5.88	7.50	8.63	10.89	14.20	17.59	19.85	26.17	32.95	39.55	50.85	51.11
(b) GB/T 5782	t≤125	12	14	16	18	22	26	30	38	46	54	66	—
	125<l≤200	18	20	22	24	28	32	36	44	52	60	72	84
	l>200	31	33	35	37	41	45	49	57	65	73	85	97
l 范围（GB/T 5782）		20～30	25～40	25～50	30～60	40～80	45～100	60～120	65～160	80～200	90～240	110～300	140～360
l 范围（GB/T 5783）		6～30	8～40	10～50	12～60	16～80	20～100	25～120	30～150	40～150	50～150	60～200	70～200
l 系列		6，8，10，12，16，20，25，30，35，40，45，50，55，60，65，70，80，90，100，110，120，130，140，150，160，180，200，220，240，260，280，300，320，340，360，380，400，420，440，460，480，500											

附表 5　　　　**双　头　螺　柱**　　　　mm

GB/T 897—1988（b_m=1d）
GB/T 898—1988（b_m=1.25d）
GB/T 899—1988（b_m=1.5d）
GB/T 900—1988（b_m=2d）

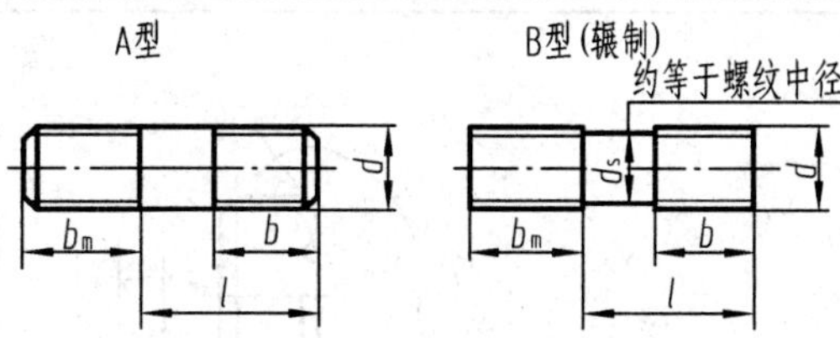

标记示例

两端均为粗牙普通螺纹，d=10mm、l=50mm、性能等级为 4.8 级、不经表面处理、B 型、b_m=1d 的双头螺柱，其标记为：　　螺柱　GB/T 897　M10×50

若为 A 型，则标记为：　　螺柱　GB/T 897　AM10×50

双头螺柱各部分尺寸

螺纹规格 d		M3	M4	M5	M6	M8
b_m 公称	GB/T 897—1988			5	6	8
	GB/T 898—1988			6	8	10
	GB/T 899—1988	4.5	6	8	10	12
	GB/T 900—1988	6	8	10	12	16
l/b		16～20/6 (22)～40/12	16～(22)/8 25～40/14	16～(22)/10 25～50/16	20～(22)/10 25～30/14 (32)～(75)/18	20～(22)/12 25～30/16 (32)～90/22
螺纹规格 d		**M10**	**M12**	**M16**	**M20**	**M24**
b_m 公称	GB/T 897—1988	10	12	16	20	24
	GB/T 898—1988	12	15	20	25	30
	GB/T 899—1988	15	18	24	30	36
	GB/T 900—1988	20	24	32	40	48
l/b		23～(28)/14 30～(38)/16 40～120/26 130/32	25～30/16 (32)～40/20 45～120/30 130～180/36	30～(38)/20 40～(55)/30 60～120/38 130～200/44	36～40/25 (45)～(65)/35 70～120/46 130～200/52	45～50/30 (55)～(75)/45 80～120/54 130～200/60

注　1. GB/T897—1988 和 GB/T 898—1988 规定螺柱的螺纹规格 d=M5～M48，公称长度 l=16～300mm；GB/T 899—1988 和 GB/T 900—1988 规定螺柱的螺纹规格 d=M2～M48，公称长度 l=12～300mm。

2. 螺柱公称长度 l（系列）：12，(14)，16，(18)，20，(22)，25，(26)，30，(32)，35，(38)，40，45，50，(55)，60，(65)，70，(75)，80，(85)，90，(95)，100～260（10 进位），280，300mm，尽可能不采用括号内的数值。

3. 材料为钢的螺柱性能等级有 4.8、5.8、6.8、8.8、10.9、12.9 级，其中 4.8 级为常用。

附表 6　　1 型六角螺母（GB/T 6170—200）　　mm

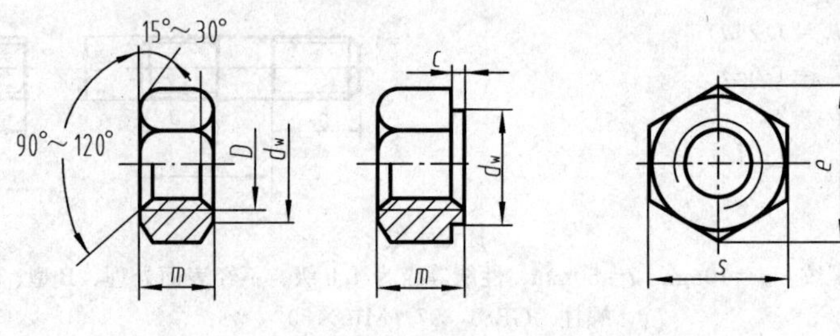

标记示例

螺纹规格 D=M12、性能等级为 8 级、不经表面处理、产品等级为 A 级的 1 型六角螺母，其标记为：
螺母 GB/T 6170 M12

螺纹规格 d		M3	M4	M5	M6	M8	M10	M12	M16	M20	M24	M30	M36
e	(min)	6.01	7.66	8.79	11.05	14.38	17.77	20.03	26.75	32.95	39.55	50.85	60.79
s	(max)	5.5	7	8	10	13	16	18	24	30	36	46	55
	(min)	5.32	6.78	7.78	9.78	12.73	15.73	17.73	23.67	29.16	35	45	53.8
c	(max)	0.4	0.4	0.5	0.5	0.6	0.6	0.6	0.8	0.8	0.8	0.8	0.8
d_w	(max)	4.6	5.9	6.9	8.9	11.6	14.6	16.6	22.5	27.7	33.2	42.7	51.1
	(min)	3.45	4.6	5.75	6.75	8.75	10.8	13	17.3	21.6	25.9	32.4	38.9
m	(max)	2.4	3.2	4.7	5.2	6.8	8.4	10.8	14.8	18	21.5	25.6	31
	(min)	2.15	2.9	4.4	4.9	6.44	8.04	10.37	14.1	16.9	20.2	24.3	29.4

附表 7　平垫圈—A 级（GB/T 97、1—2002）、平垫圈倒角型—A 级（GB/T 97.2—2002）　　mm

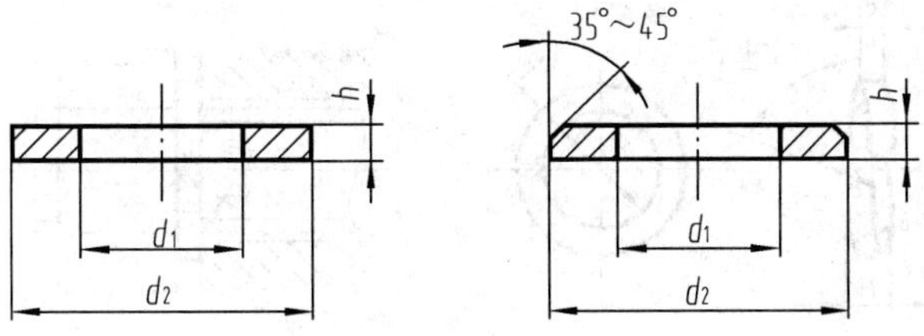

标记示例

标准系列，公称规格 8mm，由钢制造的硬度等级为 200HV 级、不经表面处理、产品等级为 A 级的平垫圈，其标记为：

垫圈 GB/T 97.18

公称规格（螺纹大径 d）	2	2.5	3	4	5	6	8	10	12	14	16	20	24	30
内径 d_1	2.2	2.7	3.2	4.3	5.3	6.4	8.4	10.5	13	15	17	21	25	31
外径 d_2	5	6	7	9	10	12	16	20	24	28	30	37	44	56
厚度 h	0.3	0.5	0.5	0.8	1	1.6	1.6	2	2.5	2.5	3	3	4	4

附表 8　　标准型弹簧垫圈（GB/T 93—1987）轻型弹簧垫圈（GB/T 859—1987）　　mm

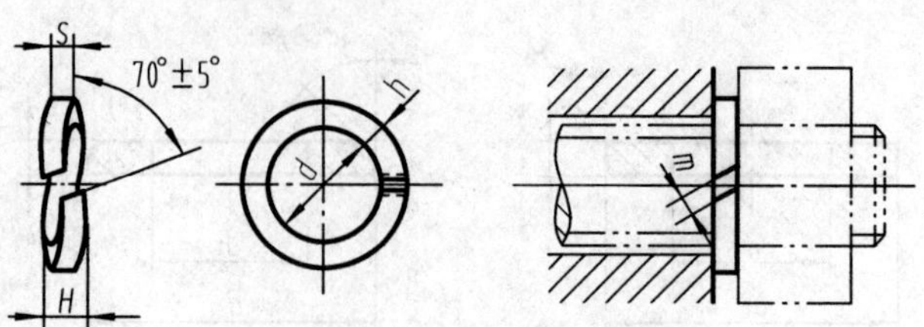

标记示例

公称直径 16mm、材料为 65Mn、表面氧化的标准型弹簧垫圈，其标记为：

垫圈 GB/T 93 16

规格（螺纹大径）		2	2.5	3	4	5	6	8	10	12	16	20	24	30	36	42	48
d		2.1	2.6	3.1	4.1	5.1	6.2	8.2	10.2	12.3	16.3	20.5	24.5	30.5	36.6	42.6	49
H	GB/T 93—1987	1.2	1.6	2	2.4	3.2	4	5	6	7	8	10	12	13	14	16	18
	GB/T 859—1987	1	1.2	1.6	1.6	2	2.4	3.2	4	5	6.4	8	9.6	12			
S（*b*）	GB/T 93—1987	0.6	0.8	1	1.2	1.6	2	2.5	3	3.5	4	5	6	6.5	7	8	9
S	GB/T 859—1987	0.5	0.6	0.8	0.8	1	1.2	1.6	2	2.5	3.2	4	48	6			
m⩽	GB/T 93—1987	0.4		0.5	0.6	0.8	1	1.2	1.5	1.7	2	2.5	3	3.2	3.5	4	4.5
	GB/T 859—1987	0.3		0.4		0.5	0.6	0.8	1	1.2	1.6	2	2.4	3			
b	GB/T 859—1987	0.8		1	1.2		1.6	2	2.5	3.5	4.5	5.5	6.5	8			

附表 9　　开 槽 螺 钉

开槽圆柱头螺钉（GB/T 65—2000）、开槽沉头螺钉（GB/T 68—2000）、开槽盘头螺钉（GB/T 67—2000）

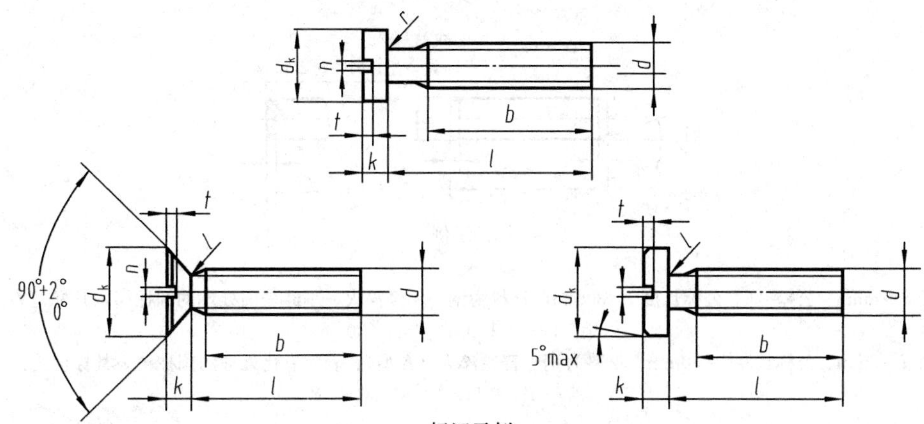

标记示例

螺纹规格 d=M5，公称长度 l=20mm、性能等级为 4.8 级，不经表面处理的 A 级开槽圆柱头螺钉，其标记为：

螺钉　GB/T 65　M5×20

螺纹规格 d		M1.6	M2	M2.5	M3	M4	M5	M6	M8	M10
GB/T 65—2000	d_k					7	8.5	10	13	16
	k					2.6	3.3	3.9	5	6
	t_{min}					1.1	1.3	1.6	2	2.4
	r_{min}					0.2	0.2	0.25	0.4	0.4
	l					5～40	6～50	8～60	10～80	12～80
GB/T 67—2000	d_k	3.2	4	5	5.6	8	9.5	12	16	23
	k	1	1.3	1.5	1.8	2.4	3	3.6	4.8	6
	t_{min}	0.35	0.5	0.6	0.7	1	1.2	1.4	1.9	2.4
	r_{min}	0.1	0.1	0.1	0.1	0.2	0.2	0.25	0.4	0.4
	l	2～16	2.5～20	3～25	4～30	5～40	6～50	8～60	10～80	12～80
	全螺纹时最大长度	30	30	30	30	40	40	40	40	40
GB/T 68—2000	d_k	3	3.8	4.7	5.5	8.4	9.3	11.3	15.8	18.5
	k	1	1.2	1.5	1.65	2.7	2.7	3.3	4.65	5
	t_{min}	0.32	0.4	0.5	0.6	1	1.1	1.2	1.8	2
	r_{min}	0.4	0.5	0.6	0.8	1	1.3	1.5	2	2.5
	l	2.5～16	3～20	4～25	5～30	6～40	8～50	8～60	10～80	12～80
	全螺纹时最大长度	30	30	30	30	45	45	45	45	45
n		0.4	0.5	0.6	0.8	1.2	1.2	1.6	2	2.5
b_{min}		25				38				
l 系列		2、2.5、3、4、5、6、8、10、12、(14)、16、20、25、30、35、40、45、50、(55)、60、(65) 70、(75)、80								

附表 10　　圆柱销　不淬硬钢和奥氏体不锈钢（GB/T 119.1—2000）、圆柱销　淬硬钢和马氏体不锈钢（GB/T 119.2—2000）

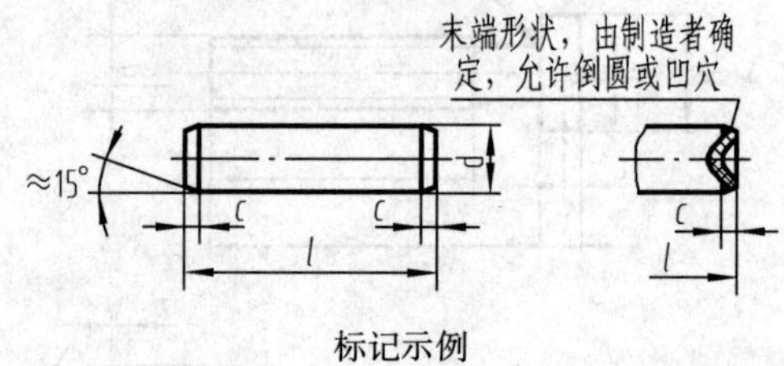

标记示例

公称直径 d=6mm、公差 m6、公称长度 l=30mm，材料为钢、不经淬火、不经表面处理的圆柱销，其标记为：

销　GB/T 119.1　6m6×30

公称直径 d=6mm、公称长度 l=30mm、材料为钢、普通淬火（A 型）、表面氧化处理的圆柱销。其标记为：

销　GB/T 119.2　6×30

公称直径 d		3	4	5	6	8	10	12	16	20	25	30	40	50
c≈		0.50	0.63	0.80	1.2	1.6	2.0	2.5	3.0	3.5	4.0	5.0	6.3	8.0
公称长度 l	GB/T 119.1	8～30	8～40	10～50	12～60	14～80	18～95	22～140	26～180	35～200	50～200	60～200	80～200	95～200
	GB/T 119.2	8～30	10～40	12～50	14～60	18～80	22～100	26～100	40～100	50～100	—	—	—	—
l 系列		8，10，12，14，16，18，20，22，24，26，28，30，32，35，40，45，50，55，60，65，70，75，80，85，90，95，100，120，140，160，180，200												

注　1. GB/T 119.1—2000 规定圆柱销的公称直径 d=0.6～50mm，公称长度 l=2～200mm，公差有 m6 和 h8。

2. GB/T 119.2—2000 规定圆柱销的公称直径 d=1～20mm，公称长度 l=3～100mm，公差仅有 m6。

3. 当圆柱销公差为 h8 时，其表面粗糙度 $R_a \leqslant 1.6\mu m$。

附表 11　　圆　锥　销　(GB/T 117—2000)

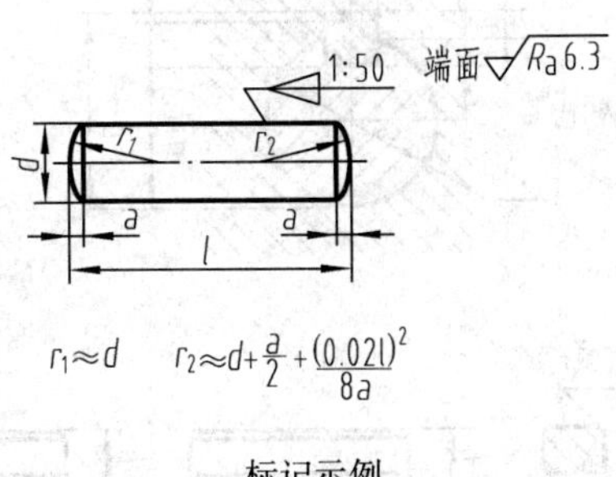

标记示例

公称直径 d=10mm、公称长度 l=60mm、材料为 35 钢、热处理硬度（28～38）HRC、表面氧化处理的 A 型圆锥销，其标记为：

销　GB/T 117　10×60

公称直径 d	4	5	6	8	10	12	16	20	25	30	40	50
$a\approx$	0.5	0.63	0.8	1	1.2	1.6	2	2.5	3	4	5	6.3
公称长度 l	14～55	18～60	22～90	22～120	26～160	32～180	40～200	45～200	50～200	55～200	60～200	65～200
l 系列	2，3，4，5，6，8，10，12，14，16，18，20，22，24，26，28，30，32，35，40，45，50，55，60，65，70，75，80，85，90，95，100，120，140，160，180，200											

注　1. 标准规定圆锥销的公称直径 d=0.6～50mm。

2. 有 A 型和 B 型。A 型为磨削，锥面表面粗糙度 R_a=0.8μm；B 型为切削或冷镦，锥面粗糙度 R_a=3.2μm。

附表 12　　平键及键槽各部尺寸（摘自 GB/T 1095～1096—2003）　　mm

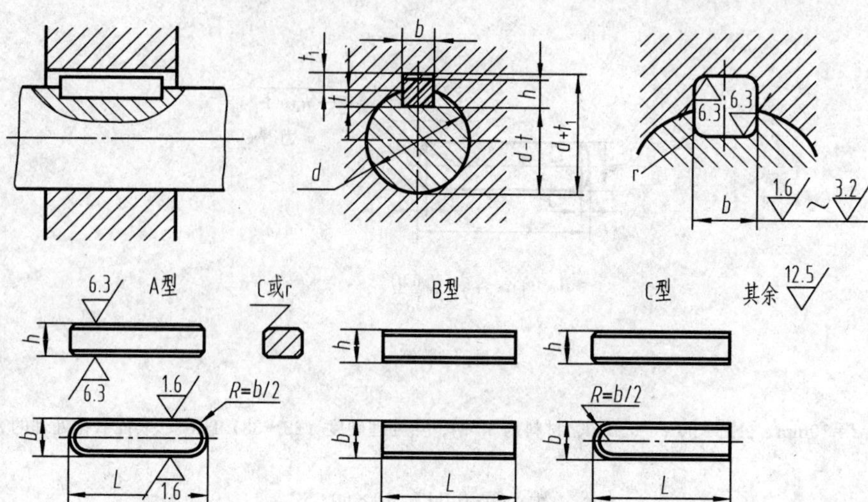

标记示例

键 16×100　GB/T 1096—2003（圆头普通平键、b=16、h=10、L=100）

键 B16×100　GB/T 1096—2003（平头普通平键、b=16、h=10、L=100）

键 C16×100　GB/T 1096—2003（单圆头普通平键、b=16、h=10、L=100）

轴	键		键槽											
公称直径 d	公称尺寸 $b\times h$ (h9)	长度 L (h11)	宽度 b						深度				半径 r	
			公称尺寸 b	极限偏差					轴 t		毂 t_1			
				较松连接		一般连接		较紧连接	公称尺寸	极限偏差	公称尺寸	极限偏差	最大	最小
				轴 H9	毂 D10	轴 N9	毂 JS9	轴和毂 P9						
>10～12	4×4	8～45	4	+0.030 0	+0.078 +0.030	0 −0.030	±0.015	−0.012 −0.042	2.5	+0.1 0	1.8	+0.1 0	0.08	0.16
>12～17	5×5	10～56	5						3.0		2.3		0.16	0.25
>17～22	6×6	14～70	6						3.5		2.8			
>22～30	8×7	18～90	8	+0.036 0	+0.098 +0.040	0 −0.036	±0.018	−0.015 −0.051	4.0	+0.2 0	3.3	+0.2 0		
>30～38	10×8	22～110	10						5.0		3.3		0.25	0.40
>38～44	12×8	28～140	12	+0.043 0	+0.120 +0.050	0 −0.043	±0.022	−0.018 −0.061	5.0		3.3			
>44～50	14×9	36～160	14						5.5		3.8			
>50～58	16×10	45～180	16						6.0		4.3			
>58～65	18×11	50～200	18						7.0		4.4			
>65～75	20×12	56～220	20	+0.052 0	+0.149 +0.065	0 −0.052	±0.026	−0.022 −0.074	7.5		4.9		0.40	0.60
>75～85	22×14	63～250	22						9.0		5.4			
>85～95	25×14	70～280	25						9.0		5.4			
>95～110	28×16	80～320	28						10		6.4			

注　1. ($d-t$) 和 ($d+t_1$) 两个组合尺寸的极限编差，按相应的 t 和 t_1 的极限偏差选取，但 ($d-t$) 极限偏差应取负号 (−)。

2. L 系列：6～22（2 进位）、25、28、32、36、40、45、50、56、63、70、80、90、100、110、125、140、160、180、200、220、250、280、320、360、400、450、500。

3. 键 b 的极限偏差为 $h9$，键 h 的极限偏差为 $h11$，键长 L 的极限偏差为 $h14$。

附表 13 **标准公差数值（摘自 GB/T 1800.4—1999）**

基本尺寸 mm		标准公差等级																	
		IT1	IT2	IT3	IT4	IT5	IT6	IT7	IT8	IT9	IT10	IT11	IT12	IT13	IT14	IT15	IT16	IT17	IT18
大于	至	μm											mm						
	3	0.8	1.2	2	3	4	6	10	14	25	40	60	0.1	0.14	0.25	0.4	0.6	1	1.4
3	6	1	1.5	2.5	4	5	8	12	18	30	48	75	0.12	0.18	0.3	0.48	0.75	1.2	1.8
6	10	1	1.5	2.5	4	6	9	15	22	36	58	90	0.15	0.22	0.36	0.58	0.9	1.5	2.2
10	18	1.2	2	4	5	8	11	18	27	43	70	110	0.18	0.27	0.43	0.7	1.1	1.8	2.7
18	30	1.5	2.5	4	6	9	13	21	33	52	84	130	0.21	0.33	0.53	0.84	1.3	2.1	3.3
30	50	1.5	2.5	4	7	11	16	25	39	62	100	160	0.25	0.39	0.62	1	1.6	2.5	3.9
50	80	2	3	5	8	12	19	30	46	74	120	190	0.3	0.46	0.74	1.2	1.9	3	4.6
80	120	2.5	4	6	10	15	22	35	54	87	140	220	0.35	0.54	0.87	1.4	2.2	3.5	5.4
120	180	3.5	5	8	12	18	25	40	63	100	160	250	0.4	0.63	1	1.6	2.5	4	6.3
180	250	4.5	7	10	14	20	29	46	72	115	182	290	0.46	0.72	1.15	1.85	2.9	4.6	7.2
250	315	6	8	12	16	23	32	52	81	130	210	320	0.52	0.81	1.3	2.1	3.2	5.2	8.1
315	400	7	9	13	18	25	36	57	89	140	230	360	0.57	0.89	1.4	2.3	3.6	5.7	8.9
400	500	8	10	15	20	27	40	63	97	155	250	400	0.63	0.97	1.55	2.5	4	6.3	9.7
500	630	9	11	16	22	32	44	70	110	175	280	440	0.7	1.1	1.75	2.8	4.4	7	11
630	800	10	13	18	25	36	50	80	125	200	320	500	0.8	1.25	2	3.2	5	8	12.5
800	1000	11	15	21	28	40	56	90	140	230	360	560	0.9	1.4	2.3	3.6	5.6	9	14
1000	1250	13	18	24	33	47	66	105	165	260	420	660	1.05	1.65	2.6	4.2	6.6	10.5	16.5
1250	1600	15	21	29	39	55	78	125	195	310	500	780	1.25	1.95	3.1	5	7.8	12.5	19.5
1600	2000	18	25	35	46	65	92	150	230	370	600	920	1.5	2.3	3.7	6	9.2	1.5	23
2000	2500	22	30	41	55	78	110	175	280	440	700	1100	1.75	2.8	4.4	7	11	17.5	28
2500	3150	26	36	50	68	96	135	210	330	540	860	1350	2.1	3.3	5.4	8.6	13.5	21	33

注 1. 基本尺寸大于 500mm 的 IT1 至 IT5 的标准公差数值为试行的。

2. 基本尺寸小于或等于 1mm 时，无 IT14 至 IT18。

附表 14 **轴的基本偏差数值（摘**

基本尺寸（mm）＼基本偏差	上偏差（es）														
	a*	b*	c	cd	d	e	ef	f	fg	g	h	js**	j		
	所有等级												5，6	7	8
≤3	−270	−140	−60	−34	−20	−14	−10	−6	−4	−2	0	偏差=±IT/2	−2	−4	−6
>3～6	−270	−140	−70	−46	−30	−20	−14	−10	−6	−4	0		−2	−4	
>6～10	−280	−150	−80	−56	−40	−25	−18	−13	−8	−5	0		−2	−5	
>10～14	−290	−150	−95		−50	−32		−16		−16	0		−3	−6	
>14～18															
>18～24	−300	−160	−110		−65	−40		−20		−7	0		−4	−8	
>24～30															
>30～40	−310	−170	−120		−80	−50		−25		−9	0		−5	−10	
>40～50	−320	−180	−130												
>50～65	−340	−190	−140		−100	−60		−30		−10	0		−7	−12	
>65～80	−360	−200	−150												
>80～100	−380	−220	−170		−120	−72		−36		−12	0		−9	−15	
>100～120	−410	−240	−180												
>120～140	−460	−260	−200		−145	−85		−43		−14	0		−11	−18	
>140～160	−520	−280	−210												
>160～180	−530	−310	−230												
>180～200	−660	−340	−240		−170	−100		−50		−15	0		−13	−21	
>200～225	−740	−380	−260												
>225～250	−820	−420	−280												
>250～280	−920	−480	−300		−190	−110		−56		−17	0		−16	−26	
>280～315	−1050	−540	−330												
>315～355	−1200	−600	−360		−210	−125		−62		−18	0		−18	−28	
>355～400	−1350	−680	−400												
>400～450	−1500	−760	−440		−230	−135		−68		−20	0		−20	−32	
>450～500	−1650	−840	−480												

注 1. 基本尺寸小于或等于 1 时，各级的 a 和 b 均不采用。

2. js 的数值，对 IT7 至 IT11，若 IT 的数值（μm）为奇数时，则取 js=±（IT−1）/2。

自 GB/T 1800.3—1998）

下偏差（ei）															
k		m	n	p	r	s	t	u	v	x	y	z	za	zb	zc
4～7	≤3 ＞7	所有等级													
0	0	+2	+4	+6	+10	+14		+18		+20		+26	+32	+40	+60
+1	0	+4	+8	+12	+15	+19		+23		+28		+35	+42	+50	+80
+1	0	+6	+10	+15	+19	+23		+28		+34		+42	+52	+67	+97
+1	0	+7	+12	+18	+23	+28		+33		+40		+50	+64	+90	+130
									+39	+45		+60	+77	+108	+150
+2	0	+8	+15	+22	+28	+35		+41	+47	+54	+63	+73	+98	+136	+188
							+41	+48	+55	+64	+75	+88	+118	+160	+218
+2	0	+9	+17	+26	+34	+43	+48	+60	+68	+80	+94	+112	+148	+200	+274
							+54	+70	+81	+97	+114	+136	+180	+242	+325
+2	0	+11	+20	+32	+41	+53	+66	+87	+102	+122	+144	+172	+226	+300	+405
					+43	+59	+75	+102	+120	+146	+174	+210	+274	+360	+480
+3	0	+13	+23	+37	+51	+71	+91	+124	+146	+178	+214	+258	+335	+445	+585
					+54	+79	+104	+144	+172	+210	+254	+310	+400	+525	+690
+3	0	+15	+27	+43	+63	+92	+122	+170	+202	+248	+300	+365	+470	+620	+800
					+65	+100	+134	+190	+228	+280	+340	+415	+535	+700	+900
					+68	+108	+146	+210	+252	+310	+380	+465	+600	+780	+1000
+4	0	+17	+31	+50	+77	+122	+166	+236	+248	+350	+425	+520	+670	+880	+1150
					+80	+130	+180	+258	+310	+385	+470	+575	+740	+960	+1250
					+84	+140	+196	+284	+340	+425	+520	+640	+820	+1050	+1350
+4	0	+20	+34	+56	+94	+158	+218	+315	+385	+475	+580	+710	+920	+1200	+1550
					+98	+170	+240	+350	+425	+525	+650	+790	+1000	+1300	+1700
+4	0	+21	+37	+62	+108	+190	+268	+390	+475	+590	+730	+900	+1150	+1500	+1900
					+114	+208	+294	+435	+530	+660	+820	+1000	+1300	+1650	+2100
+5	0	+23	+40	+68	+126	+232	+330	+490	+595	+740	+920	+1100	+1450	+1850	+2400
					+132	+252	+360	+540	+660	+820	+1000	+1250	+1600	+2100	+2600

附表 15 **尺寸≤500mm 的孔的基本偏差数值**

基本尺寸(mm)		基本偏差																				
		下偏差 EI												上偏差 ES								
		公差等级																				
		所有标准公差等级												6	7	8	≤8	>8	≤8	>8	≤8	>8
大于	至	A	B	C	CD	D	E	EF	F	FG	G	H	JS	J			K		M		N	
—	3	+270	+140	+60	+34	+20	+14	+10	+6	+4	+2	0	偏差等于 $\pm\frac{IT}{2}$	+2	+4	+6	0	0	−2	−2	−4	−4
3	6	+270	+140	+70	+46	+30	+20	+14	+10	+6	+4	0		+5	+6	+10	−1+Δ	—	−4+Δ	−4	−8+Δ	0
6	10	+280	+150	+80	+56	+40	+25	+18	+13	+8	+5	0		+5	+8	+12	−1+Δ	—	−6+Δ	−6	−10+Δ	0
10	14	+290	+150	+95	—	+50	+32	—	+16	—	+6	0		+6	+10	+15	−1+Δ	—	−7+Δ	−7	−12+Δ	0
14	18																					
18	24	+300	+160	+110	—	+65	+40	—	+20	—	+7	0		+8	+12	+20	−2+Δ	—	−8+Δ	−8	−15+Δ	0
24	30																					
30	40	+310	+170	+120	—	+80	+50	—	+25	—	+9	0		+10	+14	+24	−2+Δ	—	−9+Δ	−9	−17+Δ	0
40	50	+320	+180	+130																		
50	65	+340	+190	+140	—	+100	+60	—	+30	—	+10	0		+13	+18	+28	−2+Δ	—	−11+Δ	−11	−12+Δ	0
65	80	+360	+200	+150																		
80	100	+380	+220	+170	—	+120	+72	—	+36	—	+12	0		+16	+22	+34	−3+Δ	—	−13+Δ	−13	−23+Δ	0
100	120	+410	+240	+180																		
120	140	+460	+260	+200	—	+145	+85	—	+43	—	+14	0		+18	+26	+41	−3+Δ	—	−15+Δ	−15	−27+Δ	0
140	160	+520	+280	+210																		
160	180	+580	+310	+230																		
180	200	+660	+340	+240	—	+170	+100	—	+50	—	+15	0		+22	+30	+47	−4+Δ	—	−17+Δ	−17	−31+Δ	0
200	225	+740	+380	+260																		
225	250	+820	+420	+280																		
250	280	+920	+480	+300	—	+190	+110	—	+56	—	+17	0		+25	+36	+55	−4+Δ	—	−20+Δ	−20	−34+Δ	0
280	315	+1050	+540	+330																		
315	355	+1200	+600	+360	—	+210	+125	—	+62	—	+18	0		+29	+39	+60	−4+Δ	—	−21+Δ	−21	−37+Δ	0
355	400	+1350	+680	+400																		
400	450	+1500	+760	+440	—	+230	+135	—	+68	—	+20	0		+33	+43	+66	−5+Δ	—	−23+Δ	−23	−40+Δ	0
450	500	+1650	+840	+480																		

注 1. 基本尺寸小于或等于 1mm 时，基本偏差 A 和 B 及大于 IT8 的 N 均不采用。

2. 标准公差≤IT8 级的 K、M、N 及≤IT7 级的 P 至 ZC 时，从表的右侧选取 Δ 值。例：大于 18～30mm 的 K7，Δ=8μm，因此 ES=−2+8=+6μm。

3. 公差带 Js7～Js11，若 IT_n 值数是奇数，则取偏差=$\pm\frac{IT_n-1}{2}$。

4. 特殊情况，250mm 至 315mm 段的 M6，ES=−9μm(代替−11μm)。

（摘自 GB/T 1800.3—1998）　μm

基本偏差 上偏差 ES 公差等级													Δ值					
≤IT7	标准公差等级>IT7												标准公差等级					
P至ZC	P	R	S	T	U	V	X	Y	Z	ZA	ZB	ZC	3	4	5	6	7	8
在大于7级的相应数值上增加一个Δ	-6	-10	-14	—	-18	—	-20	—	-26	-32	-40	-60	0	0	0	0	0	0
	-12	-15	-19	—	-23	—	-28	—	-35	-42	-50	-80	1	1.5	1	3	4	6
	-15	-19	-23	—	-28	—	-34	—	-42	-52	-67	-97	1	1.5	2	3	6	7
	-18	-23	-28	—	-33	—	-40	—	-50	-64	-90	-130	1	2	3	3	7	9
						-39	-45	—	-60	-77	-108	-150						
	-22	-28	-35	—	-41	-47	-54	-63	-73	-98	-136	-188	1.5	2	3	4	8	12
				-41	-48	-55	-64	-75	-88	-118	-160	-218						
	-26	-34	-43	-48	-60	-68	-80	-94	-112	-148	-200	-274	1.5	3	4	5	9	14
				-54	-70	-81	-97	-114	-136	-180	-242	-325						
	-32	-41	-53	-66	-87	-102	-122	-144	-172	-226	-300	-405	2	3	5	6	11	16
		-43	-59	-75	-102	-120	-146	-174	-210	-274	-360	-480						
	-37	-51	-71	-91	-124	-146	-178	-214	-258	-335	-445	-585	2	4	5	7	13	19
		-54	-79	-104	-144	-172	-210	-254	-310	-400	-525	-690						
	-43	-63	-92	-122	-170	-202	-248	-300	-365	-470	-620	-800	3	4	6	7	15	23
		-65	-100	-134	-190	-228	-280	-340	-415	-535	-700	-900						
		-68	-108	-146	-210	-252	-310	-380	-465	-600	-780	-1000						
	-50	-77	-122	-166	-236	-284	-350	-425	-520	-670	-880	-1150	3	4	6	9	17	26
		-80	-130	-180	-258	-310	-385	-470	-575	-740	-960	-1250						
		-84	-140	-196	-284	-340	-425	-520	-640	-820	-1050	-1350						
	-56	-94	-158	-218	-315	-385	-475	-580	-710	-920	-1200	-1550	4	4	7	9	20	29
		-98	-170	-240	-350	-425	-525	-650	-790	-1000	-1300	-1700						
	-62	-108	-190	-268	-390	-475	-590	-730	-900	-1150	-1500	-1900	4	5	7	11	21	32
		-114	-208	-294	-435	-530	-660	-820	-1000	-1300	-1650	-2100						
	-68	-126	-232	-330	-490	-595	-740	-920	-1100	-1450	-1850	-2400	5	5	7	13	23	34
		-132	-252	-360	-540	-660	-820	-1000	-1250	-1600	-2100	-2600						

附表 16 **轴的极限偏**

代号 基本尺寸/mm	a*	b*		c			d				e		
等级	11	11	12	9	10	**11**	8	**9**	10	11	7	8	9
≤3	−270 −330	−140 −200	−140 −240	−60 −85	−60 −100	**−60** **−120**	−20 −34	**−20** **−45**	−20 −60	−20 −80	−14 −24	−14 −28	−14 −39
>3~6	−270 −345	−140 −215	−140 −260	−70 −100	−70 −118	**−70** **−145**	−30 −48	**−30** **−60**	−30 −78	−30 −105	−20 −32	−20 −38	−20 50
>6~10	−280 −370	−150 −240	−150 −300	−80 −116	−80 −138	**−80** **−170**	−40 −62	**−40** **−76**	−40 −98	−40 −130	−25 −40	−25 −47	−25 −61
>10~14 >14~18	−290 −400	−150 −260	−150 −330	−95 −138	−95 −165	**−95** **−205**	−50 −77	**−50** **−93**	−50 −120	−50 −160	−32 −50	−32 −59	−32 −75
>18~24 >24~30	−300 −430	−160 −290	−160 −370	−110 −162	−110 −194	**−110** **−240**	−65 −98	**−65** **−117**	−65 −149	−65 −195	−40 −61	−40 −73	−40 −92
>30~40	−310 470	−170 −330	−170 −420	−120 −182	−120 −220	**−120** **−280**	−80 −119	**−80** **−142**	−80 −180	−80 −240	−50 −75	−50 −89	−50 −112
>40~50	−320 −480	−180 −340	−180 −430	−130 −192	−130 −230	**−130** **−290**							
>50~60	−340 −530	−190 −380	−190 −490	−140 −214	−140 −260	**−140** **−330**	−100 −146	**−100** **−174**	−100 −220	−100 −290	−60 −90	−60 −106	−60 −134
>65~80	−360 −550	−200 −390	−200 −500	−150 −224	−150 −270	**−150** **−340**							
>80~100	−380 −600	−220 −440	−220 −570	−170 −257	−170 −310	**−170** **−390**	−120 −174	**−120** **−207**	−120 −260	−120 −340	−72 −107	−72 −126	−72 −159
>100~120	−410 −630	−240 −460	−240 −590	−180 −267	−180 −320	**−180** **−400**							
>120~140	−460 −710	−260 −510	−260 −660	−200 −300	−200 −360	**−200** **−450**	−145 −208	**−145** **−245**	−145 −305	−145 −395	−85 −125	−85 −148	−85 −185
>140~160	−520 −770	−280 −530	−280 −680	−210 −310	−210 −370	**−210** **−460**							
>160~180	−580 −830	−310 −560	−310 710	−230 −330	−230 −390	**−230** **−480**							
>180~200	−660 −950	−340 −630	−340 −800	−240 −355	−240 −425	**−240** **−530**	−170 −242	**−170** **−285**	−170 −355	−170 −460	−100 −146	−100 −172	−100 −215
>200~225	−740 −1030	−380 −670	−380 −840	−260 −375	−260 −445	**−260** **−550**							
>225~250	−820 −1110	−420 −710	−420 −880	−280 −395	−280 −465	**−280** **−570**							
>250~280	−920 −1240	−480 −800	−480 −1000	−300 −430	−300 −510	**−300** **−620**	−190 −271	**−190** **−320**	−190 −400	−190 −510	−110 −162	−110 −191	−110 −240
>280~315	−1050 1370	−540 −860	−540 −1060	−330 −460	−330 −540	**−330** **−650**							
>315~335	−1200 −1560	−600 −960	−600 −1170	−360 500	−360 −590	**−360** **−720**	−210 −299	**−210** **−350**	−210 −440	−210 −570	−125 −182	−125 −214	−125 −265
>355~400	−1350 −1710	−680 −1040	−680 −1250	−400 −540	−400 −630	**−400** **−760**							
>400~450	−1500 −1900	−760 −1160	−760 −1390	−440 −595	−440 −690	**−440** **−840**	−230 −327	**−230** **−385**	−230 −480	−230 −630	−135 −198	−135 −232	−235 290
>450~500	−1650 −2050	−840 −1240	−840 −1470	−480 −635	−480 −730	**−480** **−880**							

差（GB/T 1800.4—1999）摘编　　μm

f					g			h							
5	6	**7**	8	9	5	**6**	7	5	**6**	**7**	8	**9**	10	**11**	12
−6 −10	−6 −12	**−6** **−16**	−6 −20	−6 −31	−2 −6	**−2** **−8**	−2 −12	0 −4	**0** **−6**	**0** **−10**	0 −14	**0** **−25**	0 −40	**0** **−60**	0 −100
−10 −15	−10 −18	**−10** **−22**	−10 −28	−10 −40	−4 −9	**−4** **−12**	−4 −16	0 −5	**0** **−8**	**0** **−12**	0 −18	**0** **−30**	0 −48	**0** **−75**	0 −120
−13 −19	−13 −22	**−13** **−28**	−13 −35	−13 −49	−5 −11	**−5** **−14**	−5 −20	0 −6	**0** **−9**	**0** **−15**	0 −22	**0** **−36**	0 −58	**0** **−90**	0 −150
−16 −24	−16 −27	**−16** **−34**	−16 −43	−16 −59	−6 −14	**−6** **−17**	−6 −24	0 −8	**0** **−11**	**0** **−18**	0 −27	**0** **−43**	0 −70	**0** **−110**	0 −180
−20 −29	−20 −33	**−20** **−41**	−20 −53	−20 −72	−7 −16	**−7** **−20**	−7 −28	0 −9	**0** **−13**	**0** **−21**	0 −33	**0** **−52**	0 −84	**0** **−130**	0 −210
−25 −36	−25 −41	**−25** **−50**	−25 −64	−25 −87	−9 −20	**−9** **−25**	−9 −34	0 −11	**0** **−16**	**0** **−25**	0 −39	**0** **−62**	0 −100	**0** **160**	0 −250
−30 −43	−30 −49	**−30** **−60**	−30 −76	−30 −104	−10 −23	**−10** **−29**	−10 −40	0 −13	**0** **−19**	**0** **−30**	0 −46	**10** **−74**	0 −120	**0** **−190**	0 −300
−36 −51	−36 −58	**−36** **−71**	−36 −90	−36 −123	−12 −27	**−12** **−34**	−12 −47	0 −15	**0** **−22**	**0** **−35**	0 −54	**0** **−87**	0 −140	**0** **−220**	0 −350
−43 −61	−43 −68	**−43** **−83**	−43 −106	−43 −143	−14 −32	**−14** **−39**	−14 −54	0 −18	**0** **−25**	**0** **−40**	0 −63	**0** **−100**	0 −160	**0** **−250**	0 −400
−50 −70	−50 −79	**−50** **−96**	−50 −122	−50 −165	−15 −35	**−15** **−44**	−15 −61	0 −20	**0** **−29**	**0** **−46**	0 −72	**0** **−115**	0 −185	**0** **−290**	0 −460
−56 −79	−56 −88	**−56** **−108**	−56 −137	−56 −186	−17 −40	**−17** **−49**	−17 −69	0 −23	**0** **−32**	**0** **−52**	0 −81	**0** **−130**	0 −210	**0** **−320**	0 −520
−62 −87	−62 −98	**−62** **−119**	−62 −151	−62 −202	−18 −43	**−18** **−54**	−13 −75	0 −25	**0** **−36**	**0** **57**	0 −89	**0** **−140**	0 −230	**0** **−360**	0 −570
−68 −95	−68 −108	**−68** **−131**	−68 −165	−68 −223	−20 −47	**−20** **−60**	−20 −83	0 −27	**0** **−40**	**0** **63**	0 −97	**0** **−155**	0 −250	**0** **−400**	0 −630

基本尺寸/mm \ 代号	js			k			m			n			p		
等级	5	6	7	5	**6**	7	5	6	7	5	**6**	7	5	**6**	7
≤3	±2	±3	±5	+4 0	**+6** **0**	+10 0	+6 +2	+8 +2	+12 +2	+8 +4	**+10** **+4**	+14 +4	+10 +6	**+12** **+6**	+16 +6
＞3～6	±2.5	±4	±6	+6 +1	**+9** **+1**	+13 +1	+9 +4	+12 +4	+16 +4	+13 +8	**+16** **+8**	+20 +8	+17 +12	**+20** **+12**	+24 +12
＞6～10	±3	±4.5	±7	+7 +1	**+10** **+1**	+16 +1	+12 +6	+15 +6	+21 +6	+16 +10	**+19** **+10**	+25 +10	+21 +15	**+24** **+15**	+30 +15
＞10～14 ＞14～18	±4	±5.5	±9	+9 +1	**+12** **+1**	+19 +1	+15 +7	+18 +7	+25 +7	+20 +12	**+23** **+12**	+30 +12	+26 +18	**+29** **+18**	+36 +18
＞18～24 ＞24～30	±4.5	±6.5	±10	+11 +2	**+15** **+2**	+23 +2	+17 +8	+21 +8	+29 +8	+24 +15	**+28** **+15**	+36 +15	+31 +22	**+35** **+22**	+43 +22
＞30～40 ＞40～50	±5.5	±8	±12	+13 +2	**+18** **+2**	+27 +2	+20 +9	+25 +9	+34 +9	+28 +17	**+33** **+17**	+42 +17	+37 +26	**+42** **+26**	+51 +26
＞50～65 ＞65～80	±6.5	±9.5	±15	+15 +2	**+21** **+2**	+32 +2	+24 +11	+30 +11	+41 +11	+33 +20	**+39** **+20**	+50 +20	+45 +32	**+51** **+32**	+62 +32
＞80～100 ＞100～120	±7.5	±11	±17	+18 +3	**+25** **+3**	+38 +3	+28 +13	+35 +13	+48 +13	+38 +23	**+45** **+23**	+58 +23	+52 +37	**+59** **+37**	+72 +37
＞120～140 ＞140～160 ＞160～180	±9	±12.5	±20	+21 +3	**+28** **+3**	+43 +3	+33 +15	+40 +15	+55 +15	+45 +27	**+52** **+27**	+67 +43	+61 +43	**+68** **+43**	+83 +43
＞180～200 ＞200～225 ＞225～250	±10	±14.5	±23	+24 +4	**+33** **+4**	+50 +4	+37 +17	+46 +17	+63 +17	+51 +31	**+60** **+31**	+77 +31	+70 +50	**+79** **+50**	+96 +50
＞250～280 ＞280～315	±11.5	±16	±26	+27 +4	**+36** **+4**	+56 +4	+43 +20	+52 +20	+72 +20	+57 +34	**+66** **+34**	+86 +34	+79 +56	**+88** **+56**	+108 +56
＞315～355 ＞355～400	±12.5	±18	±28	+29 +4	**+40** **+4**	+61 +4	+46 +21	+57 +21	+78 +21	+62 +37	**+73** **+37**	+94 +37	+87 +62	**+98** **+62**	+119 +62
＞400～450 ＞450～500	±13.5	±20	±31	+32 +5	**+45** **+5**	+68 +5	+50 +23	+63 +23	+86 +23	+67 +40	**+80** **+40**	+103 +40	+95 +68	**+108** **+68**	+131 +68

注 1. *基本尺寸小于 1mm 时，各级的 a 和 b 均不采用。

2. 黑体字为优先公差带。

续表

r			s			t			u		v	x	y	z
5	6	7	5	**6**	7	5	6	7	**6**	7	6	6	6	6
+14 +10	+16 +10	+20 +10	+18 +14	**+20** **+14**	+24 +14	—	—	—	**+24** **+18**	+28 +18	—	+26 +20	—	+32 +26
+20 +15	+23 +15	+27 +15	+24 +19	**+27** **+19**	+31 +19	—	—	—	**+31** **+23**	+35 +23	—	+36 +28	—	+43 +35
+25 +19	+28 +19	+34 +19	+29 +23	**+32** **+23**	+38 +23	—	—	—	**+37** **+28**	+43 +28	—	+43 +34	—	+51 +42
+31 +23	+34 +23	+41 +23	+36 +28	**+39** **+28**	+46 +28	—	—	—	**+44** **+33**	+51 +33	—	+51 +40	—	+61 +50
						—	—	—			+50 +39	+56 +45	—	+71 +60
+37 +28	+41 +28	+49 +28	+44 +35	**+48** **+35**	+56 +35	—	—	—	**+54** **+41**	+62 +41	+60 +47	+67 +54	+76 +63	+86 +73
						+50 +41	+54 +41	+62 +41	**+61** **+48**	+69 +48	+68 +55	+77 +64	+88 +75	+101 +88
+45 +34	+50 +34	+59 +34	+54 +43	**+59** **+43**	+68 +43	+59 +48	+64 +48	+73 +48	**+76** **+60**	+85 +60	+84 +68	+96 +80	+110 +94	+128 +112
						+65 +54	+70 +54	+79 +54	**+86** **+70**	+95 +70	+97 +81	+113 +97	+130 +114	+152 +136
+54 +41	+60 +41	+71 +41	+66 +53	**+72** **+53**	+83 +53	+79 +66	+85 +66	+96 +66	**+106** **+87**	+117 +87	+121 +102	+141 +122	+163 +144	+191 +172
+56 +43	+62 +43	+73 +43	+72 +59	**+78** **+59**	+89 +59	+88 +75	+94 +75	+105 +75	**+121** **+102**	+132 +102	+139 +120	+165 +146	+193 +174	+229 +210
+66 +51	+73 +51	+86 +51	+86 +71	**+93** **+71**	+106 +71	+106 +91	+113 +91	+126 +91	**+146** **+124**	+159 +124	+168 +146	+200 +178	+236 +214	+280 +258
+69 +54	+76 +54	+89 +54	+94 +79	**+101** **+79**	+114 +79	+119 +104	+126 +104	+139 +104	**+166** **+144**	+179 +144	+194 +172	+232 +210	+276 +254	+332 +310
+81 +63	+88 +63	+103 +63	+110 +92	**+117** **+92**	+132 +92	+140 +122	+147 +122	+162 +122	**+195** **+170**	+210 +170	+227 +202	+273 +248	+325 +300	+390 +365
+83 +65	+90 +65	+105 +65	+118 +100	**+125** **+100**	+140 +100	+152 +134	+159 +134	+174 +134	**+215** **+190**	+230 +190	+253 +228	+305 +280	+365 +340	+440 +415
+86 +68	+93 +68	+108 +68	+126 +108	**+133** **+108**	+148 +108	+164 +146	+171 +146	+186 +146	**+235** **+210**	+250 +210	+277 +252	+335 +310	+405 +380	+490 +465
+97 +77	+106 +77	+123 +77	+142 +122	**+151** **+122**	+168 +122	+186 +166	+195 +166	+212 +166	**+265** **+236**	+282 +236	+313 +284	+379 +350	+454 +425	+549 +520
+100 +80	+109 +80	+126 +80	+150 +130	**+159** **+130**	+176 +130	+200 +180	+209 +180	+226 +180	**+287** **+258**	+304 +258	+339 +310	+414 +385	+449 +470	+604 +575
+104 +84	+113 +84	+130 +84	+160 +140	**+169** **+140**	+186 +140	+216 +196	+225 +196	+242 +196	**+313** **+284**	+330 +284	+369 +340	+454 +425	+549 +520	+669 +640
+117 +94	+126 +91	+146 +94	+181 +158	**+190** **+158**	+210 +158	+241 +218	+250 +218	+270 +218	**+347** **+315**	+367 +315	+417 +385	+507 +475	+612 +580	+742 +710
+121 +98	+130 +98	+150 +98	+198 +170	**+202** **+170**	+222 +170	+263 +240	+272 +240	+292 +240	**+382** **+350**	+402 +350	+457 +425	+557 +525	+682 +650	+822 +790
+133 +108	+144 +108	+165 +108	+215 +190	**+226** **+190**	+247 +190	+293 +268	+304 +268	+325 +268	**+426** **+390**	+447 +390	+511 +475	+626 +590	+766 +730	+936 +900
+139 +114	+150 +114	+171 +114	+233 +208	**+244** **+208**	+265 +208	+319 +294	+330 +294	+351 +294	**+471** **+435**	+492 +435	+566 +530	+696 +660	+856 +820	+1036 +1000
+153 +126	+166 +126	+189 +126	+259 +232	**+272** **+232**	+295 +232	+357 +330	+370 +330	+393 +330	**+530** **+490**	+553 +490	+635 +595	+780 +740	+980 +920	+1140 +1100
+159 +132	+172 +132	+195 +132	+279 +252	**+292** **+252**	+315 +252	+387 +360	+400 +360	+423 +360	**+580** **+540**	+603 +540	+700 +660	+860 +820	+1040 +1000	+1290 +1250

附表 17 孔的极限偏差

基本尺寸/mm \ 代号 等级	A*	B*		C		D				E		F			
	11	11	12	**11**	12	8	**9**	10	11	8	9	6	7	**8**	9
≤3	+330 +270	+200 +140	+240 +140	**+120** **+60**	+160 +60	+34 +20	**+45** **+20**	+60 +20	+80 +20	+28 +14	+39 +14	+12 +6	+16 +6	**+20** **+6**	+31 +6
>3~6	+345 +270	+215 +140	+260 +140	**+145** **+70**	+190 +70	+48 +30	**+60** **+30**	+78 +30	+105 +30	+38 +20	+50 +20	+18 +10	+22 +10	**+28** **+10**	+40 +10
>6~10	+370 +280	+240 +150	+300 +150	**+170** **+80**	+230 +80	+62 +40	**+76** **+40**	+98 +40	+130 +40	+47 +25	+61 +25	+22 +13	+28 +13	**+35** **+13**	+49 +13
>10~14	+400 +290	+260 +150	+330 +150	**+205** **+95**	+275 +95	+77 +50	**+93** **+50**	+120 +50	+160 +50	+59 +32	+75 +32	+27 +16	+34 +16	**+43** **+16**	+59 +16
>14~18															
>18~24	+430 +300	+280 +160	+370 +160	**+240** **+110**	+320 +110	+98 +65	**+117** **+65**	+149 +65	+195 +65	+73 +40	+92 +40	+33 +20	+41 +20	**+53** **+20**	+72 +20
>24~30															
>30~40	+470 +310	+330 +170	+420 +170	**+280** **+120**	+370 +120	+119 +80	**+142** **+80**	+180 +80	+240 +80	+89 +50	+112 +50	+41 +25	+50 +25	**+64** **+25**	+87 +25
>40~50	+480 +320	+340 +180	+430 +180	**+290** **+130**	+380 +130										
>50~65	+530 +340	+370 +190	+490 +190	**+330** **+140**	+440 +140	+146 +100	**+174** **+100**	+220 +100	+290 +100	+106 +60	+134 +60	+49 +30	+60 +30	**+76** **+30**	+104 +30
>65~80	+550 +360	+390 +200	+500 +200	**+340** **+150**	+450 +150										
>80~100	+600 +380	+440 +220	+570 +220	**+390** **+170**	+520 +170	+174 +120	**+207** **+120**	+260 +120	+340 +120	+126 +72	+159 +72	+58 +36	+71 +36	**+90** **+36**	+123 +36
>100~120	+630 +410	+460 +240	+590 +240	**+400** **+180**	+530 +180										
>120~140	+710 +460	+510 +260	+660 +260	**+450** **+200**	+600 +200	208 +145	**+245** **+145**	+305 +145	+395 +145	+148 +85	+185 +85	+68 +43	+83 +43	**+106** **+43**	+143 +43
>140~160	+770 +520	+530 +280	+680 +280	**+460** **+210**	+610 +210										
>160~180	+830 +580	+560 +310	+710 +310	**+480** **+230**	+630 +230										
>180~200	+950 +660	+630 +340	+800 +340	**+530** **+240**	+700 +240	+242 +170	**+285** **+170**	+355 +170	+460 +170	+172 +100	215 +100	+79 +50	+96 +50	**+122** **+50**	+165 +50
>200~225	+1030 +740	+670 +380	+840 +380	**+550** **+260**	+720 +260										
>225~250	+1110 +820	+710 +420	+880 +420	**+570** **+280**	+740 +280										
>250~280	+1240 +920	+800 +480	+1000 +480	**+620** **+300**	+820 +300	+271 +190	**+320** **+190**	+400 +190	+510 +190	+191 +110	+240 +110	+88 +56	+108 +56	**+137** **+56**	+186 +56
>280~315	+1370 +1050	+860 +540	+1060 +540	**+650** **+330**	+850 +330										
>315~355	+1560 +1200	+960 +600	+1170 +600	**+720** **+360**	+930 +360	+299 +210	**+350** **+210**	+440 +210	+570 +210	+214 +125	+265 +125	+98 +62	+119 +62	**+151** **+62**	+202 +62
>355~400	+1710 +1350	+1040 +680	+1250 +680	**+760** **+400**	+970 +400										
>400~450	+1900 +1500	+1160 +760	+1390 +760	**+840** **+440**	+1070 +440	+327 +230	**+385** **+230**	+480 +230	+630 +230	+232 +135	+290 +135	+108 +68	+131 +68	**+65** **+68**	+223 +68
>450~500	+2050 +1650	+1240 +840	+1470 +840	**+880** **+480**	+1110 +488										

（GB/T 1800.4—1999）摘编

G		H							JS			K		
6	**7**	6	**7**	**8**	**9**	10	**11**	12	6	7	8	6	**7**	8
+8 +2	**+12 +2**	+6 0	**+10 0**	**+14 0**	**+25 0**	+40 0	**+60 0**	+100 0	±3	±5	±7	0 −6	**0 −10**	0 −14
+12 +4	**+16 +4**	+8 0	**+12 0**	**+18 0**	**+30 0**	+48 0	**+75 0**	+120 0	±4	±6	±9	+2 −6	**+3 −9**	+5 −13
+14 +5	**+20 +5**	+9 0	**+15 0**	**+22 0**	**+36 0**	+58 0	**+90 0**	+150 0	±4.5	±7	±11	+2 −7	**+5 −10**	+6 −16
+17 +6	**+24 +6**	+11 0	**+18 0**	**+27 0**	**+43 0**	+70 0	**+110 0**	+180 0	±5.5	±9	±13	+2 −9	**+6 −12**	+8 −19
+20 +7	**+28 +7**	+13 0	**+21 0**	**+33 0**	**+52 0**	+84 0	**+130 0**	+210 0	±6.5	±10	±16	+2 −11	**+6 −15**	+10 −23
+25 +9	**+34 +9**	+16 0	**+25 0**	**+39 0**	**+62 0**	+100 0	**+160 0**	+250 0	±8	±12	±19	+3 −13	**+7 −18**	+12 −27
+29 +10	**+40 +10**	+19 0	**+30 0**	**+46 0**	**+74 0**	+120 0	**+190 0**	+300 0	±9.5	±15	±23	+4 −15	**+9 −21**	+14 −32
+34 +12	**+47 +12**	+22 0	**+35 0**	**+54 0**	**+87 0**	+140 0	**+220 0**	+350 0	±11	±17	±27	+4 −18	**+10 −25**	+16 −38
+39 +14	**+54 +14**	+25 0	**+40 0**	**+63 0**	**+100 0**	+160 0	**+250 0**	+400 0	±12.5	±20	±31	+4 −21	**+12 −28**	+20 −43
+44 +15	**+61 +15**	+29 0	**+46 0**	**+72 0**	**+115 0**	+185 0	**+290 0**	+460 0	±14.5	±23	±36	+5 −24	**+13 −33**	+22 −50
+49 +17	**+69 +17**	+32 0	**+52 0**	**+81 0**	**+130 0**	+210 0	**+320 0**	+520 0	±16	±26	±40	+5 −27	**+16 −36**	+25 −56
+54 +18	**+75 +18**	+36 0	**+57 0**	**+89 0**	**+140 0**	+230 0	**+360 0**	+570 0	±18	±28	±44	+7 −29	**+17 −40**	+28 −61
+60 +20	**+83 +20**	+40 0	**+63 0**	**+97 0**	**+155 0**	+250 0	**+400 0**	+630 0	±20	±31	±48	+8 −32	**+18 −45**	+29 −68

续表

基本尺寸/mm \ 代号/等级	M 6	M 7	M 8	N 6	N **7**	N 8	P 6	P **7**	R 6	R 7	S 6	S **7**	T 6	T 7	U **7**
≤3	−2 −8	−2 −12	−2 −16	−4 −10	**−4** **−14**	−4 −18	−6 −12	**−6** **−16**	−10 −16	−10 −20	−14 −20	**−14** **−24**	—	—	**−18** **−28**
>3~6	−1 −9	0 −12	+2 −16	−5 −13	**−4** **−16**	−2 −20	−9 −17	**−8** **−20**	−12 −20	−11 −23	−16 −24	**−15** **−27**	—	—	**−19** **−31**
>6~10	−3 −12	0 −15	+1 −21	−7 −16	**−4** **−19**	−3 −25	−12 −21	**−9** **−24**	−16 −25	−13 −28	−20 −29	**−17** **−32**	—	—	**−22** **−37**
>10~14 >14~18	−4 −15	0 −18	+2 −25	−9 −20	**−5** **−23**	−3 −30	−15 −26	**−11** **−29**	−20 −31	−16 −34	−25 −36	**−21** **−39**	—	—	**−26** **−44**
>18~24	−4 −17	0 −21	+4 −29	−11 −24	**−7** **−28**	−3 −36	−18 −31	**−14** **−35**	−24 −37	−20 −41	−31 −44	**−27** **−48**	—	—	**−33** **−54**
>24~30													−37 −50	−33 −54	**−40** **−61**
>30~40	−4 −20	0 −25	+5 −34	−12 −28	**−8** **−33**	−3 −42	−21 −37	**−17** **−42**	−29 −45	−25 −50	−38 −54	**−34** **−59**	−43 −59	−39 −64	**−51** **−76**
>40~50													−49 −65	−45 −70	**−61** **−86**
>50~65	−5 −24	0 −30	+5 −41	−14 −33	**−9** **−39**	−4 −50	−26 −45	**−21** **−51**	−35 −54	−30 −60	−47 −66	**−42** **−72**	−60 −79	−55 −85	**−76** **−106**
>65~80									−37 −56	−32 −62	−53 −72	**−48** **−78**	−69 −88	−64 −94	**−91** **−121**
>80~100	−6 −28	0 −35	+6 −48	−16 −38	**−10** **−45**	−4 −58	−30 −52	**−24** **−59**	−44 −66	−38 −73	−64 −86	**−58** **−93**	−84 −106	−78 −113	**111** **146**
>100~120									−47 −69	−41 −76	−72 −94	**−66** **−101**	−97 −119	−91 −126	**−131** **−166**
>120~140	−8 −33	0 −40	+8 −55	−20 −45	**−12** **−52**	−4 −67	−36 −61	**−28** **−68**	−56 −81	−48 −88	−85 −110	**−77** **−117**	−115 −140	−107 −147	**−155** **−195**
>140~160									−58 −83	−50 −90	−93 −118	**−85** **−125**	−127 −152	−119 −159	**−175** **−215**
>160~180									−61 −86	−53 −93	−101 −126	**−93** **−133**	−139 −164	−131 −171	**−195** **−235**
>180~200	−8 −37	0 −46	+9 −63	−22 −51	**−14** **−60**	−5 −77	−41 −70	**−33** **−79**	−68 −97	−60 −106	−113 −142	**−105** **−151**	−157 −186	−149 −195	**−219** **−265**
>200~225									−71 −100	−63 −109	−121 −150	**−113** **−159**	−171 −200	−163 −209	**−241** **−287**
>225~250									−75 −104	−67 −113	−131 −160	**−123** **−169**	−187 −216	−179 −225	**−267** **−313**
>250~280	−9 −41	0 −52	+9 −72	−25 −57	**−14** **−66**	−5 −86	−47 −79	**−36** **−88**	−85 −117	−74 −126	−149 −181	**−138** **−190**	−209 −241	−198 −250	**−295** **−347**
>280~315									−89 −121	−78 −130	−161 −193	**−150** **−202**	−231 −263	−220 −272	**−330** **−382**
>315~355	−10 −46	0 57	+11 −78	−26 −62	**−16** **−73**	−5 −94	−51 −87	**−41** **−98**	−97 −133	−87 −144	−179 −215	**−169** **−226**	−257 −293	−247 −304	**−369** **−426**
>355~400									−103 −139	−93 −150	−197 −233	**−187** **−244**	−283 −319	−273 −330	**−414** **−471**
>400~450	−10 −50	0 63	+11 −86	−27 −67	**−17** **−80**	−6 −103	−55 −95	**−45** **−108**	−113 −153	−103 −166	−219 −259	**−209** **−272**	−317 −357	−307 −370	**−467** **−530**
>450~500									−119 −159	−109 −172	−239 −279	**−229** **−292**	−347 −387	−337 −400	**−517** **−580**

注 1. 基本尺寸小于 1mm 时，各级的 A 和 B 均不采用。

2. 黑体字为优先公差带。

参 考 文 献

[1] 中华人民共和国国家质量监督检验检疫总局．中华人民共和国国家标准 机械制图。北京：中国标准出版社，2004.

[2] 王槐德．机械制图新旧标准代换教程．北京：中国标准出版社，2004.

[3] 中华人民共和国国家质量监督检验检疫总局，中国国家标准化管理委员会．中华人民共和国国家标准．

产品几何技术规范（GPS）技术产品文件中表面结构的表示法 GB/T 131－2006/ISO 1302：2002．北京：中国标准出版社，2007.

[4] 钱可强．机械制图（第二版）．北京：高等教育出版社，2007.

[5] 刘力．机械制图（第二版）．北京：高等教育出版社，2004.

[6] 王其昌．机械制图．北京：人民邮电出版社，2006.

[7] 杨老记．机械制图．北京：机械工业出版社，2002.

[8] 左晓明．机械制图（近机、非机类专业适用）．北京：高等教育出版社，2002.

[9] 冯秋官．机械制图与计算机绘图．北京：机械工业出版社，2006.

[10] 李世兰．AutoCAD 2006 工程绘图教程．北京：高等教育出版社，2007.